普通高等教育电气工程与自动化类“十三五”规划教材

可编程序控制器原理与应用基础

第2版

刘凤春　王　林　周晓丹　编著

唐庆玉　主审

机 械 工 业 出 版 社

本书分上、下两篇。上篇为理论教学篇，阐述了可编程序控制器的基本原理和硬件配置，系统介绍了西门子 S7-200 PLC 的指令系统以及可编程序控制器的编程方法。上篇共六章，包括可编程序控制器概述、可编程序控制器的基本原理、S7-200 PLC 的硬件系统、S7-200 PLC 的指令系统、可编程序控制器程序设计基础以及可编程序控制器的通信及网络等。下篇为实验教学篇，系统介绍了西门子 S7-200 PLC 的编程软件及其使用方法，并配置了丰富的实验内容便于读者理论结合实际。下篇共三章，包括可编程序控制器编程系统及编程软件、可编程序控制器编程基础实验以及可编程序控制器编程综合实验等。

全书在阐述基本概念和基本原理的基础上，侧重于编程方法的讲解和练习，着重工程实际应用能力的培养。各章配有大量的练习题，最后提供了第 4 章和第 5 章练习题的答案，供读者检验知识的掌握程度和巩固所学的知识。

本书可作为高等学校工科各个专业相关课程的教材，也可作为有关工程技术人员的参考用书。

为方便教师教学，本书配有多媒体教学课件，供教师和读者免费使用。欢迎选用本书作为教材的教师登录 www.cmpedu.com 下载或发邮件到 llm7785@sina.com 索取。

图书在版编目（CIP）数据

可编程序控制器原理与应用基础/刘凤春，王林，周晓丹编著. —2 版. —北京：机械工业出版社，2016.4（2021.1 重印）
普通高等教育电气工程与自动化类“十三五”规划教材
ISBN 978-7-111-52526-4

Ⅰ.①可… Ⅱ.①刘… ②王… ③周… Ⅲ.①可编程序控制器-高等学校-教材 Ⅳ.①TP332.3

中国版本图书馆 CIP 数据核字（2015）第 307961 号

机械工业出版社（北京市百万庄大街 22 号 邮政编码 100037）
策划编辑：刘丽敏 责任编辑：刘丽敏 王 康
责任校对：刘雅娜 封面设计：张 静 责任印制：常天培
北京虎彩文化传播有限公司印刷
2021 年 1 月第 2 版第 3 次印刷
184mm×260mm · 19.25 印张 · 474 千字
标准书号：ISBN 978-7-111-52526-4
定价：39.80 元

凡购本书，如有缺页、倒页、脱页，由本社发行部调换
电话服务
服务咨询热线：010-88379833
读者购书热线：010-88379649

网络服务
机 工 官 网：www.cmpbook.com
机 工 官 博：weibo.com/cmp1952
教育服务网：www.cmpedu.com
金 书 网：www.golden-book.com

第2版前言

本书自2009年出版第1版至今已经六年。根据这六年来的使用情况以及读者的反馈意见，本书主要做了以下几个方面的修改：

1）由于PLC技术发展迅速，应用领域不断扩展，因此，本书第1章使用了当前最新的PLC技术发展动态以及在国内的应用概况代替了原有内容；在简介各PLC厂商的产品时，依据其最新的产品技术手册，以列表的形式给出了各个产品系列的主要技术参数；鉴于国产PLC技术的进步，增补了“可编程序控制器国产品牌简介”一节。

2）由于本书定位于PLC技术的“应用基础”，所涉及的工程控制实例也是比较简单的控制问题，因此，在第4章S7-200 PLC的指令系统中，删减了在复杂控制程序中才能使用到的一些指令（如某些数学运算指令和表功能指令等），并且对指令做了进一步的归类以及进行统一的功能说明，便于读者对比理解、记忆和查找。

3）本书进一步加强了编程方法和应用实例的介绍。在第5章中不仅补充了例题，还增补了“PLC程序的逻辑设计法”一节。从而为读者提供了PLC控制程序系统的设计方法和丰富的编程实例。

4）在下篇实验教学篇中，大幅修改了原书的写作风格，实验项目与第5章的例题和练习题结合更加紧密，控制问题和实验要求更加清晰，便于实验者找到编程思路；对于比较简单的控制程序没有直接给出程序，而是给出程序的设计思路和提示；对于比较复杂的程序不仅给出设计思路，还给出程序的主要部分或参考程序。

5）为了帮助初学者检验自己的学习成果，本修订版增补了第4章和第5章的练习题答案，有些练习题还给出了多种编程方法。这些练习题答案也相当于编程实例。考虑到其他章节的练习题大都为思考题，故未给出答案（在教材正文中能找到答案）。

本书第1~5章由刘凤春编著，第6章和附录由周晓丹编著，第7~9章由王林编著。全书由刘凤春统稿。

本书承蒙清华大学唐庆玉教授主审，他对全书进行了仔细审阅，提出了许多极其宝贵的建议和意见，在此，谨向唐庆玉教授表示衷心的感谢！

关于本书的编著，我们在主观上倾注了极大精力，力求呈现给读者最先进的技术和最精华的应用实例，但学识与经验毕竟有限，疏漏与不当之处，仍恐难免，恳请广大同行和读者不吝赐教。意见和要求请发送至：lfc5e001@ dlut. edu. cn。

与本书配套的多媒体教学课件可以在机械工业出版社的网站上免费下载。欢迎读者下载使用，以提高学习效率。

编　者

第1版前言

可编程序控制器（简称PLC）是一种由微处理器控制的电子系统，专为工业环境下的应用而设计。它采用可编程序的存储器，用来存储并执行逻辑运算、顺序控制、定时、计数和算术运算等操作的指令，并通过数字式或模拟式的输入和输出，控制各种类型的机械或生产过程。可编程序控制器及其有关外围设备，都是按照易于与工业控制系统形成一个整体、易于扩充其功能的原则设计的。

可编程序控制器诞生于20世纪70年代。最早的PLC是以替换继电器-接触器控制系统的角色出现的，其主要实现的功能仅仅是逻辑简单的顺序控制功能。PLC一经出现，就以其高可靠性、高抗干扰能力、小体积、低功耗和简单直观的编程模式（如梯形图）而显示出强大的生命力，成为自动控制领域的明星。经过了三十多年的发展，其功能和性能都有了极大的提高。现代PLC产品集逻辑控制、模拟量闭环控制、数据处理和数据通信联网等功能于一体，其平均无故障时间间隔（MTBF）可达50万h甚至100万h，能够满足工业生产的各个控制领域的应用要求，已经成为工业控制的标准设备，其应用的深度和广度是一个国家工业自动化水平的重要标志之一。因此，学习掌握PLC的工作原理及其应用技术，对工科院校的工业电气自动化、自动控制、机电一体化以及其他非电类专业的学生和广大工程技术人员而言，具有很高的实用价值。

目前，世界上的PLC生产厂商有数百家，开发生产了各种型号和不同性能的PLC产品，它们有各自不同的硬件系统、指令集和编程软件，基本上互不兼容。尽管如此，由于PLC的功能大同小异，故其硬件系统的基本构成和工作原理是相同的，使用面向问题的编程语言的编程思想和编程方法是相同的。因此，当掌握了一种PLC产品的使用方法后，就具备了举一反三的编程能力。

S7-200系列PLC是小型PLC中的佼佼者。其应用领域极为广泛，覆盖了所有与自动检测、自动控制有关的工业及民用领域，包括各种冲压机床、磨床、印刷机械、橡胶化工机械、中央空调、电梯控制、运动系统、环境保护设备等。S7-200系列PLC结构紧凑、成本低廉、功能强大，具有极高的性价比。无论在独立运行中，或连成网络构成集散自动化系统，都能充分发挥其作用，是各种小型控制任务比较理想的解决方案。因此，本书以S7-200系列PLC为基础介绍PLC的基本原理与应用。

本书由理论、实验和附录三部分组成。

前六章介绍PLC基本原理的理论部分。从应用的角度出发，简要介绍了PLC的发展概况、基本结构和工作原理，重点介绍了PLC的编程语言和编程方法。限于篇幅，在指令系统章节中，只介绍在中国市场上占有较大市场份额的西门子公司的S7-200系列PLC的指令系统，为学习者起到抛砖引玉的作用。另外，各章根据内容还设置了大量的例题和练习题。这些例题和练习题均来自工程实际问题，可引导读者正确理解PLC的基本理论知识和指令的基本功能，并快速掌握PLC的编程技巧。

后三章介绍PLC实际应用方法的实验部分。介绍了编程软件的使用方法，并编制了丰富的、具有启发性的仿真实验项目。通过实验，培养读者解决实际工程问题的能力。学习PLC必须理论与实践充分结合才能真正掌握PLC技术，为从事相关技术工作奠定坚实的基础。

附录给出了S7-200 PLC指令一览表、S7-200 PLC错误代码一览表以及S7-200 PLC STL指令执行时间一览表，为读者提供了使用西门子PLC时的快速参考。另外，为给读者在阅读不同厂商PLC的控制程序时提供方便，附录还给出了西门子、三菱及松下PLC指令对照一览表。本书第1~5章由刘凤春编著，第6章和附录由周晓丹编著，第7~9章由王林编著。全书由刘凤春统稿。

本书承蒙清华大学唐庆玉教授主审，他对全书进行了仔细审阅，提出了许多极其宝贵的建议和意见，在此，谨向唐庆玉教授表示衷心的感谢！在本书的编著过程中，得到了大连理工大学陈希有教授的亲自指导，并提供了许多有用的资料和诸多修改意见。在此，诚挚感谢陈希有教授为本书所付出的努力和对本书的贡献！本书的编著得到了西门子（北京）有限公司的授权，该公司宋柏青先生给予了本书作者大力支持和帮助，在此表示衷心的感谢！本书在编写中参考了国内外有关的著作和文献，在此对这些著作和文献的作者一并表示诚挚的谢意！

关于本书的编著，我们在主观上倾注了极大精力，力求呈现给读者最先进的技术和最精华的应用实例，但限于学识与经验，疏漏与不当之处，仍恐难免，恳请广大同行和读者不吝赐教。意见和要求请发送至：lfc5e001@dlut.edu.cn。

为方便教师使用和帮助读者高效率地学习，本书还编著了与教材完全配套的多媒体教学课件，该课件的全部内容可以在机械工业出版社的网站上免费下载。该多媒体教学课件除提供教材上所有的素材外，还附加了丰富的图片素材，为使用者提供了极大的方便。

编　者

目　录

下篇 实验教学篇

上篇　理论教学篇

第1章　可编程序控制器概述

可编程序控制器是以微处理器为核心的、高度集成化的通用工业自动控制装置。它融合了计算机、自动控制以及通信等先进技术，具有可靠性高、功能完善、组合灵活、功耗低以及编程简单等优点，已经被广泛应用于工业生产的各个控制领域，成为工业生产自动化的支柱技术之一。可以说，可编程序控制器的应用深度和广度是衡量一个国家工业先进水平的重要标志。

早期的可编程序控制器主要用于开关量的逻辑控制，取代传统的继电器控制系统，因此，称之为可编程序逻辑控制器（Programmable Logic Controller，PLC）。如今，逻辑控制只是可编程序控制器的基本控制功能之一，故称之为“Programmable Controller”，简称PC。由于该简称容易与个人计算机（PC）相混淆，所以，仍然将可编程序控制器简称为PLC。

1.1　可编程序控制器的由来与定义

1.1.1　可编程序控制器的由来

将各种继电器和接触器等有触点电器按照一定的规律连接起来，实现逻辑和顺序控制等功能的继电器控制系统起源于20世纪20年代。这种控制系统结构简单、价格便宜、易于掌握，满足了当时工业生产的基本控制要求，在近半个世纪里，一直占据着工业控制的主导地位。但是，继电器控制系统的缺点是显而易见的，体积庞大、可靠性差、响应慢、功耗高、噪声大、功能简单而固定。由于是依靠硬连线实现的逻辑关系，当生产工艺流程改变时，往往原有的控制柜都需要彻底更换，缺乏通用性和灵活性。这些缺点在20世纪60年代的汽车生产工业中开始凸现。那时，美国汽车工业竞争加剧，加速了汽车型号的更新换代。而每一次改型都直接导致继电器控制系统的重新设计和安装，因其设计和安装周期较长，大大影响了新产品的上市时间。

当时，人们曾试图用小型计算机代替传统的继电器来实现工业控制。但采用小型计算机组成的控制系统价格昂贵，输入、输出电路不匹配，编程技术复杂，因而没能得到推广和应用。1968年，美国最大的汽车制造商通用汽车公司（GM公司）为了适应汽车型号的不断更新，希望找到一种方法，尽可能减少重新设计继电器控制系统和重新接线的工作，以降低成本、缩短设计和安装周期，设想把计算机通用、灵活、功能完备等优点和继电器控制系统的简单易懂、价格便宜等优点结合起来，制成一种通用控制装置，并要简化计算机的编程方法和程序输入方式，用面向控制过程、面向问题的“自然语言”进行编程，使不熟悉计算

机的人也能方便地使用。为此提出如下十条指标进行招标，即

1）编程简单、可以在现场修改程序。

2）维护方便、最好是插件式的结构。

3）可靠性高于继电器控制系统。

4）体积小于继电器控制系统。

5）可以将数据直接输入计算机。

6）在成本上能与继电器控制系统竞争。

7）输入可以是交流115V。

8）输出为交流115V、2A以上，能直接驱动电磁阀。

9）在功能扩展时，原系统只有很小的变更。

10）用户程序存储器容量至少能扩展到4KB。

1969年，美国数字设备公司（DEC公司）研制出世界上第一台可编程序控制器，在GM公司的汽车自动装配线上试用，获得了成功。由此诞生了可编程序控制器技术。

在20世纪70年代，日本和西欧国家先后研制出了他们的可编程序控制器。我国也从1974年开始研制，于1977年开始了工业应用。

1.1.2 可编程序控制器的定义

可编程序控制器这一名称最早是由美国电气制造商协会（NEMA）在1980年命名的，国际电工委员会（International Electro-technical Commission，IEC）于1982年、1985年和1987年先后三次颁布了可编程序控制器的标准草案。IEC的草案对可编程序控制器做了如下定义：

可编程序控制器是一种数字式运算操作的电子系统，专为工业环境下应用而设计。它采用可编程序的存储器，用来在其内部存储执行逻辑运算、顺序控制、定时、计数和算术运算等操作的指令，并通过数字式或模拟式的输入和输出，控制各种类型的机械或生产过程。可编程序控制器及其有关外围设备，都应按易于与工业控制系统形成一个整体、易于扩充其功能的原则设计。

1.1.3 可编程序控制器的主要性能指标和分类

1. 可编程序控制器的主要性能指标

（1）输入/输出点数（I/O点数）

输入/输出点数是指PLC外部的输入、输出端子的个数，通常用输入点数和输出点数的和来表示。输入量与输出量有数字量和模拟量两种，因此，PLC的I/O点数有数字量I/O点数和模拟量I/O点数之分。所有PLC的主机（亦称为CPU）都集成了一定数量的数字量I/O点，只有少数PLC的主机集成了模拟量I/O点。无论哪种I/O点数都包括主机集成的I/O点数和能扩展的最多点数。主机集成的I/O点数往往数量不多，一般要通过扩展I/O模块来增加I/O点数。不同型号的PLC，其I/O点数的扩展能力是不同的，最大扩展I/O点数主要受主机CPU的I/O寻址能力的限制。

例如，西门子S7-200系列PLC，对于CPU221型主机，就没有扩展能力，其数字量I/O点数只有主机集成的10点（输入6点，输出4点）。对于CPU224XP型主机，主机集成的数

字量 I/O 点数为 24 点（输入 14 点，输出 10 点），数字量 I/O 映像区大小为 256 点（输入 128 点，输出 128 点），由于能扩展 7 个模块，因此，最多可增加的数字量 I/O 点数为 232 点（输入 114 点，输出 118 点）；主机集成的模拟量 I/O 点数为 3 点（输入 2 点，输出 1 点），模拟量 I/O 寄存器大小为 64 点（输入 32 点，输出 32 点），通过模拟量扩展模块，最多可增加模拟量 I/O 点数为 61 点（输入 30 点，输出 31 点）。

I/O 点数是 PLC 最重要的技术指标之一，因为在选用 PLC 时，要根据控制对象的被检测信号输入的个数和控制量输出的个数来确定机型。

（2）存储容量

这里所说的存储容量是指用户程序存储器的容量，而不包括系统程序存储器。存储容量决定了 PLC 可以容纳的用户程序的长度，一般以“字节”为单位来计算。1024B 为 1KB。从微型 PLC 到大型 PLC，存储容量的范围大约为 1KB ~ 2MB。

（3）扫描速度

扫描速度是指 PLC 执行程序的速度，是衡量 PLC 性能的重要指标。扫描速度有两种表示方法，一种是用执行 1KB 用户程序所用的时间来衡量扫描速度，另一种是用执行一条布尔指令所用的时间来衡量扫描速度。例如，西门子 S7-200 系列 PLC 执行一条布尔指令所用的时间为 0.22μs。这在微型机中属于速度较快的。

（4）编程指令的种类和条数

PLC 的编程指令的种类和条数越多，说明它的软件功能越强，即处理能力和控制能力就越强。例如，西门子 S7-200 系列 PLC 有 16 大类指令，合计约 160 条指令，其中除了基本的逻辑运算和数学运算指令外，还包括了 PID 运算指令、高速脉冲输出指令和通信指令等高级指令。

（5）扩展能力和功能模块种类

PLC 的扩展能力取决于主机 CPU 的寻址能力和电源容量。要完成复杂的控制功能，除了主机外，还需要配接各种功能模块。主机可实现基本控制功能，一些特殊的专门功能需要配置各种功能模块来实现。因此，功能模块种类的多少也反映了 PLC 功能的强弱，是衡量 PLC 产品档次高低的一个重要标志。

不同型号的 PLC 所配置的功能模块的种类是完全不同的，通常有如下一些类别的功能模块：模拟量与数字量转换模块、高速计数模块、位置控制模块、速度控制模块、轴定位模块、温度控制模块、通信模块、高级语言编辑模块等。目前，许多产品已经将模拟量与数字量转换、高速计数等功能集成在主机里，因此，也就不需要再配置相应的模块。例如，西门子 S7-200 系列 PLC 本身就具有高速计数器和模拟量与数字量的转换功能，它的扩展模块主要有数字量 I/O 模块、模拟量 I/O 模块、通信模块、温度控制模块和位置控制模块等。

2. 可编程序控制器的分类

（1）按结构形式分类

按结构形式的不同，PLC 可分为整体式和模块式两种类型。整体式的 PLC 将电源、CPU、存储器、I/O 接口电路等都集中装在一个机箱内，并带有通信端口。整体式也称为一体式，一般小型 PLC 采用这种结构。如图 1-1a 所示为一种小型整体式 PLC，其左侧带有两个通信端口。模块式的 PLC 将各个具有独立功能的电路分装成若干个单独的模块，如 CPU 模块、I/O 模块、电源模块和各种功能模块，每个模块都安装在一个导轨或多个导轨上，各个模块之间通过总线电缆连接。一般大、中型PLC采用模块式结构。如图1-1b所示为一种模块式PLC，共有5个模块。

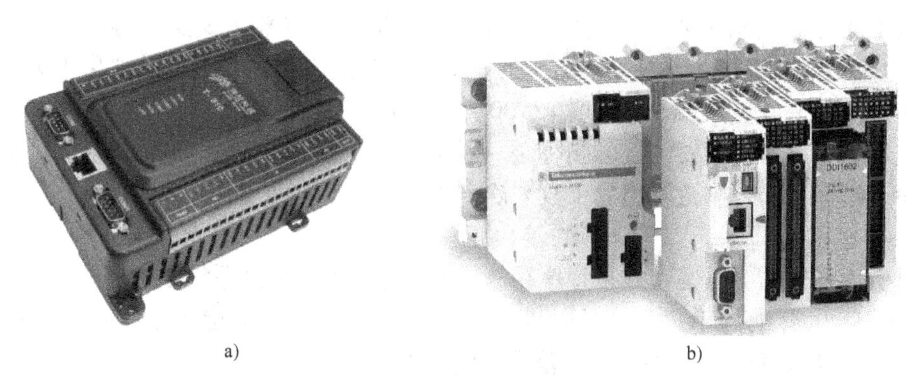

a)　　　　b)

图1-1　整体式和模块式PLC

(2) 按数字量I/O点数分类

按数字量I/O点数的多少，PLC在20世纪90年代就已经形成了微型机、小型机、中型机、大型机和超大型机等类型。一般微型机的数字量I/O点数在64点以内，存储器容量为1~2KB；小型机的数字量I/O点数在256点以内，存储器容量为2~4KB；中型机的数字量I/O点数在2048点以内，存储器容量为4~16KB；大型机的数字量I/O点数在8196点以内，存储器容量为16~64KB；超大型机（或称为巨型机）的数字量I/O点数大于8196点，存储器容量大于64KB。

(3) 按功能分类

按功能的强弱，PLC可分为高、中、低档机三类。低档机具有逻辑运算、定时、计数、移位、自诊断、监控等基本功能，有的还具备模拟量输入/输出（AI/AO）、数据传送、运算、通信等功能。中档机除具备上述功能外，还有数码转换、子程序调用、通信联网功能，有的还具备中断控制、PID控制等功能。高档机除具备上述所有功能外，还有较强的数据处理能力、模拟量调节、函数运算、监控、智能控制等功能。

目前，一些小型（微型）PLC都已经具备了高档机所具备的功能。例如，西门子S7-200系列PLC虽然属于小型机的范畴，但是，它具备了中断控制、PID控制、通信联网等高级功能。近年来有单机支持300回路和65000点I/O的大型系统对应中型以上的PLC，均采用16~32位CPU，微、小型PLC原来采用8位CPU，现在，根据通信等方面的要求，有的也改用16~32位CPU。

1.1.4　可编程序控制器的硬件

各厂商的可编程序控制器产品结构、功能和组成大同小异。PLC系统的构成总体来说都属于积木式结构，一般由中央处理单元（CPU）、电源模块、信号模块（输入/输出接口）、功能模块、通信模块、存储器、编程器和人机界面等组成。另外，还可配置各种特殊功能的I/O模块和智能模块。

一个最基本的PLC系统包括CPU单元、电源、输入/输出接口、存储器和编程器等几大部分。对于小型（微型）PLC，上述几大部分除了编程器外，都已经集成在一起构成了PLC系统的主机（CPU模块，见图1-1a），该主机能够满足比较简单的小型控制任务的需求。而编程器一般是在通用微机上安装编程软件来组成与主机对应的通用编程器。编程器使用 PC-PPI 编程电缆与主机连接，如图 1-2 所示。在微机上编写好的控制程序，通过编程电缆下载到主机里后，主机即可脱离编程器独立工作。

为了直观显示系统的控制参数或控制信息，PLC 系统一般还要配置人机界面。只能显示文字和符号的文本显示器是最简单的人机界面，若要将系统的工艺流程等复杂信息显示出来，则需选用触摸屏等高级人机界面。

对于大中型 PLC 上述各个组成部分都是独立的模块（见图 1-1b），选配不同模块组合成的 PLC 系统可以满足各种复杂控制系统的需求。与小型 PLC 相比，大中型 PLC 配置有更多种类的功能模块。这些功能模块主要包括计数器模块、闭环控制模块、电子凸轮控制模块、步进电动机定位模块、伺服电动机位控模块、称重模块、位置输入模块和超声波位置解码器模块等。小型 PLC 亦具备一定的扩展能力，通过扩展少量功能模块可以实现系统控制功能的扩充和增强。

总之，这种积木式、向用户开放的硬件结构，特别便于用户选用，以配置成不同控制功能、不同规模和复杂程度的 PLC 控制系统。另一方面，这种硬件配置的开放性，也为制造商、分销商（代理商）、系统集成商、最终用户带来很多方便。这也是 PLC 在各行各业中应用日趋广泛的主要原因之一。

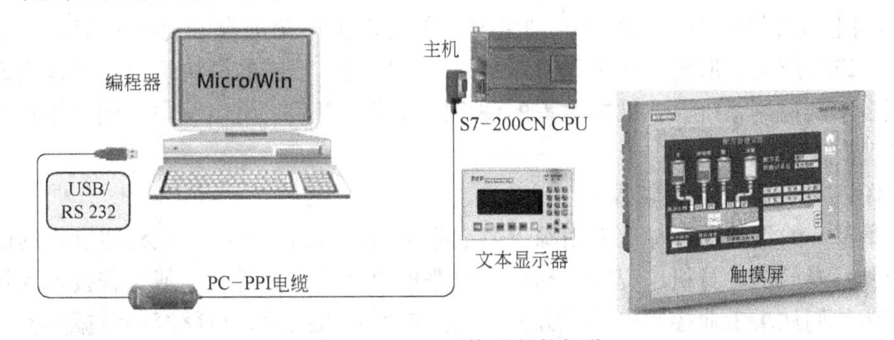

图 1-2　PLC 系统的硬件部分

1.2　可编程序控制器的特点与功能

1.2.1　可编程序控制器的特点

1. 可靠性高、抗干扰能力强

从系统构成上来说，由于 PLC 控制系统采用逻辑程序代替大量继电器触点来构成逻辑电路，因此，PLC 控制系统与相同功能的继电器控制系统相比，电气接线及开关触点已减少到数百甚至数千分之一，硬件部分大为简化，显然硬件故障也大大降低。从系统设计上来说，PLC 是专门为在工业现场的恶劣条件下使用而设计的，通过硬件和软件两方面的多重措施，使 PLC 能够在具有很强的电磁干扰、机械振动以及极端温度和湿度的环境下安全地工作。具体措施如下。

（1）硬件措施

采用电磁屏蔽措施防止辐射干扰；输入/输出接口电路采用光电隔离措施使工业现场的

外电路与PLC内部电路之间实现电气隔离以防止干扰，避免CPU的误动作；输入采用模拟和数字双重滤波，既滤去了外部的高频干扰又削弱了各个模块之间的相互影响；输出采用联锁措施，在非正常情况下，将输出锁定在某种状态，避免被控对象误动作；采用性能优良的开关电源和后备电池，并严格筛选所使用的器件；采用环境检测、自诊断和“看门狗”电路，配合软件实现灵活的保护和故障指示；大型PLC还可以采用由双CPU构成冗余系统或由三CPU构成表决式系统，使可靠性进一步提高；采用模块式结构，缩小故障范围和缩短平均修复时间。

（2）软件措施

软件措施主要是采用故障检测和数据保护以及恢复等措施。例如，在每一个扫描周期，CPU都要进行自诊断；设置专门的数据保持区，在CPU突然掉电时，该区域内的数据会自动保存到CPU的EEPROM存储器中去。

由于采用了上述一系列软硬兼施的措施，使PLC的平均无故障运行时间都在几万小时甚至几十万小时以上，而且，据统计，PLC系统的故障80%以上是出在外围设备上。

2. 功能完善、硬件配套齐全、通用性强

现代PLC既能控制开关量，也能控制模拟量；既可以控制一台生产机械、一条生产线，也可控制一个生产过程；既可用采用开环控制，也可以实现闭环控制。其通信联网的功能，使PLC能与上位计算机构成分布式控制系统，是实现工厂全局自动化的基础。经过四十几年的发展，PLC产品已形成系列化和特殊功能的模块化，不同的模块组合，可以构成能满足各种控制要求的控制系统。在被控对象的硬件配置确定以后，可以编写不同的用户程序，方便快捷地改变工艺流程。

3. 编程方法简单、容易掌握

PLC最基本的编程语言都是采用源于继电器控制线路的梯形图，这种图形化的语言不需要使用者具备专门的计算机编程知识和电子电路理论基础，极易被一般工程技术人员所理解和掌握，为他们从事工业控制提供了方便。通过梯形图入门后，也就容易掌握其他的编程语言和方法了。

4. 设计容易、安装快捷、维护方便

工业被控对象大多是周期性工作的，PLC的梯形图程序一般采用顺序控制设计法。这种编程方法很有规律，控制程序容易编制。对于复杂的控制系统，梯形图程序的设计时间比设计继电器控制系统电路图的时间要短得多。由于PLC产品的标准化和通用化，使系统的硬件安装过程类似于“搭积木”，简便快捷。由于前期可以使用仿真软件对控制程序进行调试，使现场的调试工作也变得更加容易。因而，与其他控制系统的设计、安装和调试相比，大大缩短了控制系统的组建周期。

在维护方面，PLC的故障率很低，正常工作时的维护工作量极小。即使PLC系统发生故障，由于具备软硬件的监控和显示功能，也能迅速查明原因，通过更换模块快速排除故障。而PLC各种模块的安装接线比较方便，因此，PLC系统的维护成本极低。

5. 体积小、质量轻、功耗低

PLC采用微电子技术制造，具备结构紧凑、坚固、体积小、质量轻、功耗低等一系列优点。以西门子微型PLC S7-200为例，CPU224的外形尺寸为120.5mm×80mm×62mm，质量为360g，功耗为7W。该PLC可以带7个扩展模块，每一个扩展模块的体积都比主机小，其功耗也只有几瓦。因此，不仅 PLC 的控制柜体积较小，而且微型 PLC 也很容易嵌入其他设备内，是实现机电仪一体化的理想设备。

6. 各公司的 PLC 互不兼容

各公司的 PLC 的软硬件体系结构是封闭而不是开放的。如专用总线、专家通信网络及协议，I/O 模板不通用，甚至连机柜、电源模板亦各不相同。编程语言虽多数是梯形图，但组态、寻址方式、语言结构均不相同，因此各公司的 PLC 互不兼容。

1.2.2 可编程序控制器的主要功能

经过三十年的发展和工业应用，PLC 以其强大的功能渗透到了工业控制的各个领域。下面简单介绍一下现代 PLC 的主要功能及其相关的应用领域。

1. 逻辑控制

逻辑控制是用 PLC 的与、或、非指令取代继电器触点的串、并联等逻辑连接，实现开关量的逻辑和顺序控制，这是 PLC 最基本的功能。用 PLC 取代传统的继电器控制系统可以实现对各种机床、磨床、电梯、高炉上料、印刷机械、纺织机械、注塑机械、装配机械、包装生产线、货物存取、电镀、运输和检测等的控制。

2. 定时与计数控制

定时与计数控制是用 PLC 的定时器、计数器指令取代时间继电器等，实现某些操作的时间控制与计数控制。现代 PLC 一般为用户提供了成百上千个定时器和计数器，其定时时间值和计数器的预置数既可以由用户程序设定，也可以由操作人员在工业现场通过人机对话装置实时设定或修改。这个功能对那些需要进行时间控制的工艺流程，或需要累计步序的生产过程的控制非常方便有效。

3. 数据处理

数据处理是用 PLC 的数据传送、比较、移位、数码转换、编码、译码以及数学运算和逻辑运算等指令来实现数据的采集、分析和处理。数据可以传送给其他智能装置或显示和打印输出。数据处理功能一般用于数控机床、柔性制造系统、过程控制系统和机器人控制系统等大中型控制系统中。

4. 步进控制

步进控制是用 PLC 的步进指令取代由硬件构成的步进控制器等，实现上、下道工序操作的控制。对于各种要求按照事件或输入状态的顺序进行控制的顺序控制系统，使用 PLC 来控制就变得更加简便。

5. 运动控制

运动控制是通过高速计数器和位置控制模块等来控制步进电动机或伺服电动机，从而控制单轴或多轴生产机械，使其运动部件按要求的速度做直线或圆弧运动。运动控制功能主要用于对精密切削机床、成型机械、装配机械、机械手和机器人等设备的控制。

6. 过程控制

过程控制是通过 A-D 和 D-A 转换，用 PLC 的 PID 指令（或 PID 模块）对生产过程中的温度、压力、速度、流量等模拟量进行单回路或多回路的闭环控制，使这些物理量保持在设定值上。过程控制功能广泛应用于化工、轻工、建材、食品、制药等诸多领域的生产过程的控制以及加热炉等的温度控制中。

7. 通信与网络控制

通过各种通信模块能够将PLC与PLC、PLC与上位计算机之间连接成一个网络，实行远程I/O访问或数据传输等控制功能，构成“集中管理、分散控制”的分布式控制系统。PLC还可以与许多通信协议公开的其他设备、控制器进行通信，支持集成的Web网页服务和E-mail服务等。PLC的这一强大功能是实现工厂全局自动化的基础。

8. 监控功能

监控功能是指PLC能够监控系统各部分的运行状态和进程，对系统运行中出现的异常情况进行报警或自动终止运行；通过人机界面可以适时显示系统状态，从而方便地在线修改控制程序或对I/O和内部某些存储器数据进行强制。

1.2.3　PLC与其他自动控制系统的比较

1. PLC与继电器控制系统的比较

PLC与继电器控制系统在实现逻辑控制、顺序控制、时间控制等开关量的控制方面的功能是相同的。但是，继电器控制系统是采用机械触点的硬接线实现的逻辑关系，连线多且复杂，一旦系统构成后，想再改变或增加功能是极困难的。而且继电器触点的数目很有限（一般只有4~8对触点），不仅灵活性和扩展性差，还会增加系统设计的难度。而PLC采用存储逻辑，一个二进制存储单元就是一个“软继电器”，其“触点”有无穷多（因为可以无穷次读取某位）。控制逻辑由程序决定，改变控制功能是轻而易举的事。

PLC能完成比继电器控制系统更复杂的控制，而且与继电器控制系统在工作方式上完全不同。在继电器控制电路中，各控制支路的继电器同时处于受约状态，即该吸合的都应吸合，不该吸合的都因某种条件限制不能吸合。而在PLC的控制逻辑中，各个软继电器都处于周期性循环扫描接通（即置位）之中。

PLC与继电器控制系统在响应速度上差异也很大。由于机械触点的通断动作一般在几十微秒数量级，故工作频率低。而PLC触点的通断实质上是在读取存储单元中的二进制数并参与运算，速度极快，一条用户指令的执行时间一般为几微秒。

另外，在可靠性和可维护性、体积和功耗、使用寿命和监控以及设计与施工周期等方面，PLC都有无可比拟的优势。继电器控制系统唯一的优势是价格比较便宜。

2. PLC与单片机控制系统的比较

PLC与单片机的本质都是计算机，因为实际上PLC的核心就是单片机或类似的微处理器。

单片机体积小、价格低廉，具有较强的通用性和适应性，一般用于数据采集、数据处理和工业控制。但是，使用单片机开发具体的应用时，对设计者的计算机水平要求很高，设计时必须考虑稳定性、可靠性和抗干扰能力等诸多问题，所要采用的措施也相当复杂（例如，在输入输出接口电路设计上做大量复杂的工作）。因此，初期投入成本高、时间长。但是，对于有固定控制要求、需要大批量生产的产品（如仪器仪表），选用单片机作为控制器时，将初期开发成本分摊到单个产品上相对还是很便宜的。

PLC在数据采集、数据处理等方面不如单片机，但PLC控制系统所具有的稳定性、可靠性以及抗干扰能力等方面的优势是其他控制系统无可比拟的。使用PLC开发具体应用时，设计者不需要掌握高深的计算机软硬件知识，只需要选配系统硬件，并编制满足控制要求的控制程序（通常PLC的编程方法极易掌握）。相对单片机，PLC使用简单、方便，后期维护也很容易，但价格贵、体积大，特别适合于控制逻辑或者工艺流程需要经常变动的、小批量生产的系统，能使系统达到最佳性价比。

3. PLC与微型计算机控制系统的比较

PLC与微型计算机控制系统在应用领域、使用环境、输入/输出方式、程序设计方法、运算速度、存储容量、价格等方面均有较大差异。

在应用领域方面，微机除了用在控制领域外，还大量用于科学计算、数据处理、计算机通信等方面；而PLC主要用于工业控制。在使用环境方面，微机对环境要求较高，一般要在干扰小、温度和湿度满足要求的机房内使用；而PLC能在工业现场恶劣的环境下运行。在输入/输出方面，微机系统的I/O设备与主机之间采用弱电联系，一般不需要电气隔离；而PLC一般控制强电设备，输入输出均采用光电耦合进行电气隔离，输出能直接驱动负载。在程序设计语言方面，微机具有丰富的程序设计语言（从汇编语言到各种高级语言），但要求使用者必须具有较高的计算机知识；而PLC提供给用户的编程语言简单、易学。在运算速度和存储容量方面，微机都比PLC有较大的优势。

总之，从微机的应用角度来说，PLC只是一种用于工业自动化控制的专用微机控制系统，而微机系统因其强大的系统软件和种类繁多的应用软件，使其具有更强的通用型，可以应用于任何场合。在一个联网运行的分布式控制系统（Distributed Control System，DCS）中，PLC将集中于完成控制功能上，微机则集中于信息处理上，它们相辅相成，各用所长。

1.3　可编程序控制器的发展与应用

1.3.1　可编程序控制器的发展概况

早期的PLC是以准计算机的形式出现的，在硬件上简化了计算机的内部电路，装置中的器件主要采用分离元件和中小规模集成电路，存储器采用磁心存储器，接口电路适合工业控制的要求，编程软件和编程方法都比计算机简单，出现了面向问题的接近“自然语言”的编程方式。这个时期的PLC能够实现基本逻辑控制、顺序控制、条件步进和时间步进控制等功能。

在20世纪70年代后期，开始采用微处理器作为PLC的中央处理单元，从此PLC获得了巨大的发展，其应用也日趋普及。例如，1987年GE公司就在其工业区内安装使用了2万台PLC。20世纪80年代至90年代中期，是PLC发展最快的时期，年增长率一直保持在30%～40%。在这段时期，PLC在处理模拟量能力、数字运算能力、人机接口能力和网络能力方面得到大幅度提高，PLC逐渐进入过程控制领域，在某些应用上取代了在过程控制领域处于统治地位的DCS。这一时期，在石油化工、冶金、机械制造、食品加工、制药等行业，PLC作为其控制设备得到了迅速普及。

到20世纪末期，可编程序控制器的发展更加适应了现代工业的需要，开发出了大型机和超小型机，使PLC能实现更大规模的工业控制，也为小型应用提供了更价廉的产品。从控制功能上来说，开发了对压力、温度、转速以及位移等物理量进行控制的各类特殊功能模块。而各种人机界面和通信模块的开发，使应用PLC的工业控制设备的配套更加容易。

自PLC问世以来，经过四十几年的发展，在欧美、日本等工业发达国家PLC已经成为工业控制的标准设备，其应用范围几乎覆盖了所有工业企业，PLC的生产也成了重要的产业。据不完全统计，世界PLC的销售额，1987年为25亿美元，1988年为31亿美元，1989年为36亿美元，1990年以后，平均为55亿美元以上，到了2000年，已达76亿美元。总之，PLC的销售额在逐年快速增长。目前，世界上有近200家生产厂家，其产品占控制设备市场份额的30%以上。

我国PLC的发展大约经历了三个阶段。在20世纪70年代是初级认识阶段，20世纪80年代为引进使用阶段，20世纪90年代以后则是迅速普及和发展阶段。在这个时期，世界各大品牌的PLC纷纷登陆我国、抢占市场，不仅在新建工厂企业中大量使用了国外品牌的PLC，还建立了很多独资或合资企业生产PLC。以德国西门子公司为例，在我国就建立了许多家合资企业，加之其产品较高的性价比和不断地更新换代，因此，在我国占有较大的市场份额。而我国也在研制具有自主知识产权的小型PLC，随着技术的不断成熟，将会逐渐占领我们自己的市场。

1.3.2　可编程序控制器的发展趋势

随着微电子技术和计算机技术的迅速发展以及超大规模集成电路和高性能微处理器在PLC中的应用，PLC已大多采用16位和32位微处理器构成的微机化PC，逐步实现了多处理器的多通道处理。使PLC的功能不断增强，应用领域不断扩大和延伸，而PLC的制造成本也不断下降，使其性价比越来越高。目前，PLC产品平均3~5年就更新换代一次。其发展的明显趋势是集成度越来越高、工作速度越来越快、功能越来越强大、工作越来越可靠、产品系列更丰富，用户选型和使用更加方便。总之，PLC技术发展迅速，目前的发展趋势主要体现在以下几个方面。

1. 产品规模两极化

一方面，大力发展速度更快、性价比更高的小型和超小型PLC，以适应单机及小型自动控制的需要。另一方面，向高速度、大容量、技术完善的大型PLC方向发展。随着复杂系统控制的要求越来越高和微处理器与计算机技术的不断发展，人们对PLC的信息处理能力和速度要求也越来越高，要求用户存储器容量也越来越大。

2. 通信网络化

由于数据通信技术的快速发展，用户对控制系统的开放性提出了更高的要求，因此，PLC网络控制是当前控制系统和PLC技术发展的潮流。PLC与PLC之间的联网通信、PLC与上位计算机的联网通信已得到广泛应用。目前，PLC制造商都在发展自己专用的通信模块和通信软件以加强PLC的联网能力。各PLC制造商之间也在协商指定通用的通信标准，以构成更大的工业网络系统。大量PLC的联网以及不同厂家生产的PLC兼容性的增强，使得分散（远程）控制与集中管理都能轻易实现，为整个工厂综合自动化控制和管理奠定了基础。使得PLC成为集散控制系统（Distributed Control System，DCS或称为分布式控制系统）不可缺少的组成部分。

3. 模块化与智能化

开发适应各种特殊控制要求的智能模块也是PLC发展的明显特征。例如，高速计数模块、专用智能PID控制器（比例积分微分控制器）、智能模拟量I/O模块、智能位置控制模块、语言处理模块、专用数控模块、智能通信模块等，这些智能模块本身具有 CPU，能独立工作，它们与 PLC 主机并行运行，无论在速度、精度、适应性和可靠性等方面都对 PLC 进行了很好的补充。它们与 PLC 紧密结合，有助于克服 PLC 扫描工作方式的局限，使 PLC 的实时控制功能大为增强，弥补了 PLC 本身功能的不足。而智能模块的编程、接线都与 PLC 一致，使用非常方便，使专用控制领域的系统设计和编程得到进一步的简化。

4. 编程语言和编程工具的多样化和标准化

PLC 的不断发展也体现在编程软件的多样化和高级化。从早期的梯形图语言、面向顺序控制的步进顺序语言和面向过程控制系统的流程图语言等，发展到使用与计算机兼容的高级语言，如 BASIC 语言、C 语言、汇编语言、专用的高级语言。多种编程语言的并存、互补与发展是 PLC 软件进步的一种趋势。PLC 也将具有数据库，并可实现整个网络的数据库共享。

总之，PLC 厂家在使硬件及编程工具频繁换代、丰富多样、功能提高的同时，日益向制造自动化协议（MAP）靠拢，使 PLC 的基本部件、通信协议、编程语言和编程工具等方面的技术趋向于规范化和标准化。

1.3.3　可编程序控制器在中国的应用概貌

我国工业发展及自动化应用水平与工业发达国家相比滞后较多。最早研究和应用 PLC 始于 20 世纪 70 年代末期。20 世纪 80 年代，在工业发达国家的 PLC 技术迅速发展和成熟的阶段中，中国的研究和应用发展迟缓。进入 20 世纪 90 年代，我国的研究和应用才开始进入快速发展的阶段。经过二十多年的发展和应用，PLC 在中国已经成为具有最大市场的工控产品。

自 21 世纪起，我国经济进入了稳步增长阶段，制造业飞速发展，工业总产值连年增长。2008 年后汽车产量连续多年蝉联全球第一，加之石油化工、绿色能源建设、纺织、高铁建设、工程机械、飞机制造业等行业快速发展的拉动，作为装备制造业工作母机的机床，也已连续几年成为世界最大的机床消费国和机床进口国。这些行业的发展，离不开计算机集成制造系统（CIMS）以及柔性制造系统（FMS），这些都是以 PLC 技术作为支撑的。目前，工业发展的内外部环境正在发生深刻变化，行业竞争已扩大到世界范围，迫使越来越多的企业将采用经济、实用的自动化产品对生产过程进行控制，以提高经济效益和竞争实力。因此，国内大中型企业特别是工业制造业的技术改造和设备升级换代，再次为 PLC 产品提供了巨大的市场。

工业的快速发展为 PLC 市场提供了绝佳的商机。根据相关行业的研究报告，经过 2003 年和 2004 年两年的高速增长后，中国的 PLC 市场自 2005 年起就进入了稳定增长阶段，近年来将再次迎来 PLC 市场高速增长的黄金时期，PLC 需求的年增长率可达 15% ~20%。PLC 的销售额在 2007 年首次超过 50 亿元人民币，使用量达到 131 万套；2011 年超过 75 亿元人民币，预计 2015 年将超过 100 亿元人民币。

在中国，PLC 的应用行业十分广泛，应用最多的主要包括冶金行业、汽车制造业、化工行业、轨道交通以及电力行业等。中国具有世界上最大规模的冶金行业，在采矿、选矿、烧结、转炉、铸造、轧钢等各个环节都是通过 PLC 来控制的。由于需要控制的点数多、要求精度高，一般采用大中型 PLC；在汽车生产线上，冲压、焊装、总装和喷漆每一道工序都会大量使用PLC进行控制。因此，汽车制造业是屈指可数的几个使用PLC最多的行业。

化工行业也是需求PLC的一个持续而稳定的市场，由于生产环境较差，PLC产品的使用寿命较其他行业短，更换率要高于其他行业。因此，将大量使用PLC及相关零备件。未来化工行业在合成材料和有机化工领域投资也会增大。这些领域项目对于自动化产品的需求量比较大。同时由于对化工行业环保要求的提高，化工厂需要对周边的水处理和循环系统等进行改造，会对自动化产品产生一些新增需求量。化工行业的PLC市场在未来几年将保持12%左右的速度稳步增长，大型PLC在该行业的增长则达到15%以上。每一年化工行业的PLC市场大约有几亿元。

中国近十几年正大力发展轨道交通，高铁的发展引领世界。由于轨道交通的安全性至关重要，因此，其控制器主要采用PLC。轨道交通行业中有车站和车辆两大环节需要大量使用PLC。在车站环节，PLC主要用于轨道交通的环控、设备监控、电力监控和智能低压监控等控制系统，其中，环控系统对PLC的需求量最大，主要使用大型PLC。在车辆环节，各种控制系统广泛使用中小型PLC。

目前，中国的智能电网建设工作已经提到议事日程，智能电网所具备的通信功能以及实时自动控制功能，离不开PLC技术，PLC将作为在各地信息采集设备中的标准配备。专家预计，在未来三年中，我国智能电网的建设活动将达到高峰，而相关的智能电表、集中器等一系列的远程低压PLC系统也将随着智能电网的普及而逐渐普及起来，这个市场对于PLC的需求比较稳定。因此，可以说，智能电网的建设为PLC开辟了广阔的前景和巨大的市场，这也会大大促进国产PLC的发展。

近年来，作为互联网应用的拓展——物联网正在快速发展，由于PLC技术作为目前阶段下信息采集与控制的主要手段，能够在物联网建设中发挥关键性的优势与作用。因此，随着国家关于物联网发展建设的相关指导意见的出台，将会极大地拓展PLC的应用领域，使PLC获得更大的市场份额。促进PLC行业的发展。

1.4　可编程序控制器国外品牌简介

目前，世界上有200多家PLC生产厂家，400多品种的PLC产品，按地域可分成美国、欧洲和日本三个流派产品，各流派PLC产品都各具特色。其中，美国是PLC生产大国，有100多家PLC厂商，著名的有AB公司、GE（通用电气）公司、MODICON（莫迪康）公司。欧洲PLC产品主要制造商有德国的SIEMENS（西门子）公司、AEG公司，法国的Schneider（施耐德）公司和TE电器公司。日本有许多PLC制造商，如Mitsubishi（三菱电机）公司、Omron（欧姆龙）、Fuji Electric（富士电机）等。这些生产厂家的产品占有80%左右的PLC市场份额，形成了瓜分全球PLC市场的寡头垄断局面。

1.4.1　西门子公司的可编程序控制器

德国西门子公司是世界上生产PLC的主要厂商之一。其产品涵盖了微型、小型、中型和大型等各种类型的PLC。西门子SIMATIC系列PLC始于1975年，经历了从S3系列、S5系列到S7系列的演变。S7系列PLC是1995年推出的产品，其编程软件采用了Windows用户界面，自此全面取代了S5系列PLC。目前主要流行S7-200/200 CN、S7-1200、S7-300/

300C 和 S7-400 等几个子系列产品。

1. S7-200/200CN 与 S7-200 SMART 系列 PLC

S7-200 系列 PLC 属于小型可编程序控制器，适合于单机控制或小型系统的控制，1998 年 S7-200 PLC 升级为第二代产品，2004 年又升级为第三代产品。

S7-200 系列 PLC 采用整体式结构，外观如图 1-3a 所示，系统由 CPU 模块（主机）和各种功能丰富的扩展模块组成。CPU 模块包括 CPU221、CPU222、CPU224、CPU224XP/Xpsi 和 CPU226 等型号，其性能指标及编程指令详见第 3 章和第 4 章。S7-200 系列 PLC 主要特点如下。

1）可靠性高、操作便捷、易于掌握。

2）编程软件简单易用。Step7-Micro/WIN32 编程软件为用户提供了开发、编辑和监控的良好环境。Windows 风格的全中文界面、中文在线帮助信息以及丰富的编程向导，能使用户快速掌握编程技巧。指令集丰富，除了具有与其他产品相同的指令，还有与智能模块配合的指令。

3）具有丰富的内置集成功能。例如，内置集成高速计数器、高速脉冲输出和 PID 运算功能。

4）具有强大的通信能力。S7-200 系列 PLC 提供了近 10 种通信方式以满足不同的应用需求。从简单的 S7-200 之间的通信到 S7-200 通过 Profibus-DP 网络通信，甚至通过以太网通信。因此，S7-200 系列 PLC 既可以独立运行，也可以联网运行。

5）具有多种扩展模块，可实现对温度、速度和位置等模拟量的控制。

S7-200 系列 PLC 适用于各行各业、各种场合中的检测、监测及自动控制。例如，各种冲压机床、磨床、印刷机械、橡胶化工机械、中央空调、电梯控制、运动系统、环境保护设备等。

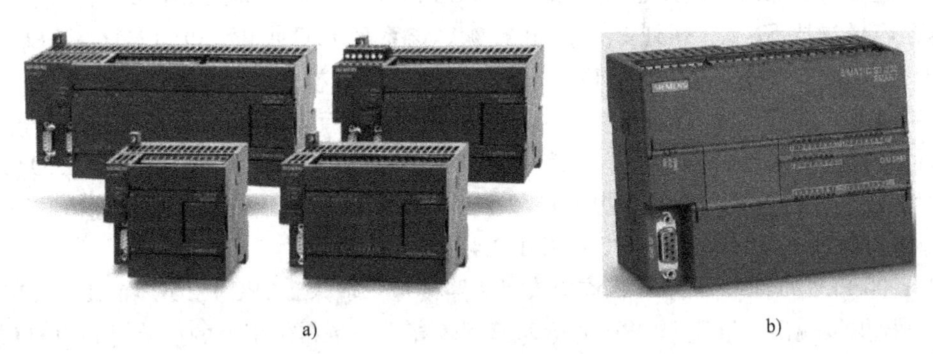

a)　　　b)

图 1-3　S7-200 与 S7-200 SMART 系列 PLC

a）S7-200 系列 PLC　b）S7-200 SMART 系列 PLC

2005 年底，西门子公司推出了面向中国市场的 SIMATIC S7-200CN 系列 PLC 产品。这是将 S7-200 系列 PLC 在中国本土化的小型 PLC 产品，它提供 4 种型号、8 个规格的 CPU，配置 14 种数字量、5 种模拟量扩展模块、4 种温度测量扩展模块以及多种通信模块。所有型号的 CPU 均支持人机界面 TD400C、OP73、OP77、TP177 和 TP277 等，其封装形式及主要性能指标与 S7-200 系列 PLC 基本相同。

S7-200CN 与 S7-200 的主要差别有以下 3 点：

1）在模拟量控制方面，增加了称重模块 SIWAREX MS，可实现液位测量、容器和料斗填充、生产过程中检查商品质量以及力的测量。

2）在通信类扩展模块中，增加了 GPRS/GSM 调制解调器模块 SINAUT MD 720-3。

3）采用 USB/RS 232 接口的 PC-PPI 通信电缆连接 CPU 与 PC（编程计算机）。

2012 年 7 月，西门子公司最新发布了一款全新的针对经济型自动化市场的 SIMATIC S7-200 SMART㊀系列 PLC，其外观如图 1-3b 所示。S7-200 SMART PLC 的 CPU 模块分为标准型和经济型两种。经济型 CPU 模块的集成 I/O 点数最高可达 60 点，单机运行即可满足许多小型控制需求；可扩展的标准型模块可处理更多 I/O 需求的复杂任务，最大可扩展到 188 点；配备西门子专用高速处理芯片，基本布尔指令执行时间可达 0.15μs，在同级别小型 PLC 中处于领先水平。与 S7-200 系列 PLC 比较，S7-200 SMART 系列 PLC 具有如下几个主要特点。

1）在 CPU 模块上预留安装四种信号板的位置，在不增加主机体积的情况下，可扩展通信端口、数字量 I/O 扩展板和模拟量输出扩展板等。因此，在提升产品利用率的同时降低了用户的扩展成本。

2）CPU 模块集成了 Micro SD 卡插槽，使用市面上通用的 Micro SD 卡即可实现程序的更新和 PLC 固件升级，极大地方便了客户工程师对最终用户的远程服务支持，也省去了因 PLC 固件升级返厂服务所带来的不便。

3）CPU 模块标配以太网接口，集成了强大的以太网通信功能。一根普通的网线即可将程序下载到 PLC 中，方便快捷，省去了专用编程电缆。通过以太网接口还可与其他 CPU 模块、触摸屏、计算机进行通信，易于组成控制网络。

2. S7-1200 系列 PLC

2009 年 6 月，西门子公司发布了 S7-200 的后续版本 S7-1200 系列 PLC，外观如图 1-4a 所示，这是面向全球市场设计的中低端小型 PLC 产品，采用整体式硬件结构，系统 I/O 点数和内存容量均比 S7-200 系列 PLC 多出 30%。该系列 PLC 提供 CPU 1211C、CPU 1212C、CPU 1214C、CPU 1215C 和 CPU 1217C 等 5 种型号的 CPU 模块，每一种型号的 CPU 又包括 3 种不同供电方式和输出方式的 CPU；配置了 13 种用于数字量和模拟量扩展的信号模块 SM，还有 2 种可直接嵌入在 CPU 主机上的信号板 SB（SB 1223 2DI/2DO 和 SB 1232 1AO），SB 可在不增加 CPU 占用空间大小的前提下扩展 S7-1200 CPU 的 I/O 点数；通信端口需要另外配置的 2 种通信模块 CM 1241 RS 232 或 CM 1241 RS 485 提供。

S7-1200 PLC 每种型号的 CPU 均集成了 2 路模拟量输入，CPU 1215C 和 CPU 1217C 还集成有 2 路模拟量输出。该系列 CPU 的运算速度较高，一条布尔指令的运算时间只有 0.08μs，一条实数运算指令的运算时间只有 2.3μs。S7-1200 PLC 硬件系统与 S7-200 PLC 硬件系统的区别大致如图 1-4b 所示，具体来说，主要有如下几点：

1）S7-200 CPU 通过编程软件 Step7-Micro/WIN32 组态 CPU 参数和通信模块，扩展模块在接线并通电后会被 CPU 自动识别并根据模块位置为其分配固定的 I/O 地址；S7-1200 CPU 通过编程软件 STEP 7 Basic 使用一个可视化组态供用户在其中创建实际硬件系统的组件图像，默认 I/O 分配可通过设备组态的属性进行修改。

㊀ SMART 是西门子提出的一个产品战略，SMART 即为“简单（Simple）、易维护（Maintenance-friendly）、高性价比（Affordable）、坚固耐用（Robust）及上市时间短（Timely to market）”的简称。

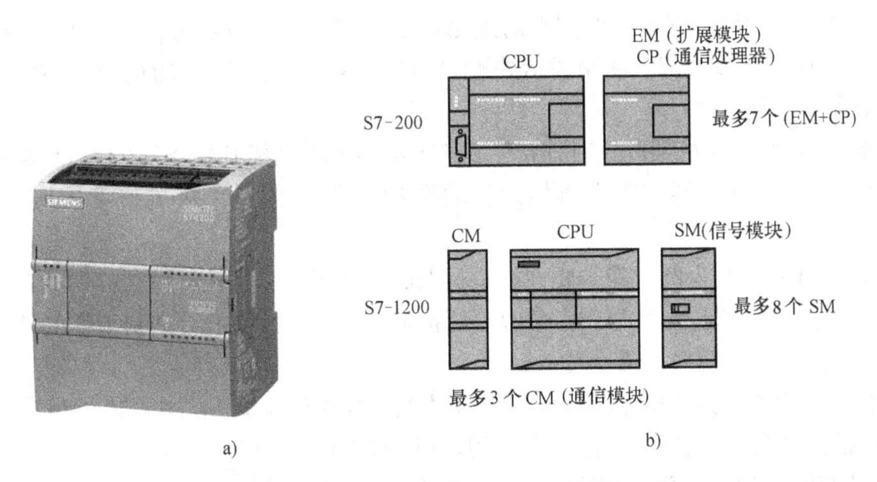

图 1-4　S7-1200 PLC 及 S7-200 系统的区别

a）S7-1200 CPU 1211C　b）S7-1200CPU 与 S7-200 硬件构成的区别

2）S7-200 CPU 有 1 ~ 2 个集成 RS 485 串行通信端口，而 S7-1200 CPU 只有 1 个集成 PROFINET 端口，必须使用 CM 1241 RS 232 或 CM 1241 RS 485 模块才能实现 CPU 通信。通信模块 CM 从 CPU 的左侧连接，且最多可扩展 3 个 CM 模块。

3）S7-1200 CPU 具有更大容量的工作存储器和外部存储卡（Micro SD 卡）。

3. S7-300 系列 PLC

SIMATIC S7-300 系列 PLC 是中型可编程序控制器，采用无槽位限制的模块化无排风扇结构，该系列 PLC 包括紧凑型 CPU、标准型 CPU、户外型 CPU、技术功能型 CPU 和故障安全型 CPU 等，各种类型中又包含了多种规格的 CPU，合计有 20 种。S7-300 系列 PLC 系统由负载电源模块 PS、CPU 模块、通信处理器 CP、功能模块 FM 以及接口模块 IM 等组成。

不同型号的 CPU 有不同的性能和配置。例如，有的 CPU 上集成了数字量和模拟量的输入/输出点，所有 CPU 都集成了 MPI 多点接口，有的 CPU 上还另外集成了 Profibus-DP 等通信接口。在 CPU 前面板上的标准配置有状态指示灯、模式开关、24V 电源端子及电池盒，有的 CPU 还有存储器模块盒。

负载电源模块 PS 用于将 220V AC 电源转换为 24V DC 电源，为 CPU 模块及 I/O 模块供电。该直流电源的输出电流有 2A、5A 和 10A 三种。发生过载时，PS 模块上的 LED 指示灯将闪烁。

信号模块 SM 是数字量输入/输出模块和模拟量输入/输出模块的统称。主要有数字量输入模块 SM321 和输出模块 SM322，模拟量输入模块 SM331、输出模块 SM332 及输入/输出混合模块 SM334 和 SM335。每个模板带一个背板总线连接器，现场的过程信号接入前连接器的端子上。如图 1-5a 所示，是 S7-300 CPU312C 连接一块信号模块 SM（I/O 模块）的 PLC 系统。

功能模块 FM 包括计数器模块、位置控制模块、电子凸轮控制模块、步进电动机定位模块、伺服电动机位控模块、闭环控制模块、称重模块、位置输入模块和超声波位置解码器模块等。这些功能模块主要用于对实时性和存储容量要求高的控制系统。

通信处理器 CP 有多种类型，用于在 PLC 之间、PLC 与计算机以及其他智能设备之间的通信。串行通信处理器用来连接点到点的通信系统，实现点对点通信。或将 PLC 接入 Profibus-DP、AS-I 和工业以太网。使用通信处理器能减轻 CPU 处理通信的负担，亦能减少用户对通信的编程工作量。

接口模块 IM 用于多机架配置时连接主机架 CR 和扩展机架 ER。S7-300 PLC 最多可设置 1 个主机架和 3 个扩展机架，每个机架的模块数量为 7 ~ 8 个，4 排机架可扩展最多 31 个模块。

以 CPU 314C-2 DP 为例，其主要性能指标及特点如下：

1）集成输入/输出点数为 24DI/16DO，4 路 AI/2 路 AO；每条二进制指令的处理时间为 0.1 ~ 0.2μs，浮点数运算时间最小为 3μs。

2）内置 96KB 高速 RAM 存储器（相当于大约 32KB 的指令），用于执行程序和数据保存。可扩展最大 8MB 的微存储卡作为程序的装载存储器。

3）集成高速计数、4 通道频率测量、脉宽调制、定位控制、中断输入等功能。

4）人机界面服务已经集成在 S7-300 操作系统内，人机对话的编程工作量大大减少。

a)

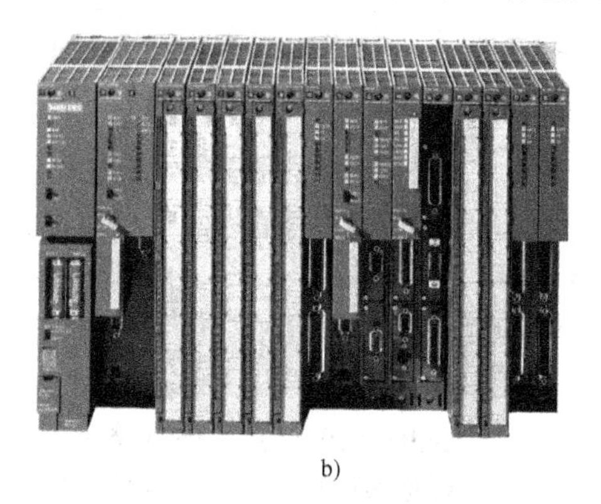

b)

图 1-5　S7-300/400 系列 PLC

a) S7-300 CPU312C 与 I/O 模块　b) S7-400 系列 PLC

5）具有密码保护、诊断缓冲等功能。智能化的诊断系统连续监控系统的功能是否正常、记录错误和特殊系统事件，最后 100 个故障和中断事件保存在诊断缓冲区中，供诊断使用。

6）设有钥匙一样的操作方式选择开关，当该开关拔出时，就不能改变操作方式，可防止非法删除或改写用户程序。

SIMATIC S7-300 能满足中等性能要求的应用，其应用领域包括：汽车工业、环境技术、采矿、专用机床、纺织机械、包装机械、通用机械、楼宇自动化、食品加工等。

4. S7-400 系列 PLC

S7-400 系列 PLC 是西门子的最新一代高端产品，用于中高档性能范围的大型 PLC。它采用模块化无风扇的设计，坚固耐用；由于采用了冗余技术，可靠性极高；同时可以选用多种级别（功能逐步升级）的 CPU，并配有多种通用功能的模板，便于用户根据需要组合成不同的专用系统。当控制系统规模扩大或升级时，只要适当地增加一些模板，便能使系统升级并满足需要。

S7-400 系列 PLC 包括 S7-400、S7-400H 和 S7-400F/FH 等种类。S7-400 的主要特色：极

高的处理速度、强大的通信性能和卓越的 CPU 资源裕量。特别适合高性能的大中规模系统。

S7-400 PLC 系统包括：电源模块 PS、CPU 模块、各种信号模块 SM（用于数字量与模拟量的输入/输出）、通信模块 CP、功能模块 FM（专门用于计数、定位、凸轮控制等任务）、接口模块 IM（用于连接中央控制单元和扩展单元，最多能连接 21 个扩展单元）等。如图 1-5b 所示，是一个具有 CPU 模块、电源模块和多种信号模块及通信模块的 S7-400 PLC 系统。

S7-400 PLC 易于扩展和具有强大的通信能力，容易实现分布式控制系统。其应用领域包括：通用机械工程、汽车工业、立体仓库、机床与工具、过程控制、控制技术与仪表、纺织机械、包装机械、控制设备制造、专用机械。

1.4.2　AB 公司的可编程序控制器

在国际自动控制领域中享有盛名的 AB（Allen-Bradley）公司是世界上最大的 PLC 生产商之一。20 世纪 90 年代初期，AB 公司生产的 PLC 在美国国内 PLC 市场就占有相当大的份额。而 AB 公司取得了“PLC”的注册商标许可证和相应专利，使得只有该公司的 PLC 产品可以标注 PLC 字样。1985 年，Allen-Bradley 归属到罗克韦尔国际（Rockwell Internation）集团，Allen-Bradley 成为罗克韦尔自动化旗下重要的品牌。

AB 公司的 PLC 主要包括：MicroLogix 系列 PLC、SLC-500 系列 PLC、PLC-5 系列 PLC、Logix 系列 PLC 等。丰富的指令集和强大的软件功能以及灵活方便的扩展功能是 AB 公司 PLC 的显著特点。

MicroLogix 系列 PLC 是 AB 公司的微型 PLC，采用整体式结构，主机上集成了 CPU、I/O 和电源。该系列 PLC 中包括五个子系列，其外观与基本性能指标参见表 1-1。除了 MicroLogix1000 外，其余四种都具有可扩展、PTO/PWM 脉冲输出、高速计数和 PID 运算等功能。MicroLogix1000 还配备专用手持编程器，MicroLogix1100 和 MicroLogix1400 集成了可视化的 LCD 屏幕，可在线编程。MicroLogix1500 是可以拆卸的，文本显示器可以直接嵌入主机。该系列 PLC 均具备通信联网功能，采用 RSLogix500 和 RSLogix Micro 编程软件编程，每条指令的运算速度为 3 ~ 1μs。

表 1-1　MicroLogix 系列 PLC 的外观与基本性能指标

特性	MicroLogix1000	MicroLogix1100	MicroLogix1200	MicroLogix1400	MicroLogix1500
外观					
用户程序/数据存储器	1KB	4KB/4KB 可配置	4KB/2KB 可配置	10KB/10KB 可配置	①3.6KB/4KB 可配置 ②10KB/4KB 可配置
备用电池	—	√	—	√	√
数字量 I/O 点数	集成最多 32 点 不可扩展	集成 16 点 最多可扩展至 80 点	集成最多 40 点 最多可扩展至 136 点	集成 32 点 最多可扩展至 144 点	集成最多 28 点 最多可扩展至 540 点
模拟量 I/O 点数	集成 5 路 不可扩展	集成 2 路 最多可扩展至 16 路	— 最多可扩展至 24 路	集成 6 路 最多可扩展至 28 路	— 最多可扩展至 128 路
可调电位器	—	2 个数字式	2 个	2 个数字式	2 个

MicroLogix 系列 PLC 适用于单机控制，或在中小网络控制系统中作为小控制站。常用于包装、物料输送、制药、印刷、食品/饮料、水处理、电力、楼宇自动化等行业中的各种控制。

SLC-500 系列 PLC 是 AB 公司的小型模块化 PLC 产品，专门为中小型应用项目设计。该系列 PLC 包括 SLC-5/01、SLC-5/02、SLC-5/03、SLC-5/04 和 SLC-5/05 五种 CPU 模块，一个 CPU 模块连接 7 个扩展模块，如图 1-6a 所示。该系列 PLC 的存储容量为 1～64KB；数字 I/O 点数最多可扩展到 960 点，模拟量 I/O 最多可扩展到 96 路；一条布尔指令的执行时间大约 4～0.37μs；集成用于以太网的通信接口，提供多种形式的现场总线，可实现多种联网方式，能构建分布式 I/O 系统。

SLC-500 系列 PLC 与 MicroLogix 系列 PLC 具有通用指令集，均采用 RSLogix500 和 RSLogix Micro 编程软件编程，两大系列 PLC 完全兼容，程序可以方便地转换。

SLC-500 系列 PLC 擅长于顺序控制、过程控制和运动控制，在游乐设施、小型酿酒厂、制药及食品加工生产线、包装、皮带轮输送和水处理等应用场合有出色的表现。

PLC-5 系列 PLC 是 AB 公司主推的中大型 PLC 产品，该系列 PLC 采用模块式结构。按照集成通信接口的不同分类有 PLC-5XXB、PLC-5XXC、PLC-5XXE 和 PLC-5XXL 四个子系列，每个子系列中又包括若干型号的 CPU 模块，PLC-5XXB 的序号 XX 包括 11、20、30、40、60 和 80 这 6 种；PLC-5XXC 和 PLC-5XXE 的序号 XX 均包括 20、40 和 80 这 3 种；PLC-5XXL 的序号 XX 包括 40 和 60 这 2 种。序号相同的 CPU 模块有相同的存储器容量和数字量 I/O 点数，参见表 1-2。其中，后缀字母 C 的是控制网型处理器，后缀字母 E 的是以太网型处理器，后缀字母 L 的是扩展本地 I/O 型处理器。所有 PLC-5 的 CPU 模块上都集成了通用远程 I/O（Remote I/O）扫描器端口，可以配置远程 I/O 模块。为 PLC-5 系列 PLC 配置的 1771 系列 I/O 模块有九十几种。该系列 PLC 采用 RSLogix5 编程软件，支持梯形图、结构文本语言和顺序功能流程图，可以编制最多 16 个主控程序，每个主控程序对应一个实际的设备控制或功能块。

一个简单的 PLC-5 的 PLC 系统包括一个 CPU 模块、一个电源模块和若干 I/O 模块，它们放置在同一个框架中，如图 1-6b 所示。PLC-5 系列 PLC 几乎可以用于各种工业控制。

表 1-2　PLC-5 系列 PLC 的主要性能指标

CPU 模块	PLC-5/11	PLC-5/20	PLC-5/30	PLC-5/40	PLC-5/60	PLC-5/80
存储器容量/KB	8	16	32	48	64	100
本地 I/O 点	512	512	1024	2048 点	3072	3072
远程 I/O 点	—	384	896	1920	2944	2944
扫描速度 ms/KB	0.5	0.5	0.5	0.5	0.5	0.5

Logix 系列 PLC 家族中主要有 ControlLogix 系列 PLC、CompactLogix 系列 PLC 和 FlexLogix 系列 PLC。ControlLogix 系列 PLC 是 AB 公司的大型控制系统，采用模块化结构，该系统将顺序控制、过程控制、传动控制、运动控制、通信以及最新的 I/O 技术集成在一个小型的、具有价格竞争力的平台里。该系列 PLC 主要有 Logix5550 与 Logix5555 两种 CPU 模块，使用 RSLogix5000 编程软件，编程环境提供了易于使用且符合 IEC 61131-3 标准的接口，采用结构和数组的符号化编程，具备专用于顺序控制、运动控制、过程控制和传动控制场合的指令

集，能大大提高编程效率。RSLogix5000 是 Logix 系列 PLC 的通用编程软件，具有与 RSLogix500 通用的用户界面。

ControlLogix 系列 PLC 的主要特点如下：

1）易于与现有 PLC 系统集成，实现扩展与升级的无缝连接。

2）可在一个机架内使用多个控制器，通过背板提供高速数据传输，构成一个高速控制平台。

3）可根据应用规模增减内存，内存可从 64KB 或 160KB 扩展到 2MB 或 7.5MB。

4）具有多任务的处理内核，用户可以为一个任务分配 32 个程序，每个程序可以有自己的本地数据和梯形逻辑；每条布尔指令的执行时间为 0.08μs。

5）可在通用框架上安装的上百种数字及智能 I/O 模块，最大 I/O 处理能力可达 128000 点数字量或 4000 路模拟量。这些扩展模块均可带电插拔。

6）通信采用 Control Net 协议，最高速率可达 5Mbit/s，采用同轴电缆最远可达 1000m（无中继）或 5000m（带中继），采用光纤最远可达 3000m（无中继）或 30000m（带中继）。

总之，用户就能够有效地设计、建立和更改 ControlLogix 控制平台，可极大地节省培训费用和工程实施费用。ContrlLogix 控制器适合上千个 I/O 点的控制系统，具有极强的网络功能。与西门子公司 S7-400、GE7i 等 PLC 处于类似的级别。

CompactLogix 系列 PLC 是 AB 公司研发的中型 PLC，具有 64KB 固定内存，最多可扩展 8 个 I/O 模块，具有与 Logix5550 相同的指令集和执行时间，使用 RSLogix5000 编程软件。专用于要求输入输出点数小于 128 点以及对通信要求不高的设备级别控制，例如，用于汽车、包装、食品/饮料、机械和材料处理等行业的低成本现场站或独立机械控制。

FlexLogix 系列 PLC 是 AB 公司研发的分布式 Logix 控制器，有 FlexLogix5433 和 FlexLogix5434 两种型号的 CPU 模块，它们分别集成了 64KB 和 512KB 的内存，可以组成有两根导轨、每根导轨扩展 8 个 I/O 模块的控制系统，并且支持通过网络连接到远程 I/O 模块。由于 FlexLogix 系列 PLC 属于 Logix 家族中的一员，因此，很容易将 FlexLogix 系列 PLC 集成到 ControlLogix 控制系统中。

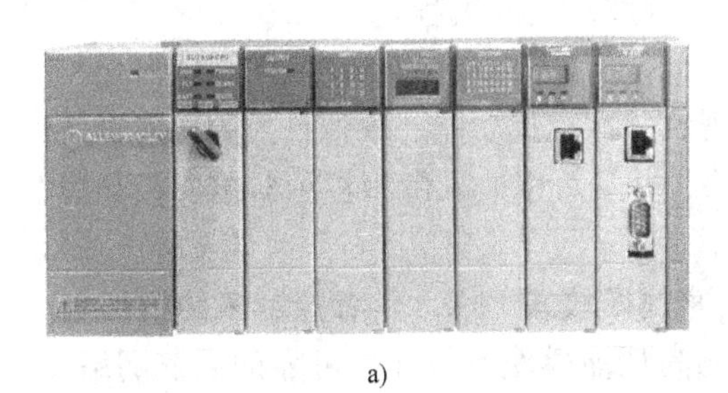

a)

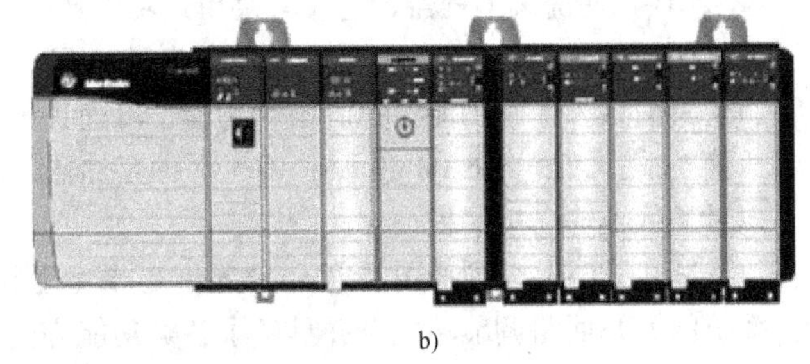

b)

图 1-6　AB 公司的可编程序控制器

a）SLC-500 系列 PLC　b）PLC-5 系列 PLC

1.4.3　三菱公司的可编程序控制器

日本三菱公司是世界上生产 PLC 产品的主要厂商之一。在日本的 PLC 销售市场上，该公司生产的PLC占市场份额的30%左右，其PLC产品在微型化及降低成本方面颇具特色。其PLC产品主要有MELSEC-F系列、MELSEC-A系列、MELSEC-Q系列等。

MELSEC-F系列微型PLC已经有F、F_1/F_2和FX三代产品。F系列PLC是三菱公司在20世纪80年代初期推出的小型低档PLC产品，F_1/F_2系列PLC是F系列的功能增强型小型低档系列PLC产品。在F系列的基础上增加了许多应用指令、通信功能以及特殊功能模块，如位置控制模块、模拟量控制模块和高速计数器模块等。FX系列PLC是替代原有的F、F_1/F_2系列PLC而在20世纪80年代末期开始陆续推出的产品，采用了整体式和模块式相结合的叠装式结构。主要产品有FX_{1S}、FX_{1N}/FX_{1NC}、FX_{2N}/FX_{2NC}、FX_{3U}/FX_{3UC}和FX_{3G}等，其中，带下标C的是同型号的增强版本，不仅性能有所提高，而且输入输出端子采用连接器型，与普通端子排型相比，更节省空间，使PLC具有更小的体积。该系列PLC的外观及主要性能指标参见表1-3。

表1-3　FX系列PLC的外观及主要性能指标

CPU模块	FX_{1S}	FX_{1N}	FX_{2N}	FX_{3U}	FX_{3G}
外观					
存储器容量/KB	2	8	16	64	32
集成I/O点	10/14/20/30	14/20/30	16/32/48/64/80/128	16/32/48/64/80/128	14/24/40/64/80
最大I/O点	30	128	256	384(包括远程I/O)	256(包括远程I/O)
基本指令执行时间/μs	0.55~0.7	0.55~0.7	0.08	0.065	0.21
定时器/计数器/个	64/32	250/235	250/235	513/235	320/235

FX系列PLC的输出电路有继电器、晶体管和晶闸管三种类型（只有FX_{2N}有晶闸管型输出），对于晶体管输出型的CPU模块，均内置独立3轴100kHz定位功能。该系列PLC采用GX Developer编程软件，将其安装于微型计算机上，即构成了通用编程器。另外，也常采用FX-20P-E便携式编程器，它具有菜单式功能选择，能在线或离线编程。

FX系列PLC虽然被三菱公司定义为微型PLC，但其功能基本与其他品牌的小型PLC相当，具有输入中断功能、定时中断功能、高速计数器、脉冲捕捉功能、模拟量控制功能以及通信功能等，配置RAM和EEPROM两种存储器模块，并且可以嵌入微型显示器扩展板和模拟量输入或输出扩展板。

MELSEC-A系列通用型PLC是属于超小型超快速的模块式PLC，具有控制多路模拟量系统的PID回路调节功能，并具备了各类功能齐全的高性能模块及快速、可靠的系统网络。该系列PLC可以通过通信接口，实现与F、F_1/F_2系列PLC之间的数据交换。

MELSEC-Q系列PLC是三菱公司开发的中大型PLC产品。是以中大规模系统为对象，适合从单机应用到网络应用，从顺序控制到过程控制以及数据处理的各种应用。MELSEC-Q系列PLC采用模块式结构，有4种类型CPU模块：基本型、通用型、过程型和冗余型。基本型PLC有10种规格的CPU模块，程序容量为8~252KB，本地I/O点数为256~4096点，扩展远程I/O时，可达8196点。布尔指令执行时间为0.2~0.0034μs。QnU系列作为

MELSEC-Q 系列最新的通用型 PLC，有 11 种规格的 CPU 模块，程序容量为 20～260KB，本地 I/O 点数为 2048～4096 点，扩展远程 I/O 时，可达 8196 点。布尔指令执行时间为 0.04～0.0095μs。过程型 PLC 有 2 种规格的 CPU 模块，程序容量为 124KB 和 252KB，布尔指令执行时间为 0.034μs，具有强大的过程控制指令。冗余型 PLC 有 2 种规格的 CPU 模块，程序容量为 124KB 和 252KB，布尔指令执行时间为 0.034μs，本地 I/O 点数为 4096 点，具有在线更换模块的功能，适用于 24h 工作的控制系统。

MELSEC-Q 系列支持多 CPU 系统，最多可以在一个主基板上安装 4 个 CPU 单元，一个系统中可集成顺序控制 CPU、过程控制 CPU、运动控制 CPU（最大 96 轴）以及 PC CPU。以满足从小规模的单机控制到复杂的网络控制的各种应用。

三菱公司 PLC 为 MELSEC-Q 系列 PLC 系统提供了集编程、调试、监控、仿真为一体的 MELSOFT 软件工具包。其中，GX 系列是完全支持顺序控制的工程环境，能够使用多种编程语言，包括梯形图（LD）、顺控功能图（SFC）、文本语言（ST）、功能块（FB）和指令列表（IL），还支持结构化编程，最大程序数量为 252 个。由于系统具有仿真功能，因此无需实际的硬件系统就可以进行程序的开发和调试工作。

1.5　可编程序控制器国产品牌简介

1.5.1　主要国产可编程序控制器

中国 PLC 行业经过几十年潜心发展，掌握了 PLC 产品的全套核心技术，自 20 世纪 90 年代特别是进入 21 世纪后，中国也有了具有自主知识产权的国产 PLC 产品。目前国内 PLC 生产厂家约有三十家，开发了大中小各系列、多型号的 PLC 产品，已经形成诸如和利时、台达、合信、南大傲拓、正航电子、无锡信捷等一批颇具实力的 PLC 品牌。但国内 PLC 应用市场仍然以国外产品为主，国产 PLC 所占的市场份额不到5%。尽管如此，国产 PLC 品牌厂商在需求、产品定制、成本优势以及服务等方面具有优势。

南大傲拓科技江苏有限公司成立于 2008 年，虽然公司历史短暂，但在国内品牌中，南大傲拓是国内屈指可数的拥有大、中、小型全系列 PLC 产品的厂家，从硬件系统到所有软件都拥有完全的自主知识产权，打破了世界著名企业对中国 PLC 中高端市场的垄断。其自主研发生产的全系列 PLC 产品 NA600（大型）、NA400（中型）和 NA200（小型）已经通过了 CE 认证、FC 认证以及电力工业电力系统自动化设备质量检验测试中心的严格测试和检验，各项性能指标均达到或超过相关标准要求，领先于同类产品，达到了国际先进水平。其首创的“3+3”质保承诺（三个月之内无条件包退，三年之内免费包换），让用户对 NA-PLC 的品质充满了信心。

除了 PLC 产品外，南大傲拓具有完全自主知识产权的产品覆盖了人机界面、变频器、伺服系统和组态软件等。南大傲拓的系列产品已经成功应用于水利水电、电力、环保水处理、市政工程、食品饮料工业、印刷包装工业、纺织行业、暖通空调、物流自动化、汽车工业、造纸行业、冶金和石油化工等领域。

上海正航电子科技有限公司是一家致力于 PLC 产品开发、生产、销售、服务的高科技企业，依托上海交通大学电子信息与电气工程学院的科研力量，于 2003 年开发出具有全套知识产权的小型 PLC 产品。目前，公司具有三个系列的产品，分别是拥有完全自主知识产权的 A 系列 PLC、引进德国技术生产的 CHION-驰恩系列 PLC、以及 H 系列人机界面。其中，A 系列小型 PLC 产品是自 2006 年起逐渐推出的经济实用型产品，具有较高的性价比，是替代价格高昂的国外产品的最佳选择。而 CHION-驰恩系列小型 PLC 与西门子公司 S7-200 系列 PLC 产品完全兼容，不仅可以使用西门子公司 S7-200 的编程软件，并且完全兼容 S7-200 的 CPU 模块。

经过多年发展，正航 PLC 已经发展成为国产 PLC 的知名品牌，其产品已广泛应用于纺织机械、塑料机械、电子设备、造纸、化工、新能源、制冷制热、医疗设备、包装设备及数控设备等众多行业。

无锡信捷电气股份有限公司成立于 2008 年，主要产品有 PLC、人机界面（HMI）、伺服控制系统、变频驱动、智能机器视觉系统、工业机器人等产品系列及整套自动化装备。信捷 PLC 目前拥有 XC、XD 和 XE 等 3 个系列 PLC。最新推出的升级版 XCC 系列高性能 PLC 定位为高速网络型的 PLC，其速度是信捷 XC 系列其他产品的 3 倍。重点表现为浮点运算速度明显提高、支持 5 路高速脉冲输出、支持 5 路 AB 相高速计数、可实现现场总线等功能，并符合标准 CANOPEN 通信协议。这些性能标志着信捷 PLC 家族 XC 系列的机型和功能在不断的丰富和完善。

信捷 PLC 产品广泛应用于各种自动化领域，包括航空航天、太阳能、风电、核电、隧道工程、纺织机械、数控机床、动力设备、煤矿设备、中央空调、环保工程等控制相关的行业和领域。

1.5.2　和利时公司的可编程序控制器

北京和利时集团始创于 1993 年，是一家从事自主设计、制造与应用自动化控制系统平台和行业解决方案的高科技企业集团。该公司的基础为原来电子部六所一个 40 余人的事业部，经过 20 余年的努力，已发展成为有员工 3000 多人的集团公司。该公司具有系统集成国家一级资质，是国家级的企业技术中心。其产品方向主要包括过程自动化（DCS）系统、工厂自动化（PLC 及驱动）系统、核电站数字化仪控系统、高速铁路及城市轨道交通自动化系统等。在工厂自动化和机器自动化领域，和利时从 2003 年开始，先后推出自主开发的 LM 小型 PLC、LK 大型 PLC 以及 MC 系列运动控制器，产品通过了 CE 认证和 UL 认证㊀。HOLLiAS PLC 作为和利时公司的核心产品被中国自动化网评为最具影响力的 PLC 品牌之一。

HOLLiAS-LEC G3 LE 系列小型 PLC 采用整体式结构，其 CPU 模块有晶体管输出型 LM3104、LM3106/LE3106A 和 LM3108，继电器输出型 LM3105、LM3107/LE3107E 和 LM3109 等 8 款（带字母的是同型号 CPU 的升级版），其外观及主要性能指标见表 1-4。该系列 PLC 的基本指令运算速度为 0.56μs，用户程序掉电保持时间可达 10 年。

PowerPro 是用于 HOLLiAS-LEC G3 系列 PLC 的专用编程软件，该软件基于 Windows 环境，符合 IEC61131-3 国际标准，支持梯形图（LD）、功能块图（FBD）、指令列表（IL）、结构化文本（ST）、顺序功能图（SFC）、连续功能图（CFC）和结构化文本（ST）等多种

㊀ CE（法语欧共体的缩写）认证是欧盟的一种安全认证，被视为制造商打开并进入欧洲市场的护照；UL 认证是美国保险商试验所（Underwriter Laboratories Inc）提供的产品安全认证，该认证是世界上从事安全试验和鉴定较大的民间机构。

表 1-4　HOLLiAS-LEC G3 系列 PLC 的外观及主要性能指标

CPU 模块	LM3104/ LM3105	LM3106 /LM3107	LM3108/ LM3109
外观			
存储器容量/KB	28	28/120	120
数字量集成 I/O 点	8/6 点	14/10 点	24/16 点
可扩展模块数量/个	2	4	7
最多数字量 I/O 点	(8 +32)/(6 +32)点	(14 +64)/(10 +64)点	(24 +112)/(16 +112)点
可扩展模拟量输入/输出	16/4 路	32/8 路	56/14 路
晶体管输出型高速脉冲输出点数	1 点,20kHz	2 点,20kHz	2 点,20kHz
通信端口/个	1	1	2

编程语言。PowerPro 包含程序编辑器和仿真调试器，具有离线仿真调试功能，即可通过软件仿真现场的输入、输出、定时、计数等情况，使用户能在程序试运行之前测试逻辑的正确与否，而无需下载到硬件设备。还具有在线监视功能以及单步、单循环、任意设置断点、强制变量值等在线调试功能。这些都极大地方便了用户程序的调试。

G3 系列 PLC 具有 30 余种不同类型的扩展模块和通用的人机界面，不仅可以完成对温度、压力、流量等模拟量的闭环控制，也能够完成对直线运动或圆周运动的位置、速度和加速度的运动控制。

HOLLiAS LK 系列 PLC 是适用于中、高性能控制领域应用的大型 PLC 产品，相对于传统 PLC 而言，LK 大型 PLC 产品充分融合了 PLC 和 DCS 的优点，既体现了 PLC 标准化、集成化、开放化、离散控制速度快、成本相对较低的特点，又综合了 DCS 模拟量控制功能强大、冗余、热插拔、强调高可靠不停机使用的要求。LK 系列 PLC 系统由 CPU 模块、普通 I/O 模块、高速 I/O 模块、通信处理模块、特殊功能模块和电源模块等组成，CPU 模块有 LK202、LK205、LK207、LK210 等型号，并包括支持冗余和非冗余两类。如图 1-7 所示，从左到右分别是通信模块、CPU 模块 LK207 以及 8 个 I/O 模块组成的 PLC。

LK 系列 PLC 采用工业级处理器，处理速度达到纳秒级，基本指令最快执行时间为 13ns，用户程序容量 4 ~ 16MB，可扩展到 16 ~ 512MB；数据存储器为 64MB，具有 1MB 数据掉电保持区；支持 2GB 的 SD 存储卡。数字量 I/O 点数最大扩展到 1024 ~ 57344 点；模拟量 I/O 可达 3584 路。具有不限定个数的定时器和计数器；所有 I/O 模块是智能型模块，具有故障检测和报警功能。所有模块支持带电插拔，且所有接线固定在背板上，更换模块轻而易举。PowerPro V4.0 是 LK 可编程序控制器的专用编程软件，该编程软件基于

图 1-7　合利时公司的大型 PLC
(HOLLiAS LK207)

Windows 环境，符合 IEC61131-3 国际标准。

HOLLiAS-LEC G3 的应用范围广泛，既可用于工矿企业，也可在民用场合使用；既可以用于单台设备控制，也可以用于生产线的自动控制。其应用领域包括机床、冲压机械、铸造机械、印刷机械、纺织机械、建材机械、包装机械、塑料机械、运输带、环保设备、中央空调、电梯、各类生产流水线等。LK 大型 PLC 和运动控制产品已经广泛应用于地铁、矿井、油田、水处理及机器装备控制行业等。

1.5.3　台达公司的可编程序控制器

被誉为台湾电子业的教父级人物郑崇华先生在 1971 年创办了台达电子，带着 15 个人开始了创业历程，为的是甩开日本人自己做零组件，打造华人的民族品牌。从 2012 年起，台达将产品和服务分成电源及元器件、能源管理和智能绿色生活等大类，产品涵盖工业自动化、楼宇自动化、数据中心、通信网络电源、可再生能源、视讯与监控和电动车充电等系统解决方案。台达公司研制的 PLC 具有自主知识产权，以高速、稳健、高可靠度及高性价比等特色而著称，被广泛应用于各种工业自动化机械。

台达 PLC 有 DVP-PLC 系列整体式小型机和 AH500 系列及 OMC 系列模块式中型机。DVP-PLC 包括 ES、EX、EH、SS、SX、SC、SA、SV、PM 等系列小型 PLC。其中，ES 和 SS 为标准型，外形小巧，集成数字量 I/O 点数有 8/6 点 ~ 36/24 点多种规格，可实现基本顺序控制。EX 和 SX 为数模混合型，主机集成了模拟量输入与输出。SC 为不可扩展型。EH 系列和 SV 系列 PLC 采用了 CPU 加 ASIC 双处理器，支持浮点数运算，运算速度可达 0.24μs。SA 系列 PLC 具有较强的运算能力。PM 系列 PLC 可实现双轴直线/圆弧插补控制，输出脉冲频率可达 500kHz。这些 PLC 均支持多种通信协议。表 1-5 给出了几种 PLC 的外观及基本性能指标。型号前的数字代表了 CPU 模块上集成 I/O 点数之和，型号后的数字代表了升级版本（第几代），数字越大，版本越新。

台达 PLC 提供了 I/O 扩展模块、温度测量模块和多种智能模块（如 A-D 模块、D-A 模

表 1-5　台达 DVP-PLC 的外观及基本性能指标

特 性	DVP-14SS	DVP-12SA2	DVP-32ES2	DVP-20EX2
外观				
用户程序容量/KB	16	64	64	64
数字量 I/O 点数	集成 8/6 点 可扩展到 238 点	集成 8/4 点 可扩展到 492 点	集成 16/16 点 可扩展到 256 点	集成 8/6 点 可扩展到 272 点
模拟量 I/O 点数	可扩展 8 个模拟量模块	可扩展 8 个特殊扩展模块	可扩展 8 个模拟量模块	集成 4/2 点 可扩展 8 个模拟量模块
集成通信端口/个	2	3	3	3
高速脉冲输出	2 点 10kHz	2 点 100kHz 2 点 10kHz	2 点 100kHz 2 点 10kHz	2 点 100kHz 2 点 10kHz

块、总线模块、定位模块和通信模块等)，以及手持编程器和 OIP 系列文本显示器。采用在通用计算机上安装编程软件 WPLSoft，可构成通用编程器。该编程软件程序提供了仿真功能，这对初学者帮助极大。因为，初学者一般不具备 PLC 的硬件实验条件，在没有硬件连接的情况下，通过程序仿真，即可基本测试出程序的正确性。

台达 DVP 系列 PLC 的最佳应用：包装机、圆织机、纺纱机、卷线机、印刷机、染料机、输送带（转速控制)、食品加工机、景观喷水池。高速三轴伺服焊接机、高速裁板机、棒材送料机、生产线分散监控系统等。

1.5.4　合信公司的可编程序控制器

深圳市合信自动化技术有限公司成立于 2003 年，致力于研发自主品牌高性能的 PLC 产品，经过十几年的发展，合信塑造了“CO-TRUST”（科创思）PLC 品牌，该品牌已成为国产 PLC 最重要的品牌之一。合信 PLC 产品针对不同的细分市场客户的需求，研制了 CTSC-100 系列和 CTSC-200 系列等小型 PLC 产品，技术特点与西门子类似，具有较高的性价比。表 1-6 列出了 4 种 CPU 模块的主要性能指标。这些模块均是可以扩展的，其扩展模块的类型包括：数字量模块、模拟量模块、温度测量模块、PID 控制模块、通信模块、称重模块、接口模块等，除此之外，还有配套的人机界面、PSC226 专用控制器等硬件，可以满足中小规模系统的各种复杂控制需求。

表 1-6　合信 Trust PLC 的基本性能指标

特性	CTSC-100 系列 CPU124XP	CTSC-100 系列 CPU126	CTSC-200 系列 CPU226L	CTSC-200 系列 CPU226M
外观				
用户程序/数据存储器容量/KB	12/8	12/8	基本 24/10 可扩展至 72/110	基本 24/10 可扩展至 72/110
指令运算速度 布尔指令/浮点数/μs	0.5/16	0.22/8	0.15/8	0.15/8
掉电保持电源	钮扣电池	超级电容	超级电容/外接电池	超级电容/外接电池
数字量 I/O 点数	集成 12/8 点 可扩展到 116 点	集成 24/16 点 可扩展到 64 点	集成 24/16 点 可扩展到 248 点	集成 14/10 点 可扩展到 230 点
模拟量 I/O 点数	16/8 点	12/6 点	56/28 点	56/28 点
集成通信端口/个	2	2	3	3
功耗/W	7	11	11	9

练　习　题

1-1　什么是可编程序控制器（PLC)？其用途是什么？

1-2　可编程序控制器的主要特点与具体功能是什么？高可靠性和高抗干扰能力是用什么措施保证的？

1-3　衡量可编程序控制器的主要性能指标有哪些？试列举几种小型 PLC 的主要性能指标，并分析说明其性能的优劣。

1-4　可编程序控制器的分类方式有哪些？若按结构型式的不同有哪几种分类？

1-5　相比一般的单片机控制系统，PLC 控制系统的优势是什么？

1-6　举例说明 PLC 的应用领域，调研一个小型生产线，说明 PLC 在生产控制过程中所起的具体作用。

第 2 章　可编程序控制器的基本原理

可编程序控制器的品牌、种类和型号繁多，但 PLC 系统的构成都属于积木式结构，各厂家的 PLC 产品结构大同小异，而工作原理却是完全相同的。

本章介绍 PLC 的基本组成、工作原理和编程语言的种类。

2.1　可编程序控制器的基本结构

2.1.1　整体式 PLC

整体式 PLC 的基本结构如图 2-1 所示。整体式 PLC 是将中央处理单元 CPU、存储器、输入接口、输出接口、I/O 扩展接口、通信端口和电源等组装在一个机箱内构成主机。用户通过按钮等开关设备或各种传感器就能够将开关量或模拟量由输入接口输入并存入主机存储器的输入映像寄存区；而后经过运算或处理得到的开关量或模拟量的控制信号经由输出接口输出到用户的被控设备。主机与编程器配合就组成了最小的 PLC 控制系统。当输入或输出的路数较多时，就需要通过 I/O 扩展接口连接 I/O 扩展模块以扩展输入或输出的点数。编程器、上位计算机或其他 PLC 等外部设备需要由通信接口与之连接。

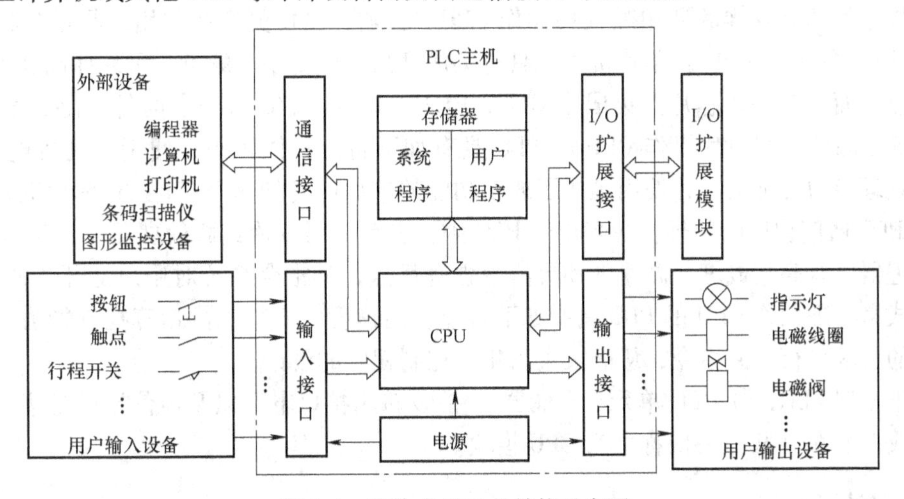

图 2-1　整体式 PLC 的结构示意图

2.1.2　模块式 PLC

模块式 PLC 的基本结构如图 2-2 所示。模块式 PLC 是将整体式 PLC 主机内的各个部分制成单独的模块，如 CPU 模块、输入模块、输出模块、通信模块、各种智能模块以及电源模块等，这些模块通过总线连接，安装在机架或导轨上。

由此可见，模块式的 PLC 比整体式的 PLC 配置更加灵活，输入和输出的点数能够自由

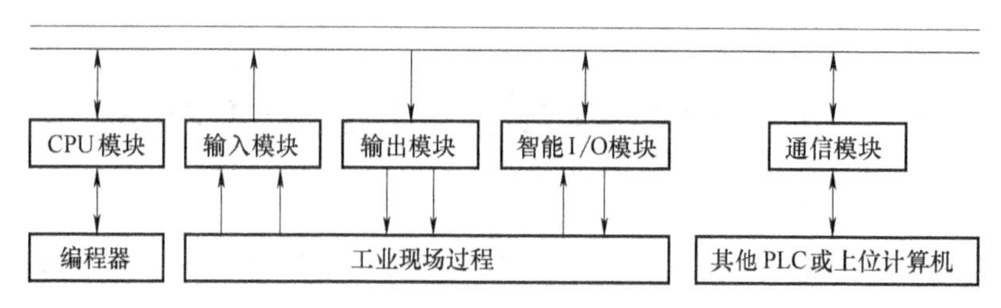

图2-2　模块式PLC的结构示意图

选择。整体式PLC虽然也能通过扩展接口连接其他模块，但能够扩展的模块的数量有限。

总之，无论是哪种结构形式的PLC，其基本组成部分以及工作原理是相同的，下面就分别简单介绍PLC的各个组成部分。

2.2　可编程序控制器的各组成部分

2.2.1　中央处理单元

与一般的计算机相同，中央处理单元（CPU）是PLC的核心部分，是整个PLC系统的中枢，其功能是：读入现场状态、控制信息存储、解读和执行用户程序、输出运算结果、执行系统自诊断程序以及与计算机等外部设备通信。

中央处理单元（CPU）由大规模或超大规模集成电路微处理器构成。一般在低档PLC中普遍采用如Z80这样的通用微处理器作CPU。目前，PLC更广泛使用的是单片机作CPU（如MCS-48系列单片机）。单片机不仅具有集成度高、体积小、廉价、可靠性高和可扩充性好的优点，而且在一片芯片上集成了CPU、ROM、RAM、I/O接口、时钟电路、A-D和D-A电路等，因此，用单片机作CPU的PLC具有如下特点：体积小，便于实现机电一体化；其逻辑处理能力更加突出；使用集成了通信功能的单片机（如MCS-51系列单片机）还非常有利于PLC通信程序的处理。在高档的PLC中，也有采用位片式微处理器作CPU的。位片式微处理器具有高集成度、高速度和灵活性强等优点，其指令系统对用户是开放的，因此，用位片式微处理器作CPU的PLC具有如下特点：高速度、高精度的运算控制能力；可以根据用户的要求自行定义指令，从而大大简化了控制程序的设计。

对于小型PLC，其CPU单元与存储器、输入/输出接口电路以及通信端口是集成在一起的，构成PLC的主机，一般称之为CPU模块。

2.2.2　存储器

1. 存储器的类型

存储器有只读存储器（ROM）、随机存取存储器（RAM）、可编程只读存储器（PROM）、可擦除可编程只读存储器（EPROM）、电可擦除只读存储器（EAROM）、电可擦除可编程只读存储器（EEPROM）。各种存储器的特点，读者可查阅相关计算机书籍。

2. 存储器的划分

PLC中的存储器根据用途不同分为系统程序存储器、用户程序存储器和工作数据存储器等三种。

系统程序存储器是存放系统程序的存储器区域，为只读存储器，用户不能更改其中的内容。系统程序是由 PLC 制造厂家根据其产品的功能编写的，主要完成指令解释、系统自诊断、子程序调用管理、运算、通信和各种参数设定等功能。中小型 PLC 一般采用 PROM 或 EPROM 存放系统程序，大型 PLC 多采用 ROM 存放系统程序。

用户程序存储器是存放用户程序的存储器区域。用户程序是用户根据自己的控制要求而编写的应用程序。根据生产过程或工艺的要求，用户程序需要经常改动，所以，用户程序存储器必须是可读写的。一般用户程序存放在带有后备电池掉电保护的 RAM 中或 EEPROM 中。目前较先进的 PLC 采用可随时读写的快闪存储器（Flash Memory）作为用户程序存储器，快闪存储器不需要后备电池，掉电时，数据也不会丢失。不同机型的 PLC，其用户程序存储器的容量相差较大。

工作数据存储器是用来存储工作数据的存储器区域。工作数据是随着程序的运行和控制过程的进行而随机变化的，因此，这种存储器也采用 RAM 和 EEROM 存储器。在工作数据区中，预先开辟了各种“元件”的映像寄存器区域和变量数据区。这里所说的元件是软元件，即相当于继电器的存储单元。元件映像寄存器有输入映像寄存器、输出映像寄存器、辅助继电器、定时器和计数器的当前值寄存器等。根据需要，还可以设置在 PLC 断电时能够保持数据的数据保持区。

2.2.3　输入/输出接口电路

PLC 通过 I/O 接口电路与外部设备相互联系。PLC 系统的输入/输出示意图如图 2-3 所示。通过 I/O 模块可以接收现场设备（传感器）向 PLC 提供的被控对象的各种参数（模拟量输入 AI），或由按钮、操作开关、限位开关、继电器触点和接近开关等提供的开关量信号（数字量输入 DI）。这些信号经过输入接口电路的滤波、光电隔离和电平转换等处理，变成 CPU 能够接收和处理的信号。同时，通过 I/O 模块可以将经过 CPU 处理的信号通过光电隔离和功率放大等处理，转换成外部设备所需要的驱动信号（数字量输出 DO 或模拟量输出 AO），以驱动如接触器、电磁阀、电磁铁、调节阀、调速装置等各种执行机构。

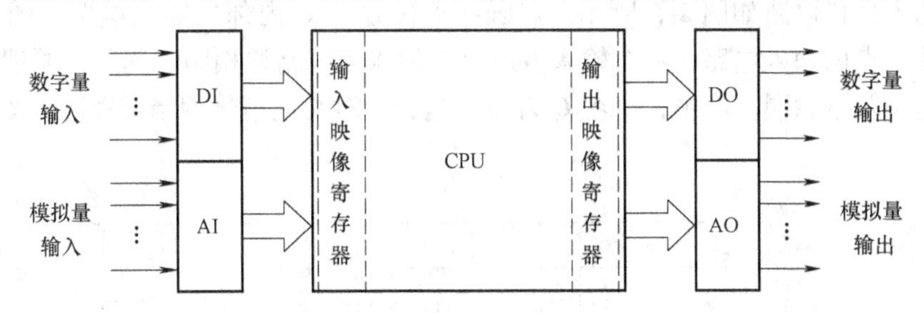

图 2-3　PLC 的输入/输出示意图

信号模块是数字量输入/输出模块和模拟量输入/输出模块的统称，也常称为 I/O 模块或 I/O 接口。通常有 6 种类型：数字量输入模块、数字量输出模块、数字量输入/输出混合模块、模拟量输入模块、模拟量输出模块和模拟量输入/输出混合模块。通常在 I/O 模块上具有状态显示的指示灯和端口接线端子排，不仅使运行状态更加直观，而且安装和维护都很方便。下面介绍几种常用的 I/O 接口电路的工作原理。

1. 数字量输入接口电路

按照输入端电源类型的不同，数字量输入接口电路可分为直流输入接口电路和交流输入接口电路。

直流输入接口电路如图2-4所示，外接的直流电源极性可以为任意极性。左侧点画线框内为外部用户接线，右侧点画线框内是PLC内部的输入电路。图中只画出对应于一个输入点的输入电路，各个输入点所对应的输入电路均相同。图中VLC为光电耦合元件，其内部的发光二极管与光敏晶体管封装在一个管壳中。当S闭合时，无论是何种极性的输入，总有一只发光二极管导通而发光，使光敏晶体管饱和导通，从而在电阻 R_2 上产生高电平，该高电平信号经滤波电路送到内部电路中。同时某只输入指示灯VL点亮，表示输入开关S处于接通状态。当CPU访问该路输入时，就将该输入点对应的输入映像寄存器位置**1**；当S断开时，发光二极管截止而不发光，光敏晶体管也截止，于是电阻 R_2 上为低电平，该低电平信号经滤波电路送到内部电路中。同时VL不亮，表示输入开关S处于断开状态。当CPU访问该路输入时，就将该输入点对应的输入映像寄存器位置**0**。图中 R_1 为限流电阻，R 和 C 构成滤波电路，可滤除输入信号中的高频干扰。

西门子公司S7-200 PLC内部提供了24V的直流电源，其直流输入无需外接电源，用户只需将开关接在输入端子和公共端子（COM）之间即可，称此为无源式直流输入。无源式直流输入接口简化了输入端的接线，方便了用户。

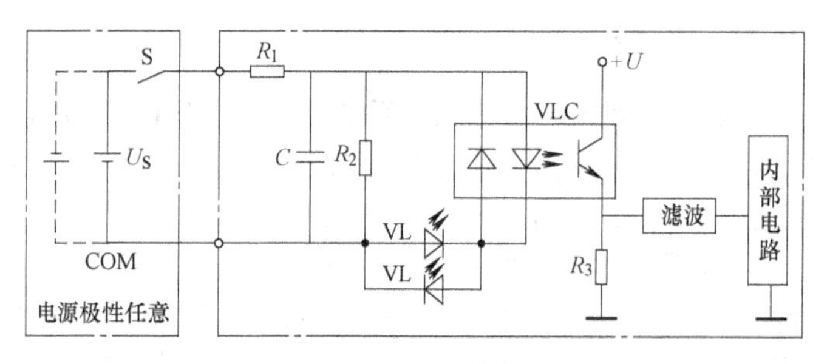

图2-4　直流输入接口电路

交流输入接口电路如图2-5所示。点画线框内是PLC内部的输入电路。图中只画出对应于一个输入点的输入电路，各个输入点所对应的输入电路均相同。其工作原理与上述直流输入接口电路基本相同。图中，电容 C 为隔直电容，对交流信号相当于短路。R_1 和 R_2 构成分压电路。

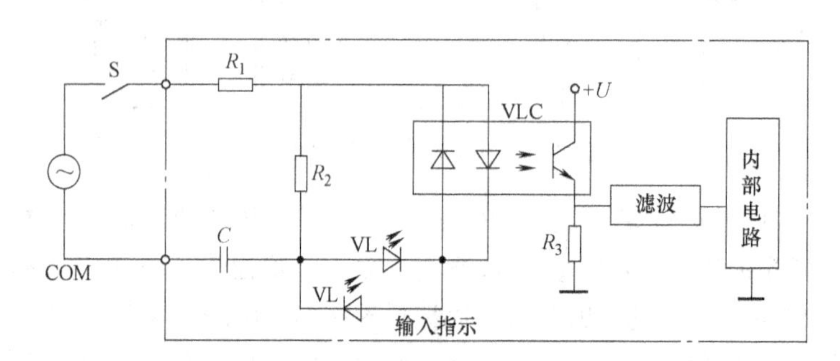

图2-5　交流输入接口电路

2. 数字量输出接口电路

按输出电路所用开关器件的不同，PLC 的数字量输出接口电路可分为晶体管输出接口电路、晶闸管输出接口电路和继电器输出接口电路。

晶体管输出接口电路如图 2-6 所示。点画线框内是 PLC 内部的输出电路，框外右侧为外部用户接线。图中只画出对应于一个输出点的输出电路，各个输出点所对应的输出电路均相同。图中，VLC 是光电耦合元件，VT 为输出晶体管，VL 指示输出点的状态，VD_1 为 VT 的保护二极管，VD_2 为续流二极管（对于电感性负载，必须用续流二极管为负载断电时提供能量释放的通路），FU 为短路保护熔断器。

当该输出位的内部输出映像寄存器的状态为 **1** 时，VLC 导通，从而使 VT 饱和导通，因此负载通电。同时输出指示灯 VL 点亮，表示该输出点状态为 **1**；当该输出位的内部输出映像寄存器的状态为 **0** 时，VLC 截止，从而使 VT 也截止，因此负载断电。同时 VL 不亮，表示该输出点的状态为 **0**。

由于晶体管为无触点直流开关，故该电路具有响应速度快、使用寿命长的特点。晶体管输出接口电路用于驱动直流负载。

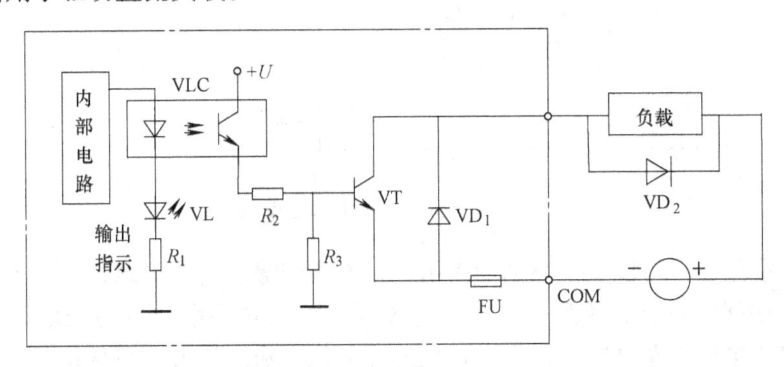

图 2-6　晶体管输出接口电路

双向晶闸管输出接口电路如图 2-7 所示。点画线框内是 PLC 内部的输出电路，框外右侧为外部用户接线。输出电路的光电耦合元件采用的是光控双向晶闸管 VT_1 和双向晶闸管 VT_2，因此，该输出接口电路可以驱动直流或交流任意类型的负载。图中 VL 为输出点状态指示，*R* 和 *C* 构成阻容吸收保护电路，FU 为短路保护用熔断器。图中只画出对应于一个输出点的输出电路，各个输出点所对应的输出电路均相同。

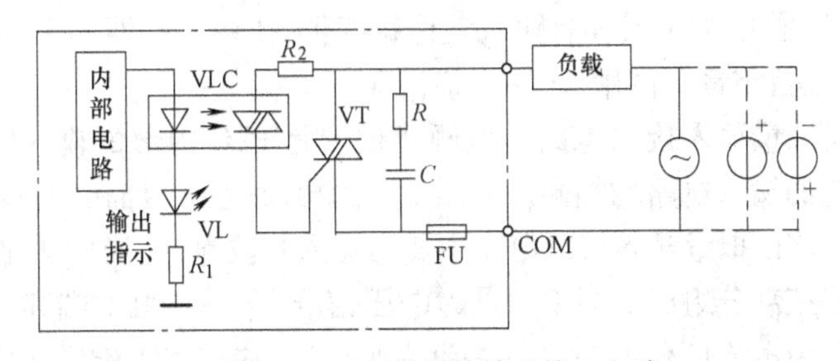

图 2-7　双向晶闸管输出接口电路

当该输出位的内部输出映像寄存器的状态为 **1** 时，无论外接何种电源都能使 VT_1 导通，进而触发 VT_2 使之导通，负载通电，同时输出指示灯 VL 点亮，表示该输出点状态为 **1**；当该输出位的内部输出映像寄存器的状态为**0**时，VT_1 截止，VT_2 因无触发信号而截止，负载断电，同时VL不亮，表示该输出点状态为**0**。

继电器输出接口电路如图2-8所示。点画线框内是PLC内部的输出电路，框外右侧为外部用户接线。该输出接口电路可以驱动直流或交流任意类型的负载。图中，VL是输出点状态指示，KA为一小型直流继电器。图中只画出对应于一个输出点的输出电路，各输出点所对应的输出电路均相同。

当该输出位的内部输出映像寄存器的状态为**1**时，KA线圈通电，其常开触点闭合，无论外接何种电源都能使负载通电，同时输出指示灯VL点亮，表示该输出点状态为**1**；当该输出位的内部输出映像寄存器的状态为**0**时，KA线圈断电，其常开触点断开，负载断电，同时VL不亮，表示该输出点状态为**0**。

由于继电器触点的电气寿命和开关速度都不及半导体开关器件，因此，在需要输出点频繁通断的场合（如高频脉冲输出），应选用晶体管或晶闸管输出型的PLC。

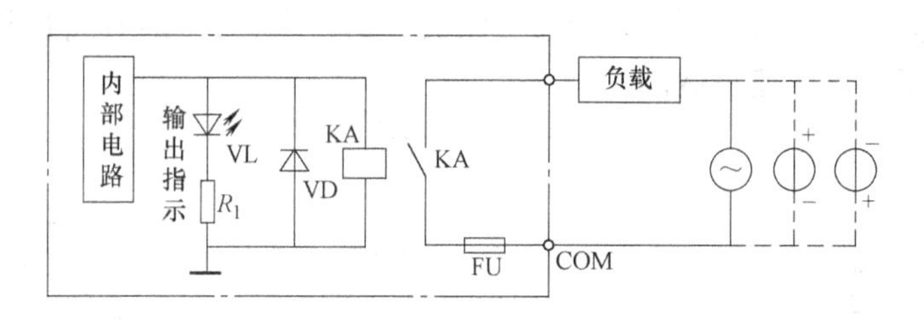

图2-8　继电器输出接口电路

PLC的数字量输出可以直接驱动如指示灯、电磁阀等小功率负载，对于大功率或高压负载，还要通过中间继电器、接触器、电磁开关等接通大功率电源或高压电源才能驱动。另外，当驱动直流电感性负载时，需要在负载两端并联续流二极管，以保护内部电路不被电感负载所产生的感应电动势击穿。

3. 模拟量的输入与输出

PLC控制系统所控制的物理量有许多是模拟量，如温度、速度、压力、流量和位移等。通过传感器检测这些物理量所得到的输入信号（电压或电流）是时间的连续函数。按照IEC的标准，传感器输出的模拟信号电压为-10～10V、0～10V、1～5V；模拟信号电流为-20～20mA、0～20mA、4～20mA。模拟量输入接口电路接收到上述模拟信号后，将其转换为8位、10位或12位的数字量存入输入映像寄存器AI中。在西门子S7-200 PLC中，一路模拟量转换为12位数字量，占用AI一个字长（16位）。

图2-9是一种模拟量输入接口电路。点画线框内是PLC内部的输入电路。由于各路模拟量输入通道所对应的输入电路均相同，故图中只画出对应于一路模拟量输入通道的输入电路。由图2-9可见，该模拟量输入接口电路主要由输入滤波电路、放大电路和模拟量与数字量转换（A-D）电路三部分组成。当模拟量为电压信号 U_i 时，由1端和2端两个输入端子之间输入；当模拟量为电流信号 I_i 时（图中没有画出），应该将1端和3端短接，电流信号再从由1端和2端两个输入端子输入，电阻 R_2 使电流信号转换为电压信号。该电路能够识别信号的极性。一般，通过模块外部能够直接调节放大电路增益和偏置，实现零位调节。高性能的模拟量模块其分辨率可达几微伏。

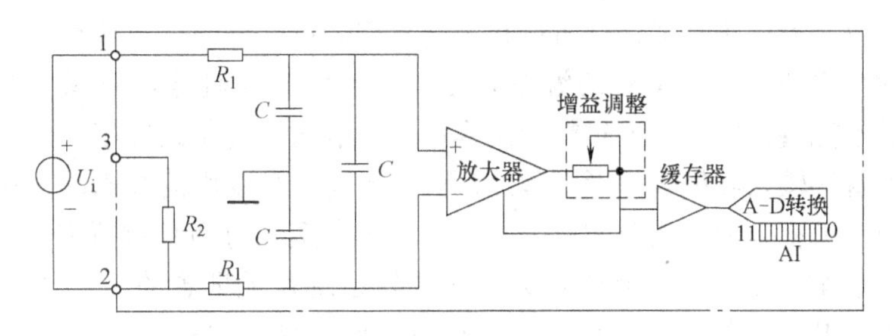

图 2-9　模拟量输入接口电路

经过 CPU 的运算和处理后，待转换的信号存放在输出映像寄存器 AQ 中，需再经过模拟量输出接口电路将数字量转换成与输入对应的模拟信号电压或电流，以驱动执行机构做相应的动作。在西门子公司 S7-200 PLC 中，待输出的模拟量转换前为 12 位数字量存放在 AQ 中，占用 AQ 一个字长（16 位）。

图 2-10 是一种模拟量输出接口电路。点画线框内是 PLC 内部的一路模拟量输出电路，该接口电路主要由数字量与模拟量（D-A）转换电路、电压输出缓存电路和电压-电流转换电路三部分组成。VO 是电压输出端子，IO 是电流输出端子。一般，对电压输出要限定负载电阻的最小值，而对电流输出要限定负载电阻的最大值，以保证输出功率不超过额定值。

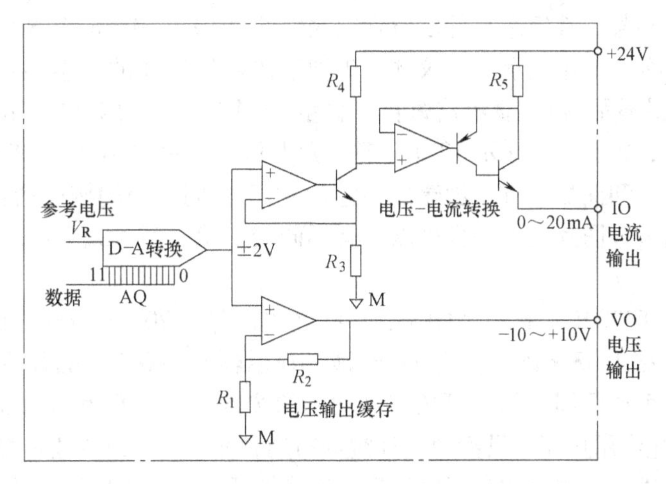

图 2-10　模拟量输出接口电路

PLC 的 I/O 接口，除了 CPU 主机上集成的 I/O 接口外，更多的是由通过 CPU 上 I/O 扩展口扩展。当扩展数量不能满足要求时，还可以通过配备远程 I/O 从站的方法来解决。目前，还发展了一系列特殊功能的 I/O 模板，这为 PLC 用于各行各业打开了出路，如用于条形码识别的 ASCII/BASIC 模块，用于反馈控制的 PID 模块，用于运行控制、机械加工的高速计数模块，单轴位置控制模块，双轴位置控制模块，凸轮定位器模块，射频识别接口模块等，今后，I/O 模板还会有很大发展。

2.2.4　外部设备

1. 编程装置

编程装置的作用是输入、编辑和调试用户程序，在线监控和设置参数以及进行人机对话等。编程装置可以是专用编程器，也可以是配有专用编程软件的个人计算机。专用编程器是生产厂家提供的与本公司PLC配套的编程工具，又分为简易编程器和智能编程器两种。

简易编程器不能直接输入和编辑梯形图程序，只能输入语句表程序。智能编程器或称为图形编程器可以直接输入和编辑梯形图程序，其本质是一台专用便携式计算机，既可以联机编程、又可以脱机编程，但只能对同一公司的几种固定型号的PLC进行编程。

装入PLC编程软件的个人计算机作为程序开发系统是最理想的。它既可以编辑、修改程序，又可以作为PLC系统的监控设备，还可以打印文件、进行数据采集和分析、系统仿真等。

2. 人机界面

人机界面又叫做操作员接口，用来实现操作人员与PLC控制系统之间的对话。安装在控制台上的按钮、转换开关、拨码开关、指示灯、LED显示器和声光报警器等就是最简单的人机界面。通常的人机界面具有如下功能：显示中文文本信息（如报警信息）、查看CPU的状态、显示和修改过程参数、设定输入和输出、强制I/O点诊断功能、设定日期和实时时钟等。高级的人机界面是具有智能的终端，它有自己的微处理器和存储器，能够与操作人员快速地交换信息，可以作为本地通信网络的接口。

例如，西门子公司的文本显示器TD（Text Display）是一种可连接至S7-200 CPU的显示设备，有如下四个型号，其组态软件已包含编程软件STEP 7-Micro/WIN中。

1）TD100C：有一个能显示4行文本、2种字体可供选择的文本显示窗口（分辨率为132×65像素的液晶显示器）。显示器每行可显示16个字符，总共可显示64个字符；或者如果使用粗体字体，则每行可显示12个字符，总共可显示48个字符。其面板允许用户完全灵活地设计键盘布局和面板，可以创建最多包含14个不同大小的按键的自定义键盘，这些按键可以放到任何背景图片上，并且可以具有不同的形状、颜色或字体。TD100C的外观如图2-11a所示。

2）TD 200与TD200C：有一个能显示2行文本，每行20个字符，总共40个字符的文本显示窗口（分辨率为33×181像素的背光液晶显示器）。TD 200的外观如图2-11b所示，其面板上提供了4个位置固定的、可预定义功能的按键，如果使用Shift键，则相当于8个功能键。TD200C允许用户完全灵活地设计键盘布局和面板，可以创建最多包含20个不同大小的按键的自定义键盘，这些按键可以放到任何背景图片上，并且可以具有不同的形状、颜色或字体。

3）TD400C：有一个能显示2行或4行的文本显示窗口（分辨率为192×64像素的背光液晶显示器），按键是位置固定的触摸键。显示窗口具体显示的行数取决于用户选择的字体和字符。如果显示4行，每行可显示12个小的中文字符，总共可显示48个字符；或者每行可显示24个小的ASCII字符，总共可显示96个字符。如果显示2行，则每行可显示8个大的中文字符，总共可显示16个字符；或者每行可显示16个大的ASCII字符，总共可显示32个字符。可以创建最多包含15个按键的自定义键盘，这些按键可以放到任何背景图片上，并且可以具有不同的颜色、功能或字体。TD400C的外观如图2-11c所示。

TD设备是一种低成本的操作员接口，使用自带的专用电缆TD/CPU与S7-200 CPU连接，通过电缆由S7-200 CPU供电，一般不需要单独的电源。但当连接距离超过2.5m时，TD200C、TD200和TD400C则需要通过一个连接器，使用外部电源供电。注意，TD100C不能使用外部电源供电。

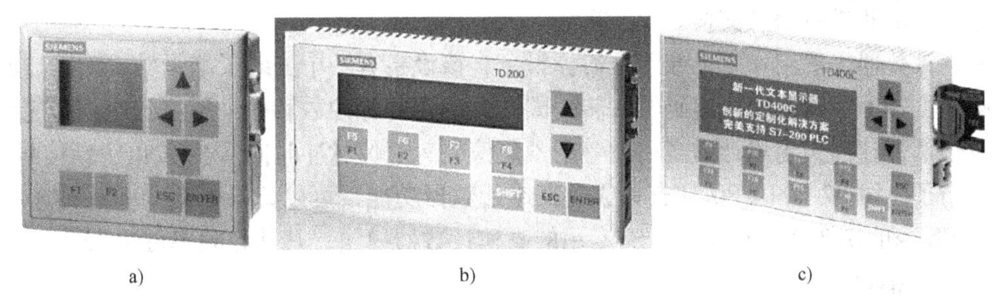

a)　　　　b)　　　　c)

图 2-11　TD 文本显示器

a) TD100C　b) TD200　c) TD400C

3. 外存储器

PLC 内部的半导体存储器称内存储器。也可以用外部的磁带、磁盘和半导体存储器来存储 PLC 的用户程序，这些存储器通称为外存储器。外存储器一般是通过编程器或其他智能模块提供的接口实现与内存储器之间相互传送用户程序。外存储器的功能首先是备份用户程序、数据和组态信息，如果存放在 PLC 内存中的程序丢失，可以由外存储器重新装入；另外，通过外存储器能够在不同的 PLC 之间复制程序。在离线开发用户程序的编程装置中，外存储器特别有用。

4. EPROM 写入器

EPROM 写入器用来把用户程序写入到 EPROM 中去，它提供了一个非易失性的用户程序的保存方法。同一 PLC 系统的各种不同应用场合的用户程序可以分别写入到几片 EPROM 中，在改变系统的工作方式时只需要更换 EPROM 就可以了。

5. 通用打印机模块

通用打印机模块是用来完成 PLC 与通用打印机交换信息的一种外设接口。通过这一模块，PLC 就能够与打印机相互通信，控制和检查打印机的工作情况，实现各种不同的打印功能。

除此之外，PLC 的外部设备还有大屏幕彩色图形监控设备、条码扫描仪、其他 PLC 或上位计算机等。

2.2.5　智能模块

智能模块是一个独立的计算机系统，它有自己的 CPU、系统程序、存储器以及与 PLC 系统总线相连的接口，根据模块的功能还有一些特殊组成部分。智能模块作为 PLC 系统的一个模块，通过总线与 PLC 进行数据交换，并在 CPU 模块的协调管理下独立地进行工作。这里所说的独立是指智能模块的工作不参加 CPU 的周期性扫描过程，而是按照它自己的规律参与系统工作，即多数情况下的运算功能都是由它本身的 CPU 完成的。

智能模块的种类很多，常用的有高速计数器模块、PID 控制模块、温度测量模块、ASCII 模块、BASIC 模块、通信模块、中断控制模块、闭环控制模块、运动控制模块、定位控制模块、阀门控制模块等。

1. 高速计数器模块

高速计数器模块是用于累计 CPU 扫描速率不能控制的高速事件，使用高速计数器能够实现精确控制，而不受 CPU 扫描周期的限制。高速计数器模块通过总线接口与 PLC 的系统总线相连，由此进行信息交换。

高速计数器一般用作驱动鼓形计时器设备，该设备有一个安装了增量轴式编码器的轴以恒定的速度转动。增量轴式编码器每转一圈产生确定的脉冲数和一个复位脉冲，高速计数器则接收这两种脉冲，当累计的当前值等于预设值并有复位脉冲时向 CPU 发出中断信号。

西门子公司 S7-200 CPU 具有集成的高速计数器功能，可以记录多路 20kHz 的事件。在 S7-300 PLC 和 S7-300 PLC 中就配有专用的高速计数器模块，其计数频率可达 2MHz。

2. 通信模块

通信模块有多种类型，用于在 PLC 之间、PLC 与计算机以及其他智能设备之间的通信。串行通信处理器用来连接点到点的通信系统，实现点对点通信。或将 PLC 接入 Profibus-DP、AS-I 和工业以太网。使用通信处理器能减轻 CPU 处理通信的负担，亦能减少用户对通信的编程工作量。

现代 PLC 都具有通信功能，因此各种通信模块是必不可少的。PLC 的通信模块大都自带微处理器，用来实现与其他 PLC、智能控制设备或上位计算机之间的通信。远程 I/O 系统也必须配备相应的通信模块。

西门子公司 S7-200 系统提供多种通信模块（参见表 3-3），以适应不同的通信方式。通信的原理以及通信模块的组网方式参见第 7 章。

3. 温度测量模块

温度测量模块是模拟量模块的特殊形式，其功能是将热系统的温度值转换为与之成正比的电压信号（数字信号）。温度测量模块通常有热电偶温度测量模块和热电阻温度测量模块两种。例如，西门子公司 S7-200 PLC 配备有 EM 231 TC 热电偶温度测量模块和 EM 231 RTD 热电阻温度测量模块，详见 3.1.3 小节。

4. 闭环控制模块

随着 PLC 技术的迅速发展，PLC 不仅对模拟量处理功能逐渐加强，而且闭环控制功能也在不断完善。闭环控制常采用的方法有两种：其一是利用模拟量 I/O 接口硬件的支持，通过一定的控制软件来实现闭环控制；其二是软硬件一起开发，形成独立的智能模块来实现控制。

5. 运动控制模块

运动控制模块用来控制物体的位置、速度和加速度。模块中的存储器存储了给定的运动曲线，被控对象可以是单轴或多轴。运动控制一般采用闭环控制，用伺服电动机或步进电动机作驱动装置，如果用步进电动机作驱动装置，也可以采用开环控制。运动控制模块使运动控制与 PLC 的顺序控制功能有机地结合在一起，被广泛地应用在机床、装配机械等场合。例如，西门子定位控制模块 EM253 就是一种较简单的运动控制模块，主要针对较为简单的、不需要专用控制器的运动控制。

6. BASIC 模块

BASIC 模块又称为数据处理模块，是一个不占用 CPU 扫描周期而独立完成任务的智能 I/O 接口。BASIC 模块实际上是一台封入工业 I/O 模块内的微型计算机，它处理用户的 BASIC 程序，是对 PLC 系统功能的补充。

2.2.6 电源模块

PLC的工作电源为开关式直流稳压电源，开关电源体积小、质量轻、效率高、抗干扰能力强，对电网电压的稳定性要求不高。开关电源主要为PLC内部电路供电，有的PLC也能向外部提供直流电源。

电源模块用于将220V AC电源转换为DC 24V和DC 5V电源，为PLC的各个模块供电。由于不同的PLC系统配置的模块数量和种类不同，所需的工作电流亦不相同，因此，电源模块的容量有多种档次。一般电源模块上有LED指示灯，当发生过载时，LED灯将闪烁报警。

例如，S7-200 CPU内部的开关电源提供5V和24V两种直流电压，CPU的DC 5V电源为CPU自身和扩展模块供电，CPU的DC 24V电源可为本机集成的I/O点和扩展模块上的I/O点供电，也为一些特殊或智能模块供电。

不同型号的PLC其开关电源的容量是不同的。对每一个PLC系统必须校验开关电源的容量是否足够。每一个扩展模块都需要5V直流电源，如果总需求超过CPU模块的供电能力，则必须减少或改变模块的配置；对于需要24V直流电源供电的I/O点、某些扩展模块和TD设备等也要进行容量计算，如果总需求超过CPU模块的供电能力，则需要增加外部24V直流电源来为部分模块供电。

2.3 可编程序控制器的工作原理

PLC中的CPU与存储器配合，监视现场的输入信号，根据用户程序进行运算，输出信号去控制现场设备运行，从而完成控制功能。它与DCS系统处理温度、压力、流量等参数的方式不同，CPU采用快速的循环扫描工作方式，周而复始地执行一系列任务，任务循环执行一次称为一个扫描周期。

2.3.1 PLC的扫描工作方式

PLC在本质上虽然是一台微型计算机，其工作原理与普通计算机类似，但是PLC的工作方式却与计算机有很大的不同。计算机一般采用等待输入-响应（运算和处理）-输出的工作方式，如果没有输入，就一直处于等待状态。而PLC采用的是周期性循环扫描工作方式。每一个周期要按部就班做完全相同的工作，与是否有输入或输入是否变化无关。

以西门子公司S7-200 PLC为例，PLC在一个扫描周期中要执行的任务包括：输入信号采样、执行用户程序、处理通信请求、执行CPU自诊断和输出刷新，如图2-12所示。这五个任务并不是在每一个扫描周期都要执行一次。一个扫描周期中要执行的任务取决于CPU的操作模式，S7-200 CPU有STOP和RUN两个操作模式。STOP模式和RUN模式的主要区别是：RUN模式时运行用户程序，STOP模式时不运行用户程序。

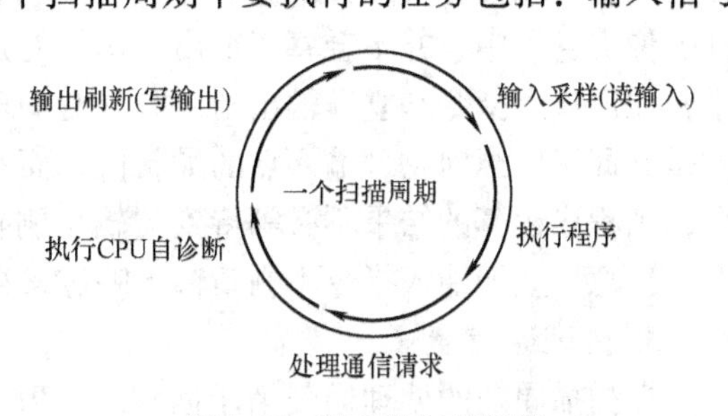

图2-12 PLC的扫描周期

PLC的扫描周期可以按固定顺序进行，也可以按用户程序规定的可变顺序进行。这不仅仅因为有的程序或指令不需要每扫描一次，执行一次，也因为在一个大的控制系统中，需要处理的I/O点数较多，通过不同的组织模块的安排，采用分时分批扫描执行的方法，不仅可以缩短扫描周期，还提高了控制的实时性。

2.3.2　PLC的扫描工作过程

1. 输入采样阶段

输入采样又称为读输入。在每次扫描周期开始时，CPU集中采样所有数字量输入点的当前输入值，并将其存入内存中各对应的输入映像寄存器。此时，输入映像寄存器被刷新，那些没有使用的输入映像寄存器位被清零。此后，输入映像寄存器与外界隔离，无论输入信号如何变化，都不会再影响输入映像寄存器，其内容将一直保持到下一扫描周期的输入采样阶段，才会被重新刷新。

对于模拟量输入，如果没有启用模拟量输入滤波，则CPU在扫描周期的输入采样阶段不会自动更新来自扩展模块的模拟量输入寄存器AI，只有当访问模拟量输入时，CPU直接从其物理模块读取模拟值。如果启用了模拟量输入滤波功能，则CPU会在每一个扫描周期刷新模拟量、执行滤波功能，并且在内部存储滤波值。当程序中访问模拟量输入时使用其滤波值。

对于已经集成了模拟量输入的CPU224XP，在每个扫描期间，模拟量输入寄存器AIW0和AIW2会读取A-D转换器生成的最新值，从而完成刷新。该A-D转换器求取的是平均值(Sigma-delta)，故不需要再设置软件滤波。

2. 程序执行阶段

在扫描周期的执行程序阶段里，CPU执行用户程序是从第一条指令开始顺序执行，直到最后一条指令结束，除非遇到程序跳转指令，则根据跳转条件是否满足来决定程序的跳转地址。对于梯形图程序是按先左后右、先上后下的语句顺序逐句扫描运算的。

如果在程序中使用了中断，中断程序并不作为正常扫描周期的一部分来执行，而是当中断事件发生时才执行。因此，中断程序可能会在扫描周期的任意时刻被执行。当多个中断事件发生时，CPU根据中断的优先级别来处理中断，并以异步扫描方式为中断程序服务。如果在程序中使用子程序，则子程序只能在主程序、另一个子程序或中断程序调用时，才会被执行。从主程序开始时，子程序嵌套深度为8，从中断程序开始时，子程序嵌套深度为1。

当指令中涉及输入指令时，CPU就从输入映像寄存器中读取数据，然后进行相应的运算，运算结果再存入元件映像寄存器中。当执行输出指令时，CPU只是将输出值存放在元件映像寄存器中，并不会真正输出。例外的是，不论在主程序、子程序或中断程序执行过程中，立即输入指令和立即输出指令允许对物理输入点和输出点直接操作。对于立即输入指令就是立即读取当前物理输入点的最新值，而不从输入映像寄存器I中取值；对于立即输出指令，则程序运算的结果不必等待到“输出刷新阶段”而直接刷新输出点输出。

注意，立即输入指令不刷新输入映像寄存器，而立即输出指令要刷新输出映像寄存器。

3. 处理通信请求

在扫描周期的处理通信请求阶段，CPU处理从通信端口接收到的任何信息。处理通信请求阶段在扫描周期中所占用的时间比是可以调节的。例如在S7-200 CPU中，默认的处理通信请求的时间为扫描周期的10%，可以按5%的最小增量增加其比值，最大可达50%。显然，增加了用于处理通信请求时间的百分比后，也就增加了扫描周期的时间，使得控制的适时性变差。

4. 执行CPU自诊断测试

在扫描周期的CPU自诊断测试阶段，CPU检查其硬件和所有I/O模块的状态，在RUN模式下，还要检查用户程序存储器。自诊断测试的结果是给出错误代码信息，若错误代码为16#0000，则表示没有错误，否则，硬件或程序运行等存在错误。这些错误分为两大类，分别是致命错误与非致命错误。例如，内部EEPROM的配置参数错误、默认输出表值检查错误，存储器卡失灵或不能被识别，以及内部软件错误等属于致命错误；程序运行所产生的输入中断分配冲突、子程序嵌套层数超过规定、间接寻址错误、操作数范围、堆栈溢出等错误属于非致命错误。

致命错误会导致CPU无法执行某一功能或全部功能，非致命错误只会导致CPU运行的某些方面效率降低，但不会影响CPU执行用户程序或更新输入与输出。若发现错误，将点亮主机面板上的故障指示灯SF，并判断错误的性质。对于非致命错误，只报警不停机，等待处理。例如，在向CPU下装程序时，CPU将对程序进行编译，在该过程中如发现非法指令或语法错误等违反编译规则的错误，CPU则停止下装程序，同时生成一个编译规则错误的代码，供编程者检查、修正。对于致命错误，则CPU转为STOP方式，停止运行用户程序，CPU切断一切输出联系。

S7-200 PLC的错误类型及错误代码详见附录B，通过编程软件中的主菜单命令PLC \ Information能够调出错误状态表，查看错误代码。注意，有些错误会导致CPU无法进行通信，此时，将看不到来自CPU的错误代码，这代表CPU模块出了问题。

5. 输出刷新阶段

扫描周期的最后一个步骤为输出刷新阶段，此时，CPU将存放在输出映像寄存器中所有开关变量的状态（0或1）输出到输出锁存器中，并送给物理输出点以断开或接通外部负载。但是，模拟量输出是直接刷新的，与扫描周期无关。

综上所述，对用户程序的循环扫描过程，一般分为三个阶段进行，即输入采样阶段、程序执行阶段和输出刷新阶段，如图2-13所示。图中标注的序号①、②、③等表示了图中所示梯形图程序的执行顺序。

由此可见，PLC的扫描工作方式明显区别于继电器控制系统。继电器控制系统是采用硬

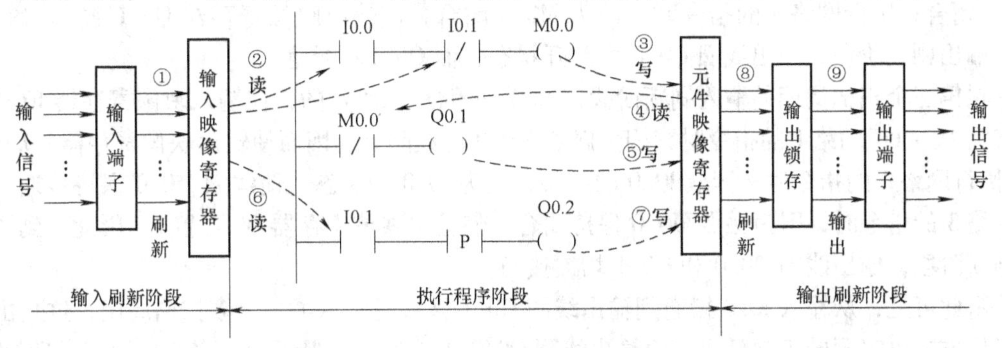

图2-13 PLC程序的执行过程

接线逻辑的并行工作方式。当某个继电器的线圈通电时，其所有的常开触点和常闭触点无论处在控制电路的哪条支路、哪个位置都会立即动作，从而控制其他线圈的通电或断电。而PLC的扫描工作方式在执行程序阶段就已经计算出哪些“线圈”应该通电，哪些“线圈”应该断电，但并不马上执行，要等到本次扫描周期最后的输出刷新阶段才按“批处理”的方式同时刷新所有的输出位。

顺序扫描的工作方式简单直观，简化了程序设计，并为PLC的可靠运行提供了非常有利的保证。因为程序的顺序执行将触发“看门狗”定时器，以监视每一次扫描是否超过了规定的时间，从而避免了由于CPU内部故障使程序执行进入死循环所造成的影响。

2.3.3 PLC的输入/输出滞后现象

PLC有很多优点，但也有不足之处，最显著的弱点是：输入/输出有响应滞后现象，其滞后时间可达几十毫秒。对一般的工业控制设备来说，这个滞后时间是完全允许的，对于有快速性响应要求的设备，则可以选用快速响应模块、高速计数模块、立即输入/输出指令以及中断处理等措施来尽量减少滞后时间的影响。

影响输入/输出响应滞后的主要因素有：

1）输入延迟时间。主要是输入滤波器时间常数的影响。

2）扫描周期。按循环扫描的工作方式会从原理上产生输出滞后于输入的现象，而且扫描周期越长，输出滞后就越严重。

3）输出延迟时间。主要是输出继电器等执行机构有机械滞后。

4）程序语句的安排，影响程序执行时间。

对于程序的语句安排不合理所带来的额外响应滞后，可以通过图2-14所示的例子说明。图2-14a为一段梯形图程序，I0.0是输入常开触点，M0.0是位存储器，起中间继电器的作用，Q0.0和Q0.1是输出线圈。该程序所要执行的操作是当输入触点I0.0闭合时，使输出线圈Q0.0和Q0.1接通通电。该程序的执行过程如图2-14b的时序图所示。

在第一个扫描周期的输入刷新阶段，I0.0是断开（OFF）的，使输入映像寄存器I0.0的状态为**0**，故该周期内输出映像寄存器Q0.0和Q0.1以及位存储器M0.0均为**0**态。

在第二个扫描周期的输入刷新阶段，I0.0是闭合（ON）的，使输入映像寄存器I0.0的状态为**1**。执行网络1的指令时，因为M0.0为**0**态，使Q0.0继续保持**0**态；执行网络2的指令时，读取I0.0的状态，因为I0.0为**1**态，使M0.0线圈接通（即M0.0=**1**），从而触点M0.0闭合；执行网络3的指令时，因为M0.0闭合，使输出映像寄存器Q0.1置**1**。因此，到了输出刷新阶段，输出线圈Q0.0为断开状态，而Q0.1被接通。

在第三个扫描周期的输入刷新阶段，I0.0是闭合（ON）的，使输入映像寄存器I0.0的状态为**1**。执行网络1的指令时，因为触点M0.0已经闭合，因而使输出映像寄存器Q0.0置**1**；执行网络2的指令时，读取I0.0的状态，因为I0.0为**1**态，使线圈M0.0保持接通；执行网络3的指令时，因为触点M0.0保持闭合，使输出映像寄存器Q0.1置**1**。因此，到了输出刷新阶段，输出线圈Q0.0和Q0.1均被接通。

由此可见，从输入I0.0接通到输出线圈Q0.1被接通延迟了一个多扫描周期，这是由扫描工作方式决定了的正常延迟，而输出线圈Q0.0被接通却延迟了两个多扫描周期，即Q0.0又比Q0.1延迟了一个扫描周期才接通，这个延迟是非正常的，属于程序的指令（语句）先后顺序设计不合理造成的。如果将第一行网络1与第二行网络2交换位置，则输出线圈Q0.0将与输出线圈Q0.1同时在第二个扫描周期的输出刷新阶段被接通。

注意：各个元件映像寄存器（对应梯形图中的线圈）是在程序执行阶段、按照网络运算的先后顺序被依次刷新（置**0**或置**1**）的。故在图2-14中，将Q0.1输出映像寄存器的状态变化画在了第二个扫描周期执行程序阶段的中间、而不是执行程序阶段的开始时刻。但本教材在其他时序图中，将不再考虑各个元件映像寄存器状态变化的时间差异。

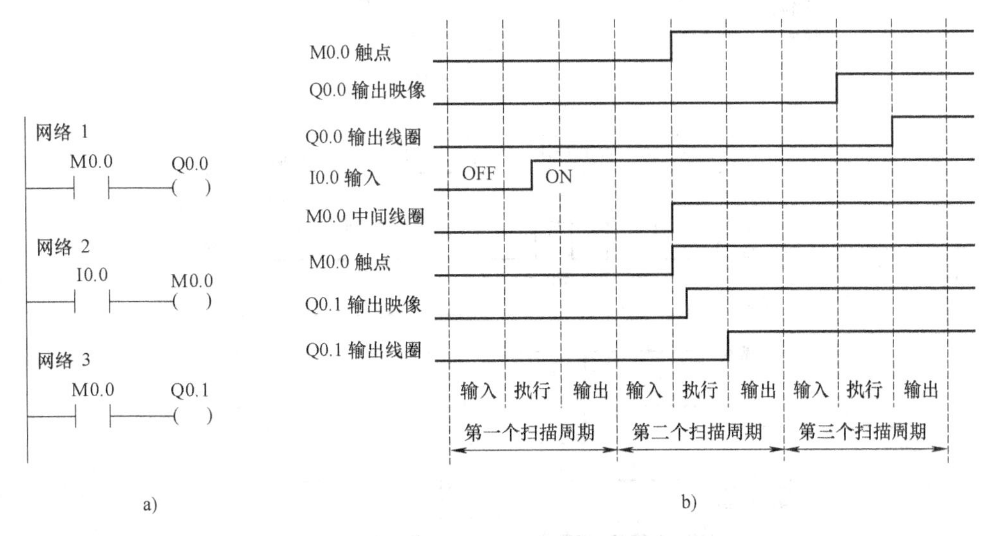

图2-14　输出滞后的产生原理分析

a）梯形图　b）时序图

2.3.4　PLC的脉冲捕捉功能

集中采样输入信号虽然能减少外界干扰的影响，但是极容易丢失短暂的脉冲输入信号。为此，PLC提供了脉冲捕捉功能。脉冲捕捉功能使CPU能捕捉到作用时间非常短暂的高电平或低电平脉冲信号。西门子公司S7-200 CPU允许为每一个本机集成的数字量输入点设置脉冲捕捉功能。当某个输入点设置为脉冲捕捉时，输入端的状态变化将被锁存并一直保持到下一个扫描周期的输入刷新阶段，确保了不丢失输入脉冲信号。带有和不带有脉冲捕捉功能的CPU的基本操作如图2-15a所示。

图2-15b给出了三种不同输入信号的脉冲捕捉响应情况。如果在一个给定的扫描周期内有不止一个输入脉冲时，则只有第一个输入脉冲可以读到，第二个以及第二个以后的输入脉冲将被丢失。为此，可以采用I/O中断方式来处理多个输入脉冲。同理，输入短暂的负脉冲同样可以被捕捉到。

S7-200 CPU从编程软件的主菜单中选择菜单命令“View/System Block”，调出如图2-16所示的系统块设置窗口，再选择“脉冲捕捉位”标签，就可以为本机集成的数字量输入点分别设置脉冲捕捉功能。默认情况下，每一个输入点是没有脉冲捕捉功能的。

2.3.5　PLC的输入滤波功能

一般PLC均设置有输入滤波功能。对输入信号进行滤波的目的是为了抑制干扰对控制

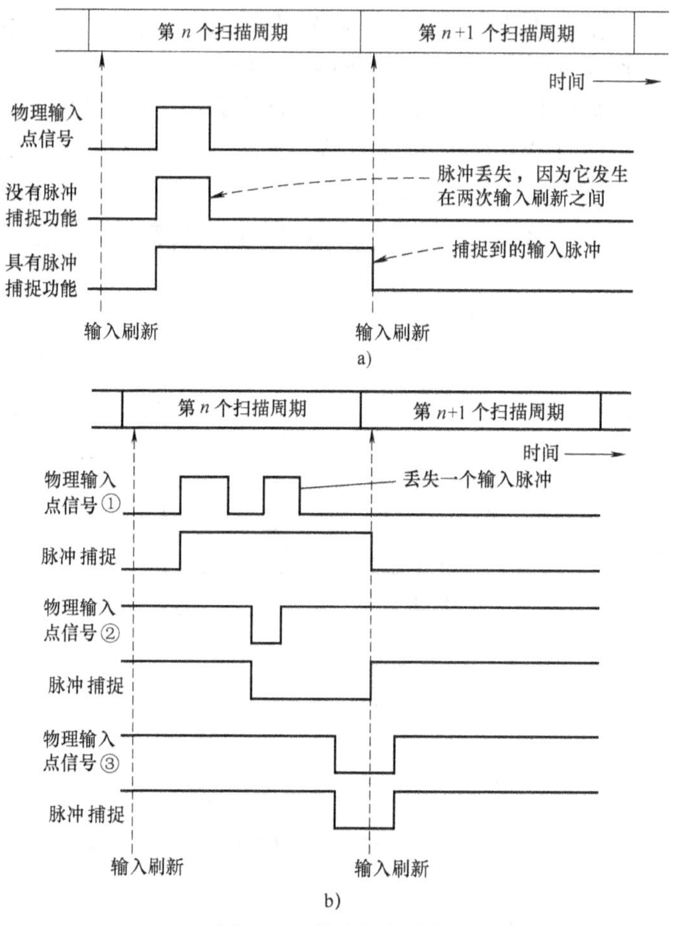

图 2-15　脉冲捕捉功能

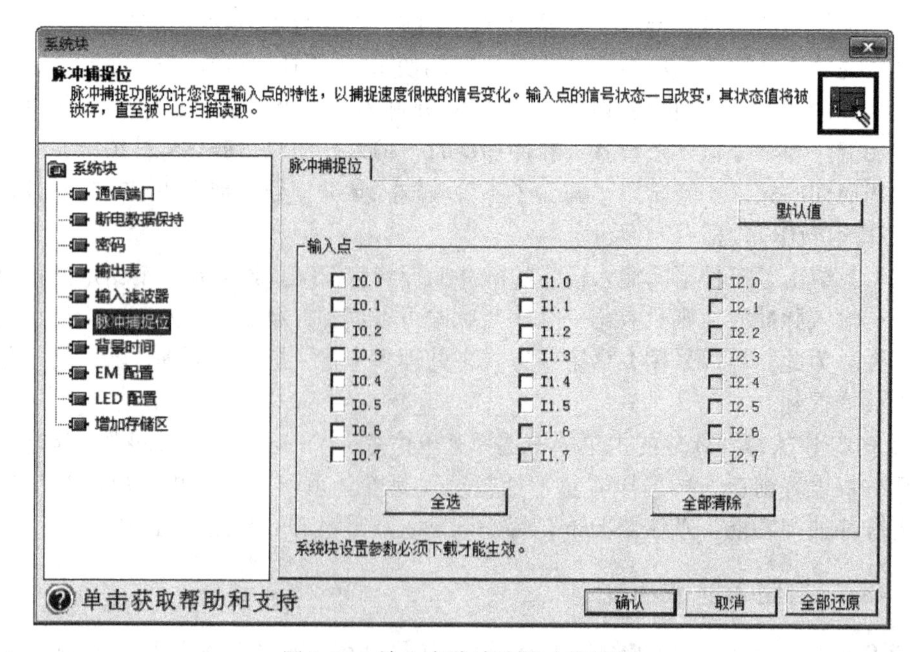

图 2-16　输入点脉冲捕捉功能设置

系统的影响。输入滤波分为数字量滤波和模拟量滤波。S7-200 CPU 允许为本机集成的数字量输入点选择输入滤波器，其滤波时间常数（延迟时间）在 0.2 ~ 12.8ms 之间选择。

从编程软件的主菜单中选择菜单命令“View/System Block”，调出如图 2-17 所示的系统块设置窗口，再选择“输入滤波器”标签，显示了四组输入滤波器延迟时间。默认情况下，各位数字量输入点的滤波时间均为 6.4ms，这个延迟时间有助于滤除输入杂波，以免引入输入状态不可预测的变化。根据实际输入信号的不同，也可以将 I0.0 ~ I0.3、I0.4 ~ I0.7、I1.0 ~ I1.3、I1.4 ~ I1.5 各组的数字量输入点分别设置不同的滤波时间（一组输入点共用一个延迟时间）。

需要注意的是，数字量输入滤波器会对读取输入指令、输入中断和脉冲捕获产生影响。数字量输入信号是经过滤波后再送到脉冲捕捉功能电路的。当输入点在使用脉冲捕捉功能时，该输入点的滤波时间需调整到不会滤掉输入脉冲。高速计数器不受此影响。

在图 2-17 中，还有一个“模拟量”标签，点选后，可以看到 S7-200 PLC 的默认值是允许所有模拟量输入采用输入滤波。模拟量输入的滤波值是模拟量输入设定个数的采样值的平均值，该滤波值存储在模拟量输入寄存器 AI 中。S7-200 PLC 除了 CPU221 外，其余型号的 CPU 均允许为单个模拟量输入通道选择是否使用软件滤波，对于选择使用输入滤波的所有模拟量通道具有同样的采样数和死区设置。对于不使用滤波器的模拟量通道，程序在访问该路模拟量时，读取的是当前物理输入值。

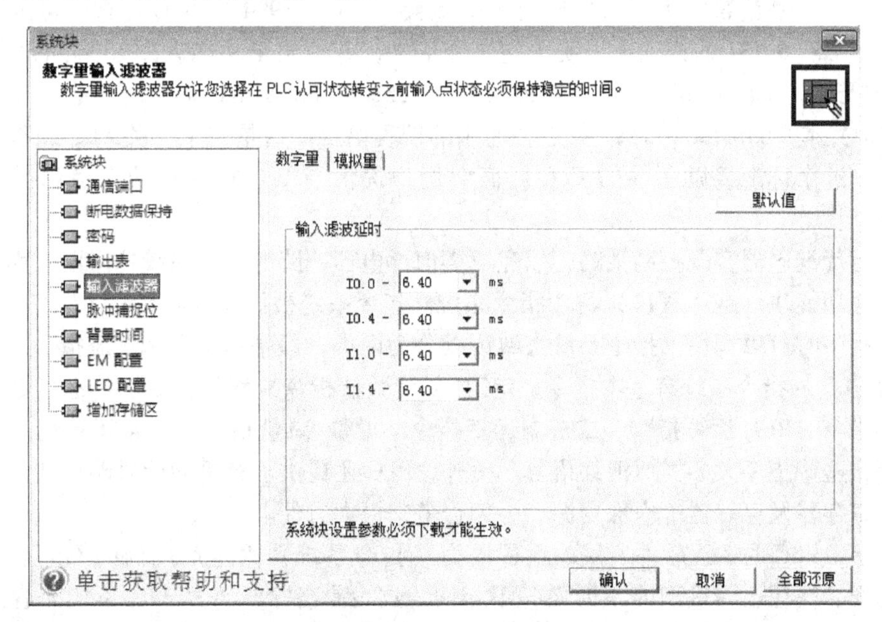

图 2-17　数字量输入滤波设置

采用模拟量输入滤波的主要目的是为了抑制干扰信号。因为模拟量通过输入滤波器后，信号将变得比较稳定。如果对变化比较缓慢的模拟量输入进行滤波，可以抑制信号的波动；如果对变化较快的模拟量输入进行滤波，为了加快响应速度，应当选用较小的采样数和死区。以下几种情况不要使用模拟量滤波器：

1）高速变化的模拟量。

2）需要利用模拟量控制字传递数字量信息或报警信息的模块。

3）使用热电阻、热电偶和AS-i主站模块时。

提示：CPU224XP上的AIW0和AIW2由模数转换器来滤波，通常无须再设置软件滤波。

2.4　可编程序控制器的编程语言

2.4.1　PLC软件的基本概念

PLC系统的软件由系统软件和用户程序两大部分组成。

系统软件是生产厂家编制好并已固化在机内的，用于系统管理（运行管理、存储空间管理、系统自检程序）、用户指令解释以及提供标准程序模块和系统调用程序等。

用户程序是为了实现广泛的控制任务由用户使用生产厂家提供的编程软件编制的应用程序。同一台PLC，为其编制不同的应用程序就可以实现不同的控制功能，就如同继电器控制系统改变了硬接线一样，这就是所谓的“可编程序”。用户的应用程序存放在用户存储器内，可以随时修改。

由于PLC是专用的工业控制装置，其主要使用者是工厂广大电气技术人员。为了适应他们的传统习惯和掌握能力，通常PLC不采用计算机编程语言，而常常采用面向控制过程、面向问题的“自然语言”编程。国际电工委员会（IEC）1994年5月公布的可编程序控制器语言标准IEC 61131-3详细地说明了句法和语义，并给出了功能表图（Sequential function chart）、梯形图（Ladder diagram）、功能块图（Function block diagram）、指令表（Instruction list）、结构文本（Structured text）等五种通用的编程语言。这是一个有关PLC编程方面的轮廓性标准，这个标准鼓励不同的PLC厂商向用户提供与IEC指令集的表示和操作一致的指令。

为了替代继电器实现控制策略，以完成类似继电器线路的控制系统梯形图，而编制的一套控制算法功能块（或子程序）称为指令系统。指令系统被固化在存储器ROM中，用户在编制应用程序时可以调用。指令系统大致可以分为两类，即基本指令和扩展指令。进一步细分，一般PLC的指令系统有基本指令、定时器/计数器指令、移位指令、传送指令、比较指令、转换指令、BCD运算指令、二进制运算指令、增量/减量指令、逻辑运算指令、特殊运算指令等，这些指令大多类似汇编语言。另外，PLC还提供了充足的计时器、计数器、内部继电器、寄存器及存储器等内部资源，为编程带来极大方便。

事实上，PLC的编程软件所用的编程语言（指令系统）因生产厂商的不同而不同，同一厂商的产品往往也因机型的不同而各不相同。这也是各个厂商的产品不能兼容的主要原因。但各生产厂商的PLC一般都能兼容IEC的一种或几种编程语言。

例如，在S7-200 CPU中提供了SIMATIC和IEC 61131-3两种指令集，其中SIMATIC指令集是西门子公司为自己的产品专门开发的编程语言。S7-200 CPU专用的基于计算机Windows操作系统的编程软件STEP 7-Micro/WIN 32可以使用上述两种指令集。但是，在SIMATIC指令集中提供了使用三种编程语言的编辑器：语句表（STL）编辑器、梯形图（LAD）编辑器和功能块图（FBD）编辑器；而在IEC 61131-3指令集中只提供了梯形图（LAD）编辑器和功能块图（FBD）编辑器。用户可以选用任意一种编程语言的编辑器创建控制程序。值得注意的是，由于 IEC 61131-3 是完全数据类型化的（即参数为完全数据类型检查），而 SIMATIC 是不完全数据类型化的，而且 SIMATIC 指令集中的一些指令不是 IEC 61131-3 规范中的标准指令。因此，用两种不同指令集编制的程序有时不能完全兼容。故 STEP 7-Micro/WIN 32 不允许在两种编程方式下传递程序。

用户程序由主程序、子程序和中断程序三种类型的程序构成。其中，主程序是程序的主体部分，由许多指令组成，主程序中的指令按顺序在 CPU 的每个扫描周期执行一次。子程序是程序的可选部分，只有当主程序调用它们时才被执行。中断程序也是程序的可选部分，只有当中断事件发生时才能够执行。

目前，编制用户程序最常用的编程语言是梯形图编程语言、指令表编程语言和功能块图编程语言。

2.4.2　梯形图

梯形图（LAD）是一种图形化的编程语言，是由传统的继电器、接触器控制系统电气原理图演变而来的，是目前使用得最普遍的一种 PLC 编程语言。这种图形化的编程语言易于理解，全世界通用，适合初学者使用。梯形图编辑器能够使用 IEC 61131-3 指令集，而且所有的梯形图程序都可以翻译成语句表程序。这里所说的翻译是由编程软件自动进行的。

各个厂家 PLC 的梯形图的图形符号略有差别，总体说来是大同小异的。图 2-18 为一个实现电动机既能点动又能连续运行控制的例子。其中，图 2-18a 是实现电动机控制的继电-接触器控制电路；图 2-18b 是用 S7-200 PLC 实现相同功能的梯形图程序；图 2-18c 是用三菱 FX2N PLC 实现相同功能的梯形图程序；图 2-18d 是用 AB 公司 SLC500 PLC 实现相同功能的梯形图程序。

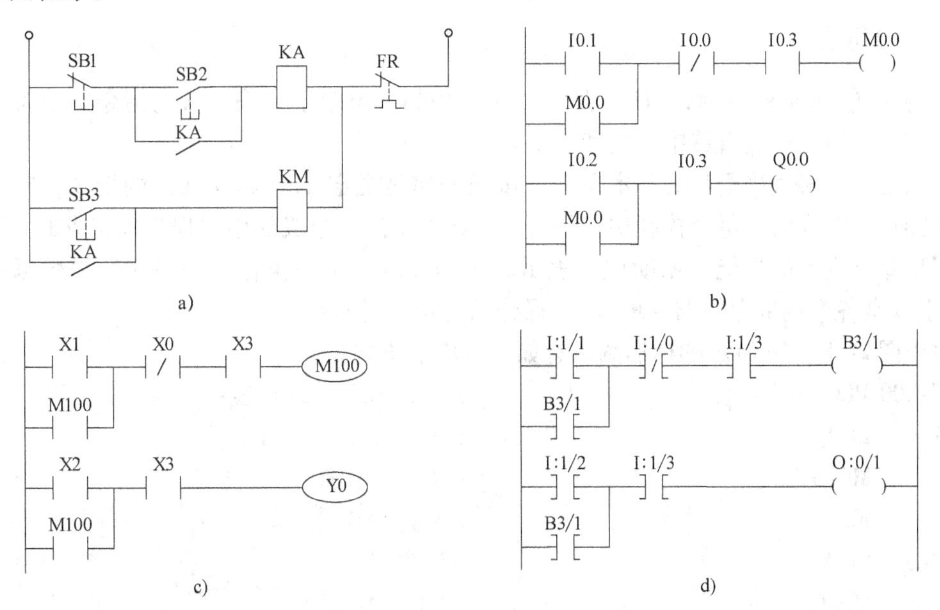

图 2-18　几种不同机种的梯形图

a）点动与连续运行控制电路　b）梯形图之一　c）梯形图之二　d）梯形图之三

由图2-18可见，梯形图与继电-接触器控制电路形式上很相似。继电接触器控制电路是由许多支路并联组成，每一条支路由许多触点串并联后与一个线圈相连，每一条支路也就是一个梯级。而梯形图也是由许多梯级组成，一个梯级被称为一个网络，一个网络是许多触点、线圈和功能框的有序排列。

梯形图中的触点不是常规意义上的触点，而是PLC内部的软继电器的触点。所谓软继电器实质上是内部存储器存储一位二进制数码的存储单元，因此，其触点也就是逻辑变量。当某存储器位的状态为**1**时，表示所对应的软继电器的线圈“通电”，对应的常开触点闭合、常闭触点断开，软继电器的这种状态被称为**1**态或ON状态；当某存储器位的状态为**0**时，所对应的软继电器的线圈“断电”，对应的常开触点断开、常闭触点闭合，软继电器的这种状态被称为**0**态或OFF状态。这些软继电器（二进制存储单元）常常称之为编程元件。

梯形图中的线圈表示输出逻辑变量，其实质也是PLC内部存储器的一位。而且，梯形图中的线圈不一定是真正的输出，有许多是中间逻辑变量。除了触点和线圈外，梯形图中还有实现各种功能的指令盒，这将在第4章指令系统中介绍。

梯形图两侧的垂直公共线称为母线（Busbar）。梯形图的每一个梯级都起始于“左母线”，终止于输出线圈或“右母线”（右母线可以不画）。程序执行时，是按从左到右、从上到下的顺序进行的。一般而言，梯形图程序让CPU仿真来自电源的电流（称之为能流或概念电流）从左到右通过一系列的输入逻辑触点（触点闭合时能流通过），根据逻辑运算的结果决定输出的逻辑状态。能流只能从左向右流动，这一方向与执行用户程序时的逻辑运算的顺序是一致的。上一梯级的逻辑运算结果，马上可以被下面梯级的逻辑运算所利用。

总之，梯形图与继电接触器控制电路只是形式上的相似，其工作方式和组成的器件完全不同，而软继电器的触点的数量也是无限的，因为每使用一次触点就相当于读取一次存储器中触发器的状态。

2.4.3　语句表

语句表（Statement List，STL）是一种文本型的、类似于汇编语言的指令助记符编程语言。语句表在语句表编辑器中创建和编辑。

语句是语句表编程语言的基本单元，每条语句是规定CPU如何动作的指令，它是由操作码和操作数组成的。每个控制功能是由一个或多个语句组成的用户程序来完成的。操作码表明了指令要执行的功能，用助记符表示。操作数表明了为执行某一操作所需数据的地址（实际上就是各个内部存储器的地址），操作数也可以是常数。

对于图2-18b、c所示的梯形图，有如下对应的语句表：

S7-200 PLC的语句表：		FX2N PLC的语句表：	
LD	I0.1	LD	X1
O	M0.0	OR	M100
AN	I0.0	ANI	X0
AN	I0.3	ANI	X3
=	M0.0	OUT	M100
LD	I0.2	LD	X2
O	M0.0	OR	M100

AN I0.3 ANI X3
= Q0.0 OUT Y0

STL程序不使用网络，但是，S7-200 PLC使用NETWORK（汉化版的编程软件使用“网络”）这个关键词对程序进行分段，这样做的话，STL程序一般能转换成LAD程序或FBD程序。在上述S7-200 PLC的STL程序中没有标注出NETWORK是为了与FX2N PLC的语句表对比。

CPU按照从上到下的顺序执行每一条指令（语句），程序结束后再返回到起始位置重复执行，而不需要设置“结束”语句。语句表是使用一个逻辑堆栈来分析控制逻辑，S7-200 PLC的逻辑堆栈结构如图2-19a所示，该堆栈共有九层，能保存9个一位二进制数码。除了特殊的堆栈指令，堆栈中的数据一般采取先进后出的规则。新存的数据总是在栈顶，每次存入一个数据，栈底的数据就自然丢失；每一次逻辑运算是在栈顶进行，运算结果也存放在栈顶，因此，输出指令就是直接将栈顶的值复制到输出单元；每执行一次ALD、OLD等堆栈指令，堆栈内原有的数据就少一个（称之为堆栈的深度减1），栈底的值为任意值。

关于堆栈指令详见4.7节，这里仅以如图2-19b所示的简单例子说明逻辑运算在堆栈中的执行过程。LD指令是执行把一个新值装入（Load）堆栈的操作，如图2-19b、c所示，连续执行三次LD指令后，操作数I0.0、I0.1、I0.2先后进入堆栈，堆栈的上面三层数据分别为I0.2、I0.1、I0.0，栈底三个数据iv8、iv7、iv6先后丢失；执行语句“A M0.0”后，M0.0的值与栈顶的值逻辑与、结果S0存放在栈顶；执行语句“OLD”后，堆栈上面两层数据做逻辑或运算、结果S1存放在栈顶，堆栈深度减1；执行语句“ALD”后，堆栈上面两层数据做逻辑与运算、结果S2存放在栈顶，堆栈深度减1。

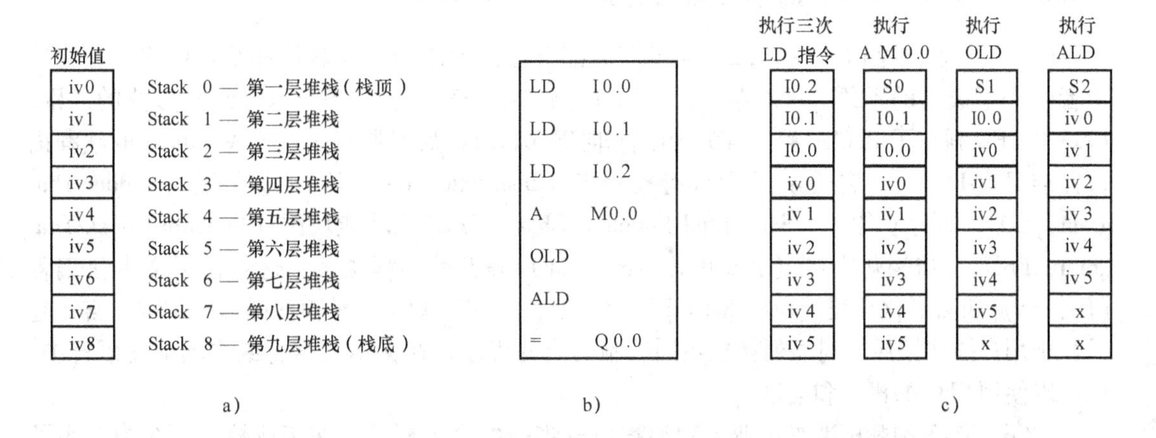

图2-19 逻辑堆栈的结构及运算方法

a）逻辑堆栈的结构 b）语句表程序 c）逻辑堆栈的运算方法

显然，语句表编程语言采用了CPU能够直接执行的语言，它比较适合于熟悉PLC运算规则和有编程经验的程序员。对于初学者来说，重点是分析控制对象的工作过程和众多逻辑变量的逻辑关系，并没有必要十分清楚CPU的运算方法。而使用梯形图编写控制程序，就能清楚、形象地表示出逻辑变量之间的逻辑关系。因此，初学PLC的读者应重点掌握使用梯形图编辑器编写PLC程序。

因为语句表编辑器中的指令并不是与梯形图等图形指令一一对应，而有自己独立、专用的指令，因此，使用语句表编程语言能够编写出梯形图和功能块图等编程语言无法实现的程序，也正因为如此，语句表程序不一定能转换成梯形图和功能块图，但梯形图或功能块图程序都能够转换成语句表程序，在转换时，编辑器会自动插入必要的指令来处理堆栈操作。

2.4.4　功能块图

功能块图（FBD）编程语言是用类似于数字电路中的逻辑门等图形符号组成的逻辑盒指令来表示命令的图形语言。功能块图编辑器中没有梯形图编辑器中的触点和线圈，但是有与之等价的指令，这些指令是作为盒指令出现的。程序逻辑由这些盒指令之间的连接决定。

在功能块图中，不使用左/右母线的概念，而用能量流这个概念，能量流表示流过功能块图逻辑模块的控制流。

如图2-20所示的功能块图是与图2-18b所示梯形图程序对应的程序。由图可见，一个指令盒的输出，可以直接与下一个指令盒的输入连接，由此便建立了所需的控制逻辑。这样的图形逻辑门的连接方法有利于程序流的跟踪。另外，功能块图编辑器也能够使用IEC 61131-3指令集，而且所有的功能块图程序都可以翻译成语句表程序。

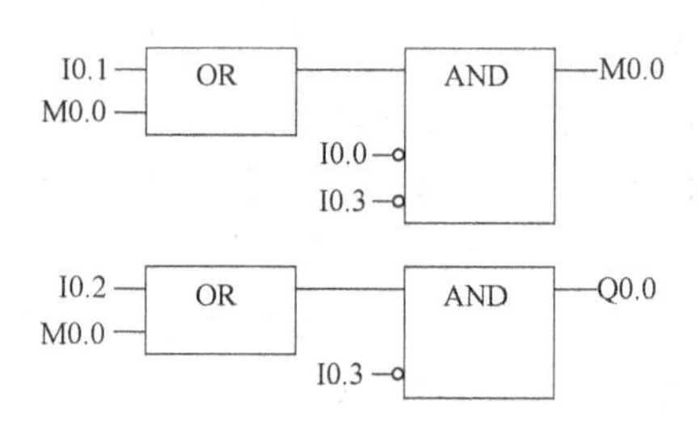

图2-20　功能块图程序实例

在SIMATIC指令集中，有些梯形图指令和功能块图指令的图形是一样的。

2.4.5　基于Windows的编程语言标准IEC61131-3

PLC技术发展之初，各个PLC生产厂家都有自己专用的编程软件和编程语言，这给使用者带来了极大的不便。针对各PLC厂家产品在指令系统上的差异以及编程方法的区别，1993年IEC颁布了PLC编程语言的国际标准IEC61131，后又制订了基于Windows的编程语言标准IEC61131-3。它规定了PLC有指令表（Instruction List，IL）、梯形图（Ladder Diagram，LD）、顺序功能图（Sequential Function Chart，SFC）、功能块图（Function Block Diagram，FBD）、结构化文本（Structured Text，ST）等五种编程语言。这包括了文本化编程（IL、ST）和图形化编程（LD、FBD）两个方面，而SFC则是一种面向图形的编程语言，它适合于用户描述按照时间序列转换不同控制功能的程序，在文本化语言或在图形化语言中，均可以使用SFC的概念和语法。

IEC61131-3国际标准是工业控制编程语言唯一的全球标准，在工业控制领域中产生了重要的影响，被全球越来越多的制造商和客户所接受，该标准为PLC软件技术的发展，乃至整个工业控制软件技术的发展，起到了举足轻重的推动作用。但是，该标准只是PLC的编程语言的指导性文件，不是强制性的。我国根据这个国际标准，在1995年底发布了PLC的国家标准GB/T 15969.1-15969.4，并从1996年10月开始执行；2008年再次颁布了PLC的最新国家标准GB/T 21654—2008。

2.4.6　变量的数据类型

PLC的用户程序中要用到许多变量，这些变量在编程时必须指明变量的数据类型。每个

SIMATIC 和 IEC 61131-3 指令或带参数的子程序都通过标识符进行精确的定义，即指令所允许的数据类型通过标识符得到。基本的数据类型有布尔型、无符号型、有符号型和实数型等 4 种。其中，布尔型变量（BOOL）的取值为 **0** 或 **1**，其余的数据类型及其数据范围参见表 2-1。

表 2-1　数据类型及其数据范围

数据类型	字节/B	字/W	双字/D
无符号型	0 ~ 255（十进制） 0 ~ FF（十六进制）	0 ~ 65535（十进制） 0 ~ FFFF（十六进制）	$0 \sim 2^{32}-1$（十进制） 0 ~ FFFFFFFF（十六进制）
有符号型	−128 ~ +127（十进制） 80 ~ 7F（十六进制）	−32768 ~ +32767（十进制） 8000 ~ 7FFF（十六进制）	$-2^{31} \sim 2^{31}-1$（十进制） 80000000 ~ 7FFFFFFF（十六进制）
实数型（浮点数）	不适用	不适用	十进制： +1.175 495E−38 ~ +3.402 823E+38（正数） −1.175 495E−38 ~ −3.402 823E+38（负数）

无符号型和有符号型数据的长度均有字节（8 位）、字（16 位）和双字（32 位）3 种。其中，8 位的无符号型和有符号型数据用 BYTE 表示；16 位无符号型数据称为无符号整数，用 WORD 表示，16 位有符号型数据称为有符号整数，用 INT 表示；32 位无符号型数据称为无符号双整数，用 DWORD 表示，32 位有符号型数据称为有符号双整数，用 DINT 表示。

实数（也称为浮点数）是 32 位单精度数，用 REAL 表示。实数按照双字长度来存取，存放格式如图 2-21 所示。对于 S7-200 CPU 来说，实数精确到小数点后第 6 位。

MSB 31	30　　23	22　　0 LSB
S	指数	尾数

符号位

图 2-21　实数的格式

程序编译时，要进行数据类型检查。数据类型检查分为完全数据类型检查、简单数据类型检查和无数据类型检查。

在完全数据类型检查的方式下，参数的数据类型必须同符号或变量的数据类型相匹配。除多重指令外，每个有效参数只有一个数据类型。例如，字左移指令 SLW 的输入 IN 参数的数据类型是 WORD 类型。只有给它分配 WORD 型的变量，才能编译成功，分配其他任何类型的变量均是无效的。STEP 7-Micro/WIN 32 只对 IEC 61131-3 模式进行完全数据类型检查。完全数据类型检查与等价的数据类型见表 2-2。

表 2-2　数据类型检查与等价数据类型

完全数据类型检查		简单数据类型检查		无数据类型检查	
用户选定的数据类型	等价的数据类型	用户选定的数据类型	等价的数据类型	用户选定的地址	分配的等价数据类型
BOOL	BOOL	BOOL	BOOL	V0.0	BOOL
BYTE	BYTE	BYTE	BYTE	VB0	BYTE
WORD	WORD	WORD	WORD、INT	VW0	WORD、INT
INT	INT	INT	INT、WORD	VD0	DWORD、DINT、REAL
DWORD	DWORD	DWORD	DWORD、DINT		
DINT	DINT	DINT	DINT、DWORD		
REAL	REAL	REAL	REAL		

在简单数据类型检查的方式下，当给一个符号或变量一个数据类型时，也自动分配了与选定数据类型相匹配的所有等价数据类型，如表2-2所示。简单数据类型检查只在SIMATIC指令集中使用局部变量时执行。例如，选择DINT作为变量的数据类型，局部变量也自动给该变量分配了DWORD数据类型，因为两者都是32位的数据类型。虽然REAL也是32位的数据类型，但是，REAL不是自动分配的，它没有等价的数据类型，总是单独定义的。

无数据类型检查的方式只在SIMATIC的全局变量没有可选的数据类型时使用。如表2-2所示，若一个符号或变量分配在一个地址VB0处，STEP 7-Micro/WIN 32自动为该符号或变量分配的数据类型为BYTE。

使用数据类型检查有助于避免常见的编程错误。

练　习　题

2-1　PLC硬件系统由哪几部分组成？各部分的主要作用是什么？

2-2　PLC中常用的CPU有哪些种类？各自的特点是什么？

2-3　PLC的主要外部设备有哪些？各自起什么作用？举例说明PLC的常用智能模块及其功能。

2-4　PLC的编程装置有哪几种？各自的特点是什么？

2-5　简述PLC的工作方式及其特点。

2-6　什么叫扫描工作方式？什么是扫描周期？一个扫描周期由哪几个阶段组成？各个阶段完成什么任务？扫描周期的时间长短取决于哪些因素？其中的主要影响因素是什么？

2-7　PLC在什么时刻接收输入信号？当输入信号到来的时刻滞后于PLC接收信号的时间段，该信号是否就一定会丢失了？

2-8　造成PLC输出（响应）滞后现象的原因是什么？能否消除输出的滞后时间？怎样才能缩短输出的滞后时间？

2-9　简述PLC的常用编程语言及其特点。

2-10　S7-200 PLC指令参数（操作数）所用的基本数据类型有哪些？

第3章　S7-200 PLC的硬件系统

详细了解可编程序控制器硬件系统的组成、特性和技术规范是使用可编程序控制器的重要基础。可编程序控制器作为专用的工业控制计算机，其硬件系统与通用微型计算机有许多相似之处；而为了接受工业现场的诸多严酷考验以及满足功能灵活、扩展方便等要求，可编程序控制器的硬件系统又存在许多与通用微型计算机完全不同之处。

本章以西门子公司S7-200 PLC系统为例，介绍可编程序控制器的硬件系统。

3.1　S7-200 PLC硬件系统的组成

西门子公司S7-200 PLC系统由一个S7-200 CPU模块（主机），一台微型计算机（编程和监控）、一套STEP 7-Micro/WIN32编程软件和一条通信电缆等部分组成。这就是一个最小的PLC系统。

3.1.1　S7-200 CPU模块

S7-200 CPU模块如图3-1a所示。该模块中集成了一个中央处理单元（CPU）、数字量I/O点以及直流电源等三个部分。图中，详细标注了S7-200 CPU的面板结构。图3-1b是CPU连接了一个扩展模块的图示。

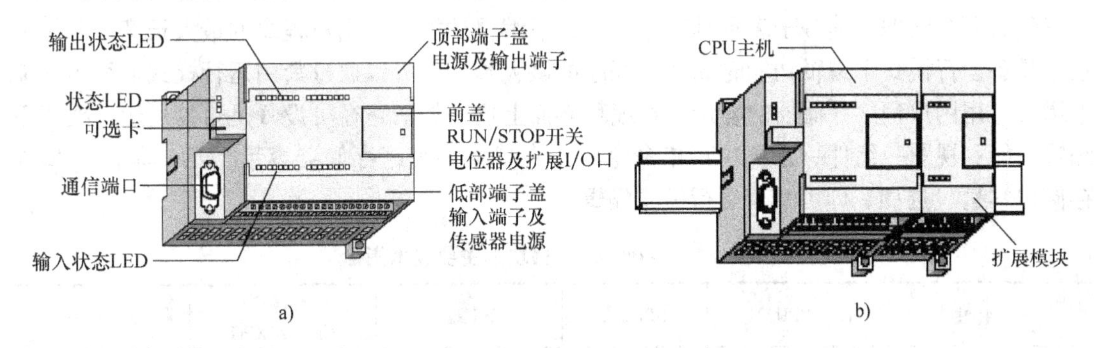

图3-1　西门子S7-200 PLC
a）S7-200 CPU模块　b）带有扩展模块的CPU

1. CPU模块的型号及主要技术指标

CPU模块负责执行程序和存储数据，以便对工业自动控制任务或过程进行控制。S7-200系列提供了多种型号的CPU模块，表3-1列出了这些CPU模块的通用规范。表中，型号中的DC/DC/DC表明是24V直流电源供电、直流数字量输入、晶体管直流数字量输出，型号中的AC/DC/Relay表明是交流电源供电、直流数字量输入、继电器数字量输出。

由表3-1可见，每一种型号的CPU模块都有直流和交流两种电源供电的类型。采用24V直流电压源供电的CPU，其工作电流为80（CPU221）~150mA（CPU226）；采用交流电压源供电的CPU，其电源频率为47~63Hz，当电源电压为120V时的工作电流为30

(CPU221) ~ 80mA (CPU226)，电源电压为240V时的工作电流为15 (CPU221) ~ 40mA (CPU226)。

表3-1　S7-200 PLC的CPU模块通用规范

型号	电源电压	输入电压/电流	输出电压	输出电流
CPU221 DC/DC/DC CPU222 DC/DC/DC CPU224 DC/DC/DC CPU226 DC/DC/DC	DC 24V	DC,24V/4mA	DC 24V	0.75A,晶体管输出
CPU222 AC/DC/Relay CPU222 AC/DC/Relay CPU224 AC/DC/Relay CPU226 AC/DC/Relay	AC 120 ~ 240V	DC,24V/4mA	AC 250V 或DC 24V	2A,继电器输出

每一种型号的CPU模块都采用直流数字量输入点，其逻辑**1**状态的额定输入为24、4mA。

每一种型号的CPU模块都有直流和交流两种数字量输出点。采用晶体管输出的是直流数字量输出点，只能驱动直流负载，逻辑**1**状态的额定输出为24V、0.75A；采用继电器输出的数字量输出点，既可驱动直流负载，也可驱动交流负载，逻辑**1**状态的额定输出电压为AC 250V或DC 24，额定输出电流为2A。由此可见，继电器数字量输出点的负载能力比晶体管直流数字量输出点的负载能力强。但是，由于继电器触点的开关速度远低于晶体管的开关速度，因此，在需要产生高速脉冲输出的应用场合，应该选择DC/DC/DC型的PLC。

表3-2列出了S7-200 PLC的各型号CPU模块的主要技术指标。表中的用户程序一行中，后三列有两个数据，其分子表示具有运行模式下编辑功能时的用户程序的最大长度，分母表示不具备运行模式下编辑功能时的用户程序的最大长度。可以通过禁用运行模式下编辑功能来增大可用用户程序存储器的容量。在编程界面上通过如下路径可设置是否禁用运行模式下编辑功能：视图→组件→系统块菜单命令，选中“增加程序存储器容量”后，单击“增加存储器容量”选项，即可禁用运行模式编辑。

表3-2　S7-200 CPU模块的主要技术指标

特性	CPU221	CPU222	CPU224	CPU224XP CPU224XPsi	CPU226
外观					
用户程序/B	4096	4096	8192/12288	12288/16384	16384/24576
用户数据/B	2048	2048	8192	10240	10240
每条布尔指令执行速度	0.22μs	0.22μs	0.22μs	0.22μs	0.22μs
集成数字量I/O点数	6入/4出	8入/6出	14入/10出	14入/10出	24入/16出
集成模拟量I/O点数	无	无	无	2入/1出	无
数字量I/O映像区	128入/128出	128入/128出	128入/128出	128入/128出	128入/128出

（续）

特性		CPU221	CPU222	CPU224	CPU224XP CPU224XPsi	CPU226
模拟量I/O寄存区		无	16入/16出	32入/32出	32入/32出	32入/32出
扩展模块数量/个		无	2	7	7	7
定时器/个		256	256	256	256	256
计数器/个		256	256	256	256	256
高速计数器	单相	4路30kHz	4路30kHz	6路30kHz	4路30kHz 2路200kHz	6路30kHz
	双相	2路20kHz	2路20kHz	4路20kHz	3路20kHz 1路100kHz	4路20kHz
脉冲输出(限于DC输出)		2路20kHz	2路20kHz	2路20kHz	2路100kHz	2路20kHz
模拟电位器/个		1	1	2	2	2
定时中断		2个1ms分辨率	2个1ms分辨率	2个1ms分辨率	2个1ms分辨率	2个1ms分辨率
实时时钟		外配时钟卡	外配时钟卡	内置	内置	内置
RS-485通信口个数		1	1	1	2	2
功耗/W		3/6	5/7	7/10	8/11	11/17
掉电保持时间		超级电容50h,后备电池200天		超级电容100h,后备电池200天		

表3-2中，集成数字量I/O点数是指CPU模块上自带的数字量输入与输出点数。在完成实际控制任务时，集成的I/O点数往往不够，需要扩展数字量I/O模块以增加输入/输出点数。因此，CPU模块中必须为扩展的I/O点预留存储空间。表中的数字量I/O映像区就是指CPU模块中存放数字量输入与输出的存储空间的大小，共256点（32B），其中输入映像寄存器128点（16B）、输出映像寄存器128点（16B）。

除了CPU224XP与CPU224XPsi外，其余的CPU模块上没有集成模拟量的输入与输出接口。如果需要采集并控制模拟量，需要另外加模拟量扩展模块（注意，CPU221不能增加扩展模块）。表中的模拟量I/O映像区是指CPU模块中预留的用于存放模拟量的最大存储空间，即可存放16个或32个输入模拟量和16个或32个输出模拟量，实际为32B或64B的存储空间。

除了CPU221外，其他型号的CPU都可以带扩展模块。表3-2中所给出的扩展模块个数是对应CPU所能配置的最大扩展模块数量。S7-200 PLC提供了功能各异的多种扩展模块（参见3.13小节），每种扩展模块所需的工作电流有较大的差异。由于扩展模块需要CPU为其供电，故必须根据S7-200 CPU所能提供的额定电流，核算能为额外配置的扩展模块提供多少电流。如果扩展模块需要较大的工作电流，则CPU可能无法连接最大数目的扩展模块。

表中功耗一行有两个数据，分子和分母的数据分别表示晶体管输出和继电器输出两种主机的功耗。表中的其他技术指标需要在编程和使用过程中逐渐理解其意义。

在旧版本的CPU系列中，CPU226还有增强型的CPU226XM版本，CPU226XM相比CPU226只是用户存储器容量扩展了一倍。

2. 通信端口

在CPU模块上集成了PPI通信端口，该端口位于模块的左侧，如图3-1a所示。这是编程器以及其他外部设备与CPU连接的接口，其物理特性为RS 485接口。PPI是西门子专为S7-200 PLC开发的一种通信协议，称之为PPI通信协议。通过普通的两芯屏蔽双绞线连接多个CPU模块和人机界面，就可构成最简单的PPI通信网络，再配合NETR和NETW两条指令即可实现数据传输，而不需要额外增加硬件和其他通信软件。

3. 扩展I/O端口和模拟电位器

如图3-1a所示，在CPU模块的右侧有一个可开启的前盖，该前盖下包括扩展I/O端口、模拟电位器和CPU工作模式转换开关。前盖下的布局如图3-2所示。其中，扩展I/O端口是连接各种扩展模块的接口；模拟电位器（一个或两个）用于直接改变内部特殊存储器SMB28和SMB29两个字节中的值。使用螺钉旋具顺时针旋转电位器，可使SMB28或SMB29中的值从0增大到255。在用户程序中，这两个字节中的值为只读数据，其用途很多。例如，可以通过调节电位器来直接更新定时器或计数器的当前值，输入或修改预设置，或设置限值等。

如图3-3所示的梯形图程序是利用模拟电位器0从外部手动设置定时器时间常数的例子。该程序所执行的操作如下：

1）在网络1中，当常开触点I0.0闭合时，读模拟电位器0的值（一个字节，8位二进制数码），并将此值转换成整数（一个字，16位二进制数码）保存到变量存储器VW0中。

2）在网络2中，用VW0的值（即模拟电位器0的值）作为定时器T33的预设值PT，定时时间为VW0中的值乘以10ms。

3）在网络3中，若定时器T33的定时时间到，则常开触点T33闭合，使输出线圈Q0.0接通（即将输出Q0.0置**1**）。

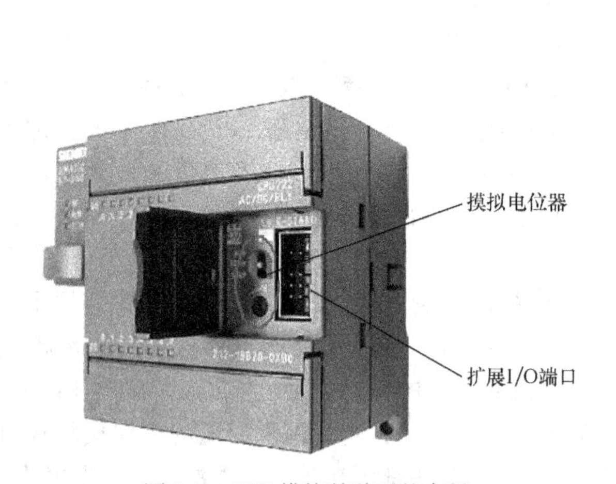

图3-2　CPU模块前盖下的布局

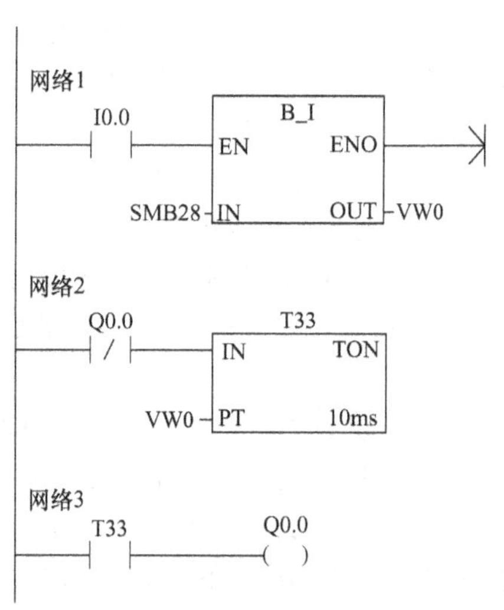

图3-3　模拟电位器应用实例

4. 状态指示灯及CPU工作模式设置

如图3-1a所示，在CPU模块的面板上下分别有输入状态和输出状态指示灯（LED灯），它们能够指示输入和输出的逻辑状态。当输入或输出为高电平（逻辑**1**）时，LED亮，否则不亮。输入和输出是CPU的接口。输入接口接收从现场设备（如开关或传感器）中采集到的开关信号，输出接口输出控制信号，控制电动机、泵以及工业过程中的其他设备。

在CPU模块的左上侧有三个状态指示灯（LED灯），分别指示事故状态SF、运行状态RUN和停止状态STOP。其中，SF指示灯可以发红光（系统故障时）或黄光（系统诊断时)。诊断 LED 可在用户程序控制下点亮，或当指定 I/O 点数据被强制时，或当模块出现 I/O 错误时等条件下自动点亮。在编程界面上通过如下路径可设置诊断 LED 自动点亮：视图→组件→系统块菜单命令，选中“组态 LED”后，单击各选项，以指定在 I/O 点或数据被强制，或者模块发生 I/O 错误时 LED 是否点亮。SF 指示灯由每个 CPU 扫描周期中的第 4 步“执行 CPU 自诊断”测试后，判断是否点亮。

S7-200 CPU 的工作模式有停止（STOP）模式和运行（RUN）模式两种。在 STOP 模式，CPU 不运行用户程序，此时，可以配置 CPU 或者将编辑好的程序下装到 CPU 的程序存储器。在 RUN 模式，CPU 运行用户程序，此时，一般不能编辑、修改程序。但对于比较高版本的 CPU，允许用户在 RUN 模式下，对程序做少量修改。注意，这种修改可能导致不可预见的运行后果，应慎重采用。

要改变工作模式有以下三种方法：

1）使用 CPU 模块上的模式开关。揭开 CPU 模块的前盖，模式开关有三个转换位置：RUN、TERM、STOP。开关拨到 RUN 时，CPU 运行；开关拨到 STOP 时，CPU 停止；开关拨到 TERM（终端）时，不改变当前操作模式。如果模式开关选择 STOP 或者 TERM 模式，且电源状态发生变化，则当电源恢复时，CPU 会自动进入 STOP 模式。如果模式开关选择 RUN 模式，且电源状态发生变化，则当电源恢复时，CPU 会进入 RUN 模式。

2）使用编程软件中的命令。将模式开关拨到 RUN 或 TERM 位置时，可以通过编程软件 Step7-Micro/WIN32 来控制 CPU 的运行和停止。方法一是使用菜单命令：PLC→STOP 或 PLC→RUN；方法二是使用工具栏中的相关按钮来改变操作模式。

3）在程序中插入 STOP 指令，使之在条件满足时将 CPU 设置为停止模式。

5. 可选卡插槽与可选卡

如图 3-1a 所示，在 CPU 的左侧有一个可选卡插槽。根据需要，可选卡插槽可以插入下述三种卡中的一种：存储器卡、电池卡、日期/时钟电池卡。

存储器卡 MC291 为 PLC 系统提供一个方便移动的 EEPROM 存储单元，如同计算机的移动硬盘。在 CPU 上插入存储器卡后，就可使用编程软件 Step7-Micro/WIN32 将 CPU 中的用户程序、CPU 组态以及存于 EEPROM 中的变量存储器永久数据区的数据复制到卡上，如图 3-4 所示。具体复制方法如下：

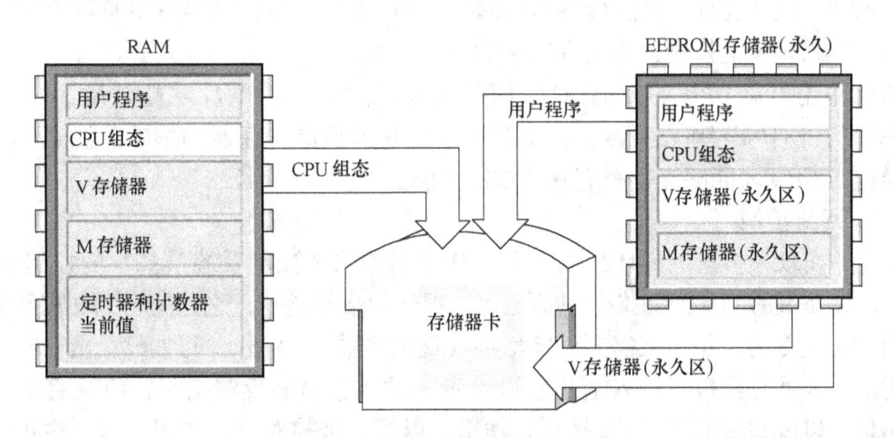

图 3-4　存储器卡复制的信息

1）将CPU设置为STOP状态，并确认用户程序已经下载到CPU。

2）使用菜单命令PLC \ Program Memory Cartridge，即可将用户程序等信息保存到存储器卡。

3）卸下存储器卡（可选步骤）。

存储器卡起到了备份和传递程序的作用。将其插到其他CPU上，通电时存储器卡中的内容会自动复制到CPU中。但是，若存储器卡为空，或CPU的型号不匹配，则会出现错误。用存储卡传递程序时，被写入的CPU必须与提供程序来源的CPU型号相同或型号更高。例如，CPU224可以读出来自CPU221或CPU222上所编制的程序，但不能读出来自CPU226上所编制的程序。

电池卡BC293为所有型号的CPU提供数据保持的后备电池，该电池在内置的超级电容放电完毕后起作用。

日期/时钟电池卡CC292用于CPU221和CPU222两种不具备内置时钟功能的CPU使用，以提供日期/时钟功能，同时提供后备电池。电池卡能够保持数据和内置时钟长达200天。

3.1.2　高级配置

1. 高速计数器

S7-200 CPU模块提供了多个高速计数器，用于累计CPU的扫描速率不能控制的快速脉冲输入信号。高速计数器独立于用户程序工作，即工作不占用CPU的扫描周期，因此程序不受扫描时间的限制。高速计数器的个数和最高计数频率取决于CPU的型号。CPU221和CPU222提供4个高速计数器（HSC0、HSC3、HSC4和HSC5），CPU224和CPU226提供6个高速计数器（HSC0 ~ HSC5）。

高速计数器具有4种工作类型，每种类型又有3种工作状态，故共有12种高速计数工作模式。高速计数器的工作模式通过一次性执行高速计数器定义HDEF指令来设定；当计数器的当前值等于预设值时产生中断事件。

2. 高速脉冲输出

S7-200 CPU模块提供了2路高速脉冲输出（Q0.0和Q0.1），输出脉冲具有脉宽调制（PWM）和脉冲序列输出（PTO）两种模式。PTO可以输出占空比为50%的脉冲串，用户程序可以控制脉冲的周期和个数，适合驱动步进电动机以实现位置控制，是定位控制的经济解决方案。PWM可以输出占空比可调的脉冲串，用户程序可以控制脉冲的周期和脉宽，用于实现对温度等物理量的控制，或实现简单的D-A功能。

高速脉冲输出对CPU的扫描速度没有影响。当PTO或PWM功能被激活时，Q0.0和Q0.1就受控于PTO/PWM发生器，输出波形不受输出映像寄存器的影响。注意，只有晶体管输出类型的CPU才能够支持高速脉冲输出功能。

3. PID回路控制

PLC能够实现模拟量的闭环控制，而PID控制是闭环控制系统最基本的控制规律。S7-200 CPU模块提供的PID回路指令包括比例、积分和微分指令，这是用于PID控制的运算指令。使用PID指令时，用户只需要设定增益（比例系数）、积分时间常数、微分时间常数以及采样时间，并通过模拟量输入通道获取给定的输入信号和反馈信号，CPU将实时自动计算出输出量，以模拟量形式或PWM形式输出，以控制被控对象。在用户程序中最多可以同时使用8条PID回路指令。

4. 通信功能

S7-200 CPU 可以支持多种类型的通信网络。给 CPU 配置不同的通信模块，可实现近 10 种通信方式。例如，组成 PPI 网络通信、Profibus-DP 网络通信、自由口通信和 MODEM 远程通信等。灵活多样的通信功能，使 S7-200 PLC 易于实现分散的、多级控制系统。

3.1.3　扩展模块

为了完成比较复杂的控制功能，PLC 控制系统还需配置各种功能的扩展模块。不同型号的 CPU 能够连接的扩展模块的数量是不同的，如表 3-1 所示。其中，CPU221 不能扩展，CPU222 能扩展两个模块，CPU224 及以上型号的 CPU 能扩展七个模块。而七个扩展模块中只能有两个是智能模块。扩展模块通过与 CPU 连接的总线连接电缆（I/O 总线）取得 5V 直流工作电源。

S7-200 PLC 的常用扩展模块参见表 3-3。

1. 数字量输入和输出扩展模块

S7-200 PLC 模块的数字量输入和输出扩展模块有三种类型，即数字量输入扩展模块、数字量输出扩展模块和数字量输入/输出扩展模块。数字量 I/O 扩展模块的外观如图 3-5a 所示。每一种类型的扩展模块中又有几种不同点数的扩展模块可供选用，详见表 3-3。

表 3-3　S7-200 PLC 常用扩展模块一览表

<table>
<tr><th colspan="2">模块名称</th><th>类型及参数描述</th></tr>
<tr><td colspan="2" rowspan="3">数字量输入扩展模块
EM221</td><td>8 点 DC 24V 输入,4mA,光电隔离输入</td></tr>
<tr><td>8 点 AC 120/230V 输入(47 ~ 63Hz),6 ~ 9mA,光电隔离输入</td></tr>
<tr><td>16 点 DC 24V 输入,4mA,光电隔离输入</td></tr>
<tr><td colspan="2" rowspan="5">数字量输出扩展模块
EM222</td><td>8 点 DC 24V 输出,额定输出电流 0.75A,光电隔离输出</td></tr>
<tr><td>8 点继电器输出,额定输出 DC 24V/AC250V、2A</td></tr>
<tr><td>8 点 AC 120/230V 输出,额定输出电流 0.5A,光电隔离输出</td></tr>
<tr><td>4 点 DC 24V 输出,额定输出电流 5A,光电隔离输出</td></tr>
<tr><td>4 点继电器输出,额定输出 DC 24V/AC 250V、10A</td></tr>
<tr><td colspan="2" rowspan="8">数字量输入/输出扩展模块
EM223</td><td>4 点 DC 24V 输入/4 点 DC 24V 输出</td></tr>
<tr><td>4 点 DC 24V 输入/4 点继电器输出</td></tr>
<tr><td>8 点 DC 24V 输入/8 点 DC 24V 输出</td></tr>
<tr><td>8 点 DC 24V 输入/8 点继电器输出</td></tr>
<tr><td>16 点 DC 24V 输入/16 点 DC 24V 输出</td></tr>
<tr><td>16 点 DC 24V 输入/16 点继电器输出</td></tr>
<tr><td>32 点 DC 24V 输入/32 点 DC 24V 输出</td></tr>
<tr><td>32 点 DC 24V 输入/32 点继电器输出</td></tr>
<tr><td rowspan="6">模拟量输入
扩展模块</td><td rowspan="2">EM231</td><td>4 输入通道、电压或电流输入,转换到内部存储为 12 位数字量</td></tr>
<tr><td>8 输入通道、电压或电流输入,转换到内部存储为 12 位数字量</td></tr>
<tr><td rowspan="2">EM231TC</td><td>4 输入通道、热电偶输入模块</td></tr>
<tr><td>8 输入通道、热电偶输入模块</td></tr>
<tr><td rowspan="2">EM231RTD</td><td>2 输入通道、热电阻输入模块</td></tr>
<tr><td>4 输入通道、热电阻输入模块</td></tr>
</table>

（续）

模块名称	类型及参数描述
模拟量输出扩展模块 EM232	2输出通道、电压或电流输出，输出前内部存储为12位数字量
	4输出通道、电压或电流输出，输出前内部存储为12位数字量
模拟量输入/输出扩展模块 EM235	4通道电压或电流输入/4通道电压或电流输出
定位控制模块（智能模块）EM253	输出4路200kHz脉冲
通信模块（智能模块）	EM227 Profibus-DP：从站模块，支持MPI从站通信
	EM241：调制解调器（MODEM）模块
	CP 243-1：工业以太网模块
	CP 243-1 IT：具有Web/Email等IT功能的工业以太网模块
	CP 243-2：AS-i主站模块，可连接62个AS-i从站

以EM221为例，该类型模块有直流量和交流量两种数字量输入。对于直流量输入模块，输入的额定电压值为24V，对应的输入电流为4mA，采用光电隔离将直流信号转换为CPU的逻辑电平存储在输入映像寄存器中；对于交流量输入模块，输入信号的频率为47～63Hz，额定电压有效值为120/230V，120V时对应的输入电流为6mA，230V时对应的输入电流为9mA，交流信号同样采用光电隔离转换为CPU的逻辑电平存储在输入映像寄存器中。EM221通过总线电缆从CPU中的开关电源获取DC 5V工作电压，其额定工作电流为30mA。

2. 模拟量输入和输出扩展模块

S7-200 CPU模块的模拟量输入和输出扩展模块也有三种类型：模拟量输入扩展模块、模拟量输出扩展模块和模拟量输入/输出扩展模块。模拟量输入扩展模块又包括接受模拟电压或模拟电流信号的模块EM231、热电偶模块EM231 TC和热电阻模块EM231 RTD。温度测量扩展模块是一种特殊的模拟量输入扩展模块。

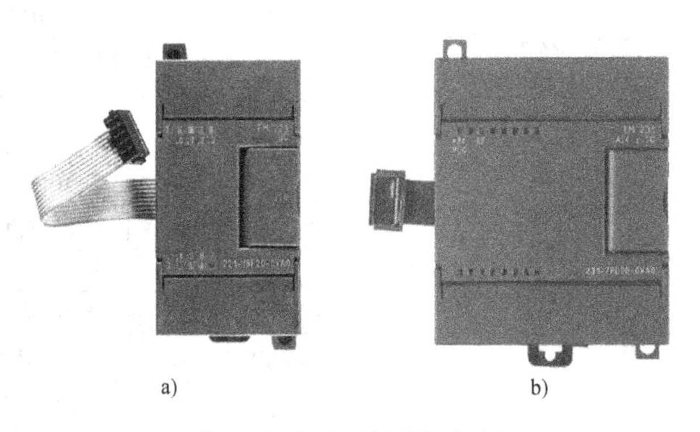

图3-5　I/O扩展模块图例
a）数字量扩展模块EM221　b）模拟量扩展模块EM231

EM231模拟量输入模块将一个模拟量（电压或电流）信号转换为12位的二进制数值存放在模拟量输入映像寄存器中，模拟电压信号的范围有0～5V、0～10V、±2.5V和±5V等可选量程，模拟电流信号的范围为0～20mA。通过面板上的DIP组态开关进行设置，以确定输入信号的种类和量程。模拟量到数字量的转换时间小于250μs，模块功耗为2W，需要CPU的DC 5V电源提供20mA工作电流。

模拟量输入模块可用于处理来自压力测量、流量测量、液位测量、距离测量以及运行速度测量等传感器或执行器的信号，从而实现对相应物理量的控制。

EM231 TC热电偶输入模块有4输入通道和8输入通道2种，外观如图3-5b所示。该模块具有专门的冷端补偿电路，为S7-200 CPU提供了与J、K、E、N、S、T、R等7种类型的热电偶相连的隔离接口，同时可以使 CPU 连接低电平模拟信号，测量范围为 ±80mV。使用时，需用模块底部的 DIP 开关来设置热电偶的类型、断线检查、温度测量单位（摄氏或华氏）、冷端补偿以及熔断器熔断方向等。注意，几个输入通道所使用的热电偶必须是同一类型的。该模块功耗为 1.8W，需要 CPU 的 DC 5V 电源提供 87mA 工作电流。

EM231 RTD 热电阻输入模块有 2 输入通道和 4 输入通道 2 种，输入端可选接铂（Pt）、铜（Cu）、镍（Ni）三种热电阻来测量温度，或连接三种不同阻值范围的电阻来测量阻值。使用时，需用模块底部的 DIP 组态开关来选择热电阻的类型、接线方式和温度测量单位等。几个输入通道所使用的热电阻必须是同一类型的。在热电阻模块上还提供了多种状态指示灯，以指示电源故障、输入超范围、诊断出错等错误状态。该模块功耗为 1.8W，需要 CPU 的 DC 5V 电源提供 87mA 工作电流。

一般来说，对精确度要求的较高场合应使用 EM 231 RTD 模块，否则，选用 EM231 TC 模块即可。EM231 RTD 模块最适合在炉温控制、暖通空调行业的制冷控制、电动机运行温度监控以及环境温度控制等温度监控领域使用，EM231 TC 模块最适合在熔炉、烤箱和加热器等高温测量和监控领域使用。

EM232 模拟量输出模块有 2 输出通道和 4 输出通道 2 种。经过 CPU 处理过的模拟信号为 12 位二进制数字量，每个模拟量输出通道将 12 位的二进制数值转换成一个模拟电压和一个模拟电流信号输出。输出电压的范围为 ±10V，输出电流的范围为 0～20mA，数字量转换成电压信号的时间为 100μs，转换成电流信号的时间为 2ms，模块功耗为 2W，需要 CPU 的 DC 5V 电源提供 20mA 工作电流。

EM235 模拟量输入/输出模块只有 4 个输入通道和 1 个输出通道一种组合。该模块功耗为 2W，需要 CPU 的 DC 5V 电源提供 30mA 工作电流。

模拟量输入和输出扩展模块属于高速模块，能够跟踪输入信号的快速变化。EM231、EM232 和 EM235 扩展模块的功耗为 2W，分别需要 CPU 的 DC 5V 提供 20mA、20mA 和 30mA 工作电流。

3. 定位控制模块

定位控制模块 EM253 属于特殊功能模块，用于实现单轴的开环位置控制，输出最高频率为 200kHz 的 PWM 脉冲。EM253 的输入输出是专门针对位置控制而设计的，输入有急停、限位开关和参考点开关等；输出送给电动机驱动器，可以控制步进电动机或伺服电动机。

EM253 提供了单轴、开环速度控制所需要的功能和性能：

1）提供高速控制，输出脉冲频率在 12Hz～200kHz 之间连续可调。

2）支持急停（S 曲线）或线性的加速、减速功能。

3）既可以使用工程单位（如英寸、厘米等），也可以使用脉冲数。

4）支持绝对的、相对的和手动的位控方式。

5）提供连续操作。

6）提供多达 25 组的包络（轮廓）函数，每组最多可有 4 种速度。

7）提供 4 种不同的参考点寻找模式，每种模式都可对起始的寻找方向和最终的接近方向进行选择。

定位控制模块EM253主要用于对纺织机械、木工机械、生产线、激光设备等的控制中。其控制精度要高于使用CPU的内置高速PTO脉冲所实现的位置控制。

4. 通信模块

通信模块属于智能模块。智能模块内部具有自身的CPU，因此，工作时基本不占用主机CPU的扫描周期。

S7-200 PLC提供如下5种通信模块，可以组成近10种通信方式。

1）从站通信模块EM 227 Profibus-DP：同时支持MPI从站通信。

2）调制解调器（MODEM）通信模块EM241：实现远程通信。其外观如图3-6所示。

3）工业以太网通信模块CP 243-1：构建工业以太网。

4）工业以太网通信模块CP 243-1 IT：同时提供Web/E-mail等IT应用功能。

5）AS-i主站模块CP 243-2：可连接62个AS-i从站。其外观如图3-6所示。

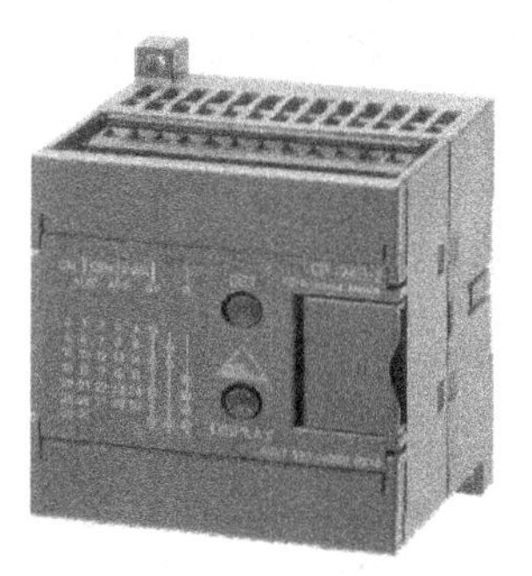

图3-6　通信模块外观（EM241和CP243-2）

3.1.4　工作电源及电源需求核算

1. 内部直流电源

S7-200 CPU内部有一个直流电源，提供DC 5V和DC 24V两种直流电压。其中，DC 5V电源为CPU模块和扩展模块提供工作电源，扩展模块是通过连接到CPU的总线连接电缆直接获得DC 5V电源供电的。CPU的DC 24V称为传感器电源，该电源从电源输出端（L+和M端）引出，它可以为CPU的集成I/O点和扩展模块的I/O点供电，但必须使用额外的导线手动连接DC 24V电源到这些I/O点上。DC 24V电源还从S7-200 CPU上的通信端口输出，提供给PC-PPI编程电缆或TD文本显示器等设备。

S7-200 CPU的供电能力见表3-4。其中，DC 5V电源的供电能力是指能够提供给扩展模块的工作电流，已经减去了CPU自身所需求的工作电流。而DC 24V电源的供电能力是指该电源的额定电流，如果集成I/O点使用该电源供电，则能够提供给扩展模块的电流就会减少。

表3-4　S7-200 CPU的供电能力

CPU型号	DC 5V/mA	DC 24V/mA
CPU221	（不能加扩展模块）	180
CPU222	340	180
CPU224	660	280
CPU226/CPU226XM	1000	400

如果扩展模块的 DC 5V 电源总需求超出了 CPU 模块 DC 5V 的供电能力，则必须减少扩展模块的个数，直到总需求在电源额定值之内才行。如果 CPU 模块和扩展模块的 DC 24V 电源总需求超出了 CPU 模块 DC 24V 的额定电流，可以额外再增加一个外部 DC 24V 电源来供给扩展模块的 I/O 点。

2. 电源需求核算

下面以一个具体配置的 S7-200 PLC 系统为例，说明系统电源需求的计算方法。

假设一个 PLC 系统包括以下模块：CPU 模块为 CPU224 AC/DC/Relay、3 个 8DC 输入/8 继电器输出的 EM223 和 1 个 8 DC 输入的 EM221。可知该系统配置共有 46 个数字量输入点和 34 个数字量输出点，并假设这些 I/O 点都由 CPU 模块的 DC 24V 电源供电，则该系统的电源需求核算实例如表 3-5 所示。表中，CPU 模块上集成的 14 个输入点需要 DC 24V 电源提供 56mA 电流；3 个 EM223 需要 CPU 的 DC 5V 电源提供 240mA 电流，DC 24V 电源提供 312mA 电流；1 个 EM221 需要 CPU 的 DC 5V 电源提供 30mA 电流，DC 24V 电源提供 32mA 电流。因此，扩展模块对 CPU 的 DC 5V 电源总需求是 270mA，而所有 I/O 点对 CPU 的 DC 24V 电源总需求是 400mA 电流。

根据表 3-5 可知，CPU224 模块的 DC 5V 电源供电能力为 660mA（不包括为 CPU 内部电路提供的电流），DC 24V 电源供电能力为 280mA。因此，CPU 模块的 DC 5V 电源能够提供的电流（660mA）大于扩展模块的需求电流（270mA），核算合格。但是，DC 24V 电源能够提供的电流（280mA）小于所有 I/O 点的需求电流（400mA），核算不合格。显然，该 PLC 系统必须额外增加一个至少能提供 120mA 的 DC 24V 电源。

表 3-5　电源需求核算实例

模块		DC 5V	DC 24V
CPU224，14 个 DC 输入点			4mA × 14 = 56mA
3 个 EM223	5V 电源需求	80mA × 3 = 240mA	
	8 × 3 个 DC 输入点		4mA × 8 × 3 = 96mA
	8 × 3 个继电器线圈输出点		9mA × 8 × 3 = 216mA
1 个 EM221	5V 电源需求	30mA × 1 = 30mA	
	8 个 DC 输入点		4mA × 8 × 1 = 32mA
合计		270mA	400mA

注意，应该使 CPU 的 DC 24V 传感器电源与外部 DC 24V 电源分别给不同的 I/O 点供电，而不能将这两种电源并联使用，只可以把它们的公共端连接起来。否则两个电源会因为输出电流不能合理分配而缩短其使用寿命或产生故障，使 PLC 系统进行不可预知的操作，引发严重后果。

3.2　S7-200 CPU 数据存储器及其寻址方式

PLC 为用户提供了较大的数据存储空间，并将其划分成众多不同功能的区域，用以存放不同类别的数据。不同功能的存储区域又包含很多存储器单元，每个单元都有唯一的地址（如同房间的门牌号码）。只要在用户程序中采用直接寻址或间接寻址两种方式之一指出要访问的存储器地址，该存储器地址单元中的数据就可以被读取来参与数学运算或逻辑运算，或使用新运算的结果去改写（刷新）这个存储器地址单元。

3.2.1　数据存储器的分配和地址

S7-200 CPU 的数据存储器被划分为以下一些类型的存储区：

· 输入映像寄存器 I
· 输出映像寄存器 Q
· 模拟量输入 AI（在 CPU221 中没有此区域）
· 模拟量输出 AQ（在 CPU221 中没有此区域）
· 变量存储器 V
· 位存储器 M
· 特殊存储器 SM
· 定时器 T
· 计数器 C
· 高速计数器 HC
· 顺序控制继电器 S
· 累加寄存器 AC
· 局部存储器 L

除此之外，还为跳转/标号、调用/子程序、中断时间、PID 回路和通信端口分配了存储地址空间。每一个存储器区域用一个或两个英文字母作为其标识符，例如，I 表示输入映像寄存器，AQ 表示模拟量输出存储区。注意：西门子公司的 PLC 用字母 Q 表示输出，是为了避免字母 O 与数字 0 的混淆。

数据存储器的存储单元有二进制存储单元、字节存储单元、字存储单元和双字存储单元等 4 种类型，它们分别对应存储 4 种长度的数据（或称操作数），这些存储单元都有唯一的地址。为了存取某个操作数，必须按某种方式指明操作数的地址。如果在程序中是直接使用操作数的地址，即为直接寻址方式，如果是使用指针来间接指明操作数的地址，则为间接寻址方式。

在 S7-200 CPU 中，绝大多数存储器中都可以存放 4 种长度的操作数，即可以按位、字节、字或双字对其寻址。不同长度的操作数所对应的存储器地址的表示方法如下所示。

· 位寻址：　　[存储器标识符].[字节地址].[位号]
· 字节寻址：　[存储器标识符] B [字节地址]
· 字寻址：　　[存储器标识符] W [起始字节地址]
· 双字寻址：　[存储器标识符] D [起始字节地址]

如果要存取存储器区域中的某一位（二进制存储单元），就要进行位寻址。位寻址需要指明存储器的标识符、字节地址和位号。图 3-7 是一个位地址实例。其中，图 3-7a 指明的地址是输入映像寄存器 I 中的第 2 个字节的第 3 位，使用了小数点将字节地址与位号分隔开。图 3-7b 显示了该位在输入映像寄存器中的确切位置（阴影位置）。

如果要存取存储器区域中的某个字节（字节存储单元），就要进行字节寻址。字节寻址需要指明存储器的标识符、数据长度（一个字节 B）和字节地址。如果要存取存储器区域中的某个字或双字，就要进行字或双字寻址。字或双字寻址需要指明存储器的标识符、数据长度（W 或 D）和起始字节地址。

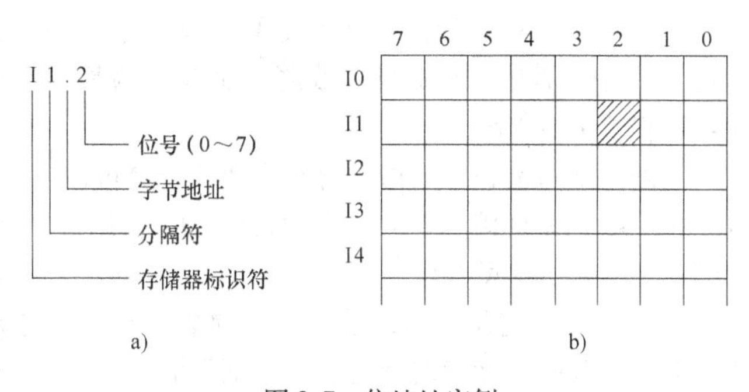

图 3-7　位地址实例

a）位地址格式　b）位地址对应的存储单元

图 3-8 分别是对变量存储器区域中的字节、字和双字寻址的例子。其中，图 3-8a 指明的地址 VB0 是变量存储器 V 中的 0 号字节（即第 1 个字节）；图 3-8b 指明的地址 VW2 是变量存储器 V 中的一个字，起始字节地址为 2（即第 3 个字节）；图 3-8c 指明的地址是变量存储器 V 中的一个双字 VD5，起始字节地址为 5（即第 6 个字节）。图 3-8d 则是上述 3 个存储单元对应的地址在变量存储器中的确切位置。

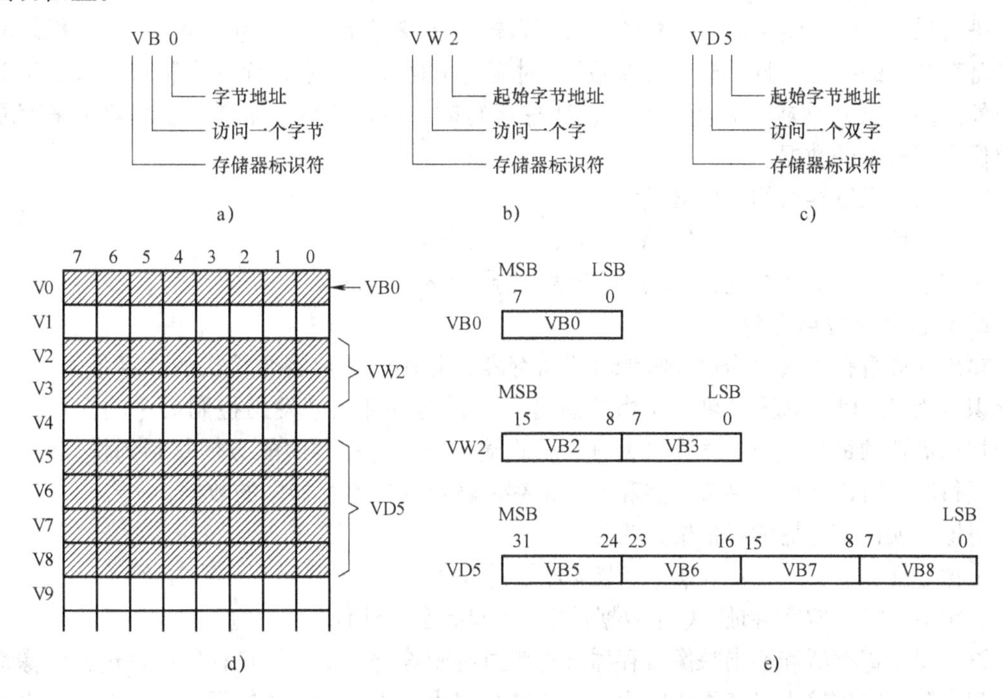

图 3-8　字节、字和双字地址实例

a）字节地址格式　b）字地址格式　c）双字地址格式　d）存储单元对应的位置　e）数据存放规则

数据的具体存放规则如图 3-8e 所示。对于一个 8 位的二进制数码，正好存放在一个字节中，如图 3-8e 中的 VB0。其中，V0.7 是最高有效位 MSB，V0.0 是最低有效位 LSB。当一个数据占用 2 个或 4 个字节时，数据的高位要存放在低地址单元中，而低位应存放在高地址单元中。例如，如果要在 VW2 中存放数值 16#ABCD（注：16#表示 ABCD 为 16 进制数），则高位数值 16#AB 应存放在 VW2 的低地址单元 VB2 中，低位数值 16#CD 应存放在 VW2 的高地址单元 VB3 中。再如，要存放在 VD5 中存放数值 16#1A2B3C4D，则其最高两位数值 16

#1A 应该存放在 VD5 的低地址单元 VB5 中，最低两位数值 16#4D 应该存放在 VD5 的高地址单元 VB8 中。其中，存放低位数值的字节称为最低有效字节 LSB，存放高位数值的字节称为最高有效字节 MSB。

值得注意的是，不同指令的操作数地址是可以互相重叠的。例如，在程序中既可以使用 VB100，又可以使用 VW100，同时还可以使用 VD100。显然，VW100 中包含了 VB100，VD100 中包含了 VW100。

S7-200 CPU 寻址时可以使用不同的数据长度，这是因为不同的指令需要不同的数据长度。不同的数据长度能表示的数值范围不同。

3.2.2　数据存储器的功能及其直接寻址

1. 输入映像寄存器 I

输入映像寄存器又称为过程映像输入寄存器，是用于存放输入数字量的存储器，其标识符为 I。PLC 的输入端子（物理输入点）是接收外部信号的窗口，在每一个扫描周期开始时对其进行采样，采样结果以 **1** 或 **0** 的方式写入输入映像寄存器，作为逻辑运算的依据。输入映像寄存器中的一位（即一位二进制数），对应一个物理输入点，而一个物理输入点又对应一个外部的“常开”或“常闭”触点。程序运行时，可以按位、字节、字和双字来存取输入映像寄存器中的数据。

对输入映像寄存器的寻址格式为

· 位寻址：　　　　　　　I [字节地址]. [位号] S

· 字节、字、双字寻址：I [数据长度] [起始字节地址]

2. 输出映像寄存器 Q

输出映像寄存器又称为过程映像输出寄存器，是用于存放将要输出的数字量的存储器，其标识符为 Q。PLC 的输出端子（物理输出点）是向外部负载发出控制命令的窗口，在每一个扫描周期的最后，CPU 才按批处理方式将输出映像寄存器中的数据复制到物理输出点。程序运行时，可以按位、字节、字和双字来存取输出映像寄存器中的数据。

对输出映像寄存器的寻址格式为

· 位寻址：　　　　　　　Q [字节地址]. [位号]

· 字节、字、双字寻址：Q [数据长度] [起始字节地址]

输入映像寄存器和输出映像寄存器统称为过程映像寄存器。用户程序通过过程映像寄存器访问实际的物理输入点和物理输出点，这样可以大大提高程序的执行效率，但会带来响应的延迟。为了满足某些任务的实时性要求（快速响应），S7-200 具有立即输入和立即输出指令，允许用户程序直接访问物理输入和输出点，或使用硬件执行高速脉冲等任务。

3. 模拟量输入寄存器 AI

模拟量扩展模块或 CPU224XP 将模拟量（如电压、电流或温度）转换成 12 位二进制数据，实际上为占用 16 位（1 个字长）的只读数据，存放在模拟量输入存储区 AI 中。

对模拟量输入寄存器的寻址格式为：AIW [起始字节地址]。

由于模拟量数据为 1 个字长，即 2B，故其地址均以偶数位字节开始，如 AIW0、AIW2、AIW4 等。模拟量到数字量转换器 ADC 的 12 位数据是左对齐的，如图 3-9a、b 所示。其中，图 3-9a 是单极性（如 0～10V）模拟量的转换格式，MSB 位是符号位（零表示数据为正），

3 个连续的 0 使得 ADC 计数值每变化 1 个单位，数据字中则以 8 为单位变化。图 3-9b 是双极性（如 ±5V）模拟量的转换格式，4 个连续的 0 使得 ADC 计数值每变化 1 个单位，数据字中则以 16 为单位变化。

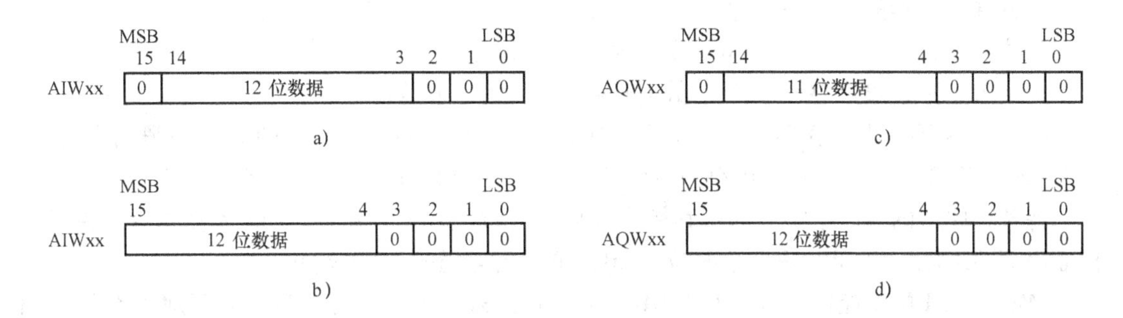

图 3-9 模拟量输入字与输出字格式

a）单极性输入 b）双极性输入 c）电流输出 d）电压输出

4. 模拟量输出寄存器 AQ

S7-200 CPU 将 1 个字长（16 位）的数字值按比例转换成模拟电压或电流值，转换的实际精度为 12 位。模拟量输出值为只写数据，用户无法读取这个模拟输出值。

对模拟量输出寄存器的寻址格式为：AQW［起始字节地址］。

由于模拟量数据为 1 个字长，即 2B，故其地址均以偶数位字节开始，如 AQW0、AQW2、AQW4 等。数字量到模拟量转换器 DAC 的 12 位数据在其输出数据格式中是左端对齐的，如图 3-9c、d 所示。其中，图 3-9c 是电流输出时的格式，MSB 是符号位（零表示一个正数据字值）。图 3-9d 是电压输出时的格式（可正可负）。数据在装载到 DAC 寄存器之前，4 个连续的 0 是被截断的，这些位不影响输出信号值。

5. 变量存储器 V

变量存储器用于存储程序执行过程中逻辑变量的中间运算结果，也可以用它来保存与工序或任务相关的其他数据。变量存储器的标识符为 V。程序运行时，可以按位、字节、字和双字来存取变量存储器中的数据。

对变量存储器的寻址格式为

· 位寻址：　　　　　　V［字节地址］.［位号］

· 字节、字、双字寻址：V［数据长度］［起始字节地址］

6. 位存储器 M

位存储器又被称为内部标志位，其作用相当于中间继电器，用于存储程序运行的中间操作状态或控制信息，不能直接驱动外部负载。位存储器的标识符为 M。程序运行时，可以按位、字节、字和双字来存取位存储器中的数据。

对位存储器的寻址格式为

· 位寻址：　　　　　　M［字节地址］.［位号］

· 字节、字、双字寻址：M［数据长度］［起始字节地址］

7. 特殊存储器 SM

特殊存储器又被称为特殊标志位，是用户程序与系统程序之间的界面，为用户提供一些特殊的控制功能及系统信息，用户对操作的一些特殊要求也通过特殊存储器通知系统。特殊存储器的标识符为SM。程序运行时，可以按位、字节、字和双字来存取特殊存储器中的数据。

对特殊存储器的寻址格式为

· 位寻址：　　　　　　　SM［字节地址］.［位号］

· 字节、字、双字寻址：SM［数据长度］［起始字节地址］

特殊存储器分为只读区和可读/可写区两大部分，S7-200 CPU 的只读特殊存储器有30B，即SM0.0～SM29.7；可读/可写特殊存储器有150B，即SM30.0～SM179.7。

特殊存储器的每一个字节都有其特殊含义。例如，第一个字节SMB0为标志位，在每个扫描周期的末尾，由CPU更新这些位。SMB0的8个状态位的意义如下：

SM0.0：RUN监控位。PLC处于RUN状态时，SM0.0始终为**1**态。对于那些在每个扫描周期都需要执行的指令应该使用SM0.0位来激活。

SM0.1：初始脉冲。PLC由STOP转为RUN时的第一个扫描周期内为**1**态。用途之一是调用初始化子程序。

SM0.2：当RAM中保存的数据丢失时，SM 0.2在一个扫描周期内为**1**态。该位可用作错误存储器位，或用来调用特殊启动顺序功能。

SM0.3：开机后进入RUN方式时，该位在一个扫描周期内为**1**态。该位可以用于在启动操作之前给设备提供一个预热时间。

SM0.4：分脉冲时钟信号。该位提供了一个占空比为50%的分脉冲（周期为1min），可以作为延时使用。

SM0.5：秒脉冲时钟信号。该位提供了一个占空比为50%的秒脉冲（周期为1s），可以作为延时使用。

SM0.6：扫描时钟。一个扫描周期为**1**态，下一个周期为**0**态，交替循环。可以作为扫描计数器的输入。

SM0.7：该位指示CPU工作方式开关的位置。**0**为TERM位置，**1**为RUN位置。当开关在RUN位置时，用该位来启动自由口通信方式。当切换到TERM位置时，同编程设备的正常通信有效。

又例如，SMB3为自由端口奇偶校验错；SMB5为I/O状态；SMB6为CPU识别寄存器；SMB28和SMB29分别对应两个模拟电位器的当前值；SBM30和SMB130为两个自由通信端口控制寄存器；SMB36～SMB65用于监视和控制高速计数器等。

8. 定时器存储区T

定时器是用于累计时间的，其标识符为T。定时器的地址格式为：T［定时器号］。S7-200 CPU有256个定时器，其地址为T0～T255。

每个定时器都由定时器的当前值寄存器和定时器位组成。定时器的当前值寄存器用于存储定时器所累计的时间值，即定时器的当前值，该值为16位有符号整数。定时器位表征了定时器的状态，它按照当前值和预设值的比较结果置位或复位，预设值由程序赋值。因此，定时器的寻址有两种含义，一是访问当前值寄存器，二是访问定时器位，两种寻址使用同样的地址格式。那么，究竟是在寻址哪一个数据，取决于所使用的指令。带位操作数的指令是访问定时器位，而带字操作数的指令则是访问定时器当前值。

如图 3-10 所示，左侧的梯形图程序中，网络 1 操作数为 T2 的位逻辑指令表示读取（访问）定时器 T2 的定时器位（1 位）；网络 2 的字传送指令表示读取（访问）定时器 T2 的当前值寄存器之值（16 位）。

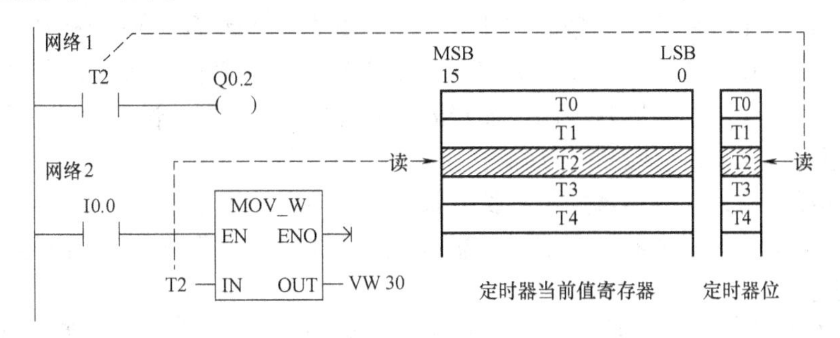

图 3-10　定时器寻址实例

9. 计数器存储区 C

计数器用于累计其输入端的正脉冲的个数，其标识符为 C。计数器的地址格式为：C［定时器号］。S7-200 CPU 有 256 个计数器，其地址为 C0 ~ C255。

计数器的组成与定时器相同，每个计数器也是由计数器的当前值寄存器和计数器位组成。计数器的当前值寄存器用于存储计数器所累计的正脉冲个数，即计数器的当前值，该值为 16 位有符号整数。计数器位表征了计数器的状态，它按照当前值和预设值的比较结果置位或复位，预设值由程序赋值。因此，计数器的寻址有两种含义，一是访问当前值寄存器，二是访问计数器位，两种寻址使用同样的地址格式。对于同样地址的计数器，究竟是要访问哪一个数据，取决于所使用的指令。

如图 3-11 所示，左侧的梯形图程序中，网络 1 操作数为 C2 的位逻辑指令表示读取（访问）计数器 C2 的计数器位（1 位）；网络 2 的字传送指令表示读取（访问）计数器 C2 的当前值寄存器之值（16 位）。

一般计数器的计数频率受扫描周期的影响，不可以太高。对高频信号的计数可使用高速计数器。

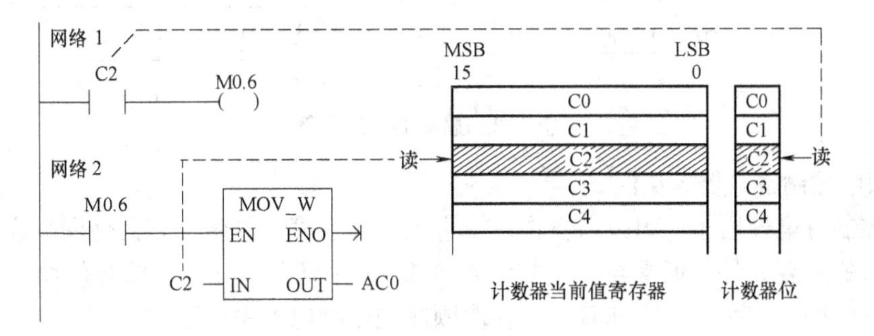

图 3-11　计数器寻址实例

10. 高速计数器存储区 HC

高速计数器是用于对高速事件进行计数的，它的运行独立于 CPU 的扫描周期。高速计数器的地址格式为：HC［高速计数器号］。如 HC0。

每个高速计数器有一个 32 位有符号整数的计数值（当前值），该计数值是只读数据。要存取高速计数器中的值，则应给出高速计数器的地址，且仅可以作为双字（32位）来寻址。

11. 累加器AC

累加器是可以像存储器一样使用的读写数据存储区。例如，可以通过累加器向子程序传送参数，也可以从子程序返回参数，或用于存储计算的中间结果。S7-200 CPU提供了4个32位累加器，即AC0、AC1、AC2和AC3。可以按字节、字和双字来存取累加器中的数据。若按字节或字存取累加器，则是访问累加器的低8位或低16位，若以双字的形式存取累加器时，则使用全部32位。

对于累加器来说，参与运算的数据长度取决于所使用的指令。因此，任何字节、字或双字指令都可以灵活使用累加器，而不用考虑指令所需要的操作数长度。下面的例子清楚地说明了这个问题。

如图3-12所示，网络1中的字节传送指令MOV_ B执行的是将累加器AC3中的字节传送到变量存储器VB100中，该指令的操作数AC3表示访问累加器AC3的字节0；网络2中的字减指令DEC_ W执行的是将累加器AC1中的字值减1以后存放到变量存储器VW200中，该指令的操作数AC1表示访问累加器AC1的字节1和字节0；网络3中的双字取反指令INV_ DW执行的是将累加器AC2中双字按位取反码以后存放到变量存储器VD210中，该指令的操作数AC2表示访问累加器AC2的全部32位数据。

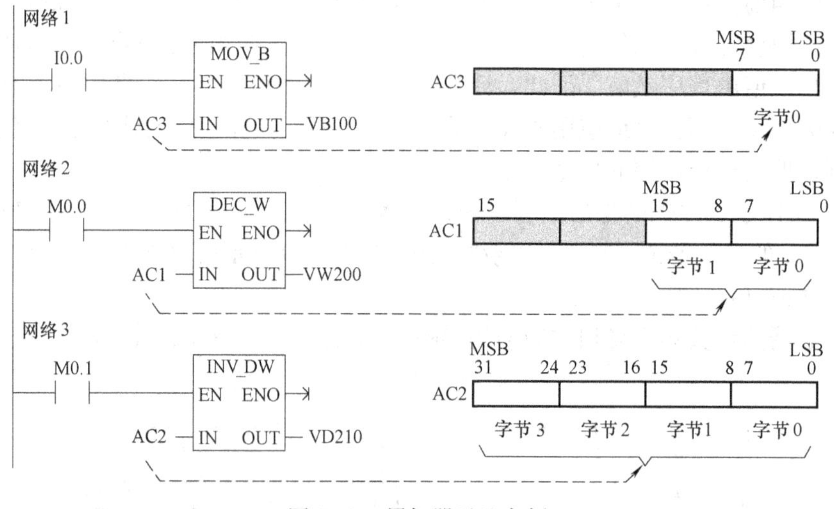

图3-12　累加器寻址实例

12. 顺序控制继电器存储区S

顺序控制继电器用于组织机器操作，或进入等效程序段的步，它是使用顺序控制继电器指令编程时的重要元件，通常与顺序控制指令LSCR、SCRT、SCRE结合使用，实现顺控流程编程。可以按位、字节、字和双字来存取顺序控制继电器中的数据。

对顺序控制继电器的寻址格式为

· 位寻址：　　　　　　　S［字节地址］.［位号］

· 字节、字、双字寻址：S［数据长度］［起始字节地址］

13. 局部存储器区L

局部存储器与变量存储器的功能相似。但是，变量存储器是全局有效的，而局部存储器是局部有效的。所谓全局有效是指同一个存储器可以被任何程序（主程序、子程序和中断程序）存取，局部有效是指存储器区和特定的程序相关联。也就是说，主程序、子程序或中断程序具有各自独立的局部存储器，它们之间不能互相访问。当主程序执行时，分配给子程序或中断程序的局部存储器是不存在的，当出现中断或调用子程序时，需要重新分配局部存储器。

S7-200 CPU 有 64B 的局部存储器，其中 60B 用作暂时存储器，或者给子程序传递参数，最后 4B 为保留字节（用于较高版本的编程软件）。可以按位、字节、字和双字来存取局部存储器中的数据。

对局部存储器的寻址格式为

・位寻址：　　　　　　L［字节地址］.［位号］

・字节、字、双字寻址：L［数据长度］［起始字节地址］

局部存储器可以作为间接寻址的指针，但不能作为间接寻址的存储器。

3.2.3　存储器的有效范围

S7-200 CPU 的存储器区域大多数可以按位、字节、字和双字 4 种方式访问，定时器和计数器的存储器区域只能按照位和字 2 种方式访问，而累加器不能按位访问，模拟量存储器区域只能按字访问，高速计数器存储器区域只能按双字访问。各个存储器的有效范围详见表 3-6。表中，各型号 CPU 的数字量输入与输出映像寄存器均有 128 点（I0.0 ~ I15.7，Q0.0 ~ Q15.7），并不意味着编程时可以任意使用这些地址单元。以 CPU222 为例，如果 CPU 没有连接 I/O 扩展模块，则有效的输入与输出只能存放在 I0.0 ~ I0.7 与 Q0.0 ~ Q0.5 这些地址单元中。同理，CPU222、CPU224 和 CPU226 的模拟量输入与输出寄存器的有效范围也是在 CPU 连接一定数量的模拟量扩展模块后才有效，而 CPU224XP/XPsi 集成了 2 个模拟量输入通道和 1 个模拟量输出通道，因此，除了 AIW0、AIW2 和 AQW0 以外，其余模拟量地址单元也只有在 CPU 连接了模拟量扩展模块后才有效。

表 3-6　S7-200 CPU 存储器的有效范围

存储器	CPU221	CPU222	CPU224	CPU224XP CPU224XPsi	CPU226
输入映像寄存器	I0.0 ~ I15.7	I0.0 ~ I15.7	I0.0 ~ I15.7	I0.0 ~ I15.7	I0.0 ~ I15.7
输出映像寄存器	Q0.0 ~ Q15.7	Q0.0 ~ Q15.7	Q0.0 ~ Q15.7	Q0.0 ~ Q15.7	Q0.0 ~ Q15.7
模拟量输入寄存器	—	AIW0 ~ AIW30	AIW0 ~ AIW62	AIW0 ~ AIW62	AIW0 ~ AIW62
模拟量输出寄存器	—	AQW0 ~ AQW30	AQW0 ~ AQW62	AQW0 ~ AQW62	AQW0 ~ AQW62
变量存储器	V0.0 ~ V2047.7	V0.0 ~ V2047.7	V0.0 ~ V8191.7	V0.0 ~ V10239.7	V0.0 ~ V10239.7
位存储器	M0.0 ~ M31.7	M0.0 ~ M31.7	M0.0 ~ M31.7	M0.0 ~ M31.7	M0.0 ~ M31.7
特殊存储器 30 个只读字节	SM0.0 ~ SM179.7 SM0.0 ~ SM29.7	SM0.0 ~ SM299.7 SM0.0 ~ SM29.7	SM0.0 ~ SM549.7 SM0.0 ~ SM29.7	SM0.0 ~ SM549.7 SM0.0 ~ SM29.7	SM0.0 ~ SM549.7 SM0.0 ~ SM29.7
定时器	T0 ~ T255	T0 ~ T255	T0 ~ T255	T0 ~ T255	T0 ~ T255
计数器	C0 ~ C255	C0 ~ C255	C0 ~ C255	C0 ~ C255	C0 ~ C255
高速计数器	HC0,HC3,HC4,HC5	HC0,HC3,HC4,HC5	HC0 ~ HC5	HC0 ~ HC5	HC0 ~ HC5
累加器	AC0 ~ AC3	AC0 ~ AC3	AC0 ~ AC3	AC0 ~ AC3	AC0 ~ AC3
顺序控制继电器	S0.0 ~ S31.7	S0.0 ~ S31.7	S0.0 ~ S31.7	S0.0 ~ S31.7	S0.0 ~ S31.7
局部存储器	L0.0 ~ L63.7	L0.0 ~ L63.7	L0.0 ~ L63.7	L0.0 ~ L63.7	L0.0 ~ L63.7

可以在许多S7-200的指令中使用常数。常数值可以是字节、字或双字。CPU以二进制方式存储所有的常数。为了编程时表示方便，常采用十进制、十六进制、ASCII码或浮点数来表示常数。下面是用各种形式表示常数的格式举例。

· 二进制常数：　2#1010 1001 0111 0010
· 十进制常数：　201587
· 十六进制常数：　16#3A6D9F
· ASCII码常数：　'Text goes between single quotes.'
· 实数或浮点数：　+1.175495E-38（正数）、-1.175495E-38（负数）

说明：本教材的二进制数码采用粗体字表示，不再前缀"2#"。例如：**10101100**（字节）。

S7-200 CPU不支持数据类型检查。例如，加法ADD指令可以把VW100中的数据作为一个有符号整数来使用，而一条异或XOR指令也可以把VW100中的数据作为一个无符号二进制数来使用。

具有一系列字符的字符串可以包含0~254个字符，每个字符占用一个字节的存储空间。在存放字符串时，第一个字节指明字符串的长度，也就是字符的个数，其后字节按顺序存放各个字符。因此，一个字符串占用的最大存储空间为255B，如图3-13所示。一般一个字符串常量的最大长度为126B。

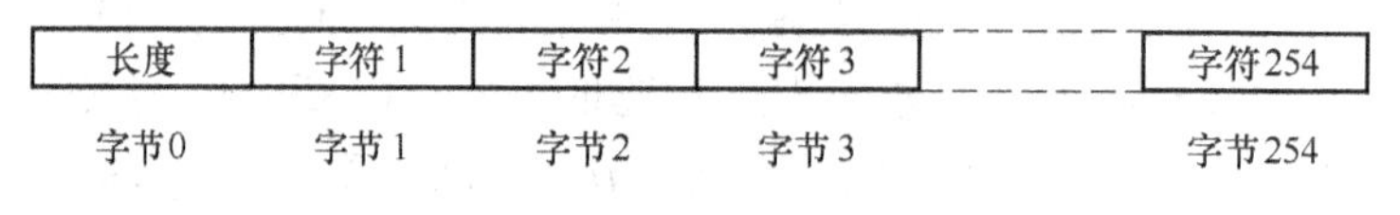

图3-13　字符串的存储格式

3.2.4　数据存储器的间接寻址

间接寻址是使用指针来存取存储器中的数据。S7-200 CPU只能对I、Q、V、M、S、AI、AQ、SM、T（仅当前值）和C（仅当前值）等存储器区域使用间接寻址方式存取数据。但是不能对这些区域独立的位（bit）值使用间接寻址方式，也不能对高速计数器HC和局部存储器L进行间接寻址。

1. 建立指针

为了对存储器的某一地址进行间接寻址，需要先为该地址建立指针。地址指针为双字值，存放在另一个存储器内。只能使用V、L、AC1、AC2、AC3作为地址指针。为了生成指针，需使用双字传送（MOVD）指令，将存储器某个位置的地址传送到另一位置或累加器作为指针。传送指令的输入（源）操作数必须使用"&"符号来表示某一位置的地址，而不是它的值；把从指针处取出的数值传送到指令的输出（目标）操作数表示的位置。例如，下面三条传送指令就建立了三个地址指针：

```
① MOVD    &VW100, AC3      //将VW100的地址传送到AC3
② MOVD    &MB50, VD204     //将MB50的地址传送到VD204
③ MOVD    &C4, LD8         //将C4的地址传送到LD8
```

2. 间接寻址方法

在操作数的前面加"*"号表示该操作数是一个指针而不是操作数的直接地址。例如，下面三条传送指令就是使用间接寻址所进行的三次数据传送：

④ MOVW　* AC3，MB20　　　//将 AC3 中指明的地址单元内的数据传送到 MB20

⑤ MOVW　* VD204，VB300　　//将 VD204 中指明的地址单元内的数据传送到 VB300

⑥ MOVW　* LD8，VW400　　　//将 LD8 中指明的地址单元内的数据传送到 VW400

图 3-14 清楚地显示了上述①和④两条指令的执行过程。通过执行这两条指令，VW100 中的数据就传送到 MB20 中了。

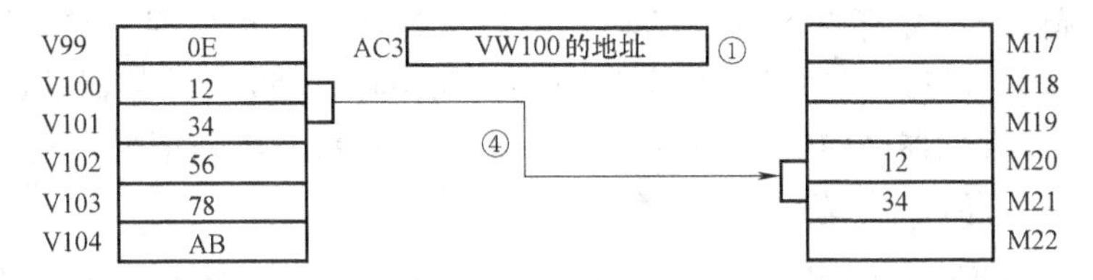

图 3-14　间接寻址传送数据的实例

3. 修改指针

可以改变一个指针的值。因为指针是 32 位的值，故需使用双字指令来修改指针值。具体方法是使用简单的数学运算指令（如加法或自增指令）来使指针递增。值得注意的是，要根据存取数据的长度来调整指针的增量。当存取一个字节时，指针值加 1；当存取一个字（如定时器和计数器的当前值）时，指针值加 2；当存取一个双字时，指针值加 4。

3.2.5　数据保持

S7-200 CPU 中的存储器有两类，一类是易失性的 RAM 存储器，另一类是永久保存的 EEPROM 存储器。当程序（包括用户程序、数据块和 CPU 组态）下载到 CPU 时，是存入 CPU 的 RAM 存储器，同时 CPU 会将程序复制到 EEPROM 存储器。为了在停电时保持 RAM 存储器中的程序数据、CPU 组态数据、V 存储器和 M 存储器以及定时器 T 和计数器 C 的当前值等数据不被丢失，S7-200 PLC 提供了以下多种数据保持的方法，用户可根据实际情况灵活选用或设置。

1. 采用超级电容实现数据保持

S7-200 CPU 中内置超级电容，在不太长的断电时间内为保持数据和时钟提供电源，不需要另配附件。CPU221 和 CPU222 内置的超级电容可提供 50h 的数据保持时间，CPU224 和 CPU226 内置的超级电容可提供 190h 的数据保持时间。

内置超级电容在 CPU 上电时充电。

2. 采用电池卡实现数据保持

在可选卡插槽中插入电池卡 BC293 或时钟/电池卡 CC292（根据 CPU 的型号选用）后，与内置的超级电容配合，长期为时钟和数据保持提供电源。CPU 停电后，首先是依靠内置的超级电容为 RAM 存储区等供电，当超级电容的电能耗尽时，电池才起作用。在完全依靠电池为 CPU 提供数据备份电源时，电池的使用寿命大约 200 天。

3. 使用数据块实现数据保持

用户编程时可以编辑数据块。数据块用于给 S7-200 CPU 的变量（V）存储器中指定区域赋初始值（例如程序中用到的一些不用改变的参数等）。当用户程序由编程器下载到 CPU 中时，程序在存入 CPU 的 RAM 存储器的同时，也将程序、数据块和 CPU 组态直接复制到了EEPROM中，因此，数据块的内容将永远不会丢失，实现了数据保持功能。

4. 断电自动保存

可以通过S7-200 CPU系统块的设置，将6个可选的存储器区域作为CPU断电时的数据保持范围。这6个存储区位于变量存储器（V存储器）、位存储器（M存储器）、定时器T和计数器C当前值寄存器中，如图3-15所示。图中，偏移量表示数据区的起始地址，单元数目表示需要保存的数据单元的数目。其中，V存储器区的所有数据都可以设置为断电自动保存，亦可选择两个独立存储区间，将其数据设置为断电自动保存；定时器只能将64个TONR定时器（T0～T31，T64～T95）设为断电自动保存；256个计数器的数据均可设置为断电自动保存；M存储器区中的前14个字节（MB0～MB13）默认情况下是没有选中的，但在设置断电自动保存时，可以将其设为断电自动保存。

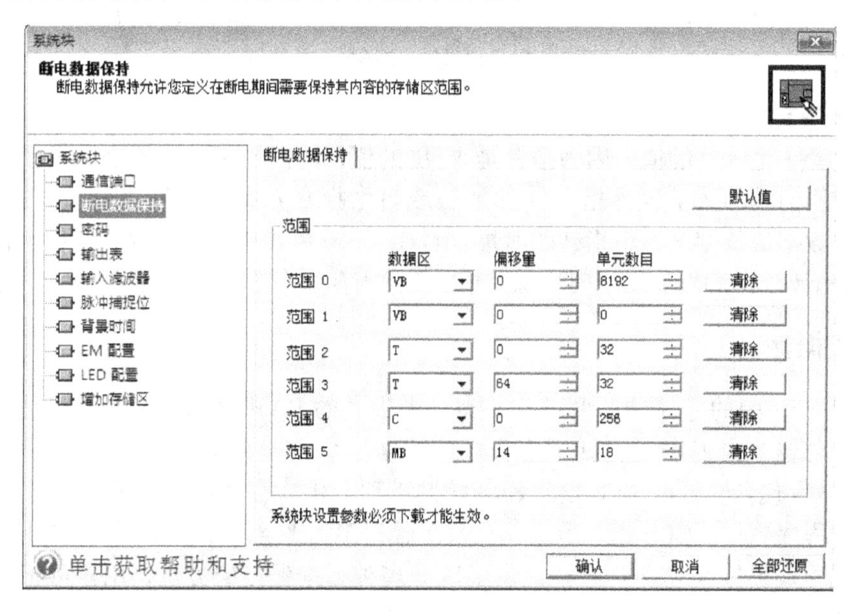

图3-15　设置CPU的存储器保持范围

在CPU断电时，上述选中的6个存储器区域的数据将自动写到EEPROM的相应区域中，实现数据的永久保存。默认情况下，CPU不具备断电自动保持功能，必须通过编程软件设置、并与程序一起下载到CPU中才有效。

数据断电自动保存的设置还可以用来检验CPU内置的EEPROM是否能正确保存数据。例如，使CPU断电后重新通电，若观察到V存储器区相应的单元内还保存有正确的数据，说明数据已成功写入CPU的EEPROM。

5. 在用户程序中实现数据保存

用户编程时，可以通过设置特殊存储器的字节SMB31和字SMW32，使程序运行过程中，在每个扫描周期将变量存储器（V存储器）中任意地址的数据写到EEPROM中去。每次操作可以写入1个字节、1个字或1个双字长度的数据，多次操作则可写入多个数据。具体设置方法如下：

1）在SMW32中设置需要保存的数据的地址。该地址是按从V0开始的V存储器地址偏移量的形式给出的。

2）将要保存的数据长度写入 SM31.1 和 SM31.0。如果这两位为 **00** 或 **01**，则要保存的数据长度为字节；如果这两位为 **10**，则要保存的数据长度为字；如果这两位为 **11**，则要保存的数据长度为双字。同时将 SM31.2 ~ SM31.6 设置为 **00000**，将 SM31.7 位设置为 **1**。

3）在每个扫描周期末尾，CPU 自动检测 SM31.7，如果 SM31.7 = **1**，则 CPU 将指定地址单元中的数据写入 EEPROM，并将 SM31.7 复位，数据保存操作结束。如果 SM31.7 = **0**，则 CPU 不执行数据保存。

例如，若要将 VW100 中的数据保存到永久存储器，则应执行如下三条指令：①使用传送指令将 100 传送到 SMW32 中；②使用传送指令将 2 传送到 SMB31（保存字）；③使用置位指令将 SM31.7 设置为 **1**。

注意，使用该方法实现数据保存时，应该考虑到以下两个方面的问题：

1）每一次执行 EEPROM 存数据操作，会将 CPU 的扫描周期延长 15 ~ 20ms，所保存的数据会覆盖先前存放的数据。

2）EEPROM 的写操作次数总是有限的（最少 10 万次，典型 100 万次），过多的写入操作，易导致 EEPROM 失效，从而引起 CPU 故障。例如，假设 S7-200 CPU 的扫描周期为 50ms，每个扫描周期都保存一个数据，则 EEPROM 的寿命最短只有 5000s，不足一个半小时。如果一小时才执行一次 EEPROM 的写操作，则 EEPROM 的寿命至少有 11 年。因此，要尽量减少对 EEPROM 的写入次数。原则上，只有当特殊事件发生时，才执行保存操作。当然，这种事件不会频繁发生。

3.3　扩展 I/O 模块的寻址

3.3.1　I/O 点地址分配原则

CPU 模块上集成的数字量 I/O 点是有固定 I/O 地址的。S7-200 系列 CPU 的集成数字量 I/O 点的地址如图 3-16 所示（CPU226XM 与 CPU226 相同）。数字量 I/O 点的地址总是按照一个字节一组进行分配，如果实际的物理输入点或输出点小于 $8n$ 点（$n=1，2，3，\cdots$），则一个字节中没有使用的存储位就废弃了。图中，灰色字体显示的地址即表示不能使用的存储位。而且，对于输入模块，这些字节中保留的未使用的地址位会在每个输入刷新周期中被清零。

除了 CPU221，其余 CPU 模块可以在其右侧连接 2 ~ 7 个 I/O 扩展模块以形成 I/O 链，以增加 I/O 点。CPU 已经为这些扩展模块上的输入与输出信号预留了存储空间。扩展模块上 I/O 点的地址由扩展模块的类型以及该模块处在 I/O 链中的物理位置（相对同类模块而言）决定。也就是说，输出扩展模块不会影响输入扩展模块的点地址，反之亦然。同理，模拟量模块不会影响数字量模块的寻址，反之亦然。

如果在 CPU 右边链接数字量 I/O 扩展模块，这些扩展模块上 I/O 点的地址同样位于数字量映像寄存器中，且地址也是以 8 位（一个字节）一组递增的。如果 CPU 在为某个模块的物理 I/O 点分配地址时未用完一个字节，则该字节中那些未使用的位地址不能分配给 I/O 链中的后续模块，即后续模块的 I/O 点只能另起一个字节安排地址。

例如，CPU224 有 14 个物理输入点和 10 个物理输出点。该 CPU 可以接收 14 个开关信

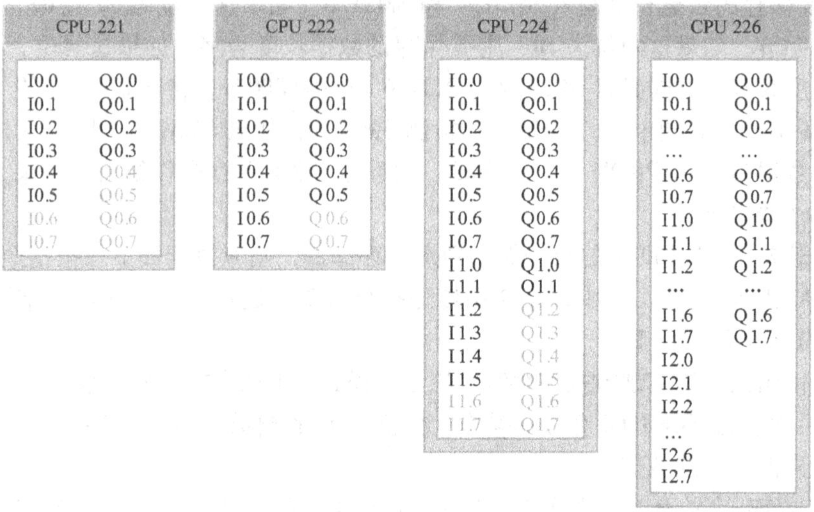

CPU 221	
I0.0	Q0.0
I0.1	Q0.1
I0.2	Q0.2
I0.3	Q0.3
I0.4	Q0.4
I0.5	Q0.5
I0.6	Q0.6
I0.7	Q0.7

CPU 222	
I0.0	Q0.0
I0.1	Q0.1
I0.2	Q0.2
I0.3	Q0.3
I0.4	Q0.4
I0.5	Q0.5
I0.6	Q0.6
I0.7	Q0.7

CPU 224	
I0.0	Q0.0
I0.1	Q0.1
I0.2	Q0.2
I0.3	Q0.3
I0.4	Q0.4
I0.5	Q0.5
I0.6	Q0.6
I0.7	Q0.7
I1.0	Q1.0
I1.1	Q1.1
I1.2	Q1.2
I1.3	Q1.3
I1.4	Q1.4
I1.5	Q1.5
I1.6	Q1.6
I1.7	Q1.7

CPU 226	
I0.0	Q0.0
I0.1	Q0.1
I0.2	Q0.2
…	…
I0.6	Q0.6
I0.7	Q0.7
I1.0	Q1.0
I1.1	Q1.1
I1.2	Q1.2
…	…
I1.6	Q1.6
I1.7	Q1.7
I2.0	
I2.1	
I2.2	
…	
I2.6	
I2.7	

图3-16　集成数字量I/O点的地址

号输入，这些输入信号分别存储在I0.0～I1.5中，占用输入映像寄存器的两个字节IB0和IB1，而I1.6和I1.7两位就自然废弃了。该CPU还可以输出10个开关信号，这些输出信号分别存储在Q0.0～Q1.1中，占用输出映像寄存器的两个字节QB0和QB1，而Q1.2～Q1.7六位就自然废弃了。当CPU224后续数字量输入扩展模块时，其地址应该从IB2开始分配，而不能使用I1.6和I1.7两位；当CPU224后续数字量输出扩展模块时，其地址亦应该从QB2开始分配，而不能使用Q1.2～Q1.7六位。

如果在CPU右边链接模拟量I/O扩展模块，这些扩展模块上I/O点的地址将位于模拟量寄存器中。模拟量扩展模块的输入点、输出点地址总是以2个通道（2个16位的字）一组递增的方式来分配存储空间的。如果一个模块没有占用完一组内的输入或输出通道，那么，这些未用的通道地址也不能分配给I/O链中的后续模拟量模块。例如，在CPU224上没有集成模拟量输入端口，因此，当CPU右边链接模拟量I/O扩展模块时，这些扩展模块上I/O点的地址与是否已经链接了数字量扩展模块无关，自然从AIW0或AQW0开始分配。

显然，一个实际的PLC控制系统，所能使用的数字量输入与输出点数一般会小于表3-2中所给出的最大DI/DO点数。因为，并不是每个数字量扩展模块都有$8n$（$n=1$，2，3，…）个点、正好能占用n个字节。对于模拟量扩展模块，旧版本的S7-200 PLC中有4输入通道/1输出通道（4AI/1AQ）的类型，如果扩展此类模块，模拟量输出寄存器的存储单元就有浪费。目前的S7-200 PLC，其配套的模拟量扩展模块均为2个、4个或8个输入/输出通道类型（参考表3-3），正好能占用$2n$（$n=1$，2，3，…）个通道地址。

3.3.2　扩展模块地址分配实例

如图3-17所示，是某PLC系统扩展模块的I/O点地址分配的实例。假设该系统扩展了五个模块，其中，模块0是数字量输入输出混合扩展模块，模块1是数字量输入扩展模块，模块2和模块4是模拟量输入输出混合扩展模块，模块3是数字量输出扩展模块。在进行地址分配时，主机集成的数字量I/O点的地址只影响到模块0、模块1和模块3的I/O点地址，而不影响到模块2和模块4的I/O点地址。地址的具体分配方法如下。

在图 3-17 中，CPU224XP 上集成的 14 个输入点，实际占用了输入映像寄存器的 2 个字节 IB0 和 IB1，集成的 10 个输出点，实际占用了输出映像寄存器的 2 个字节 QB0 和 QB1，剩余没有用的存储位地址（I1.6 ~ I1.7，Q1.2 ~ Q1.7）不能分配给 I/O 链中后续的模块 0。CPU224XP 上集成的 2 个模拟量输入点和 2 个模拟量输出点，各占用了模拟量输入和输出寄存器的 2 个通道地址。

模块 0 为 4DI/4DO 类型的扩展模块，4 个输入点占用输入映像寄存器的第 3 个字节 IB2，4 个输出点占用输出映像寄存器的第 3 个字节 QB2，没有使用的地址 I2.4 ~ I2.7 及 Q2.4 ~ Q2.7（灰色字体显示的地址）同样不能分配给 I/O 链中后续的模块 1 和模块 3。模块 1 为 8DI 类型的扩展模块，8 个输入点正好占用输入映像寄存器的第 4 个字节 IB3。模块 3 为 8DO 类型的扩展模块，8 个输出点正好占用输出映像寄存器的第 4 个字节 QB3。

模块 1 为 4AI/1AO 类型的扩展模块，5 个模拟量输入/输出点的地址接着主机集成的模拟量输入/输出点的地址分配，即使用模拟量输入寄存器的 4 个通道地址 AIW4、AIW6、AIW8 和 AIW10，使用模拟量输出寄存器的 1 个通道地址 AQW4。输出点只用了 1 个通道地址，该组剩余的 1 个通道地址 AQW6（灰色字体显示的地址）不能分配给 I/O 链中后续的模块 4。模块 4 为 4AI/4AO 类型的扩展模块，8 个模拟量输入/输出点的地址接着模块 2 的模拟量输入/输出点的地址分配，即使用模拟量输入寄存器的 4 个通道地址 AIW12、AIW14、AIW16 和 AIW18，使用模拟量输出寄存器的 4 个通道地址 AQW8、AQW10、AQW12 和 AQW14。

CPU224XP		4DI / 4DO		8DI	4AI 1AQ		8DO	4AI 4AO	
I0.0	Q0.0	I2.0	Q2.0	I3.0	AIW4	AQW4	Q3.0	AIW 12	AQW8
I0.1	Q0.1	I2.1	Q2.1	I3.1	AIW6	AQW6	Q3.1	AIW 14	AQW10
I0.2	Q0.2	I2.2	Q2.2	I3.2	AIW8		Q3.2	AIW 16	AQW12
I0.3	Q0.3	I2.3	Q2.3	I3.3	AIW10		Q3.3	AIW 18	AQW14
I0.4	Q0.4	I2.4	Q2.4	I3.4			Q3.4		
I0.5	Q0.5	I2.5	Q2.5	I3.5			Q3.5		
I0.6	Q0.6	I2.6	Q2.6	I3.6			Q3.6		
I0.7	Q0.7	I2.7	Q2.7	I3.7			Q3.7		
I1.0	Q1.0	模块0		模块1	模块2		模块3	模块4	
I1.1	Q1.1	扩展I O							
I1.2	Q1.2								
I1.3	Q1.3								
I1.4	Q1.4								
I1.5	Q1.5								
I1.6	Q1.6								
I1.7	Q1.7								
AIW0	AQW0								
AIW2	AQW2								
集成I O									

图 3-17　扩展模块的 I/O 点地址分配的实例

如果系统实际没有使用 I/O 扩展模块，那么，为输出扩展模块所保留的存储空间可以作为附加的内部寄存器来使用，而为输入扩展模块所保留的存储空间不能作为附加的内部寄存器来使用。这是因为每次输入更新时，都把保留字节中的未使用的存储位清零了。

当组成了一个具有扩展模块的 PLC 控制系统时，编程者必须掌握各个扩展模块的地址分配情况，以明确各个物理点上的输入信号具体存放在了何处，以及从何处去取出等待输出的信号。这是编写控制程序的前提条件。如果不能准确判断所进行的地址分配是否正确，可以在编程界面上使用菜单命令“PLC > Information”查看到 CPU 和扩展模块的地址分配情况。

3.3.3　扩展模块的连接方式

每一种扩展模块都自带扁平的总线电缆，只需将位于左边的总线电缆插入左边的主机或其他扩展模块的I/O端口，即实现了模块之间的连接，如图3-18a所示。总线电缆可折叠放入面板前盖下面，使得各个模块之间紧靠在一起，节省安装空间。这些连接在一起的模块可以方便地插入标准的DIP导轨上，或安装在一块面板上。

如果所有模块不能安装在一条导轨上（或说一条水平线上），可以通过总线延长电缆连接两组模块，如图3-18b所示。注意，一个S7-200 PLC系统只能安装一条总线延长电缆。

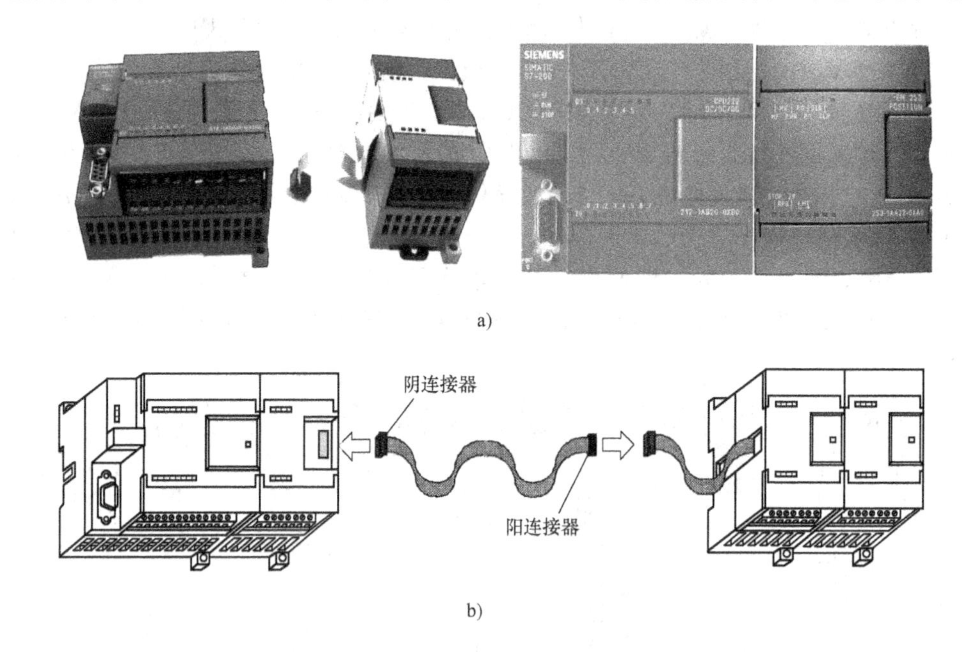

图3-18　扩展模块的连接方式

a）主机连接扩展模块的实例　b）使用总线延长电缆连接两组模块

练　习　题

3-1　一个最小的S7-200 PLC系统的组成有哪些？

3-2　S7-200 CPU模块的基本组成部分是什么？

3-3　PLC的常用扩展模块有哪些？分别适用于什么场合？

3-4　S7-200 PLC有哪些数据存储器？各数据存储器的功能是什么？容量有多大？

3-5　S7-200 PLC的寻址方式有哪些？各数据存储器的寻址方式是否相同？

3-6　试总结扩展模块的地址分配规律。

第4章　S7-200 PLC的指令系统

S7-200 PLC 的指令集共有 16 大类、150 多条指令（成对出现的指令算一条）。限于篇幅，本章将详细介绍常用指令的定义及使用方法。省略了基础应用阶段很少使用的一些复杂指令，如高速计数器指令、PID 运算指令和高速脉冲输出指令等。

4.1　位逻辑指令

位逻辑指令是对存储器或寄存器的“位”进行操作的指令。位逻辑指令的基础是触点和线圈。触点是读取二进制位的状态，其值（**0** 或 **1**）用于位逻辑运算；线圈是用来改变二进制位的状态的（即对二进制位置 **1** 或置 **0**），其状态取决于它前面的逻辑运算的结果。位逻辑运算的基本运算关系是“与”、“或”和“非”。

存储器的一个二进制位既可以在程序中作为触点，也可以作为线圈。同一地址的触点可以被同一程序多次引用，而同一地址的线圈如果在同一程序的不同程序段多次出现，则其状态以最后一次运算的结果为准。

4.1.1　触点指令

触点指令分为标准触点指令与立即触点指令。标准触点指令用于读取和处理布尔信号（即一位二进制数码），在三种程序编辑器中，标准触点指令如图 4-1 所示。

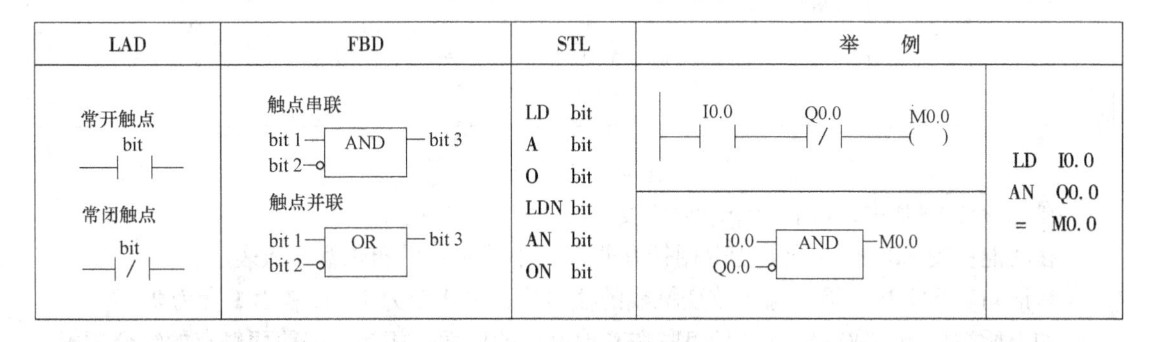

图 4-1　标准触点指令

在梯形图 LAD 中，读取操作数指令用常开触点和常闭触点指令表示，bit 表示操作数的直接地址。当常开触点对应的存储器地址位（bit）中存放的数码为 **1** 时，表示该触点闭合。当常闭触点对应的存储器地址位（bit）中存放的数码为 **0** 时，表示该触点闭合。触点可以任意串联或并联。触点的连接关系实质上代表了相应地址位中二进制数码的与、或运算。常开触点是将地址位中的操作数（**0** 或 **1**）直接参与运算，而常闭触点是将地址位中的操作数（**0** 或 **1**）取非以后（**1** 或 **0**）参与运算。

在功能块图 FBD 中，常开、常闭触点指令用 AND/OR 指令盒表示。常闭指令其输入端上有一个代表取非的小圆圈。指令盒最多可以有7个输入（对应的LAD中最多容许7个触点串联或并联）。

在语句表STL中，常开触点指令由LD（装载），A（与）及O（或）指令描述，常闭触点指令由LDN（非装载）；AN（非与）和ON（非或）指令描述。LD将bit位中的操作数装入堆栈的栈顶，A、O分别将bit位中的操作数与、或栈顶值，运算结果仍存入栈顶；LDN将bit位中的操作数取非后再装入堆栈的栈顶，AN、ON先将bit位中的操作数取非后，再分别与、或栈顶值，运算结果仍存入栈顶。

标准触点指令的操作数bit为BOOL型（布尔型），其地址可以是I、Q、M、SM、T、C、V等存储器空间中的二进制位。

立即触点指令用来从物理输入点立即输入控制信号并进行处理。在标准触点指令的图符中加入字母“I”表示立即之意（Immediate）。当立即指令执行时，立即读取物理输入点的值，但不更新输入映像寄存器。该指令用于处理优先级别较高的控制命令。

4.1.2　取非指令

取非指令（见图4-2）没有操作数，只是改变能流的状态。能流到达取非触点时，就停止；能流未到达取非触点时，就通过。所谓“能流”是西门子公司引入的一个便于理解的概念，是认为当母线与继电器线圈之间的触点接通时，假想有一个电流从母线出发经过各接通的触点到达线圈。可将能流理解为“各触点逻辑组合运算的结果”。

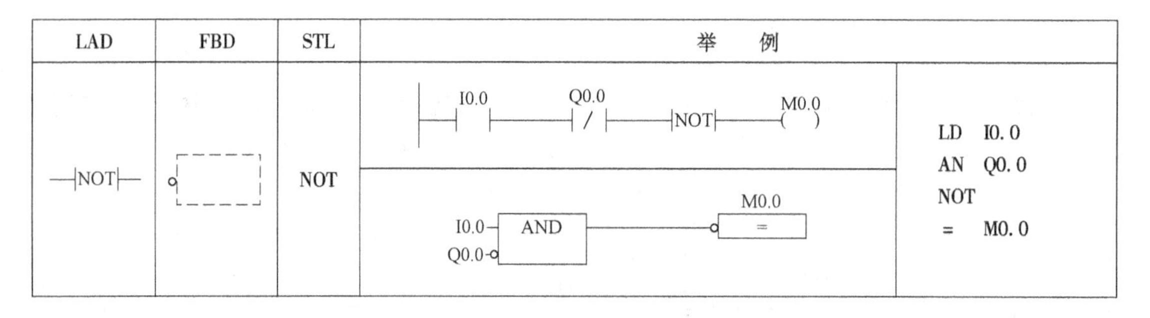

图4-2　取非指令

在梯形图LAD中，取非指令用触点表示。

在功能块图FBD中，取非指令用带有非号（小圆圈）的布尔盒输入表示。

在语句表STL中，取非指令改变堆栈的栈顶值，由**0**变为**1**，或者由**1**变为**0**。

如上所举之例，取非触点总是串联在其他触点的后面，相当于将前面触点的组合逻辑运算结果取非后再参与后续的逻辑运算。

4.1.3　正跳变和负跳变指令

正跳变和负跳变指令是用于检测输入信号的变化的指令，可统称为微分指令。在三种程序编辑器中，微分触点指令如图4-3所示。

正跳变指令在检测到每一次正跳变（从OFF到ON）时，让能流接通一个扫描周期。负跳变指令在检测到每一次负跳变（从ON到OFF）时，让能流接通一个扫描周期。

在梯形图LAD中，正跳变和负跳变指令用触点表示。

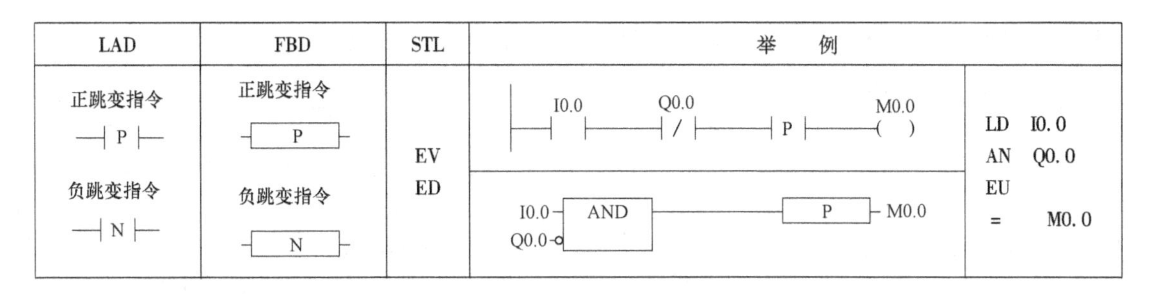

图 4-3　正跳变和负跳变指令

在功能块图 FBD 中，正跳变和负跳变指令用 P 和 N 指令盒表示。

在语句表 STL 中，正跳变指令由 EU 指令来描述，一旦发现栈顶的值出现正跳变，即由 **0** 到 **1** 时，该栈顶值被置为 **1**，否则置 **0**。负跳变指令由 ED 指令来描述，一旦发现栈顶的值出现负跳变，即由 **1** 到 **0** 时，该栈顶值被置 **1**，否则置 **0**。

4.1.4　输出指令

输出指令用于根据逻辑运算的结果刷新映像寄存器或存储器中的一个二进制位。在三种程序编辑器中，输出指令如图 4-4 所示。

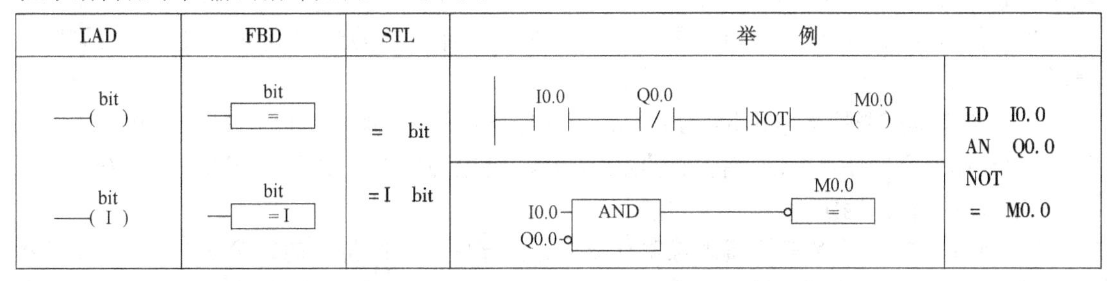

图 4-4　输出指令

在梯形图 LAD 和功能块图 FBD 中，当执行输出指令时，指定的位设为等于能流（置 **0** 或置 **1**）。

在语句表 STL 中，输出指令把堆栈的栈顶值复制到指定参数位 bit。

输出指令的操作数 bit 为 BOOL 型（布尔型），其地址可以是 I、Q、M、SM、T、C、V 等存储器空间中的二进制位。

在图 4-4 中，指令中包含有字母“I”的指令称为立即输出指令。该指令只对输出映像寄存器 Q 进行操作，当执行该指令时，新值被写到输出映像寄存器 Q 的相应位，同时从物理输出点输出。而对于一般的输出指令，只是把新值写到输出映像寄存器或其他存储器的指定参数位。

如果将操作数的直接地址当作逻辑变量，图 4-4 中所举例子的输出位是 M0.0，其值等于两个逻辑变量与非逻辑运算的结果，即 $M0.0 = I0.0 \cdot \overline{Q0.0}$（I0.0 是常开触点，取原码参与运算；Q0.0 是常闭触点，取反码参与运算）。

4.1.5　置位和复位指令

置位和复位指令用于直接设置映像寄存器或存储器中二进制位的状态，而该状态不需要输入信号维持。在三种程序编辑器中，置位和复位指令如图4-5所示。

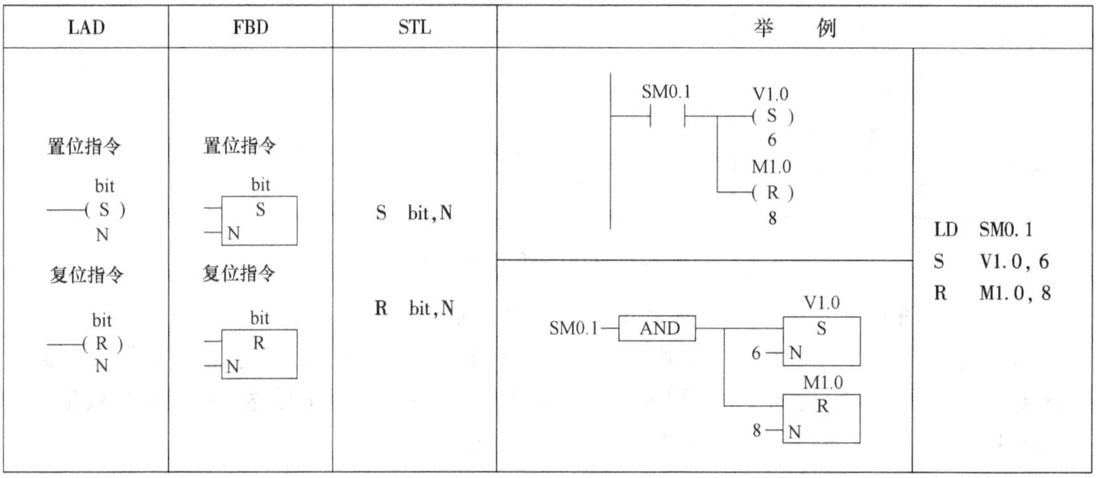

LAD	FBD	STL	举　例	
置位指令 bit —(S) N 复位指令 bit —(R) N	置位指令 bit S N 复位指令 bit R N	S　bit,N R　bit,N	SM0.1　V1.0 (S) 6 M1.0 (R) 8 SM0.1—AND　V1.0 S 6—N M1.0 R 8—N	LD　SM0.1 S　V1.0, 6 R　M1.0, 8

图4-5　置位和复位指令

执行置位和复位指令时，从bit指定的地址位开始的 N 个二进制位都被置位（置**1**）或复位（置**0**）。置位和复位的点数 $N=1\sim255$。

当复位指令用于定时器或计数器时，该定时器或计数器的当前值及其状态位将同时被清零。

置位和复位指令的操作数bit为BOOL型（布尔型），其地址可以是I、Q、M、SM、T、C、V等存储器空间中的二进制位；点数 N 可以设置为常数，亦可由IB、QB、VB、MB、AC等字节中的数据确定。

置位和复位指令常用来设置映像寄存器或存储器中二进制位的初始状态。图4-5中所举例子即是一段初始化程序：SM0.1是PLC通电后首个扫描周期产生的初始脉冲，该脉冲信号将使从V1.0开始的6个二进制位置位（V1.0～V1.5 =**1**）；从M1.0开始的8个二进制位复位（M1.0～M1.7 =**0**）。

与输出指令雷同，置位和复位指令中也包含有优先级别较高的立即置位和立即复位指令。将上述指令中的符号S与R修改为SI与RI即表示立即置位指令与立即复位指令。该指令只对输出寄存器Q进行操作，当执行该指令时，新值被写到相应的输出映像寄存器，同时从物理输出点输出。而对于一般的置位和复位指令，只是把新值写到映像寄存器或存储器。

立即置位和立即复位的点数 N 最大为128。该点数可以设置为常数，亦可由IB、QB、VB、MB、AC等字节中的数据确定。

4.1.6　空操作指令

空操作指令（见图4-6）不影响程序的执行，只是占用了程序执行的时间。

LAD	FBD	STL
N —(NOP)		NOP　N

图4-6　空操作指令

操作数：N = 0～255（常数），数据类型：BYTE。

例 4-1　阅读图 4-7 所示程序，理解位逻辑指令。

LAD	FBD	STL
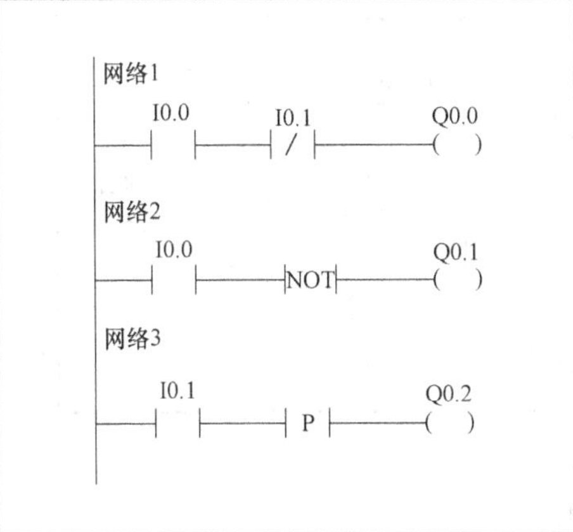 网络1 I0.0　I0.1　/　Q0.0　( ) 网络2 I0.0　NOT　Q0.1　( ) 网络3 I0.1　P　Q0.2　( )	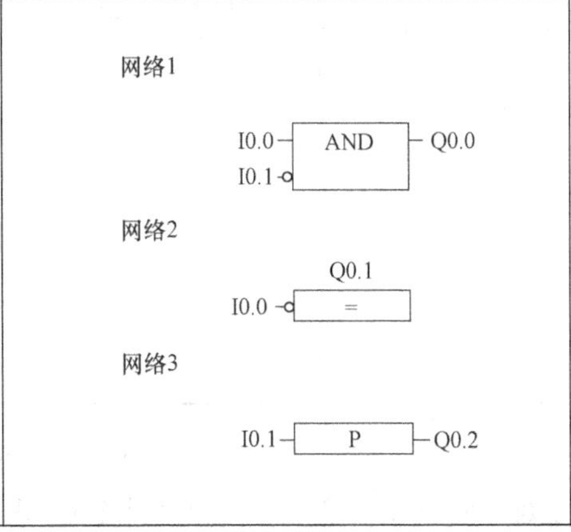 网络1 I0.0　I0.1　AND　Q0.0 网络2 Q0.1 I0.0　= 网络3 I0.1　P　Q0.2	网络 1 LD　I0. 0 AN　I0. 1 =　Q0. 0 网络 2 LD　I0. 0 NOT =　Q0. 1 网络 3 LD　I0. 1 EU =　Q0. 2

图 4-7　例 4-1 程序

解　对于网络 1，当 I0. 0 = **1**、I0. 1 = **0**，即常开触点 I0. 0 和常闭触点 I0. 1 均闭合时，输出单元 Q0. 0 被接通，即 Q0. 0 = **1**。

对于网络 2，当 I0. 0 = **1**，即常开触点 I0. 0 闭合时，通过取非指令 NOT，输出单元 Q0. 1 被断开，即 Q0. 1 = **0**；当 I0. 0 = **0**，即常开触点 I0. 0 断开时，通过取非指令 NOT，输出单元 Q0. 1 被接通，即 Q0. 1 = **1**。

对于网络 3，每当 I0. 1 由 **0** 变为 **1**，即常开触点 I0. 1 由断开到闭合时，正跳变指令 EU 检测到信号的正跳变（上升沿），输出单元 Q0. 2 被接通一个扫描周期。

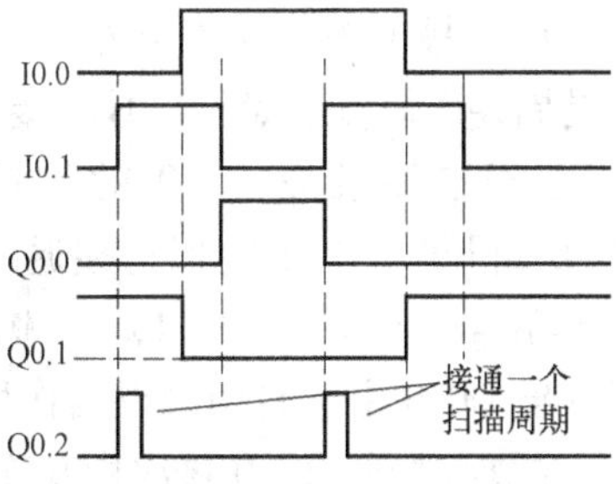

I0.0
I0.1
Q0.0
Q0.1
Q0.2
接通一个扫描周期

图 4-8　例 4-1 的时序图

假设输入 I0. 0 和 I0. 1 具有如图 4-8 所示的时序，根据上述分析，可以画出三个输出 Q0. 0、Q0. 1 和 Q0. 2 的时序图（见图 4-8）。

例 4-2　阅读图 4-9 所示程序，理解位逻辑指令。设 Q0. 3、Q0. 4 的初始状态为 **0**，Q0. 5、Q0. 6 的初始状态为 **1**。

解　当 I0. 0 = **1**，即常开触点 I0. 0 闭合时，输出单元 Q0. 3 被接通，即 Q0. 3 = **1**；输出单元 Q0. 4 被置位，即 Q0. 4 = **1**；输出单元 Q0. 5 和 Q0. 6 被复位，即 Q0. 5 = Q0. 6 = **0**。

假设输入 I0. 0 具有如图 4-10 所示的时序，根据上述分析，可以画出三个输出 Q0. 3、Q0. 4 和 Q0. 5 的时序图。

在以后的例子中就不再给出功能块图程序，只画出程序的梯形图和语句表。S7-200 PLC 的编程软件，给使用者提供了梯形图 LAD、语句表 STL 和功能块图 FBD 三种指令集之间的转换功能。利用语句表 STL 编程器可以查看用梯形图 LAD 和功能块图 FBD 编程器编写的程序，但是，反之不一定成立，即三种指令集不是百分之百的一一对应。总之，通过简单程序的相互转换，对照分析，将很容易根据一种形式的程序熟悉另外一种形式的程序的编写方法。

例 4-3　分析图 4-11a 所示的梯形图程序，说明该程序能够实现的逻辑功能。

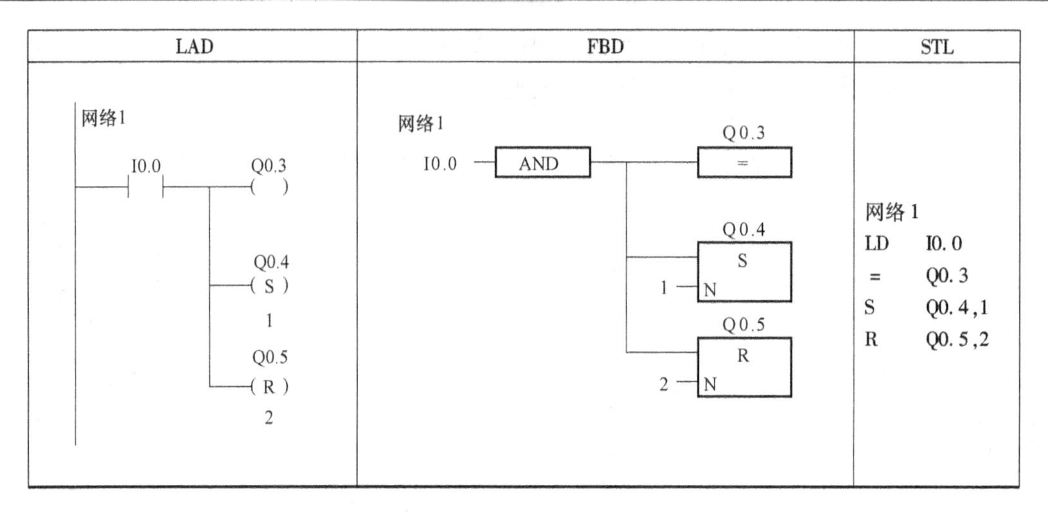

图4-9　例4-2程序

解：在t_1时刻，I0.0由**0**变为**1**，即常开触点I0.0由断开到闭合时，正跳变指令EU使位存储器的位M0.0接通一个扫描周期，即在一个扫描周期中M0.0 = **1**。在t_1 ~ t_2时间内，由于输出Q0.0先于位M0.1接通（由扫描工作方式决定的），而M0.0只能接通一个扫描周期，因此，M0.1不能接通，始终保持M0.1 = **0**。由于自锁触点Q0.0的作用，输出Q0.0在触点M0.0断开时，仍然能保持接通。

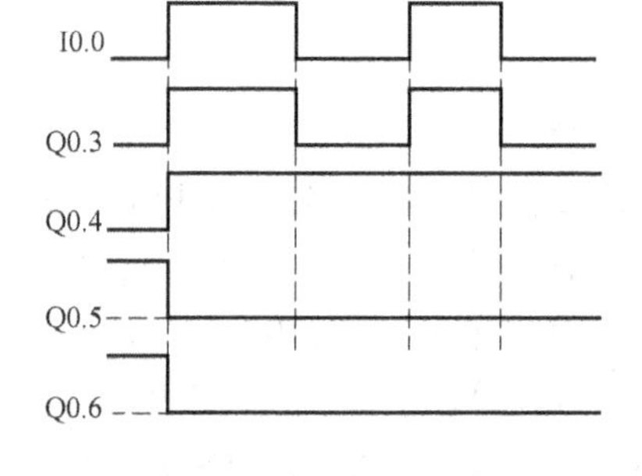

图4-10　例4-2的时序图

在t_2 ~ t_3时间内，I0.0 = **0**，使M0.0 = M0.1 = **0**，而输出Q0.0由于自锁触点的作用，始终保持接通。

在t_3时刻，I0.0再次由**0**变为**1**，M0.0再次接通一个扫描周期，此时Q0.0 = **1**，因此，M0.1也接通一个扫描周期。在M0.1 = **1**时，常闭触点M0.1断开，使输出Q0.0断开，Q0.0 = **0**，常开触点Q0.0断开，自锁解除。

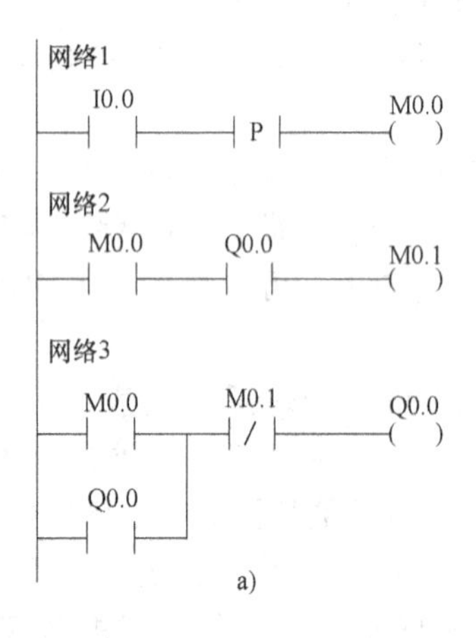

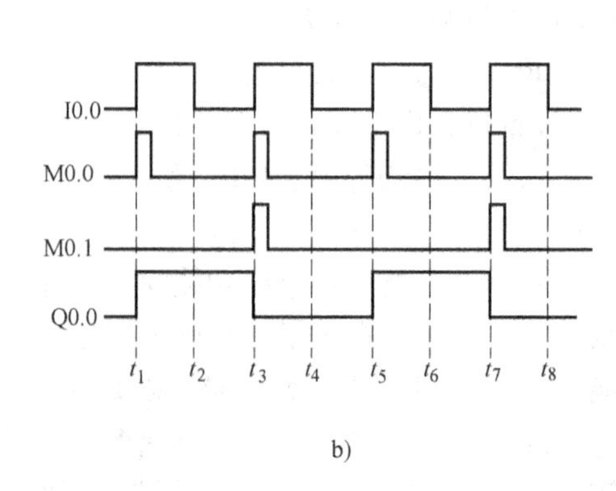

图4-11　例4-3梯形图程序及工作时序图
a）梯形图　b）时序图

从 t_3 时刻开始的第一个扫描周期以后，由于 M0.0 = M0.1 = **0**，常开触点 M0.0 始终是断开的，因此，在 t_3 ~ t_5 时间内，Q0.0 保持断开，Q0.0 = **0**。

从 t_5 时刻开始重复上述工作过程。

综上所述，可知该程序具有二分频的功能，即由 Q0.0 输出的脉冲频率是由 I0.0 输入的脉冲频率的二分之一。如果用 Q0.0 驱动电灯，I0.0 为灯开关，则奇数次按动开关时，电灯点亮，偶数次按动开关时，电灯熄灭。

4.2　定时器和计数器指令

4.2.1　定时器指令

使用定时器指令（见图 4-12）可以完成基于时间的计数功能。S7-200 提供了接通延时、有记忆接通延时和断开延时三种定时器指令，其图符如图 4-12 所示。表中，xxx 表示定时器的号码（0 ~ 255）。

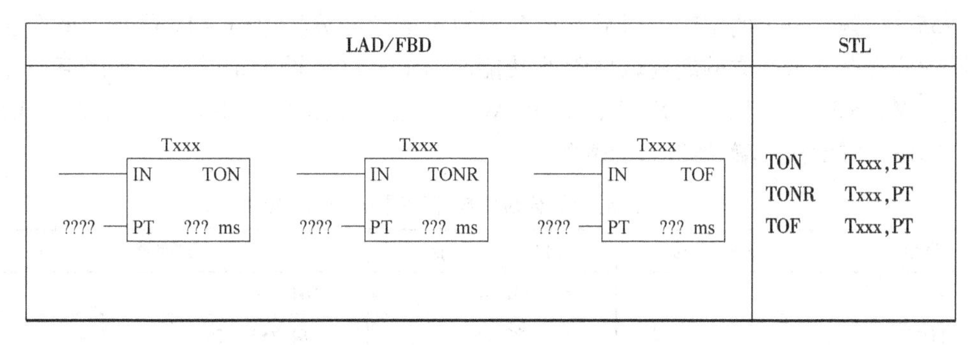

图 4-12　定时器指令

1. 接通延时定时器指令 TON

当使能输入 IN 接通时，接通延时定时器（Txxx）开始计时，当定时器的当前值（累计的时间）等于和大于预设值 PT 时，该定时器位被置位（Txxx = **1**），并且定时器继续计时，一直计到最大值 32767。无论定时器的定时时间是否达到，只要使能输入 IN 断开，该定时器立即被复位，即清除定时器的当前值、定时器位被置 **0**。

接通延时定时器 TON 用于单一时间间隔的定时，功能相当于通电延时的时间继电器。

2. 有记忆接通延时定时器指令 TONR

当使能输入 IN 接通时，有记忆接通延时定时器（Txxx）开始计时，当定时器的当前值（Txxx）大于等于预设值 PT 时，该定时器位被置位（Txxx = **1**），并且定时器继续计时，一直计到最大值 32767。当未达到预设值 PT，而使能输入 IN 断开时，有记忆接通延时定时器的当前值保持个变；当使能输入 IN 再次接通时，该定时器在前次计时的基础上，继续计时。

有记忆接通延时定时器主要用于累计输入信号的接通时间（或说累计许多时间间隔）。该定时器不能自动复位，需要利用复位指令（R）使其复位。

3. 断开延时定时器指令 TOF

当使能输入 IN 接通时，定时器位立即被接通，并把当前值设为 **0**。当使能输入 IN 断开时，定时器开始计时，当达到预设值 PT 时，定时器位立即被断开，并且停止计时当前值。

当使能输入 IN 断开的时间短于预设时间时，定时器位保持接通。

如果 TOF 定时器在顺控（SCR）区，而且顺控区没有启动，TOF 定时器的当前值设置为 0，定时器位设置为断开，当前值不计时。

断开延时定时器的功能相当于断电延时的时间继电器，可以用于故障事件后的时间延时，或用于多台电动机之间的顺序延时停机。例如在主驱动电动机停机后，冷却电动机需要继续运行一段时间后再停机。

TON，TONR 和 TOF 定时器有三种分辨率（或称为时基）。定时器的分辨率与定时器号的对应关系详见表 4-1。显然，TONR 类型的定时器号是确定的，而 TON 与 TOF 两种类型的定时器是通用的，某个定时器作为哪种类型的定时器由编程者确定，但同一定时器只能作为 TON 定时器或 TOF 定时器，不能双重定义。例如，同一程序中不能既有 TON T37 又有 TOF T37。同样的预设值 PT，对于不同分辨率的定时器，所表示的定时时间是不同的。例如，预设值 PT = 30，如果是以 10ms 为时基的定时器，表示定时时间为 300ms；如果是以 100ms 为时基的定时器，则表示定时时间为 3000ms。

定时器指令的操作数要设置两个，一个是定时器号 Txxx，另一个是预设值 PT。Txxx 取 T0 ~ T255，当输入确定的定时器号后，指令盒中右下角的分辨率值（问号处）就会变成该定时器的分辨率（低版本的编程软件无此功能）。PT 值可以设为常数，或使用存放在存储器 I、Q、M、SM、V、T、C、S、L、AI 和 AC 中的整数，亦可采用间接寻址的方式指定。在梯形图中，对于输入端 IN 应当前接触点。

表 4-1　定时器的分辨率与定时器号的对应关系

类型	分辨率/ms	最长延时时间/s	定时器号
TONR	1	32.767	T0、T64
	10	327.67	T1 ~ T4、T65 ~ T68
	100	3276.7	T5 ~ T31、T69 ~ T95
TON TOF	1	32.767	T32、T96
	10	327.67	T33 ~ T36、T97 ~ T100
	100	3276.7	T37 ~ T63、T101 ~ T255

不同分辨率的定时器其当前值的刷新方式完全不同，这是在使用定时器时要特别注意的问题，否则，程序运行的结果可能不是我们所期望的。

对于 1ms 分辨率的定时器，是对 1ms 的时间间隔进行计数。执行定时器指令启动定时时，每隔 1ms 刷新一次定时器位和定时器当前值，与扫描周期不同步。也就是说，定时器位和定时器当前值在扫描周期大于 1ms 的一个周期中要刷新几次。

对于 10ms 分辨率的定时器，是对 10ms 的时间间隔进行计数。执行定时器指令启动定时时，在每个扫描周期的开始刷新一次定时器位和定时器当前值。也就是说，在一个扫描周期内定时器位和定时器当前值保持不变，只是在扫描周期开始时把累计的 10ms 的间隔数加到启动的定时器的当前值。

对于 100ms 分辨率的定时器，是对 100ms 的时间间隔进行计数。执行定时器指令启动定时时，在每个扫描周期的开始并且定时器指令被执行时才能刷新一次定时器位和定时器当前值。如果 100ms 定时器已被激活，但并不是每个扫描周期都要执行定时器指令，定时器的当前值在这些扫描周期不被刷新，造成时间丢失。同样地，如果在一个扫描周期内多次执行相同的 100ms 定时器指令，就会造成多计时间。因此，100ms 定时器仅用在定时器指令每个扫描周期精确地被执行一次的地方。

为了说明三种分辨率的定时器的不同刷新方式，现以图 4-13 所示的程序为例进行分析。图 4-13 中，T32、T33 和 T37 分别是 1ms、10ms 和 100ms 分辨率的定时器，这些程序均采用定时器自身的信号使能，故能实现自动触发与自动复位。

对于图 4-13a 图，只有当该定时器的当前值更新发生在常闭触点 T32 执行以后及常开触点 T32 执行以前 Q0.0 才能被接通（置位）一个扫描周期，这种情况出现的概率极小。因此，Q0.0 要能被自动触发接通一个扫描周期，程序必须改为图 4-13d 所示程序。即用常闭触点 Q0.0 代替常闭触点 T32 作为定时器的允许计时输入，这就保证当定时器达到预置值时，Q0.0 会置位（ON）一个扫描周期。

对于图 4-13b 图，输出 Q0.0 永远不会被接通（置位），因为定时位 T33 只能在每个扫描周期开始被置位。在执行定时器指令时，如果本次扫描周期内 T33 定时时间到，但状态位 T33 不能在本次扫描周期的中后期刷新，则运算网络 2 时，T33 是断开的（T33 = **0**），相应 Q0.0 也是断开的（Q0.0 = **0**）。在下一个扫描周期开始时，T33 被刷新；运算网络 1 时，因常闭触点 T33 断开，使得定时器复位（当前值清零、且状态位 T33 被置 **0**）；运算网络 2 时，因 T33 已经复位，常开触点 T33 仍然是断开的，故 Q0.0 保持断开状态，即 Q0.0 永远不会被置位。因此，若要使 Q0.0 被自动触发接通一个扫描周期，程序必须改为图 4-13e 所示程序。

对于图 4-13c 图，是正确的使用方法。只要当定时器当前值达到预置值时，Q0.0 会被接通（置位）一个扫描周期。

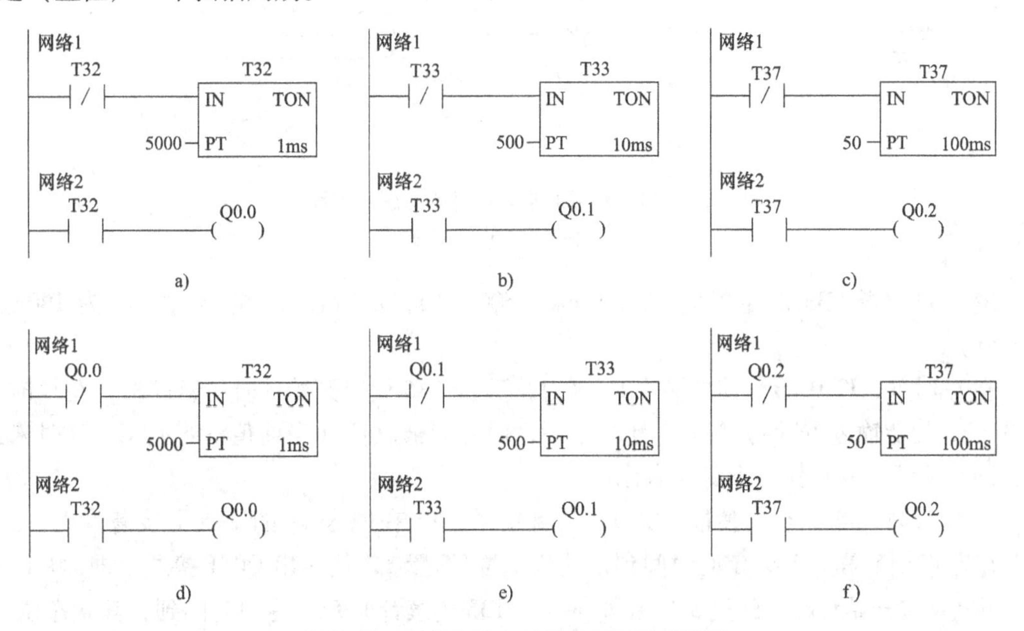

图 4-13　自动触发自动复位的定时器程序

a）错误用法　b）错误用法　c）正确用法　d）正确用法　e）正确用法　f）最好用法

考虑到各种分辨率的定时器的刷新方式不同，在编程时，尽量不使用定时器自身的触点信号来复位。采用图4-13d ~ f这三种方式既不容易出错，且编程思路也比较清晰。

图4-13所示程序的运行结果可以通过实验验证。如果将Q0.0与外部一只LED指示灯连接，可检验Q0.0能否被接通。但是，如果Q0.0只能接通一个扫描周期，因该时间段太短暂，人眼不能观察到指示灯的瞬间点亮。为此，可将Q0.0的常开触点并联在网络2中定时器的常开触点上（自锁），则Q0.0被接通的状态将长时间被保留。另外，做实验时，应将定时器的预设值设置在几秒钟以上，便于观察。

例4-4　接通延时定时器和有记忆接通延时定时器指令的应用程序如图4-14a所示，图中，T33是10ms分辨率的接通延时定时器，T5是100ms分辨率的有记忆接通延时定时器；I0.0由外部开关产生间隔的通断信号，其时序如图4-14b所示。试分析该程序的工作过程。

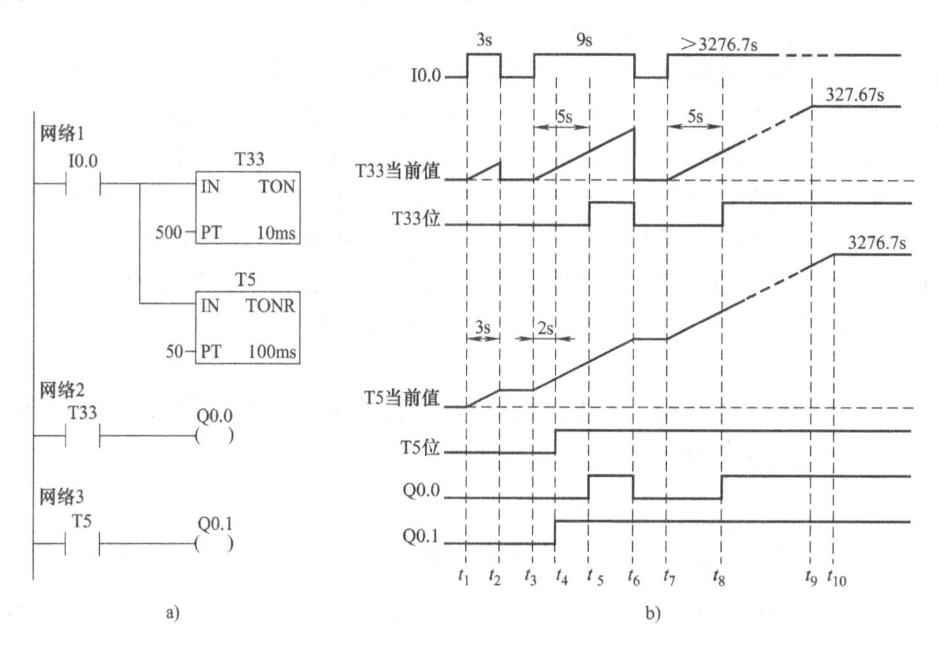

图4-14　对接通延时定时器的深入理解

a）梯形图　b）时序图

解　定时器T33的定时时间为10ms × 500 = 5s；定时器T5的定时时间为100ms × 50 = 5s。

在t_1时刻，I0.0 = **1**，使能输入IN接通，T33和T5同时开始计时；经过3s，在t_2时刻，I0.0 = **0**，使能输入IN断开，T33计时未到，但立即被复位（当前值清零），T5计时未到，但它的当前值（3s）保持不变（有记忆）。

在t_3时刻，I0.0 = **1**，使能输入IN重新接通，T5在原来3s的基础上接着计时，经过2s，在t_4时刻，累计5s，定时时间到，其状态位T5置**1**，使输出Q0.1接通，即Q0.1 = **1**；T33再次从零开始计时，经过5s，在t_5时刻，T33连续计时5s，定时时间到，其状态位T33置**1**，使输出Q0.0接通，即Q0.0 = **1**。

在t_6时刻，I0.0 = **0**，使能输入IN再次断开，T33立即被复位（当前值清零，状态位置**0**），T5的当前值（12s）保持不变。因状态位T33断开，使输出Q0.0断开，即Q0.0 = **0**；

而状态位 T5 保持闭合状态，使输出 Q0.1 也保持接通状态，即 Q0.1 = **1**。

在 t_7 时刻，I0.0 = **1**，使能输入 IN 第 3 次接通，T5 在原来 12s 的基础上接着计时，但状态位不再发生变化；T33 又从零开始计时，经过 5s，在 t_8 时刻，T33 连续计时 5s，定时时间到，其状态位 T33 置 **1**，再次使输出 Q0.0 接通，Q0.0 = **1**。

此后，使能输入 IN 始终保持接通，T33 与 T5 一直保持计时状态。在 t_9 时刻，T33 计时到最大值 327.67s 时，其当前值寄存器中的值保持此值不再变化；在 t_{10}时刻，T5 计时到最大值 3276.7s 时，其当前值寄存器中的值保持此值不再变化。

由此可见，接通延时定时器 TON 的使能输入断开后，该类定时器自动复位，待使能输入再次接通时，该类定时器将重新开始定时。对于有记忆接通延时定时器 TONR，其使能输入断开后，该类定时器不能自动复位，如果要再次使用该定时器，必须在程序中使用复位（R）指令使 TONR 定时器复位（清除当前值和断开状态位）。

通过该实例，读者应该深入理解接通延时定时器（TON 指令）和有记忆接通延时定时器（TONR 指令）两条指令的工作异同。

例 4-5　断开延时定时器指令的应用程序如图 4-15a 所示，图中，T34 是 10ms 分辨率的断开延时定时器。I0.1 由外部开关产生间隔的通断信号，其时序如图 4-15b 所示。试分析该程序的工作过程。

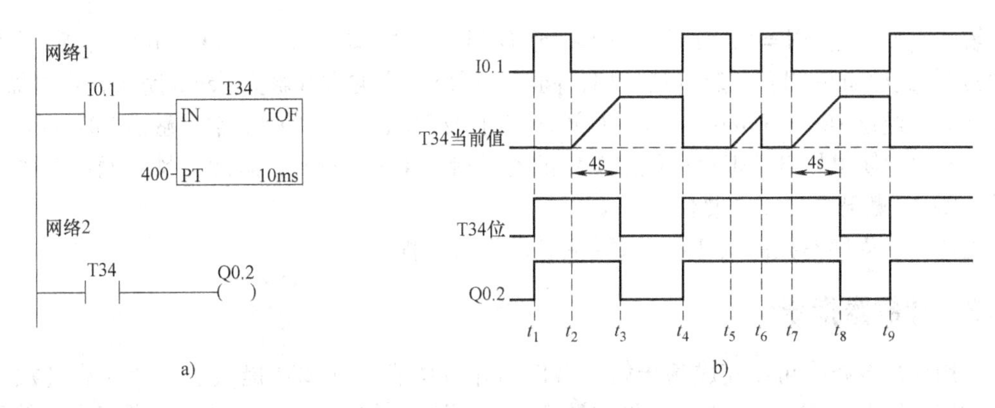

图 4-15　对断开延时定时器的深入理解
a）梯形图　b）时序图

解　在 t_1 时刻，I0.1 = **1**，使能输入 IN 接通，定时器的 T34 位立即置 **1**，使 Q0.2 接通，但 T34 还未开始计时；在 t_2 时刻，I0.1 = **0**，使能输入 IN 断开，T34 开始计时，其定时时间为 400ms。经过 400ms，在 t_3 时刻，定时时间到，T34 位被复位，使 Q0.2 断开，即 T34 位滞后于 I0.1 400ms 断开，T34 同时停止计时。

在 t_4 时刻，I0.1 = **1**，使能输入 IN 接通，T34 的当前值被清零，T34 位立即置 **1**；在 t_5 时刻，I0.1 = **0**，使能输入 IN 断开，T34 开始计时，但是，本次 IN 断开的时间小于 400ms，造成了一次无效计时。因为在 t_6 时刻，使能输入 IN 重新接通，T34 的当前值（小于 400ms 的某值）立即被清零了。

此后，t_7 ~ t_8 和 t_8 ~ t_9 时段的工作过程与 t_2 ~ t_3 和 t_3 ~ t_4 时段的工作过程完全相同。

通过该例程序，读者应该深入理解断开延时定时器 TOF 指令的工作过程。

例 4-6　使用符号地址的定时器指令应用程序如图 4-16 所示。图 4-16 中 Lamp_ ON 是控制电灯点亮的按钮开关，Lamp_ OFF 控制电灯熄灭的按钮开关。试分析该程序，说明其功能。

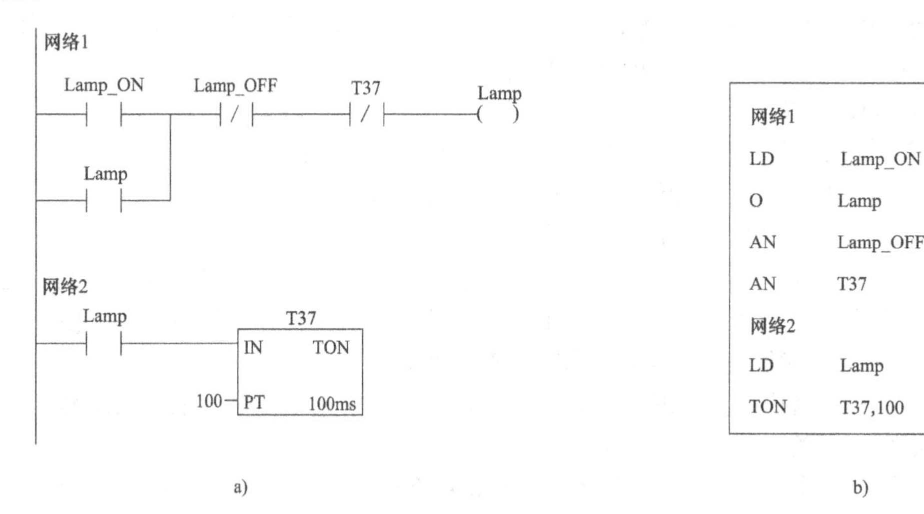

图4-16　使用符号地址编程

a）梯形图　b）语句表

解　当 Lamp_ ON = **1**，常开触点 Lamp_ ON 闭合时，输出 Lamp = **1**，电灯点亮。网络1中的常开触点 Lamp 闭合，起自锁作用，同时，网络2中的常开触点 Lamp 闭合，定时器 T37 开始计时。经过 10s（100ms ×100）时间，定时时间到，网络1中的常闭触点 T37 断开，输出 Lamp = **0**，使电灯自动熄灭；网络1中的常开触点 Lamp 断开，解除自锁，网络2中的常开触点 Lamp 断开，使 T37 复位。

因此，该程序是控制电灯点亮 10s 后自动熄灭的程序。

4.2.2　计数器指令

使用计数器指令可以完成基于触发事件的计数功能。S7-200 提供了增计数器（加法计数）、减计数器（减法计数）时和增减计数器（可逆计数）三种类型的计数器指令，其图符如图4-17所示。表中，xxx 表示计数器的号码。

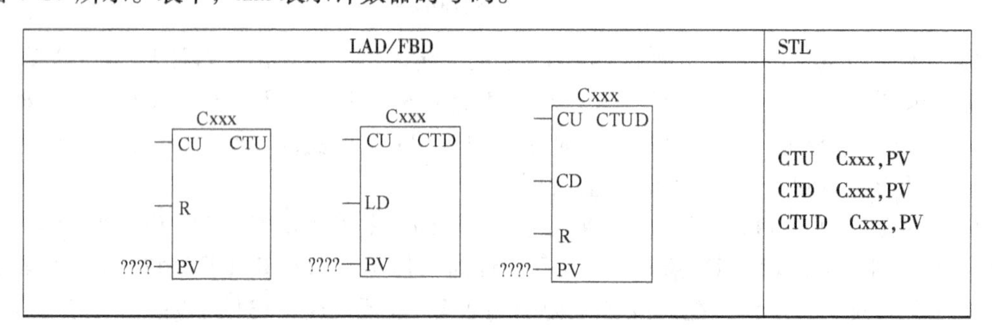

图4-17　计数器指令

1. 增计数器指令 CTU

增计数器指令 CTU，在每一个 CU 输入的上升沿（从 OFF 到 ON）递增计数（累加1），计数器在达到最大值 32767 时，停止计数。当当前计数值（Cxxx）等于或大于预设值 PV

时，该计数器位被置位。当复位输入 R 置位或者执行复位指令时，计数器被复位（计数器位被复位，计数值的当前值被清零）。

在语句表 STL 中，栈项第一个值是 CTU 的复位输入，第二个值是 CU 输入。

2. 减计数器指令 CTD

减计数器指令 CTD，在每一个 CD 输入的上升沿（从 OFF 到 ON）从预设值开始递减计数（累减 1）。当当前计数值（Cxxx）等于 0 时，该计数器位被置位，并停止计数。当装载输入 LD 端接通时，计数器复位并把预设值 PV 装入当前值（CV）。

在语句表 STL 中，栈项第一个值是 CTD 装载输入 LD，第二个值是 CD 输入。

3. 增减计数器指令 CTUD

增减计数器指令 CTUD，在每一个 CU 输入的上升沿递增计数；在每一个 CD 输入的上升沿递减计数。当当前值（Cxxx）等于或大于预设值 PV 时，该计数器位被置位。当复位输入 R 置位或者执行复位指令时，计数器被复位。在达到计数器最大值 32767 后，下一个 CU 输入的上升沿将使计数值变为最小值（-32768）。而在达到最小计数值（-32768）后，下一个 CD 输入的上升沿将使计数值变为最大值 32767。

在语句表中，栈顶的第一个值是复位 R 输入，第二个值是 CD 输入，第三个值是 CU 输入。

计数器指令的操作数要设置两个，一个是计数器号 Cxxx，另一个是预设值 PV。Cxxx 取 C0～C255。PV 值可以设为常数，或使用存放在存储器 I、Q、M、SM、V、T、C、S、L、AI 和 AC 中的整数，亦可采用间接寻址的方式指定。在梯形图中，对于输入端 CU、CD、LD 和 R 应当前接触点。

S7-200 PLC 提供了 256 个计数器，由编程者定义各个计数器的计数方式。由于每个计数器只有一个当前值，故不能把一个计数器号分配给几种类型的计数器。例如，同一个程序中，不能同时有 CTU C0 和 CTD C0。

对于高速事件的计数，需要高速计数器指令，限于篇幅，该指令从略。读者可参考西门子公司 S7-200 的使用手册。

例 4-7　增减计数器指令的使用方法如图 4-18a 所示。程序中，I0.0～I0.2 是由外部开关控制的输入信号，它们产生间隔的通断信号作为计数脉冲。其中，I0.0 为增计数输入，I0.1 为减计数输入，I0.2 为复位输入。试分析该程序的工作过程。

解　在 t_1、t_2、t_3、t_4、t_5 和 t_6 时刻，I0.0 分别六次产生上升沿（从 OFF 到 ON），因此，C0 递增计数，其当前值累计到 6。由于预置数为 5，因此，C0 的状态位在 t_5 时刻被置 **1**。在 t_7 和 t_8 时刻，I0.1 分别两次产生上升沿（从 OFF 到 ON），因此，C0 递减计数，其当前值从原来的累计值 6 递减为 4，C0 位在 t_8 时刻被断开。

在 t_9、t_{10}和 t_{11}时刻，I0.0 又分别三次产生上升沿（从 OFF 到 ON），C0 递增计数，其当前值从原来的累计值 4 递增为 7，C0 位在 t_9 时刻再次被置 **1**。在 t_{12}时刻，I0.2 闭合，使复位输入 R 信号有效，C0 被复位（其当前值被清零，状态位被断开）。

例 4-8　如图 4-19a、b 所示程序均是实现累计 PLC 扫描周期次数的程序，I0.1 是由外部开关控制的输入信号，当它接通时程序开始工作。（1）试分析 4-19a 图所示程序运行后，第几个扫描周期时输出 Q0.2 才能被接通（设 M0.0 的初态为 **0**）；（2）根据 4-19a 图所示程序的运行结果，分析 4-19b 图所示程序的运行结果。

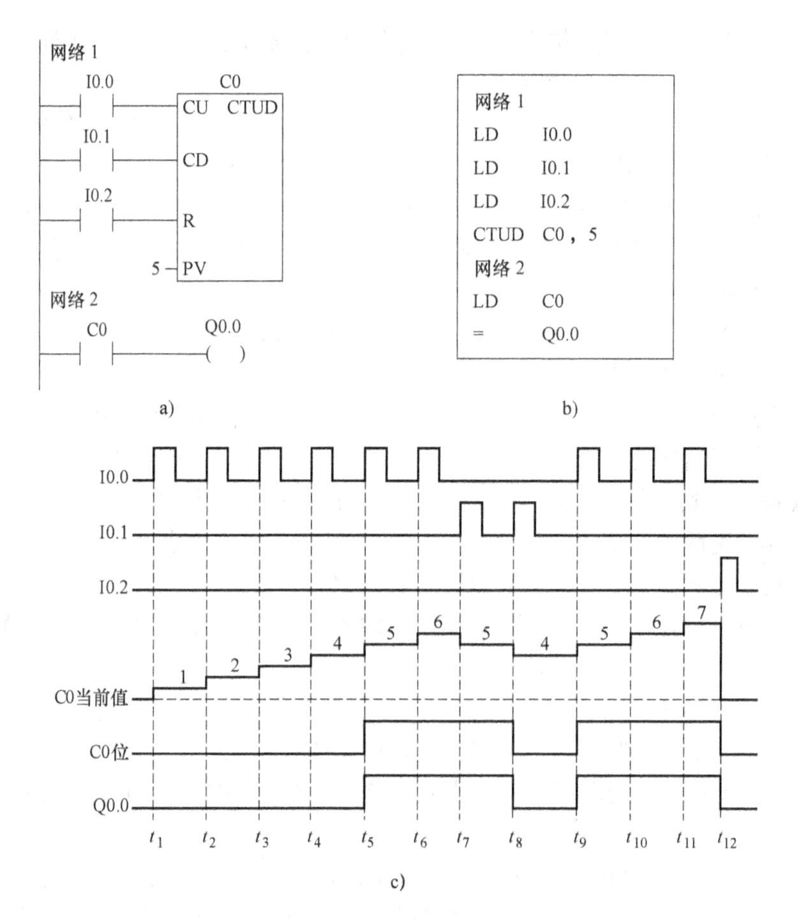

图4-18　对计数器指令的深入理解

a）梯形图　b）语句表　c）时序图

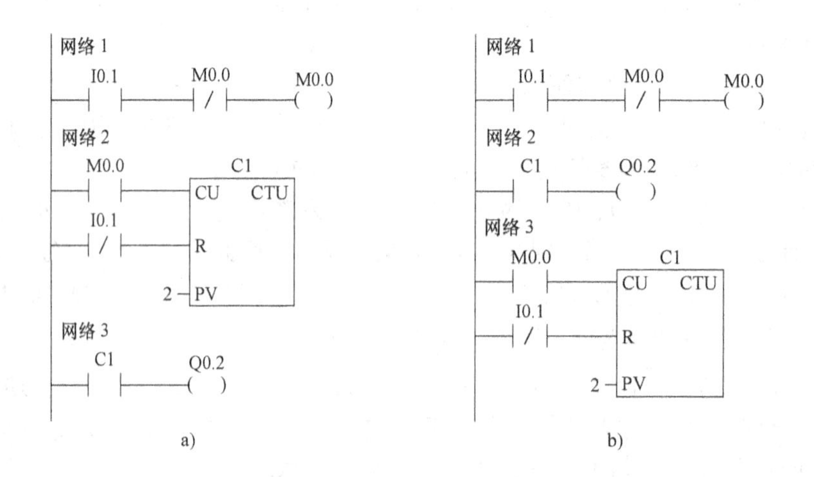

图4-19　扫描周期计数程序

解　（1）对于4-19a，当外部开关断开时，I0.1 =**0**，常闭触点I0.1闭合，计数器被复位，C1 =**0**；当外部开关闭合时，I0.1 =**1**，常闭触点I0.1断开，C1的复位信号无效，计数器可以计数。在第一个扫描周期中，各个网络的运行情况如下：

网络 1 中，由于 I0.1 = **1**、M0.0 = **0**，即常开触点 I0.1 与常闭触点 M0.0 均闭合，故在本次扫描运算时，M0.0 被置 **1**。网络 2 中，常开触点 M0.0 由断开变为闭合，该上升沿使计数器加 1，内部计数值由 0 递增为 1。网络 3 中，由于 C1 = **0**、常开触点 C1 是断开的，Q0.2 保持 **0** 态。

在第二个扫描周期中，各个网络的运行情况如下：

网络 1 中，由于 I0.1 = **1**、M0.0 = **1**，即常开触点 I0.1 闭合、常闭触点 M0.0 断开，故在本次扫描运算时，M0.0 被置 **0**。网络 2 中，由于常开触点 M0.0 由闭合变为断开，计数器不累加计数，计数值保持为 1。网络 3 中，由于 C1 = **0**、常开触点 C1 是断开的，Q0.2 保持 **0** 态。

在第三个扫描周期中，各个网络的运行情况如下：

网络 1 中，由于 I0.1 = **1**、M0.0 = **0**，即常开触点 I0.1 与常闭触点 M0.0 均闭合，故在本次扫描运算时，M0.0 被置 **1**。网络 2 中，常开触点 M0.0 由断开变为闭合，该上升沿使计数器加 1，内部计数值由 1 递增为 2，达到其预设值 2，C1 的状态位被置 **1**。网络 3 中，由于 C1 = **1**、即常开触点 C1 闭合，Q0.2 被置 **1**。

综上所述，该程序运行时（始于输入信号 I0.1 接通时刻），在奇数次扫描周期中计数器累加 1；当第三个扫描周期结束时输出 Q0.2 才能被接通。当检测到输出接通时，说明程序运行已经历了三次完整的扫描。

（2）显然图 4-19b 程序是将图 4-19a 程序的网络 2 与网络 3 交换顺序后得到的程序。根据对图 4-19a 程序运行过程的分析可知，在第三个扫描周期中，运算网络 2 时，计数器指令还没有执行，故本次扫描周期结束时，Q0.2 仍然保持 **0** 态，而运算网络 3 时，虽然计数器的计数值达到了预设值 2，C1 的状态位被置 **1**，但已经不能返回去影响网络 2 的运算结果（Q0.2 = **0**），必须等到下一个扫描周期即第四个扫描周期中，运算网络 2 时，Q0.2 才被置 **1**。因此，b 图程序运行后，在第四个扫描周期结束时输出 Q0.2 才能被接通。

本例子不仅是计数器指令的应用实例，还说明了指令安排的先后顺序，直接影响到输出接通的延迟时间，在编写实时性要求较高的控制程序时，要考虑合理安排指令的顺序。

4.3 比较、传送及移位指令

4.3.1 比较指令

比较指令包括字节比较、整数比较、双字整数比较、实数比较和字符串比较指令等五类，其中，前四类指令都包含等于（= =）、不等于（< >）、大于（>）、大于等于（> =）、小于（<）和小于等于（< =）等六条指令，而字符串比较指令只有等于（= =）和不等于（< >）两条指令。前四类指令的图符如图 4-20 所示，字符串比较指令本节从略。

比较指令用来比较两个值 IN1 和 IN2 的大小。四类指令不同之处有两点：一是参与比较的两个数据的长度不同，二是字节比较是无符号的，整数比较、双字整数比较与实数比较指令是有符号数的比较。

指令	LAD	FBD	STL(LD 指令)
字节比较指令	IN1 ==B IN2 IN1 <>B IN2 IN1 >B IN2 IN1 >=B IN2 IN1 <B IN2 IN1 <=B IN2	IN1 IN2 ==B IN1 IN2 <>B IN1 IN2 >B IN1 IN2 >=B IN1 IN2 <B IN1 IN2 <=B	LDB = IN1,IN2 LDB < > IN1,IN2 LDB > IN1,IN2 LDB > = IN1,IN2 LDB < IN1,IN2 LDB < = IN1,IN2
整数比较指令	IN1 ==I IN2 IN1 <>I IN2 IN1 >I IN2 IN1 >=I IN2 IN1 <I IN2 IN1 <=I IN2	IN1 IN2 ==I IN1 IN2 <>I IN1 IN2 >I IN1 IN2 >=I IN1 IN2 <I IN1 IN2 <=I	LDW = IN1,IN2 LDW < > IN1,IN2 LDW > IN1,IN2 LDW > = IN1,IN2 LDW < IN1,IN2 LDW < = IN1,IN2
双字整数比较指令	IN1 ==D IN2 IN1 <>D IN2 IN1 >D IN2 IN1 >=D IN2 IN1 <D IN2 IN1 <=D IN2	IN1 IN2 ==D IN1 IN2 <>D IN1 IN2 >D IN1 IN2 >=D IN1 IN2 <D IN1 IN2 <=D	LDD = IN1,IN2 LDD < > IN1,IN2 LDD > IN1,IN2 LDD > = IN1,IN2 LDD < IN1,IN2 LDD < = IN1,IN2
实数比较指令	IN1 ==R IN2 IN1 <>R IN2 IN1 >R IN2 IN1 >=R IN2 IN1 <R IN2 IN1 <=R IN2	IN1 IN2 ==R IN1 IN2 <>R IN1 IN2 >R IN1 IN2 >=R IN1 IN2 <R IN1 IN2 <=R	LDR = IN1,IN2 LDR < > IN1,IN2 LDR > IN1,IN2 LDR > = IN1,IN2 LDR < IN1,IN2 LDR < = IN1,IN2

图4-20 部分比较指令

在梯形图 LAD 中，当比较式为真时，该触点闭合。在功能块图 FBD 中，当比较式为真时，输出接通。在语句表 STL 中，使用 LD、A 或 O 指令，当比较式为真时，将栈顶置 **1**。比较指令的触点与左母线相连时使用 LD 指令，若比较指令的触点与其他触点串联或并联时，需使用 A 或 O 指令代替 LD 指令。比较指令的使用方法如图 4-21 所示，请读者自行对比图 4-21a 与图 4-21b，分析比较指令在梯形图中的不同位置，对应的使用了什么语句表指令。

比较指令要设置 IN1 和 IN2 两个操作数，这两个操作数应当具有相同的类型和相同的数据长度，可以是常数与存放在某个存储器中的变量相比较，也可以是两个不同存储器中的变量相比较。

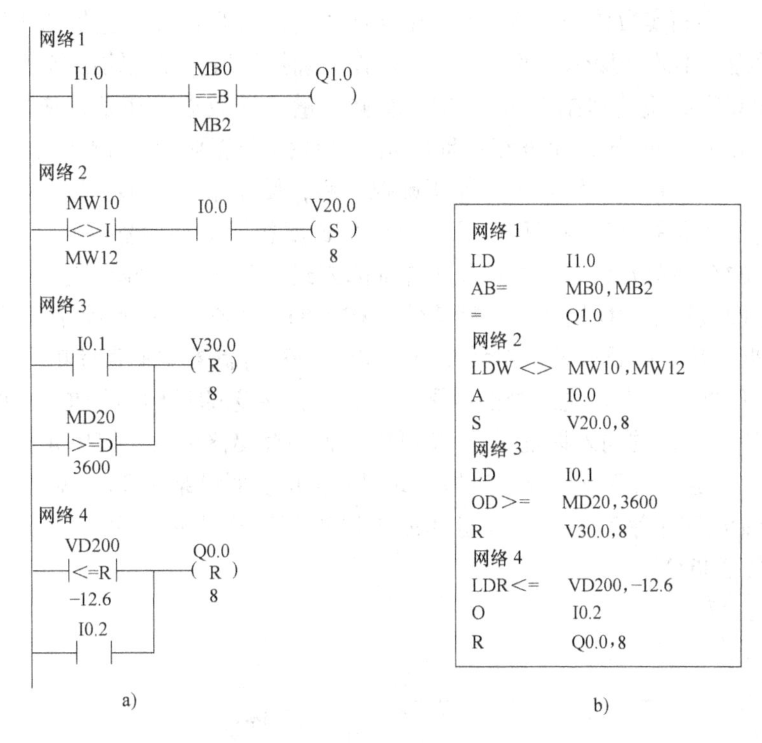

图 4-21　比较指令的使用方法

a）梯形图　b）语句表

4.3.2　传送指令

传送指令包括图 4-22 所示的三大类。

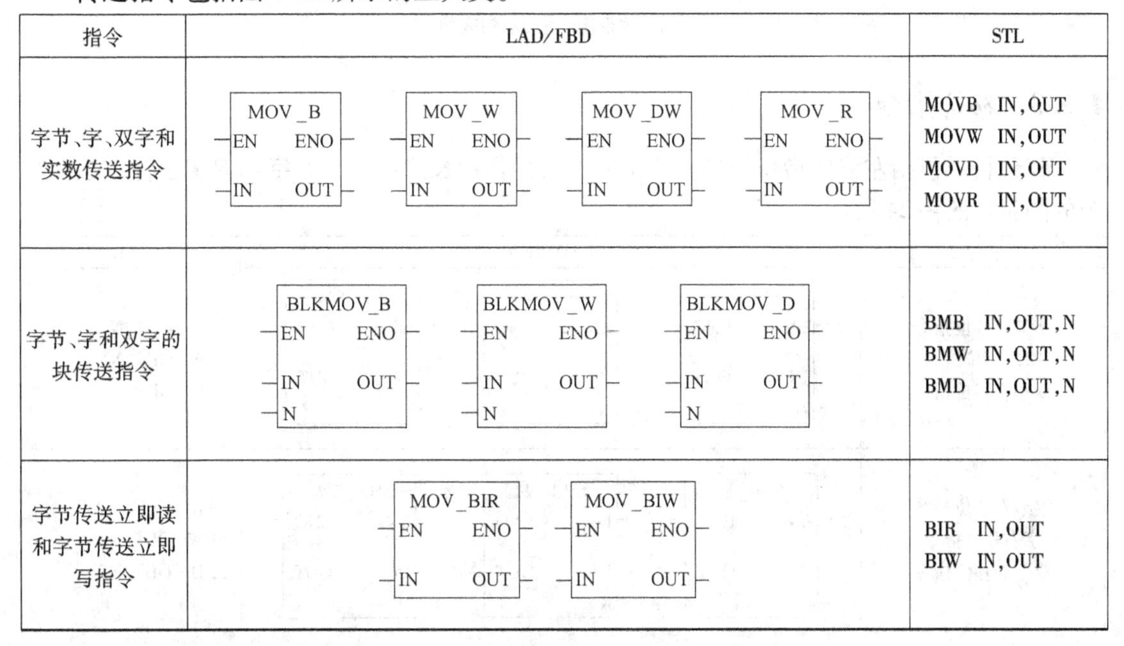

指令	LAD/FBD	STL

字节、字、双字和实数传送指令	MOV_B (EN ENO IN OUT)　MOV_W (EN ENO IN OUT)　MOV_DW (EN ENO IN OUT)　MOV_R (EN ENO IN OUT)	MOVB IN, OUT
		MOVW IN, OUT
		MOVD IN, OUT
		MOVR IN, OUT

字节、字和双字的块传送指令	BLKMOV_B (EN ENO IN OUT N)　BLKMOV_W (EN ENO IN OUT N)　BLKMOV_D (EN ENO IN OUT N)	BMB IN, OUT, N BMW IN, OUT, N BMD IN, OUT, N
字节传送立即读和字节传送立即写指令	MOV_BIR (EN ENO IN OUT)　MOV_BIW (EN ENO IN OUT)	BIR IN, OUT BIW IN, OUT

图 4-22　传送指令

字节、字、双字和实数传送指令 MOV 在条件成立时（EN =1）把输入 IN 传送到输出 OUT，在传送过程中不改变操作数的大小，当操作正确执行后，使能输出 ENO =1。

字节、字和双字的块传送指令 BLKMOV 能够批量传送数据，在条件成立时（EN =1）把从输入地址单元 IN 开始的 *N* 个连续地址单元中的数据传送到从输出地址单元 OUT 开始的 *N* 个地址单元中，*N* 可取 1 ~255。当操作正确执行后，使能输出 ENO =1。

上述两类传送指令的操作数 IN 和 OUT 应当是长度相同的存储器（I、Q、M、SM、V、S、L 和 AC）中的存储单元，亦可通过间接寻址的方式指定操作数的位置。

字节传送立即读指令 MOV_ BIR 与字节传送指令的区别在于其 IN 字节只能是输入映像寄存器 IB 的数据，传送的目标地址单元 OUT 可以是各种存储器中的存储单元。字节传送立即写指令 MOV_ BIW 与字节传送指令的区别在于其数据传送的目标地址单元 OUT 只能是输出映像寄存器 QB，传送的输入地址单元 IN 可以是各种存储器中的存储单元。

图 4-23 所示，是一段字节的块传送指令的编程实例。假设某个 2 ×2 矩阵的四个元素存放在从 VB10 开始的四个字节中，现要将其传送到从 VB100 开始的四个字节中去，则执行 *N* =4 的字节块传送指令。

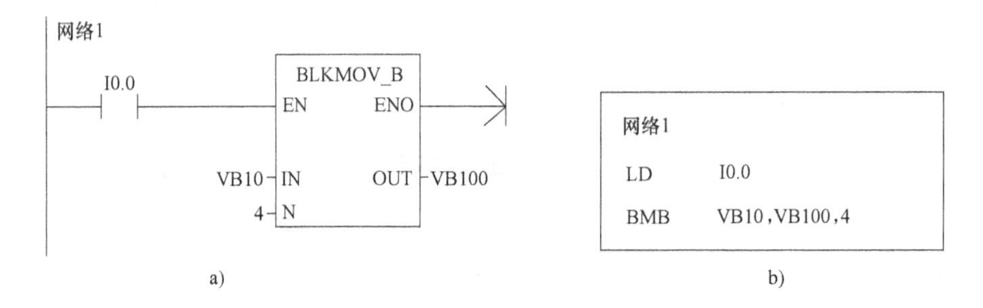

图 4-23　字节块传送指令编程实例
a) 梯形图　b) 语句表

4.3.3　移位指令

移位指令包括左移位指令与右移位指令，其操作数长度有字节、字和双字三种。这些指令的图符如图 4-24 所示。

指令	LAD/FBD	STL
字节左移位指令 字左移位指令 双字左移位指令	SHL_B: EN ENO / IN OUT / N　　SHL_W: EN ENO / IN OUT / N　　SHL_DW: EN ENO / IN OUT / N	SLB　OUT,N SLW　OUT,N SLD　OUT,N
字节右移位指令 字右移位指令 双字右移位指令	SHR_B: EN ENO / IN OUT / N　　SHR_W: EN ENO / IN OUT / N　　SHR_DW: EN ENO / IN OUT / N	SRB　OUT,N SRW　OUT,N SRD　OUT,N

图 4-24　移位指令

当使能信号有效时，在一个扫描周期中，移位指令把输入 IN 左移或右移 N 位后，再把结果存入 OUT；移位指令对移出位自动补零。移位操作是无符号的。

字节移位指令的有效移位数最大等于 8，如果所需移位次数 N 大于 8，那么实际可移位数为 8。同理，字与双字移位指令的有效移位数最大分别等于 16 与 32，如果所需移位次数 N 大于 16 或 32，那么实际可移位数为 16 或 32。

这些指令影响下面的特殊存储器位：零存储器位 SM1.0 和溢出位 SM1.1。移位指令将最近移出的位值存放在溢出位 SM1.1。如果移位操作的结果是 **0**，零存储器位 SM1.0 就置位。当操作正确执行后，使能输出 ENO = **1**。

说明：如果梯形图中输入 IN 与输出 OUT 的地址不同，所对应的语句表中需增加一条字节传送指令，即先要将输入 IN 中的操作数传送到输出 OUT 后，再执行移位操作。

移位指令的操作数 IN 和 OUT 应当是长度相同的各种存储器（I、Q、M、SM、V、S、L 和 AC）中的存储单元，亦可通过间接寻址的方式指定操作数的位置。

4.3.4　循环移位指令

循环移位指令包括循环左移指令与循环右移指令，其操作数长度有字节、字和双字三种。这些指令的图符如图 4-25 所示。

指令	LAD/FBD	STL
字节循环左移指令 字循环左移指令 双字循环左移指令	ROL_B (EN ENO, IN OUT, N)　ROL_W (EN ENO, IN OUT, N)　ROL_DW (EN ENO, IN OUT, N)	RLB　OUT, N RLW　OUT, N RLD　OUT, N
字节循环右移指令 字循环右移指令 双字循环右移指令	ROR_B (EN ENO, IN OUT, N)　ROR_W (EN ENO, IN OUT, N)　ROR_DW (EN ENO, IN OUT, N)	RRB　OUT, N RRW　OUT, N RRD　OUT, N

图 4-25　循环移位指令

当使能信号有效时，在一个扫描周期中，循环移位指令把输入地址单元 IN 中的数据循环左移或右移 N 位后，再把结果输出到输出地址单元 OUT 中。循环移位操作是无符号的。

数据循环移位相当于闭环移位。例如，若设 $N=1$，执行循环左移时，被移位数据的最高位移入最低位，低位数据顺次移动到相邻高位；而执行循环右移时，则被移位数据的最低位移入最高位，高位数据顺次移动到相邻低位。

字节循环移位的最大移位数为 7，如果所需移位次数大于或等于 8，那么在执行循环移位前，先对 N 取以 8 为底的模，其结果 0 ~ 7 为实际移动位数。如果所需移位数为零，那就不执行循环移位。同理，字与双字循环移位指令的最大移位数为 15 与 31，如果所需移位次数等于或大于 16 与 32，应当按字节循环的实际移位次数一样处理，使字循环移位指令的实际移位数为 0 ~ 15，双字循环移位指令的实际移位数为 0 ~ 31。

循环移位指令影响零存储器位 SM1.0 和溢出位 SM1.1 等特殊存储器位。如果执行循环移位的话，那么溢出位 SM1.1 的值就是最近一次循环移动位的值。如果移位操作的结果是**0**，零存储器位 SM1.0 就置位。当操作正确执行后，使能输出信号 ENO =**1**。

说明：如果梯形图中输入 IN 与输出 OUT 的地址不同，所对应的语句表中需增加一条传送指令，即先要将输入 IN 中的操作数传送到输出 OUT 后，再执行循环移位操作。

循环移位指令的操作数与移位指令的操作数要求相同。

例 4-9　循环右移指令和左移位指令的编程实例如图 4-26 所示。程序如图 4-26a、b 所示，设输出映像寄存器 QB0 中的原始数据为 **01010011**，分析在该程序的工作过程。

解　当 I0.0 由断开到接通时，网络 1 中字节循环右移指令 RRB 的使能端 EN 将接通一个扫描周期，RRB 指令将输出映像寄存器 QB0 循环右移 4 次，其执行过程如图 4-26c 所示。该条指令执行结束时，零存储器位 SM1.0 =**0**，溢出存储器位 SM1.1 =**0**。

当 I0.1 由断开到接通时，网络 2 中字节左移位指令 SLB 的使能端 EN 将接通一个扫描周期，SLB 指令将输出映像寄存器 QB0 连续左移 4 次，每一次的移出位送到 SM1.1，最低位 Q0.0 补为 **0**，其执行过程如图 4-26d 所示。该条指令执行结束时，零存储器位 SM1.0 =**0**，

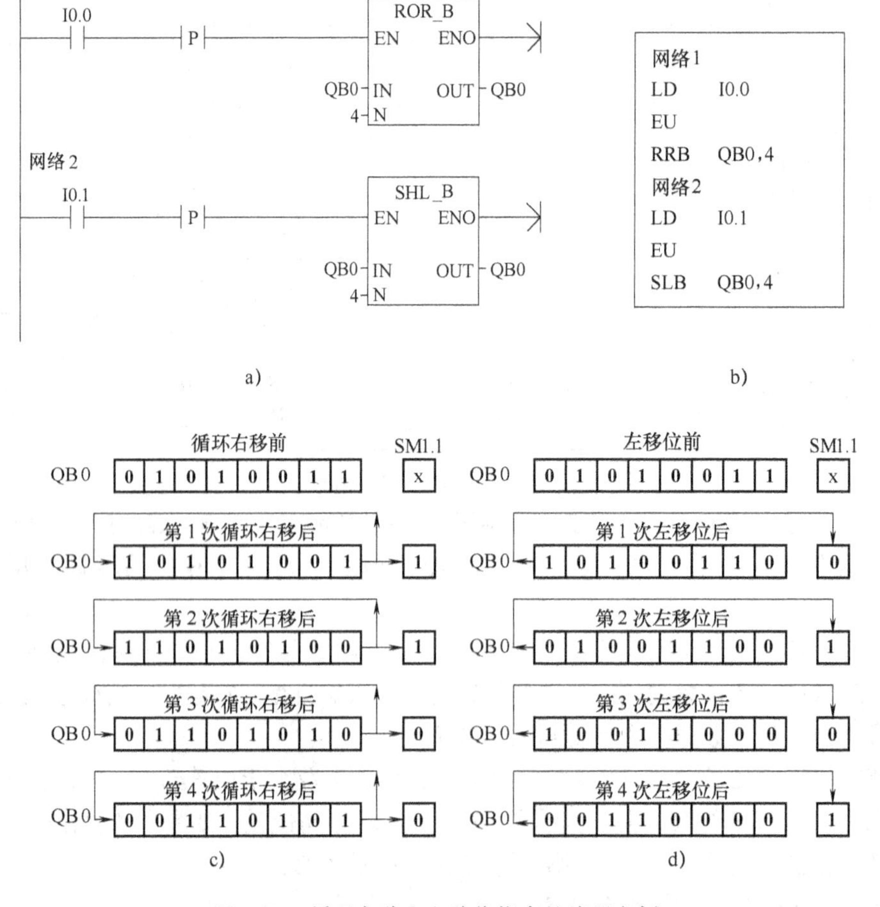

图 4-26　循环右移和左移位指令的编程实例

a) 梯形图　b) 语句表　c) 循环右移指令的执行过程　d) 左移位指令的执行过程

溢出存储器位 SM1.1 = **1**。

如果增加指令（如使用字节传送立即写指令）将 QB0 的初始状态设置为 **01010011**，则该程序的执行结果，可以通过在 QB0 端连接的 LED 指示灯清楚地观察到。读者可通过实验验证。

4.3.5　位移位寄存器指令

上述移位以及循环移位指令均是对一个或几个完整的字节进行操作，当需要移位的数据不是 8 位以及 8 位的整数倍时，就需要位移位寄存器指令进行操作。位移位寄存器是一种由编程者自由定义存储区间及位数（长度）的寄存器，该寄存器的位数最大为 64（可正可负）。位移位寄存器指令提供了一种排列和控制产品流或数据流的简单方法。该指令的图符如图 4-27 所示。

LAD/FBD	STL
SHRB EN　ENO DATA S_BIT N	SHRB　DATA, S_ BIT, N

图 4-27　位移位寄存器指令

当使能信号有效时（EN = **1**），在每个扫描周期，执行位移位寄存器指令，整个位移位寄存器左移或右移一位，输入的 DATA 数值（**0** 或 **1**）被移入位移位寄存器的最低位或最高位，位移位寄存器原来的最高位或最低位被移出到溢出存储器位 SM1.1。而该位移位寄存器位于哪一个存储区域以及长度（位数）是由 S_ BIT 和 N 决定的。其中，S_ BIT 指定位移位寄存器的最低位，N 指定位移位寄存器的长度，N 的正负决定位移位寄存器的移位方向。当 N 为正值时，左移位（正向移位），即输入数据从最低位 S_ BIT 移入，最高位移出；当 N 为负值时，右移位（反向移位），即输入数据从最高位移入，从最低位 S_ BIT 移出。

位移位寄存器的最高位 MSB.b 的计算方法如下。其中，N 取绝对值参与运算。

字节 MSB = S_ BIT 的字节号 + {[(N − 1) + S_ BIT 的位号] ÷ 8} 的商的整数部分

位 b = [(N − 1) + S_ BIT 的位号] ÷ 8的商的余数部分

因为 S_ BIT 也是位移位寄存器中的一位，故必须减 1。

例如，如果 S_ BIT 是 V33.5，N = ±14，则 MSB.b 为 V35.2。其计算过程如下：

MSB.b = V33 + [(14 − 1) + 5] ÷ 8

　　　= V33 + 18 ÷ 8

　　　= V33 + 2（余数为 2）

　　　= V35.2

位移位寄存器指令执行后，只影响特殊存储器的溢出位 SM1.1。当操作正确执行后，使能输出信号 ENO = **1**。

在位移位寄存器指令中，DATA 与 S_ BIT 的操作数可在 I、Q、M、SM、V、T、C、S、L 等存储器中选择一位；长度 N 可直接设为常数（N≤64），或在 I、Q、M、SM、V、S、L、AC 等存储器中选择一个字节，亦可使用间接寻址方式指定。

图4-28为两种不同方向的移位。对于图4-28a，$N=14$，为正向（左）移位，输入数据DATA从最低位V33.5移入，最高位V35.2移出；对于图4-28b，$N=-14$，为反向（右）移位，输入数据DATA从最高位V35.2移入，最低位V33.5移出。

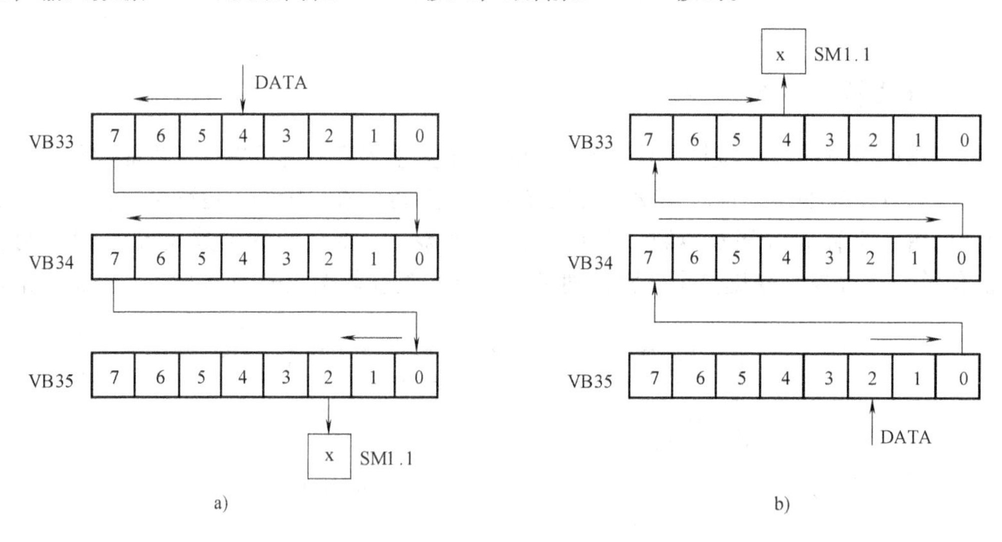

图4-28　位移位寄存器的移位方向
a）正向移位　b）反向移位

例4-10　位移位寄存器指令的编程实例如图4-29所示。程序如图4-29a、b所示，设输入信号的时序如图4-29c所示，分析在该程序的工作过程。

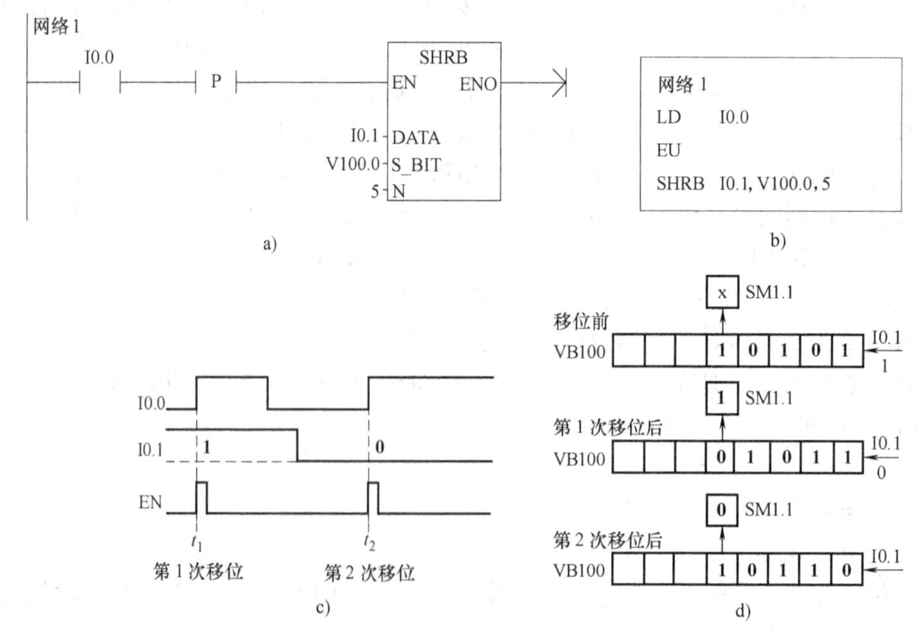

图4-29　位移位寄存器编程实例
a）梯形图　b）语句表　c）时序图　d）移位过程

解　因为$N=4$，位移位寄存器的最低位为V100.0，显然，定义了一个长度为4的位移位寄存器（V100.3～V100.0）；假设该位移位寄存器预先存放的数据为**0110**。

在t_1时刻，I0.0产生了正跳变，使能端EN接通一个扫描周期（EN=**1**），对应时刻的扫描周期中，该位移位寄存器指令被执行，由I0.1提供的数据**1**移入V100.0，V100.3～V100.0中原有的数据按图4-29d所示方式左移一次，V100.3移入SM1.1（SM1.1=0）。

在t_2时刻，I0.0再次产生了正跳变，使能端EN接通一个扫描周期（EN=1），对应时刻的扫描周期中，该位移位寄存器指令被执行，由I0.1提供的数据**0**移入V100.0，V100.3～V100.0中原有的数据按图4-29d所示方式左移一次，V100.3移入SM1.1（SM1.1=**1**）。

在其他时间段的扫描周期中，由于EN=**0**，故不产生移位。

4.4 数学运算指令

数学运算指令包括整数运算指令和实数（浮点数）运算指令两大类。其中整数运算指令又包含16条指令，实数运算指令包含11条指令。这里将PID控制的算法也归类在实数运算指令中，限于篇幅本教材不介绍。本节按照数学运算的类别（不依数据类型）介绍各条指令。

4.4.1 加法指令和减法指令

加法指令和减法指令的操作数均有整数、双整数和实数三种，故此类指令共有六条，其图符如图4-30所示。

指令	LAD/FBD	STL
整数加法指令 双整数加法指令 实数加法指令	ADD_I: EN ENO, IN1 OUT, IN2 ADD_DI: EN ENO, IN1 OUT, IN2 ADD_R: EN ENO, IN1 OUT, IN2	+I IN1, OUT +D IN1, OUT +R IN1, OUT
整数减法指令 双整数减法指令 实数减法指令	SUB_I: EN ENO, IN1 OUT, IN2 SUB_DI: EN ENO, IN1 OUT, IN2 SUB_R: EN ENO, IN1 OUT, IN2	-I IN2, OUT -D IN2, OUT -R IN2, OUT

图4-30　加法指令和减法指令

图4-30中的6条指令的所做的操作完全相同，不同的只是操作数的长度和性质（整数与实数）。整数的加法和减法指令把两个16位整数相加或相减，产生一个16位结果；双整数的加法和减法指令把两个32位双整数相加或相减，产生一个32位结果；实数的加法和减法指令把两个32位实数相加或相减，得到32位的实数结果。

在梯形图LAD和功能块图FBD中实现如下操作：

加法：IN1 + IN2 = OUT

减法：IN1 - IN2 = OUT

如果加法指令的目标单元OUT的地址与加数IN2的地址相同，或减法指令的目标单元

OUT 的地址与被减数 IN1 的地址相同，在语句表 STL 中实现如下操作：

加法：OUT + IN1 = OUT

减法：OUT - IN2 = OUT

这样设计程序不仅节省了存储单元，还缩短了程序的长度。否则，如果三个操作数的地址各不相同，与梯形图 LAD 对应的语句表 STL，必须使用传送指令，先将被加数 IN1 或被减数 IN1 传送到 OUT，然后再使用整数加法或减法指令，即在语句表 STL 中实现如下操作：

加法：IN1→OUT，OUT + IN2 = OUT

减法：IN1→OUT，OUT - IN2 = OUT

加法和减法指令运行后，影响零存储位 SM1.0、溢出位 SM1.1 和负值位 SM1.2 等特殊存储器位的状态。SM1.1 用来指示溢出错误和非法值。如果被 SM1.1 置位（SM1.1 = **1**），则 SM1.0 和 SM1.2 的状态就无效，原始操作数不改变。如果 SM1.1 不置位，SM1.0 和 SM1.2 的状态反映算术操作的结果。当操作正确执行后，使能输出 ENO = **1**。

加法指令和减法指令的操作数可以是常数，或是存放在 I、Q、M、SM、V、S、L、AI、T、C、AC 等存储器单元中的数据。编程时需注意选择与指令匹配的操作数长度（整数 INT、双整数 DINT、实数 REAL）。

4.4.2　乘法指令和除法指令

乘法指令和除法指令的操作数均有整数、双整数和实数三种，这些指令运算结果的数据长度与原操作数长度相同。另外，还有两种运算结果的数据长度与原操作数长度不相同的指令，即整数乘法产生双整数指令和整数除法产生双整数指令。这些指令共有八条，其图符如图 4-31 所示。

指令	LAD/FBD	STL
整数乘法指令 双整数乘法指令 实数乘法指令	MUL_I (EN, ENO, IN1, OUT, IN2) MUL_DI (EN, ENO, IN1, OUT, IN2) MUL_R (EN, ENO, IN1, OUT, IN2)	*I　IN1, OUT *D　IN1, OUT *R　IN1, OUT
整数除法指令 双整数除法指令 实数除法指令	DIV_I (EN, ENO, IN1, OUT, IN2) DIV_DI (EN, ENO, IN1, OUT, IN2) DIV_R (EN, ENO, IN1, OUT, IN2)	/I　IN2, OUT /D　IN2, OUT /R　IN2, OUT
整数乘法产生双整数指令 整数除法产生双整数指令	MUL (EN, ENO, IN1, OUT, IN2) DIV (EN, ENO, IN1, OUT, IN2)	MUL　IN1, OUT DIV　IN2, OUT

图 4-31　乘法指令和除法指令

整数乘法指令 *I 把两个 16 位整数相乘，产生一个 16 位的乘积，如果结果大于一个字，就将溢出位 SM1.1 置位；整数除法指令/I 把两个 16 位整数相除，产生一个 16 位的商，不保留余数。

双整数乘法指令 *D 把两个 32 位双整数相乘，产生一个 32 位的乘积；双整数除法指令/D把两个32位双整数相除，产生一个32位的商，不保留余数。

实数的乘法指令 * R 把两个32位实数相乘，产生32位的实数结果；实数的除法指令/R把两个32位实数相除，得到32位的实数商。

在梯形图LAD和功能块图FBD中，上述6条指令实现如下操作：

乘法：IN1 * IN2 = OUT

除法：IN1/IN2 = OUT

如果乘法指令的目标单元OUT的地址与乘数IN2的地址相同，或除法指令的目标单元OUT的地址与被除数IN1的地址相同，在语句表STL中实现如下操作：

乘法：IN1 * OUT = OUT

除法：OUT/IN2 = OUT

如果3个操作数的地址各不相同，则在语句表STL中要增加一条传送指令，参见图4-32算术运算指令的编程实例。

整数乘法产生双整数指令MUL把两个16位整数相乘，产生一个32位的积。整数除法产生双整数指令DIV把两个16位整数相除，产生一个32位的结果，其中，高16位是余数，低16位是商。

在MUL指令中，如果目标单元OUT中32位的低16位用作存放乘数，即乘数IN2的地址与目标单元OUT的低16位的地址相同，或在DIV指令中，目标单元OUT中32位的低16位用作存放被除数，即被除数IN1的地址与目标单元OUT低16位的地址相同，则在语句表STL中实现如下操作：

乘法：IN1 * OUT = OUT

除法：OUT/IN2 = OUT

乘法指令和除法指令影响下面的特殊存储器位：SM1.0（零），SM1.1（溢出），SM1.2（负），SM1.3（被0除）。如果在乘法或除法的操作过程中SM1.1被置位，就不写到输出，并且所有其他的算术状态位被置为**0**。如果在除法操作的时候SM1.3被置位，其他的算术状态位保留不变，原始输入操作数不变化。如果SM1.1和SM1.3不置位，则SM1.0和SM1.2的状态就反映了算术操作的结果。当操作正确执行后，使能输出信号ENO = **1**。

乘法指令和除法指令的操作数与对应的加法指令和减法指令的操作数相同。设计程序时，只需注意选择与指令匹配的操作数即可。

图4-32是算术运算指令的编程实例。该两段程序说明了操作数的地址选择方式不同，将直接影响程序的长度及执行过程。

对应于图4-32a所示梯形图的语句表如下：

网络1

```
LD      I0.0            //若I0.0=1，则执行下述操作。
MOVW    VW0，VW100      //将被加数VW0传送到目标单元VW100。
+I      VW2，VW100      //做加法：VW2 + VW100（VW0），结果存入VW100。
MOVW    VW10，VW110     //将被减数VW10传送到目标单元VW110。
-I      VW12，VW110     //做减法：VW110（VW10）- VW12，结果存入VW110。
MOVW    VW20，VW120     //将被乘数VW20传送到目标单元VW120。
*I      VW22，VW120     //做乘法：VW22 * VW120（VW20），结果存入VW120。
```

```
MOVW   VW30, VW130     //将被除数VW30传送到目标单元VW130。
/I     VW32, VW130     //做除法：VW130 (VW30)/VW32，结果存入VW130。
```

程序长度为68B。

对应于图4-32b所示梯形图的语句表如下：

网络2

```
LD     I0.1            //若I0.1=1，则执行下述操作。
+I     VW0, VW2        //做加法：VW0+VW2，结果存入VW2。
-I     VW12, VW10      //做减法：VW10-VW12，结果存入VW10。
*I     VW20, VW22      //做乘法：VW20*VW22，结果存入VW22。
/I     VW32, VW30      //做除法：VW30/VW32，结果存入VW30。
```

程序长度为44B。

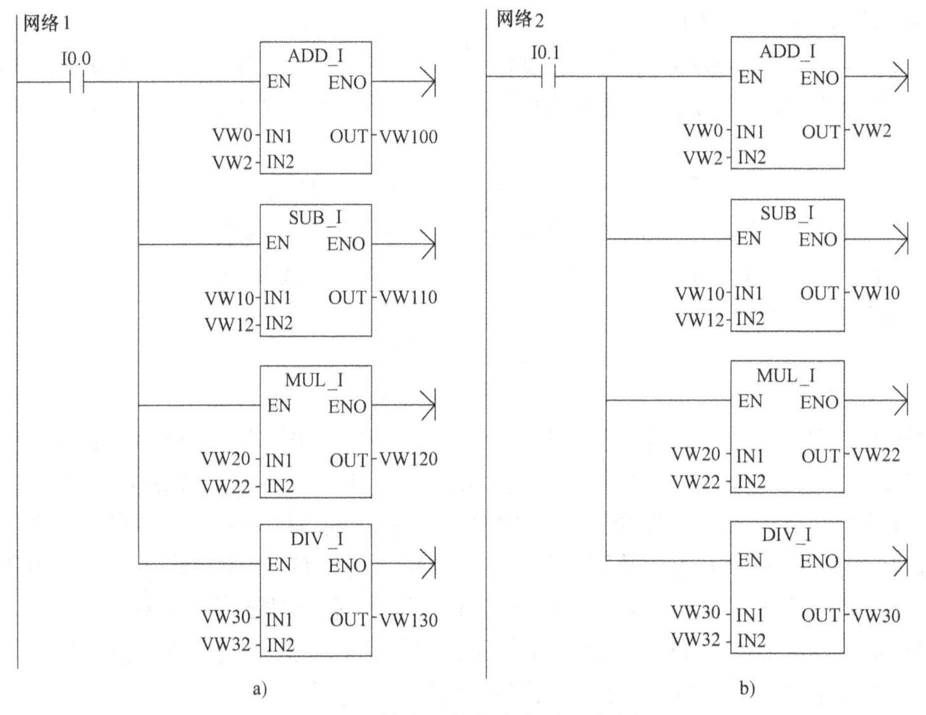

图4-32　算术运算指令的编程实例

由上述两段程序的执行过程可知，若参与运算的两个操作数IN1、IN2的地址以及存放运算结果的输出存储单元OUT的地址均不相同，将增加程序的长度及运行时间。因此，建议编写数学运算程序时，将OUT的地址选择为IN1与IN2中的一个，这样不仅能提高程序的运行效率，还能节省存储空间。

在编梯形图程序时，加法指令或乘法指令中IN1与IN2的地址一旦确定，OUT的地址可以在两个输入地址中任选一个，程序编译后，将自动调节IN1与IN2两个操作数的地址，使得IN2的地址与OUT的地址保持一致。对于减法指令，OUT的地址也可以在IN1与IN2两个操作数的地址中任选一个，但编译后，查看语句表时就会发现，若OUT的地址与IN1的地址相同（如上例图4-32b），则会直接执行减法指令（_ I　IN2，OUT）；若OUT的地址与IN2的地址相同，则会执行3条指令（字取反指令、字增指令和加法指令）。对于除法指令，OUT 的地址只能选择 IN1 的地址（如上例）；若 OUT 的地址选择 IN2 的地址，则编译后，将提示“一个错误”，并且不能得到相应的语句表。

4.4.3　字节、字、双字的增指令和减指令

增指令和减指令的操作数均有字节、字和双字，此类指令是实现将操作数加 1 或减 1 的运算。这些指令的图符如图 4-33 所示。

指令	LAD/FBD	STL
增指令	INC_B (EN ENO, IN OUT)　INC_W (EN ENO, IN OUT)　INC_DW (EN ENO, IN OUT)	INCB OUT INCW OUT INCD OUT
减指令	DEC_B (EN ENO, IN OUT)　DEC_W (EN ENO, IN OUT)　DEC_DW (EN ENO, IN OUT)	DECB OUT DECW OUT DECD OUT

图 4-33　增指令和减指令

字节增 INCB 或字节减 DECB 指令把输入字节 IN 加 1 或减 1 后，把结果存放到输出单元 OUT。字节增减指令是无符号的。

字增 INCW 或字减 DECW 指令把输入字 IN 加 1 或减 1 后，把结果存放到输出单元 OUT。字增和字减指令是有符号的。例如：16#7FFF > 16#8000，16#7123 > 16#8123（前者是正数，后者是负数）。

双字增或双字减指令把输入的双字 IN 加 1 或减 1 后，把结果存放到输出单元 OUT。双字增和双字减指令是有符号的。例如：16#71234567 > 16#81234567。

在梯形图 LAD 和功能块图 FBD 中，执行下述操作：

$$IN + 1 = OUT, \quad IN - 1 = OUT$$

在语句表 STL 中执行下述操作：

$$OUT + 1 = OUT, \quad OUT - 1 = OUT$$

如果指令的目标单元 OUT 的地址与输入字节 IN 的地址相同，程序设计比较合理。否则，在用语句表编程时，须先使用一条传送指令。

增指令和减指令执行后，影响下面的特殊存储器位：SM1.0（零）、SM1.1（溢出）、SM1.2（负，操作数为字节的不影响此位）。当操作正确执行后，使能输出信号 ENO = **1**。

字节增和字节减指令的操作数与本章前述对字节操作的其他指令的操作数相同；字增和字减指令的操作数与整数乘法和整数除法指令的操作数相同；双字增和双字减指令的操作数与双整数乘法和双整数除法指令的操作数相同。

4.5　逻辑运算指令与转换指令

4.5.1　与、或、异或指令

逻辑与、或、异或指令的操作数均有字节、字、双字三种，故这三类逻辑运算指令共有 9 条指令，其图符如图 4-34 所示。

指令	LAD/FBD			STL
字节与指令 字节或指令 字节异或指令	WAND_B EN　ENO IN1　OUT IN2	WOR_B EN　ENO IN1　OUT IN2	WXOR_B EN　ENO IN1　OUT IN2	ANDB　IN1，OUT ORB　IN1，OUT XORB　IN1，OUT
字与指令 字或指令 字异或指令	WAND_W EN　ENO IN1　OUT IN2	WOR_W EN　ENO IN1　OUT IN2	WXOR_W EN　ENO IN1　OUT IN2	ANDW　IN1，OUT ORW　IN1，OUT XORW　IN1，OUT
双字与指令 双字或指令 双字异或指令	WAND_DW EN　ENO IN1　OUT IN2	WOR_DW EN　ENO IN1　OUT IN2	WXOR_DW EN　ENO IN1　OUT IN2	ANDD　IN1，OUT ORD　IN1，OUT XORD　IN1，OUT

图4-34　与、或、异或指令

逻辑与指令AND对两个输入IN1与IN2执行按位与运算，结果存放在OUT指明的地址单元中；逻辑或指令OR对两个输入IN1与IN2执行按位或运算，结果存放在OUT指明的地址单元中；逻辑异或指令XOR对两个输入IN1与IN2执行按位异或运算，结果存放在OUT指明的地址单元中。

在梯形图中，IN1、IN2与OUT的地址可以是三个完全不同的地址，但最好将IN2与OUT的地址选择为相同地址，以避免CPU执行运算时额外需要执行一条传送指令。

逻辑与、或、异或指令执行后，只影响特殊存储器的SM1.0（零）位。当指令正确执行后，使能输出信号ENO=1。

字节的逻辑与、或、异或指令的操作数可选择I、Q、M、SM、V、S、L、AC等存储器中的字节；字的逻辑与、或、异或指令的操作数除了选择上述存储器中的字，还可选择T、C、AIW；双字的逻辑与、或、异或指令的操作数可选择I、Q、M、SM、V、S、L、AC等存储器中的双字。另外，所有逻辑运算指令的输入IN1、IN2亦可选择常数。

4.5.2　取反指令

取反指令包括字节取反、字取反、双字取反指令3种，其图符如图4-35所示。

LAD/FBD			STL
INV_B EN　ENO IN　OUT	INV_W EN　ENO IN　OUT	INV_DW EN　ENO IN　OUT	INVB　OUT INVW　OUT INVD　OUT

图4-35　取反指令

字节取反指令INVB将输入IN字节按位取反，得到一个字节的反码，结果存放在OUT指明的地址单元中。同理，字与双字取反指令将输入IN按位取反，得到一个字或双字的反码，结果存放在OUT指明的地址单元中。

一般将IN与OUT的地址设成一致，否则，在语句表中，取反指令之前要加一条传送指令，即先将IN中的数据传送到OUT中，再执行取反操作。

取反指令只影响零存储器位 SM1.0。当指令正确执行后，使能输出信号 ENO =1。

取反指令的操作数与上述异或等逻辑运算指令的操作数相同。使用此类指令，注意选择与指令匹配的操作数（字节、字、双字）即可。

例 4-11　图 4-36a 所示梯形图程序是字节的与、或、异或和取反指令的编程实例。设累加器 AC0 的低 8 位、VB100、MB0、QB0 等字节中存放的数码为 **01010011**，累加器 AC1 的低 8 位、VB200、MB2 等字节中存放的数码为 **10100011**。试分析当该程序执行后，AC1、VB200、MB2 和 QB0 等字节中的数码是多少（提示：累加器均有 32 位，对于字节操作指令默认是对其低 8 位进行操作）。

解　当使能端 I1.3 =1 时，执行以下 4 条指令。

1）字节与逻辑运算：累加器 AC0 的低 8 位与累加器 AC1 的低 8 位按位做逻辑与运算，运算结果存放在累加器 AC1 中。

2）字节或逻辑运算：变量存储器中的字节 VB100 和 VB200 按位做逻辑或运算，运算结果存放在 VB200 中。

3）字节异或逻辑运算：位存储器中的字节 MB0 和 MB2 按位做逻辑异或运算，运算结果存放在 MB2 中。

4）字节取反逻辑运算：将输出映像寄存器中的字节 QB0 按位取反，运算结果存放在 QB0 中。

上述逻辑运算的结果如图 4-36b 所示。

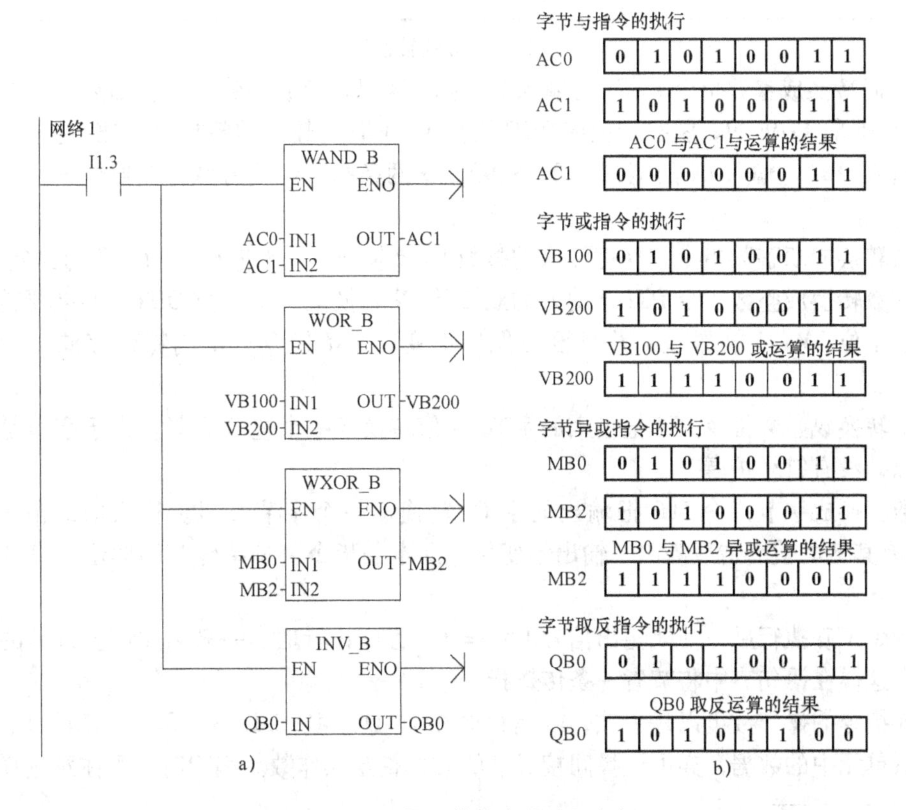

图 4-36　逻辑运算指令的编程实例

a）梯形图　b）运算实例

此例中，字节取反指令的操作数选择了输出映像寄存器中的字节 QB0，便于读者实验验证。实验时，通过初始脉冲 SM0.1，可设置 QB0 的初始状态，观察与 QB0 连接的外部 LED 指示灯的状态；再接通与 I1.3 相连的外部开关，观察 QB0 输出状态的变化。

4.5.3　整数的转换指令㊀

整数的转换指令包括 BCD 码与整数的相互转换、整数与双整数的相互转换、字节与整数的相互转换等 6 条指令，其图符如图 4-37 所示。

指令	LAD/FBD	STL
BCD 码与整数的转换指令	BCD_I: EN ENO IN OUT；I_BCD: EN ENO IN OUT	BCDI　OUT IBCD　OUT
整数与双整数的转换指令	I_DI: EN ENO IN OUT；DI_I: EN ENO IN OUT	ITD　IN，OUT DTI　IN，OUT
字节与整数的转换指令	B_I: EN ENO IN OUT；I_B: EN ENO IN OUT	BTI　IN，OUT ITB　IN，OUT

图 4-37　整数的转换指令

BCD 码转换成整数指令 BCDI 将输入 IN 的 BCD 码转换成整数，并将结果送入 OUT，输入 IN 的范围是 0～9999；整数转换成 BCD 码指令 IBCD 将输入的整数 IN 转换成 BCD 码，并将结果送入 OUT，输入 IN 的范围是 0～9999。这两条指令影响特殊存储器位 SM1.6（非法 BCD）。

整数转换成双整数指令 ITD 把输入的整数 IN 转换成一个双整数 OUT，符号进行扩展。

双整数转换成整数指令 DTI 把输入的双整数 IN 转换成一个整数 OUT。如果要转换的数太大，溢出位 SM1.1 被置位，并且输出保持不变。这条指令只影响特殊存储器位 SM1.1（溢出位）。

字节转换成整数指令 BTI 把输入的字节 IN 值转换成一个整数 OUT。由于字节是无符号的，所以，没有符号扩展。

整数转换成字节指令 ITB 把输入的字 IN 转换成一个字节 OUT。输入值的范围是 0～255，所有其他的值会造成溢出，输出不变化，即本条指令影响特殊存储器位 SM1.1（溢出位）。

当指令正确执行后，使能输出信号 ENO = **1**。程序设计时，一般将 IN 与 OUT 的地址设成一致，这样在语句表中将节省一条传送指令。

转换指令的操作数可以是常数，或是存放在 I、Q、M、SM、V、S、L、AI、T、C、AC 等存储器单元中的数据，亦可选择间接寻址的方式指定操作数。编程时，需注意选择与指令

㊀ 转换指令的种类较多，可实现整数、双整数、实数、ASCII 码、字符串之间的相互转换。考虑到初学者的实际需要，这里只介绍两类常用的转换指令。

匹配的操作数长度（字 WORD、整数 INT、双整数 DINT）。

4.5.4　译码、编码与段码指令

译码、编码与段码指令的图符如图 4-38 所示。

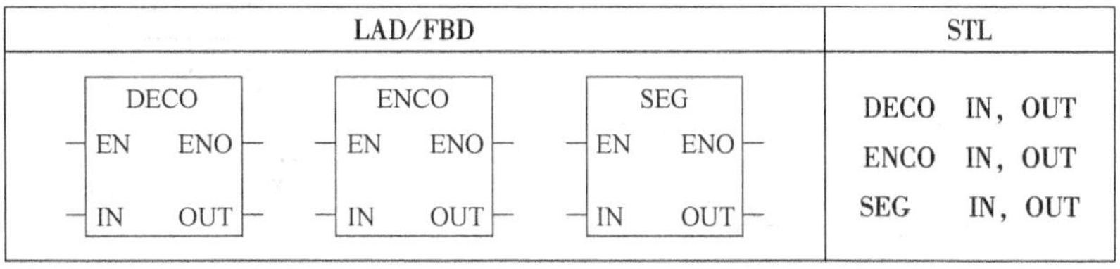

LAD/FBD	STL
DECO: EN ENO, IN OUT　ENCO: EN ENO, IN OUT　SEG: EN ENO, IN OUT	DECO　IN, OUT ENCO　IN, OUT SEG　IN, OUT

图 4-38　译码、编码与段码指令

译码指令 DECO 根据输入字节 IN 的低 4 位（半个字节）所表示的位号使输出字 OUT 的相应位置 **1**，其他位置 **0**。编码指令 ENCO 将输入字 IN 的最低有效位（值为 **1**）的位号写入输出字节 OUT 的低四位（半个字节）。

段码指令 SEG 产生点亮七段数码显示器的位模式段码值 OUT。它是根据输入 IN 字节的低 4 位的有效数字值产生相应点亮段码的，实质上这是一种显示译码。表 4-2 给出了段码指令 SEG 输入 IN 字节低 4 位的数据与译码输出字 OUT 中数据的对应关系。用段码指令可以显示 0 ~ 9、A、b、C、d、E、F 等数字和字母。

表 4-2　SEG 指令输入与输出的关系

IN LSD	OUT - g f e d c b a	段 显示	七段数码 显示器	IN LSD	OUT - g f e d c b a	段 显示
0000	**0 0 1 1 1 1 1 1**	0	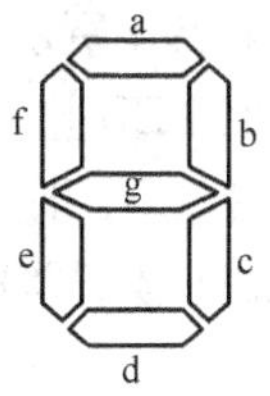	**1000**	**0 1 1 1 1 1 1 1**	8
0001	**0 0 0 0 0 1 1 0**	1		**1001**	**0 1 1 0 0 1 1 0**	9
0010	**0 1 0 1 1 0 1 1**	2		**1010**	**0 1 1 1 0 1 1 1**	A
0011	**0 1 0 0 1 1 1 1**	3		**1011**	**0 1 1 1 1 1 0 0**	b
0100	**0 1 1 0 0 1 1 0**	4		**1100**	**0 0 1 1 0 0 0 1**	C
0101	**0 1 1 0 1 1 0 1**	5		**1101**	**0 1 0 1 1 1 1 0**	d
0110	**0 1 1 1 1 1 0 1**	6		**1110**	**0 1 1 1 1 0 0 1**	E
0111	**0 0 0 0 0 1 1 1**	7		**1111**	**0 1 1 1 0 0 0 1**	F

译码 DECO 指令的输入与输出分别是字节型与字型数据，这些数据通常在 I、Q、M、SM、V、S、L、AC 等存储器区域中选取，而且输出还可以存放在 T、C、AQW 中。编码指令的输入与输出分别是字型与字节型数据，这些数据的地址与 DECO 指令的地址基本相同。段码指令的输入与输出均是字节型数据，其操作数地址参照其他字节指令的操作数地址选取。另外，这三条指令的输入 IN 均可以选择字节长度的常数。详细的操作数列表请查阅 S7-200 使用手册。

例 4-12　译码、编码和段码指令的编程实例如图 4-39a 所示。设译码指令输入字节 MB0 中的低 4 位为 **0111**（7），编码指令输入字 MW2 中存放的数码为 **0111010110101000**，段码指令输入字节 IB1 中的低 4 位为 **0101**（5）。试分析该程序的运行结果。

解　当使能端 I0.1 = **1** 时，执行如下 3 条指令。

1）执行译码指令：对输入字节 MB0 中的低 4 位进行译码，译码的结果存放在 VW0 中。由于 MB0 中的低 4 位为十进制数 7，译码的结果使输出 V0.7 置 **1**，如图 4-39b 所示。

2）执行编码指令：对输入字 MW2 中的最低有效位进行编码，编码的结果存放在 VB20

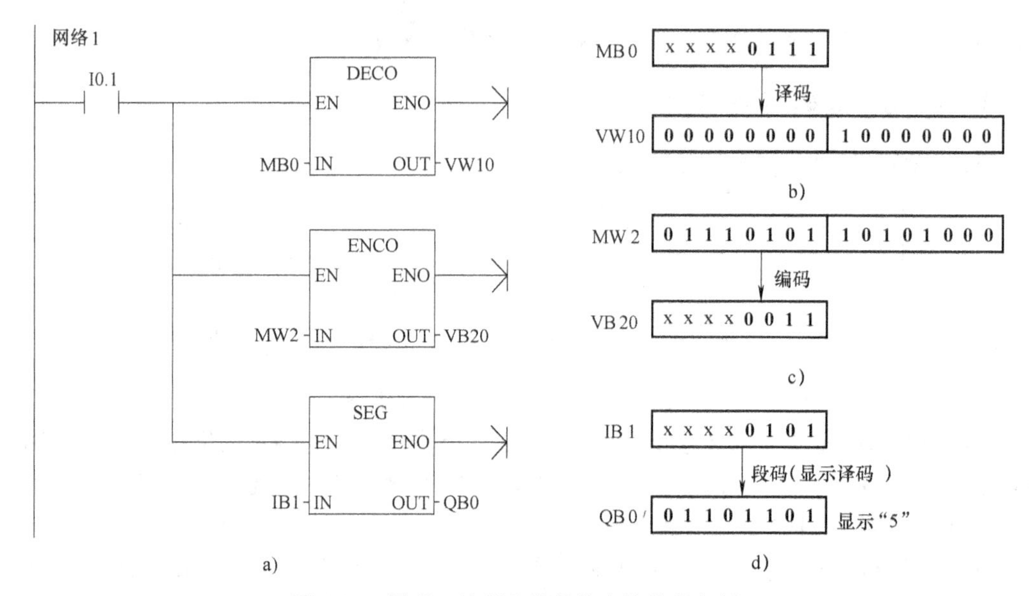

图4-39　译码、编码和段码指令的编程实例

a）梯形图　b）译码指令运算实例　c）编码指令运算实例　d）段码指令运算实例

中。由于输入字MW2的最低有效位为M2.3（M2.3=**1**），将该位号编码为**0011**（为十进制数3），存入VB20的低4位中，如图4-39c所示。

3）执行段码指令：对输入字节IB1中的低4位进行译码，所产生的点亮七段数码显示器的段码值存放在QB0中。由于输入字节IB1的低四位为**0101**（为十进制数5），经段码指令译码为**01101101**，存入QB0中，如图4-39d所示。此值对应驱动LED显示器的笔画信号为gfedcba=**1101101**，查表4-2可知，此时LED显示器将显示“5”。

读者可以通过实验验证该段码指令的执行结果。做实验时，可以由外部开关设置IB1的初始状态，Q0.0～Q0.6与CPU外部的LED显示器连接。

4.6　程序控制指令

程序控制指令包括有条件结束指令、暂停指令、看门狗复位指令、跳转指令、标号指令、循环指令、顺序控制继电器指令、子程序调用、中断指令以及通信指令等10种，本节介绍前7种指令，后三种指令在编程进阶时可参考S7-200PLC使用手册。

4.6.1　有条件结束指令、暂停指令和看门狗复位指令

有条件结束指令、暂停指令和看门狗复位指令的图符如图4-40所示。

LAD	FBD	STL
——(END)	——[END]	END
——(STOP)	——[STOP]	STOP
——(WDR)	——[WDR]	WDR

图4-40　有条件结束指令、暂停指令和看门狗复位指令

有条件结束指令 END 可以根据前面的逻辑关系，终止用户主程序。该条指令无操作数。

END 指令只能用在主程序中，不能在子程序或中断程序中使用。对于没有使用 END 指令的主程序，Micro/WIN32 自动在主程序结束处加上一个无条件结束。

暂停指令 STOP 能够引起 CPU 方式发生变化，即从 RUN 到 STOP，从而可以立即终止程序的执行。该条指令无操作数。

如果 STOP 指令在中断程序中执行，那么该中断立即终止，并且忽略所有挂起的中断，继续扫描程序的剩余部分。在本次扫描的最后，完成 CPU 从 RUN 到 STOP 的转变。

看门狗复位（WatchdogReset）指令 WDR 允许 CPU 的看门狗定时器重新被触发。在没有看门狗错误的情况下，这就可以增加一次扫描所允许的时间。该条指令无操作数。

使用 WDR 指令复位看门狗定时器时应该考虑到下述问题。如果用循环指令去阻止扫描完成或过度的延迟扫描完成时间，那么在终止本次扫描之前，以下操作过程将被禁止：

1）通信（自由端口方式除外）。

2）I/O 更新（立即 I/O 除外）。

3）强制更新。

4）SM 位更新（SM0，SM5 ~ SM29 不能被更新）。

5）运行时间诊断。

6）由于扫描时间超过 25s，10ms 和 100ms 定时器将不会正确累计时间。

7）在中断程序中的 STOP 指令。

因此，使用 WDR 指令时要格外小心。

注意：如果希望扫描超过 300ms，或者希望中断事件而该中断事件能使扫描时间大于 300ms，那么最好使用 WDR 指令来重新触发看门狗定时器。

如果将 S7-200 CPU 方式开关切换到 STOP 位置，则在 1.4s 时间内 CPU 转到 STOP 方式。

图 4-41 所示程序是暂停指令、看门狗复位指令和有条件结束的编程实例。

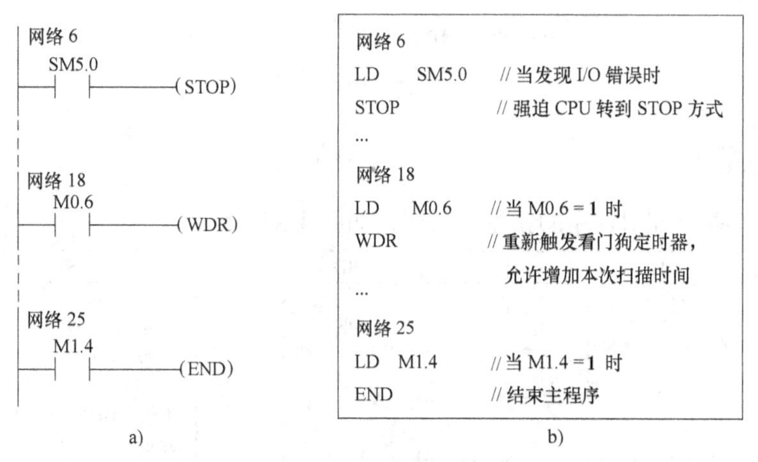

图 4-41　STOP、WDR 和 END 指令的编程实例

a）梯形图　b）语句表

4.6.2　跳转指令和标号指令

跳转指令和标号指令的图符如图 4-42 所示。

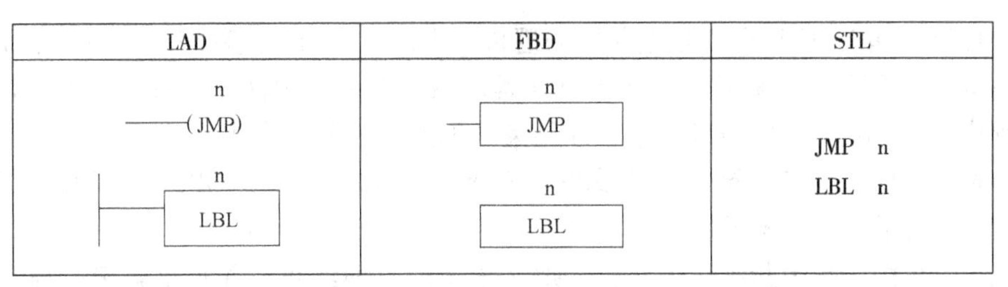

图4-42　跳转指令和标号指令

跳转指令JMP可使程序流程转到同一程序中的具体标号n处，当这种跳转执行时，栈顶的值总是逻辑**1**；标号指令LBL标记跳转目的地的位置n。

操作数：n=0~255，数据类型：WORD。

JMP指令与LBL指令必须配对使用，而且不能从主程序跳到子程序或中断程序，同样不能从子程序或中断程序跳出。也就是说，JMP指令与LBL指令必须在主程序或子程序或中断程序中成对使用。

图4-43所示程序是跳转指令JMP和标号指令LBL的编程实例。可以在主程序、子程序或中断程序中使用跳转指令和标号指令，即JMP和相应的标号LBL必须总是在同一段程序中（要么是主程序或是子程序，要么是中断程序）。

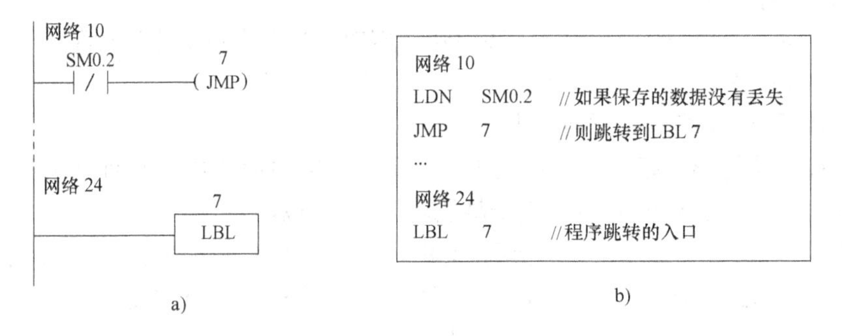

图4-43　JMP和LBL指令的编程实例

a）梯形图　b）语句表

4.6.3　循环指令

循环指令有两条配对使用的指令，其图符如图4-44所示。

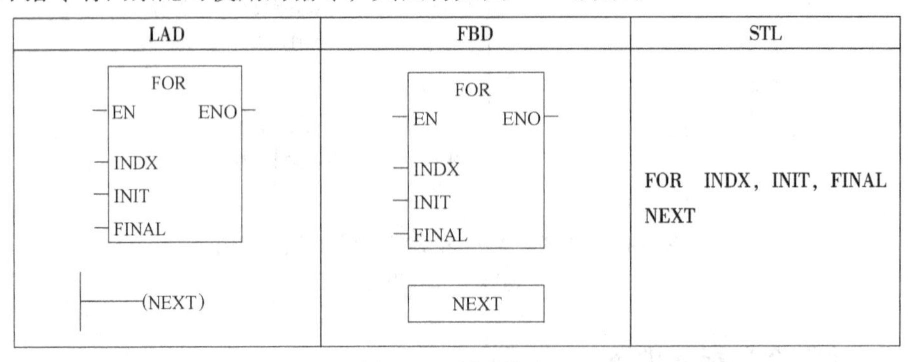

图4-44　循环指令

循环指令FOR与NEXT分别标记一个循环体循环的开始与结束，INDX为当前循环计数值，INIT 为初值，FINAL 为终值。循环体是需要重复执行一定次数的程序，它在 FOR 和 NEXT 指令之间描述。每条 FOR 指令必须对应一条 NEXT 指令，即 FOR 指令和 NEXT 指令必须成对使用。

例如，给定初值 INIT 为 1，终值 FINAL 为 10，每执行一次循环体，当前循环计数值加 1，并且将其结果同终值做比较，如果大于终值，那么终止循环。因此，随着当前计数值 INDX 从 1 增加到 10，FOR 与 NEXT 之间的指令（循环体）被执行 10 次。如果初值大于终值，那么循环体不被执行。

FOR/NEXT 循环指令的使用规则如下：

1）如果允许 FOR/NEXT 循环，循环体就一直循环执行直到循环结束，除非在循环内部修改了终值。在 FOR/NEXT 循环执行的过程中可以修改循环指令的参数值。

2）当循环再次允许时，它把初始值复制到指针值中（当前循环次数）。当下一次允许时，FOR/NEXT 指令复位它自己。

3）循环指令可以嵌套使用，即一个 FOR 和 NEXT 循环在另一个 FOR 和 NEXT 循环之内。循环嵌套的深度可达 8 层。

循环指令的操作数是有符号整数 INT，可以是常数或存放在各个存储器中的数据，亦可采用间接寻址的方式指定。

图 4-45 所示程序是循环指令的编程实例。循环 1 为外循环，VW10 是累加当前循环次数的计数器，循环 2 为内循环，VW20 是累加当前循环次数的计数器。当 I0.7 = **1**（闭合）时，循环 1 反复执行 18 次；在循环 1 每一次执行到网络 12 时，如果 M3.2 = **1**（闭合），则循环 2 反复执行 5 次。

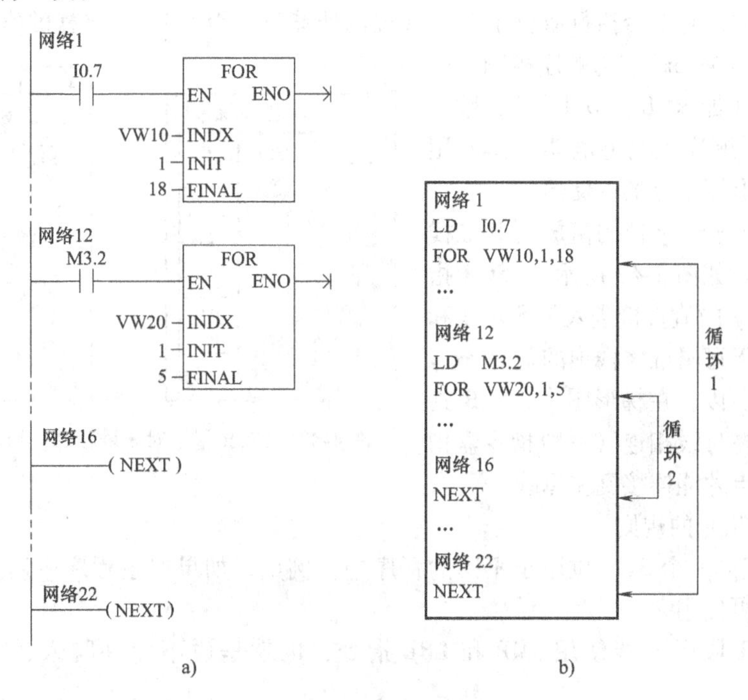

图 4-45　FOR 和 NEXT 指令的编程实例

a）梯形图　b）语句表

4.6.4　顺序控制继电器指令

顺序控制继电器指令包含三条需要同时使用的指令，其图符如图4-46所示。

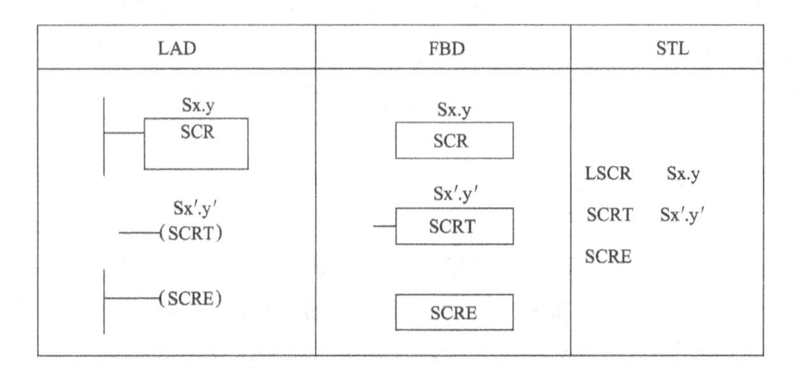

图4-46　顺序控制继电器指令

LSCR指令标记一个顺序控制继电器SCR段的开始。当Sx.y=**1**时，允许该SCR段工作。

SCRT指令执行SCR段的转移，它产生两个操作，一是将下一个SCR段使能位置位（Sx′.y′=**1**），以便下一个SCR段工作，二是将本SCR段使能位复位（Sx.y=**0**），以使本SCR段停止工作。

SCRE指令标记一个SCR段的结束。SCR段是由从LSCR指令开始到SCRE指令之间的所有指令组成的，它能否执行取决于本SCR段的使能位是否为**1**（S堆栈的值）。

操作数Sx.y或Sx′.y′为顺序控制继电器S中的一位（如S0.0、S0.1等），数据类型为BOOL。顺序控制继电器S是专用于顺序控制继电器指令的存储器。

LSCR指令把Sx.y位的值放到S堆栈和逻辑堆栈中。如图4-47所示，LSCR指令执行后，Sx.y的值直接进入了S堆栈和逻辑堆栈。由于逻辑堆栈栈顶的值是Sx.y位的引用值，所以，在梯形图中，SCR指令可以直接与左母线相连（一般指令盒指令必须通过触点才能连接到左母线）。

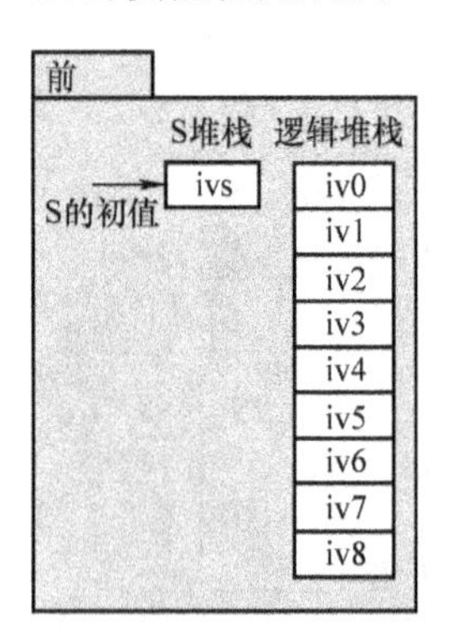

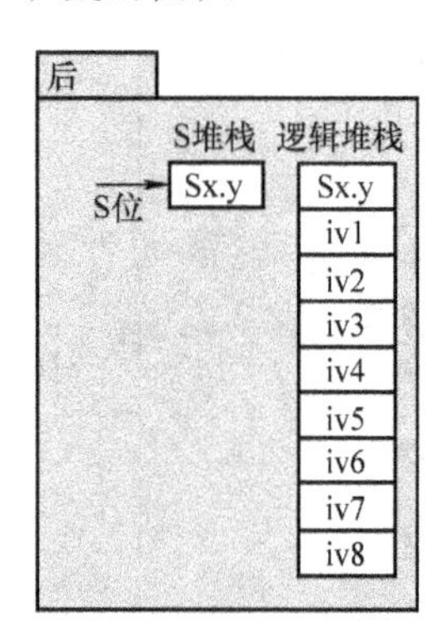

图4-47　LSCR指令对S堆栈和逻辑堆栈的影响

使用SCR指令的规则：

1）不能把同一个Sx.y位用于不同的程序中。例如，如果在主程序中用了S0.1，在子程序中就不能再使用它。

2）在SCR段中不能使用JMP和LBL指令，也就是说不允许跳入、跳出或在内部跳转。

3）在SCR段中不能使用FOR、NEXT和END指令。

例4-13　十字路口的信号灯是周期性工作的，每个工作周期中有几个固定的工作状态，这些状态的转换是依据定时时间实现的。设东西向街的红、黄、绿灯（R1、Y1、G1）分别由 Q0.0、Q0.2、Q0.4 驱动，南北向街的红、黄、绿灯（R2、Y2、G2）分别由 Q0.1、Q0.3、Q0.5 驱动；绿灯点亮时间为 30s，黄灯点亮时间为 2s，红灯点亮时间为 32s。使用顺序控制继电器 SCR 指令设计的信号灯控制程序（部分）如图 4-48 所示，试分析该程序的工作过程。

解　网络 1 的程序用于设置初始状态。在 PLC 通电的第 1 个扫描周期，特殊标志位 SM0.1 接通，SM0.1 = **1**，该初始脉冲使 S 堆栈的栈顶置 **1**，即 S0.1 = **1**，从而在第 1 个扫描周期状态 **1** 被激活，即第 1 个顺控段（或称为 SCR 段）被激活。

网络 2 标记第 1 个顺控段开始。

网络 3 是第 1 个顺控段期间所要执行的操作，这些操作由运行标志位 SM0.0 起动，因为当 PLC 运行时，SM0.0 位始终为 **1** 态。在第 1 个顺控段执行的操作有：点亮东西向街红灯 R1 和南北向街绿灯 G2，熄灭其他所有信号灯，并起动定时器 T37 产生 30s 定时。

网络 4 根据定时器 T37 的定时状态判断是否实现状态转移。当定时器 T37 定时时间到，T37 = **1**，使 S0.1 = **0** 且 S0.2 = **1**，从而状态 1 的 SCR 段停止工作，同时激活状态 2 的 SCR 段。

网络 5 标记第 1 个顺控段结束。

网络 6 标记第 2 个顺控段开始。

网络 7 是第 2 个顺控段期间所要执行的操作，这些操作同样由运行标志位 SM0.0 起动。在第 2 个顺控段执行的操作有：G2 熄灭，南北向街的黄灯 Y2 点亮，定时器 T38 开始 2s 定时。因为在网络 3 中使用的是置位和复位指令，故 R1 保持点亮、其他信号灯保持熄灭。

网络 8 根据定时器 T38 的定时状态判断是否实现状态转移。当定时器 T38 定时时间到，T38 = **1**，使 S0.2 = **0** 且 S0.3 = **1**，从而状态 2 的 SCR 段停止工作，同时激活状态 3 的 SCR 段。

网络 9 标记第 2 个顺控段结束。

由例 4-13 可知，SCR 指令能够对控制程序进行逻辑分段，实现控制程序依据逻辑条件进行状态转移，实现不同的系列操作。组织程序的逻辑段，如同组织机器的操作步骤一样，使得采用 SCR 指令编程，不仅编程思路清晰，而且易于他人阅读、理解。

4.6.5　AENO 指令（STL）

ENO 是 LAD 和 FBD 中指令盒的布尔量输出。如果指令盒的输入有能流，而且执行没有错误，ENO 输出就把能流传到下一个指令盒。ENO 可以作为允许位表示指令成功执行。

借助栈顶，ENO 位用来影响其后指令执行的能流。

STL 指令没有 EN 输入，对于要执行的指令栈顶必须是 **1**。在 STL 指令也没有 ENO 输出，但是，对应带有 ENO 的 LAD 指令和 FBD 指令的 STL 指令置一个特殊的 ENO 位，该位用与 AENO（And ENO）指令访问。AENO 可以用来产生和指令盒的 ENO 位同样的效果。AENO 只能在 STL 中使用。

AENO 指令执行栈顶和 ENO 位的逻辑与，操作结果保存在栈顶。

AENO 指令没有操作数。

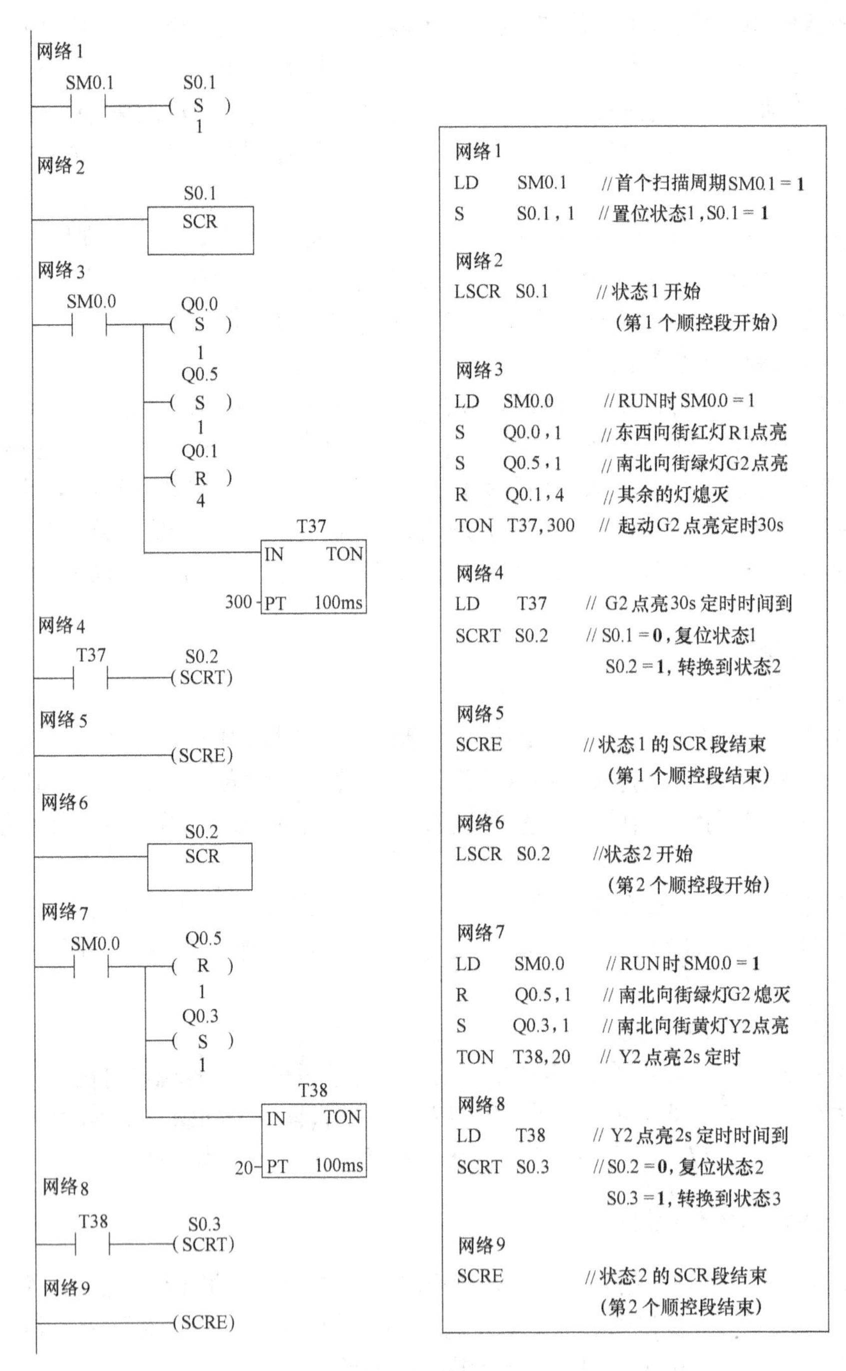

图4-48　SCR指令的编程实例

4.7　逻辑堆栈指令

只有在语句表编程器中有逻辑堆栈指令。对于初学者来说，采用梯形图编辑器编程，不需要掌握CPU内部的运算方法。但是，要从初级编程进阶到中高级编程时，一般都必须使用语句表编程器编程，这时就必须掌握CPU内部是怎样完成梯形图中触点的串联、并联以及混合连接的逻辑运算方法。实际上，上述逻辑运算都是在逻辑堆栈中完成的。因此，只有掌握了逻辑堆栈指令才能使用语句表编程器编程。

4.7.1　栈装载与指令和栈装载或指令

1. 栈装载与指令ALD

ALD指令对堆栈中的第一层和第二层的值进行逻辑与操作，结果放入栈顶。执行完ALD指令后，堆栈深度减1。栈装载与指令没有操作数。

ALD指令的执行过程如图4-49a所示，图中x表示一个不确定的值（**0**或**1**）。

2. 栈装载或指令OLD

OLD指令对堆栈中的第一层和第二层的值进行逻辑或操作，结果放入栈顶。执行完OLD指令后，堆栈深度减1。栈装载或指令没有操作数。

OLD指令的执行过程如图4-49b所示。

4.7.2　逻辑推入栈指令和逻辑弹出栈指令

1. 逻辑推入栈指令LPS

LPS指令复制栈顶的值并将这个值推入栈。栈底的值被推出并丢失。逻辑推入栈指令没有操作数。

LPS指令的执行过程如图4-49c所示。

2. 逻辑弹出栈指令LPP

LPP指令弹出栈顶的值，堆栈的第二个值成为新的栈顶值，执行完LPP指令后，堆栈深度减1。逻辑弹出栈指令没有操作数。

LPP指令的执行过程如图4-49d所示。

4.7.3　逻辑读栈指令和装入堆栈指令

1. 逻辑读栈指令LRD

LRD指令复制堆栈中的第二个值到栈顶。堆栈没有推入栈或弹出栈操作，但旧的栈顶值被新的复制值取代。逻辑读栈指令没有操作数。

LRD指令的执行过程如图4-49e所示。

2. 装入堆栈指令LDS

LDS指令的使用格式为LDS n，表示复制堆栈中的第n个值到栈顶，堆栈中原来的数据顺次下沉一位，栈底丢失。指令的操作数取：n=1~8。

例如，LDS 3指令的执行过程如图4-49f所示。

使用逻辑堆栈指令可以方便地实现非常复杂的逻辑运算关系。下面通过几个实例来说明逻辑堆栈指令的使用方法。

例4-14　触点串并联逻辑关系的编程实例如图4-50a、b所示，试分析该程序的运算过程。为了便于说明语句表中每一条指令执行后逻辑堆栈的变化情况，该语句表在指令前加了序号。

解　触点串并联的程序结构亦可称之为电路块的并联，在使用语句表编程器编程时，需

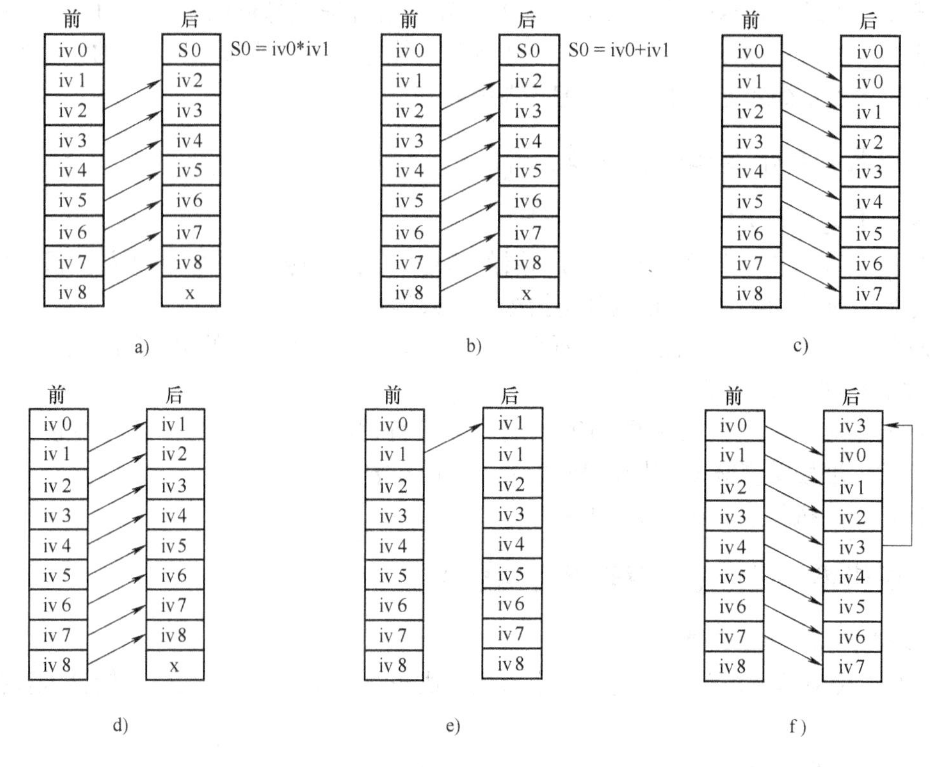

图 4-49　逻辑堆栈指令的执行过程

a）ALD 指令的执行过程　b）OLD 指令的执行过程　c）LPS 指令的执行过程

d）LPP 指令的执行过程　e）LRD 指令的执行过程　f）LDS 3 指令的执行过程

要使用栈装栈或指令 OLD 将触点串联的逻辑与运算结果再做逻辑或运算，具体分析如下[㊀]。

1）执行“LD　I0.0”指令后，I0.0 的值进入堆栈的顶层（栈顶），堆栈原来第 9 层（栈底）数据 iv8 丢失。

2）执行“A　I0.1”指令后，I0.1 与栈顶值做逻辑与运算（I0.0）·（I0.1）=①，运算结果存放在栈顶。

3）执行“LD　I0.2”指令后，I0.2 的值进入栈顶，中间运算结果①值被压入堆栈的第 2 层，栈底数据 iv7 丢失。

4）执行“AN　I0.3”指令后，将 I0.3 取非后与栈顶值做逻辑与运算（I0.2）·（$\overline{\text{I0.3}}$）=②，运算结果存放在栈顶。

5）执行 OLD 指令后，堆栈的上两层值做逻辑或运算① + ② = ③，运算结果存放在栈顶，堆栈的深度减少 1 层，栈底为任意值。

6）执行“LDN　I0.4”指令后，将 I0.4 取非的值$\overline{\text{I0.4}}$送入栈顶，中间运算结果③值被压入堆栈的第 2 层。

7）执行“A　I0.5”指令后，I0.5 与栈顶值做逻辑与运算（$\overline{\text{I0.4}}$）·（I0.5）=④，运算结果存放在栈顶。

㊀ 说明：逻辑代数中的逻辑变量本来只用一个大写字母表示，但这里的逻辑变量实际上是各个二进制位的地址，为了逻辑表达式清楚，将这些位地址加了小括号。例如：（I0.0）。

8）执行 OLD 指令后，堆栈的上两层值做逻辑或运算③ + ④ = ⑤，运算结果存放在栈顶，堆栈的深度减少 1 层，栈底为任意值。

9）执行“=　Q0.0”指令后，将栈顶的值⑤复制到 Q0.0（刷新 Q0.0）。

综上，在本段程序运算过程中，逻辑堆栈的变化如图 4-50c 所示，所实现的逻辑运算关系如下式所示：$(((\mathrm{I0.0})\cdot(\mathrm{I0.1}))+((\mathrm{I0.2})\cdot(\overline{\mathrm{I0.3}})))+((\overline{\mathrm{I0.4}})\cdot(\mathrm{I0.5}))=\mathrm{Q0.0}$。

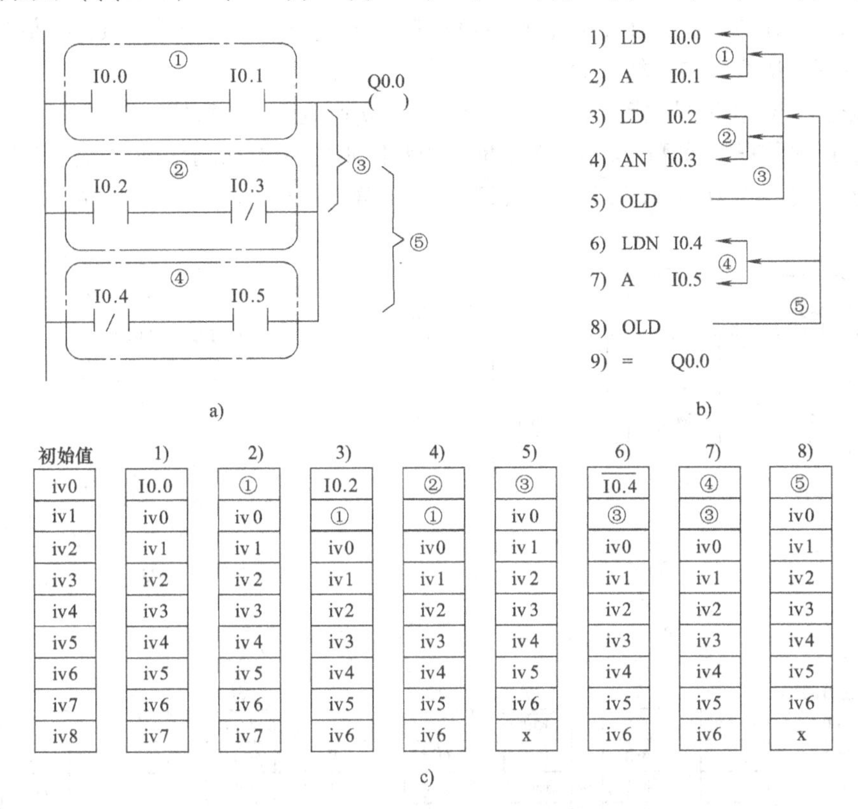

图 4-50　触点串并联的编程方法

a）梯形图　b）语句表　c）逻辑堆栈的变化

例 4-15　触点并串联逻辑关系的编程实例如图 4-51a、b 所示，试分析该程序的运算过程。为了便于说明语句表中每一条指令执行后逻辑堆栈的变化情况，该语句表在指令前加了序号。

解　触点并串联的程序结构亦可称之为电路块的串联，在使用语句表编程器编程时，需要使用栈装栈与指令 ALD 将触点并联的逻辑或运算结果再做逻辑与运算，具体分析如下。

1）执行“LD　M0.0”指令后，M0.0 的值进入栈顶，栈底数据 iv8 丢失。

2）执行“ON　M0.1”指令后，将 M0.1 取非的值与栈顶值做逻辑或运算 $(\mathrm{M0.0})+(\overline{\mathrm{M0.1}})$ = ①，运算结果存放在栈顶。

3）执行“LDN　M0.2”指令后，将 M0.2 取非的值 $\overline{\mathrm{M0.2}}$ 送入栈顶，中间运算结果①值被压入堆栈的第 2 层，栈底数据 iv7 丢失。

4）执行“O　M0.3”指令后，M0.3 与栈顶值做逻辑或运算 $(\overline{\mathrm{M0.2}})+(\mathrm{M0.3})$ = ②，运算结果存放在栈顶。

5）执行 ALD 指令后，堆栈的上两层值做逻辑与运算① · ② = ③，结果存放在栈顶，堆栈的深度减少1层，栈底为任意值。

6）执行“LD　M0.4”指令后，M0.4的值送入栈顶，中间运算结果③值被压入堆栈的第2层。

7）执行“ON　M0.5”指令后，将M0.5取非的值与栈顶值做逻辑或运算（M0.4）+（$\overline{\text{M0.5}}$）=④，运算结果存放在栈顶。

8）执行ALD指令后，堆栈的上两层值做逻辑与运算③·④=⑤，运算结果存放在栈顶，堆栈的深度减少1层，栈底为任意值。

9）执行“=　Q0.1”指令后，将栈顶的值⑤复制到Q0.1（刷新Q0.1）。

综上，在本段程序运算过程中，逻辑堆栈的变化如图4-51c所示，所实现的逻辑运算关系如下式所示：(((M0.0)+($\overline{\text{M0.1}}$))·(($\overline{\text{M0.2}}$)+(M0.3)))·((M0.4)+($\overline{\text{M0.5}}$))=Q0.1。

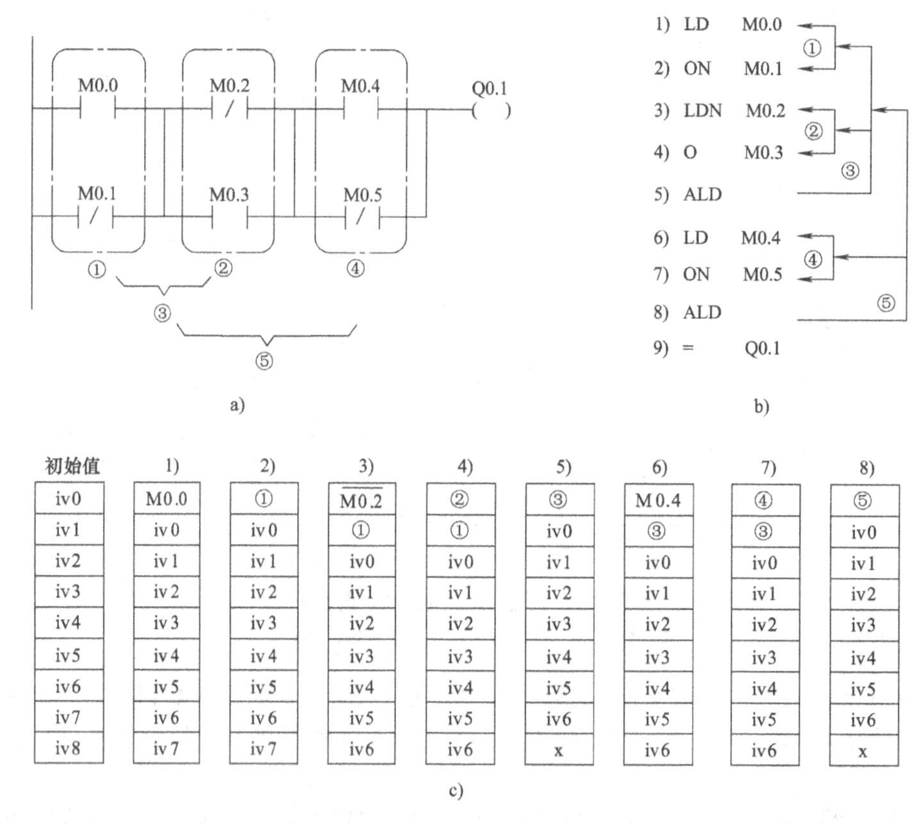

初始值	1)	2)	3)	4)	5)	6)	7)	8)
iv0	M0.0	①	$\overline{\text{M0.2}}$	②	③	M0.4	④	⑤
iv1	iv0	iv0	①	①	iv0	③	③	iv0
iv2	iv1	iv1	iv0	iv0	iv1	iv0	iv0	iv1
iv3	iv2	iv2	iv1	iv1	iv2	iv1	iv1	iv2
iv4	iv3	iv3	iv2	iv2	iv3	iv2	iv2	iv3
iv5	iv4	iv4	iv3	iv3	iv4	iv3	iv3	iv4
iv6	iv5	iv5	iv4	iv4	iv5	iv4	iv4	iv5
iv7	iv6	iv6	iv5	iv5	iv6	iv5	iv5	iv6
iv8	iv7	iv7	iv6	iv6	x	iv6	iv6	x

c)

图4-51　触点并串联的编程方法

a）梯形图　b）语句表　c）逻辑堆栈的变化

例4-16　触点串并联混合连接逻辑关系的编程实例如图4-52a、b所示，试分析该程序的运算过程。为了便于说明语句表中每一条指令执行后逻辑堆栈的变化情况，该语句表在指令前加了序号。

解　触点串并联混合连接的程序结构亦可称之为电路块的混合连接，在使用语句表编程器编程时，需要同时使用ALD与OLD指令，具体分析如下。

1）执行“LD　V0.0”指令后，V0.0的值进入栈顶，栈底数据iv8丢失。

2）执行“O　V0.1”指令后，V0.1的值与栈顶值做逻辑或运算（V0.0）+（V0.1）=

①，运算结果存放在栈顶。

3）执行“LDN　V0.2”指令后，将 V0.2 取非后的值$\overline{\text{V0.2}}$送入栈顶，中间运算结果①值被压入堆栈的第 2 层，栈底数据 iv7 丢失。

4）执行“A　V0.3”指令后，V0.3 的值与栈顶值做逻辑或运算（$\overline{\text{V0.2}}$）·（V0.3）=②，运算结果存放在栈顶。

5）执行“LD　V0.4”指令后，V0.4 的值进入栈顶，中间运算结果②、①值被压入堆栈的第 2、3 层，栈底数据 iv6 丢失。

6）执行“AN　V0.5”指令后，将 V0.5 取非的值与栈顶值做逻辑或运算（V0.4）·（$\overline{\text{V0.5}}$）=③运算结果存放在栈顶。

7）执行 OLD 指令后，堆栈的上两层值做逻辑或运算② + ③ = ④，运算结果存放在栈顶，堆栈的深度减少 1 层，栈底为任意值。

8）执行“O　V0.6”指令后，V0.6 的值与栈顶值做逻辑或运算④ + V0.6 = ⑤，运算结果存放在栈顶。

9）执行 ALD 指令后，堆栈的上两层值做逻辑与运算① · ⑤ = ⑥，运算结果存放在栈顶，堆栈的深度减少 1 层，栈底为任意值。

10）执行“LD　V0.7”指令后，V0.7 的值进入栈顶，中间运算结果⑥值被压入堆栈的第 2 层。

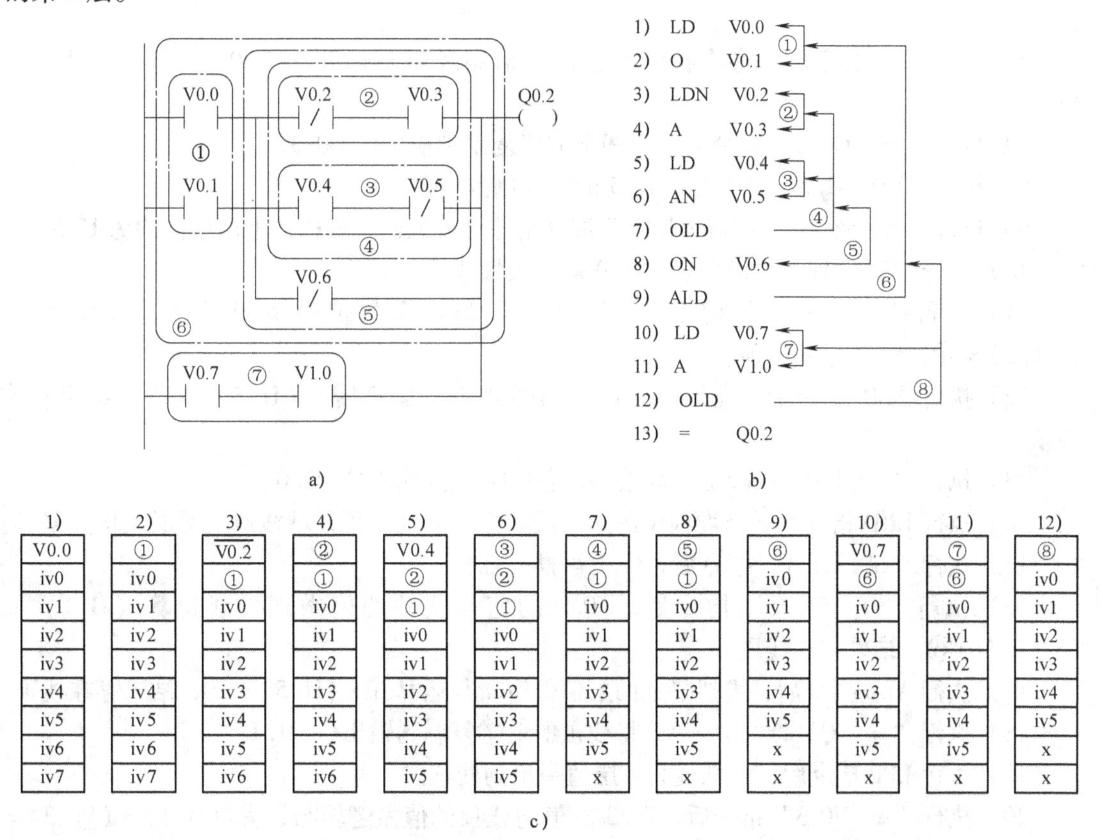

1)	2)	3)	4)	5)	6)	7)	8)	9)	10)	11)	12)
V0.0	①	$\overline{\text{V0.2}}$	②	V0.4	③	④	⑤	⑥	V0.7	⑦	⑧
iv0	iv0	①	①	②	②	①	①	iv0	⑥	⑥	iv0
iv1	iv1	iv0	iv0	①	①	iv0	iv0	iv1	iv0	iv0	iv1
iv2	iv2	iv1	iv1	iv0	iv0	iv1	iv1	iv2	iv1	iv1	iv2
iv3	iv3	iv2	iv2	iv1	iv1	iv2	iv2	iv3	iv2	iv2	iv3
iv4	iv4	iv3	iv3	iv2	iv2	iv3	iv3	iv4	iv3	iv3	iv4
iv5	iv5	iv4	iv4	iv3	iv3	iv4	iv4	iv5	iv4	iv4	iv5
iv6	iv6	iv5	iv5	iv4	iv4	iv5	iv5	x	iv5	iv5	x
iv7	iv7	iv6	iv6	iv5	iv5	x	x	x	x	x	x

c)

图 4-52　触点混合联接的编程实例之一

a）梯形图　b）语句表　c）逻辑堆栈的变化

11）执行“A　V0.8”指令后，V0.8 的值与栈顶值做逻辑与运算（V0.7）·（V0.8）=⑦，运算结果存放在栈顶。

12）执行 OLD 指令后，堆栈的上两层值做逻辑或运算⑥+⑦=⑧，运算结果存放在栈顶，堆栈的深度减少 1 层，栈底为任意值。

13）执行“=　Q0.2”指令后，将栈顶的值⑧复制到 Q0.2（刷新 Q0.2）。

综上，在本段程序运算过程中，逻辑堆栈的变化如图 4-52c 所示，由于第 12 步运算⑧是综合运算，故在图 4-52a 中没有圈画出来。本例所实现的逻辑运算关系如下式所示：

$(((V0.0)+(V0.1))\cdot((\overline{V0.2})\cdot(V0.3)+(V0.4)\cdot(\overline{V0.5}))+\overline{V0.6}))+((V0.7)\cdot(V1.0))=Q0.2$。

例 4-17　触点并串联逻辑关系的编程实例如图 4-53a、b 所示，试分析该程序的运算过程。为了便于说明语句表中每一条指令执行后逻辑堆栈的变化情况，该语句表在指令前加了序号。

解　1）~3）连续执行 3 次装载指令 LD 后，从栈顶往下分别为 M0.0、I0.1、I0.0。

4）执行“A　T33”指令后，将 T33 位值与栈顶值 M0.0 做逻辑与运算（M0.0）·（T33）=①，结果存入栈顶。

5）执行 OLD 指令后，将堆栈的最上两层值做逻辑或运算①+I0.1=②，结果存入栈顶。

6）执行 ALD 指令后，将堆栈的最上两层值做逻辑与运算②·I0.0=③，结果存入栈顶。

7）执行“=　Q0.3”指令后，将栈顶的值复制到输出位 Q0.3。

8）执行“LD　I1.5”指令后，I1.5 的值复制到栈顶。

9）执行 LPS 指令后，栈顶的值 I1.5 被复制并推入堆栈，堆栈最上两层值均为 I1.5。

10）执行“LD　I1.0”指令后，I1.0 被推入堆栈。

11）执行“O　M1.2”指令后，I1.2 的值与栈顶的值做逻辑或运算（I1.0）+（M1.2）=④，结果存在栈顶。

12）执行 ALD 指令后，堆栈最上两层值做逻辑与运算④·（I1.5）=⑤，结果存在栈顶。

13）执行“=Q1.0”指令后，将栈顶的值⑤复制到输出位 Q1.0。

14）执行 LRD 指令后，将堆栈中的第 2 层数据复制到栈顶，堆栈最上两层值均为 I1.5。

15）执行“LD　I1.1”指令后，I1.1 被推入堆栈。

16）执行“O　V0.2”指令后，V0.2 的值与栈顶的值做逻辑或运算（I1.1）+（V0.2）=⑥，结果存在栈顶。

17）执行 ALD 指令后，堆栈最上两层值做逻辑与运算⑥·（I1.5）=⑦，结果存在栈顶。

18）执行“=　Q1.1”指令后，将栈顶的值⑦复制到输出位 Q1.1。

19）执行 LPP 指令后，将堆栈第 2 层值弹出到栈顶。

20）执行“A　V0.3”指令后，V0.3 的值与栈顶的值做逻辑与运算（I1.5）·（V0.3）=⑧，结果存在栈顶。

21）执行“=　Q0.4”指令后，将栈顶的值⑧复制到输出位 Q0.4。

综上，在本段程序运算过程中，逻辑堆栈的变化如图 4-53c 所示，由于第 7、13、18、21 步是输出指令，仅复制栈顶的值，故在图 4-53c 中没有将这几步指令执行后的堆栈画出来。本例所实现的逻辑运算关系如下式所示：

网络 1：{[(M0.0)·(T33)]+(I0.1)}·(I0.0)=Q0.3

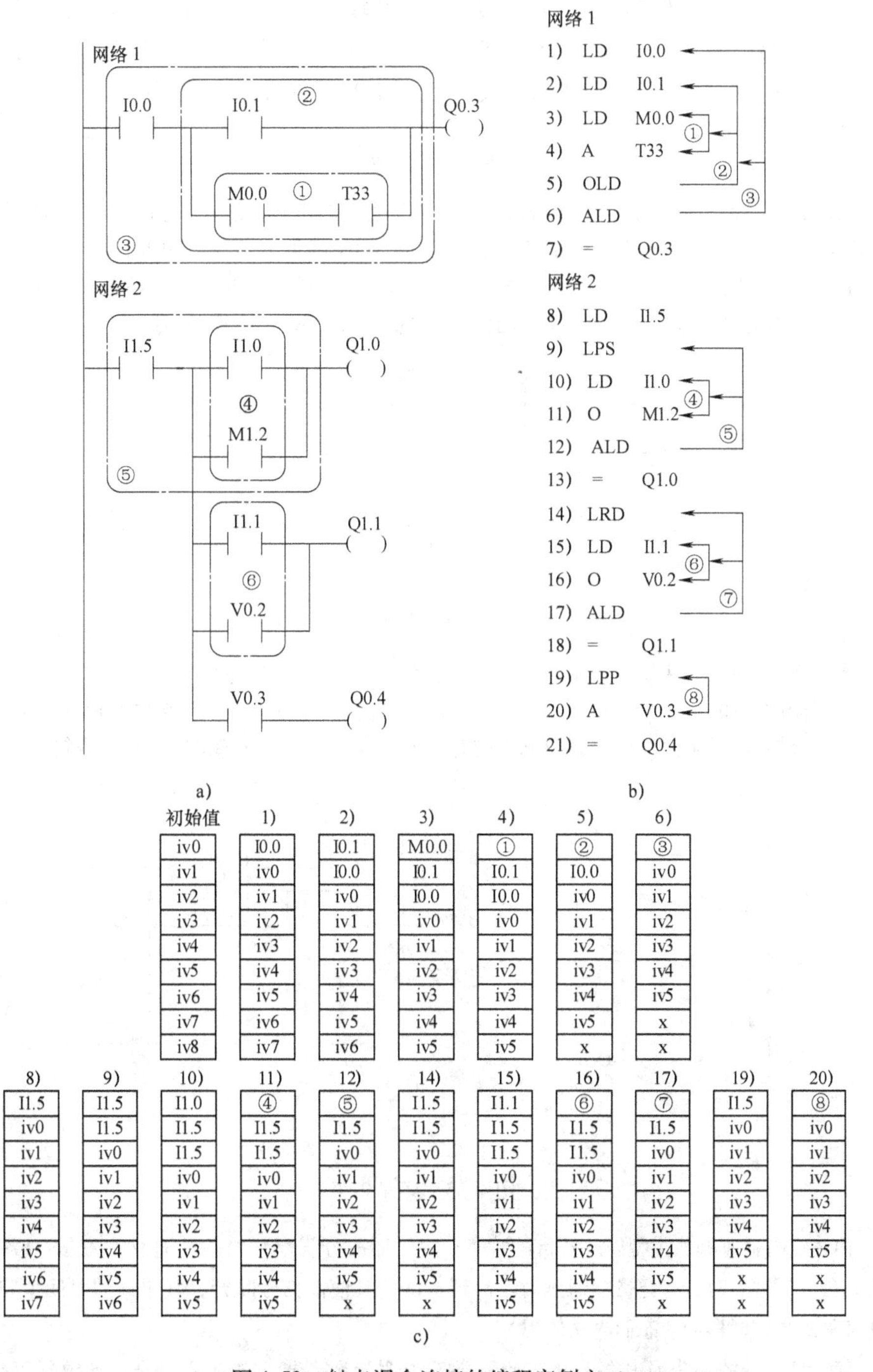

初始值	1)	2)	3)	4)	5)	6)
iv0	I0.0	I0.1	M0.0	①	②	③
iv1	iv0	I0.0	I0.1	I0.1	I0.0	iv0
iv2	iv1	iv0	I0.0	I0.0	iv0	iv1
iv3	iv2	iv1	iv0	iv0	iv1	iv2
iv4	iv3	iv2	iv1	iv1	iv2	iv3
iv5	iv4	iv3	iv2	iv2	iv3	iv4
iv6	iv5	iv4	iv3	iv3	iv4	iv5
iv7	iv6	iv5	iv4	iv4	iv5	x
iv8	iv7	iv6	iv5	iv5	x	x

8)	9)	10)	11)	12)	14)	15)	16)	17)	19)	20)
I1.5	I1.5	I1.0	④	⑤	I1.5	I1.1	⑥	⑦	I1.5	⑧
iv0	I1.5	I1.5	I1.5	I1.5	I1.5	I1.5	I1.5	I1.5	iv0	iv0
iv1	iv0	I1.5	I1.5	iv0	iv0	I1.5	I1.5	iv0	iv1	iv1
iv2	iv1	iv0	iv0	iv1	iv1	iv0	iv0	iv1	iv2	iv2
iv3	iv2	iv1	iv1	iv2	iv2	iv1	iv1	iv2	iv3	iv3
iv4	iv3	iv2	iv2	iv3	iv3	iv2	iv2	iv3	iv4	iv4
iv5	iv4	iv3	iv3	iv4	iv4	iv3	iv3	iv4	iv5	iv5
iv6	iv5	iv4	iv4	iv5	iv5	iv4	iv4	iv5	x	x
iv7	iv6	iv5	iv5	x	x	iv5	iv5	x	x	x

c)

图 4-53　触点混合连接的编程实例之二

a) 梯形图　b) 语句表　c) 逻辑堆栈的变化

网络2：[(I1.0)+(M1.2)]·(I1.5)=Q1.0

[(I1.1)+(V0.2)]·(I1.5)=Q1.1

I1.5·(V0.3)=Q0.4

如果在不影响逻辑关系的前提下，调整梯形图中触点串并联的先后次序，对应的语句表能减少使用甚至不使用堆栈指令。这样做不仅能节省程序的长度，也节约了程序的运行时间。实际上，触点串并联的先后次序，代表了与、或、非逻辑运算的顺序。例如，将网络1中的触点调整一下，可以完全不使用堆栈指令。读者可自行修改此程序。

练　习　题

4-1　分析题图4-54a所示继电器-接触器控制电路与图4-54b所示梯形图控制程序运行结果有何不同。提示：在图4-54a中，开关S闭合后，接触器的线圈KM和中间继电器的线圈KA能否通电？在图4-54b中，当常开触点I0.0闭合后，线圈Q0.0和M0.0能否接通？各接通多长时间？根据上述结论，总结PLC控制与由继电器-接触器组成的电器控制电路工作方式的差别，并进一步理解扫描工作方式的特点。

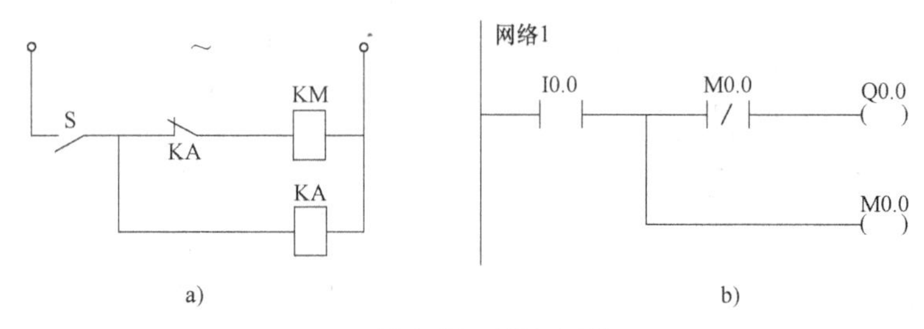

图4-54　题4-1图

4-2　根据例4-2的分析结果，阐述输出指令与置位、复位指令的异同。

4-3　梯形图程序如图4-55所示，设Q0.0、Q0.1的初始状态为0。(1) 若输入I0.0和I0.1的时序如图4-55b所示，试画出对应输出Q0.0和Q0.1的时序图；(2) 写出与该梯形图对应的语句表程序。

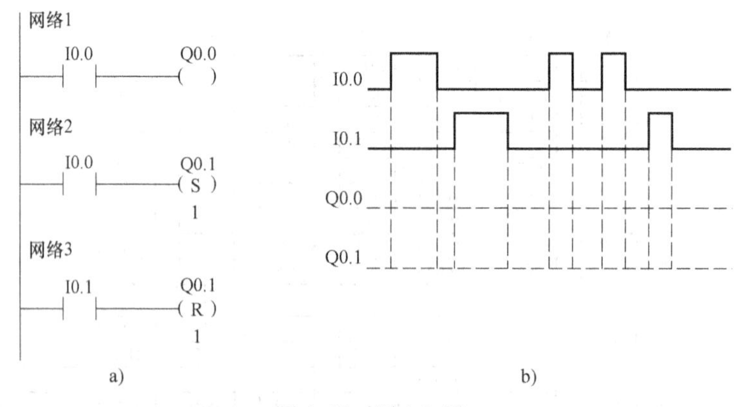

图4-55　题4-2图

4-4　简述定时器有哪些类型以及各自的特点；定时器的分辨率（时基）是什么意思？S7-200 PLC的定时器有几种分辨率？对于有记忆接通延时定时器，即使其使能信号断开，其累计的时间值将一直保持，怎样才能清除此类定时器的状态而再次使用？

4-5　简述计数器的种类及其各自的特点；举例说明计数器指令的应用场合；计数器可否用于时间计时？

4-6　移位指令与循环移位指令有何区别？移出位存放在何处？什么情况下会产生移位操作的结果为零？当移位操作的结果为零时要设置什么标志？

4-7　位移位寄存器指令与移位指令有何区别？位移位寄存器指令可否实现循环移位？

4-8　如图 4-56a 所示的梯形图程序，设 Q0.0 与 M0.1、M0.1 的初始状态均为 **0**，若输入 I0.0 和 I0.1 的时序如图 4-56b 所示，(1) 画出对应 M0.0、M0.1 和 Q0.0 的时序图，并说明 M0.0 和 M0.1 若接通的话，每次接通多长时间；(2) 写出与该梯形图对应的语句表程序。

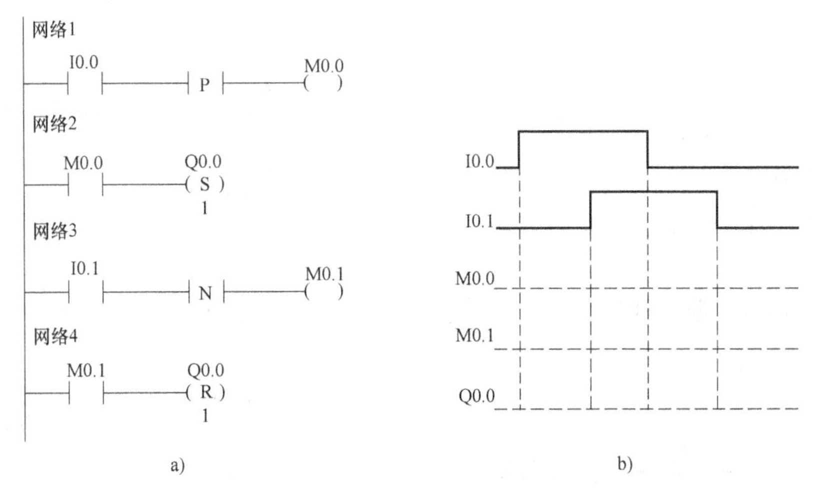

图 4-56　题 4-8 图

a) 梯形图　b) 时序图

4-9　图 4-57 所示梯形图程序是用于控制楼梯灯点亮定时的程序，图 4-57 中，输入信号 I0.0 是由 PLC 外部的常开触点按钮 SB 控制的。(1) 若长期没有输入信号 (I0.0 = 0)，解释每一段网络的工作过程；(2) 当按钮 I0.0 点动[⊖]一次后，解释每一段网络的工作过程，说明灯点亮的时间；(3) 如果两次点动按钮的时间间隔小于定时器的定时时间，解释每一段网络的工作过程，说明灯应该点亮多长时间；(4) 写出与该梯形图对应的语句表程序。

4-10　应用计数器的梯形图程序如图 4-58 所示，图中，输入信号 I0.0 是由 PLC 外部的常开触点按钮 SB 控制的，设 Q0.0 的初始状态为 0。(1) 如果长期没有输入信号，解释每一段网络的工作过程；(2) 如果点动一次按钮，解释每一段网络的工作过程；(3) 分析如果两次点动按钮（产生两个输入 I0.0 脉冲）的时间间隔小于多少时，输出 Q0.0 只能接收到一次信号；(4) 写出与该梯形图对应的语句表程序。

4-11　应用定时器和比较指令的梯形图程序如图 4-59 所示，设 I0.0 是由 PLC 外部的乒乓开关控制的输入信号，输出 Q0.0 与外部 LED 指示灯连接。(1) 试分析该程序的工作过程，说明程序运行时，LED 指示灯的状态是如何变化的；(2) 画出 Q0.0 的时序图并写出与该梯形图对应的语句表程序。

4-12　应用计数器实现计时功能的梯形图程序如图 4-60 所示，(1) 分析该程序的工作过程，说明该程序能实现何种功能；(2) 在此程序的基础上补充完善，设计能实现时、分、秒计时的时钟程序，并写出与该梯形图对应的语句表程序。

4-13　应用计数器和定时器指令的梯形图程序如图 4-61a 所示，设输入信号 I0.0 由 PLC 外部的常开触点按钮 SB 控制产生（一般两次点动按钮的时间间隔为分钟数量级），C0、T37、Q0.0 的初始状态均为零态。(1) 分析程序的工作过程，说明计数器与定时器各自的功能；(2) 如果设 I0.0 的时序如图 4-61b 所示，试画出计数器 C0 的当前值与状态位、定时器 T33 的当前值与状态位以及输出 Q0.0 的时序图，并列出梯形图对应的语句表；(3) 如果 Q0.0 与 LED 指示灯连接，将观察到什么现象？总结该程序所实现的逻辑

⊖ 点动表示输入接通、I0.0 = **1** 的时间非常短暂，即 I0.0 是占空比很小的脉冲输入。

功能；（4）若有实验条件，验证将网络2中的触点T37换成C0、同时去掉网络3，程序能否正常工作。

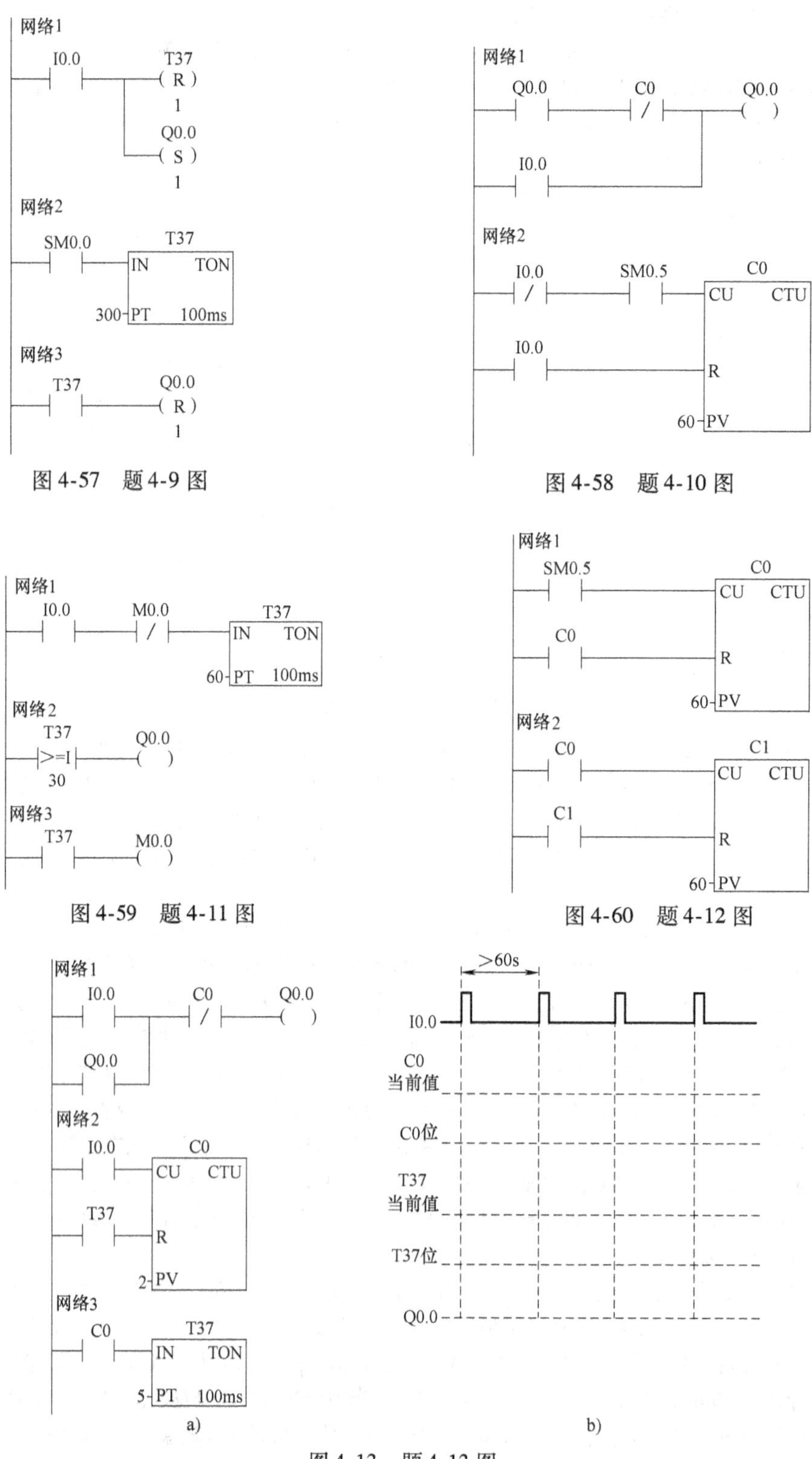

图4-57　题4-9图

图4-58　题4-10图

图4-59　题4-11图

图4-60　题4-12图

图4-13　题4-13图

a）梯形图　b）时序图

4-14　图 4-62a、b 所示为甲乙两地控制同一盏楼梯灯的两种接线图。设甲乙两地的开关分别为 A、B，当开关掷向上方时为逻辑 **1** 态，开关掷向下方时为逻辑 **0** 态。试设计实现该逻辑控制功能的 PLC 程序。提示：(1) 设灯 F 亮为逻辑 **1** 态，列写出三个逻辑变量之间的逻辑关系式；(2) 设开关 A 和 B 分别与输入 I0.0 和 I0.1 连接，输出信号 Q0.0 驱动灯。

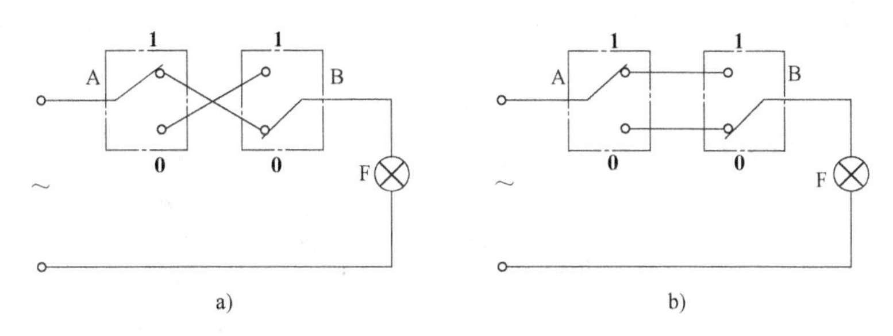

图 4-62　两地控制楼梯灯接线图

4-15　图 4-63a、b 所示两个梯形图程序均是使用一个常开触点按钮 SB 控制两只 LED 彩灯的程序，当 PLC 通电工作时，间断地点动按钮，两盏灯将按一定的规律点亮和熄灭。图中，I0.0 接收来自按钮的信号，Q0.0 与 Q0.1 产生驱动 LED 彩灯的输出信号。设各个存储器单元的初始状态均为零态。(1) 通过分析这两个程序的工作过程，画出按钮点动 5 次时，I0.0、M0.0 ~ M0.3、Q0.0、Q0.1 各位的时序图；(2) 总结这

```
a)
网络 1
 I0.0              M0.0
─┤ ├──┤ P ├────────( )
网络 2
 M0.0    Q0.0    Q0.1      M0.1
─┤ ├────┤/├─────┤/├──────( S )
                             1
网络 3
 M0.0    Q0.0    Q0.1      M0.1
─┤ ├────┤ ├─────┤/├───┬──( R )
                      │      1
                      │    M0.2
                      └──( S )
                             1
网络 4
 M0.0    Q0.0    Q0.1      M0.2
─┤ ├────┤/├─────┤ ├──────( R )
                             1
网络 5
 M0.1    Q0.0
─┤ ├─────( )
网络 6
 M0.2    Q0.1
─┤ ├─────( )
```

```
b)
网络 1
 I0.0              M0.0
─┤ ├──┤ P ├────────( )
网络 2
 M0.0    Q0.0    Q0.1      M0.1
─┤ ├────┤/├─────┤/├──────( S )
                             1
网络 3
 M0.0    Q0.0    Q0.1      M0.1
─┤ ├────┤ ├─────┤/├───┬──( R )
                      │      1
                      │    M0.2
                      └──( S )
                             1
网络 4
 M0.0    Q0.0    Q0.1      M0.2
─┤ ├────┤ ├─────┤ ├───┬──( R )
                      │      1
                      │    M0.3
                      └──( S )
                             1
网络 5
 M0.0    Q0.0    Q0.1      M0.3
─┤ ├────┤/├─────┤ ├──────( R )
                             1
网络 6
 M0.1         Q0.0
─┤ ├────┬─────( )
 M0.2   │
─┤ ├────┘
网络 7
 M0.2         Q0.1
─┤ ├────┬─────( )
 M0.3   │
─┤ ├────┘
```

图 4-63　题 4-15 图

两个程序逻辑功能的异同。

4-16　使用位移位寄存器指令实现 LED 彩灯顺序定时点亮控制的梯形图程序如图 4-64 所示，图中，I0.0 外接乒乓开关。试分析该程序的工作过程，解答如下问题：（1）网络 1 指令的功能是什么？（2）用时序图画出彩灯点亮的规律，并标注每只彩灯点亮的时间；（3）总结该程序可驱动几只彩灯？彩灯点亮一个周期的时间为多长？

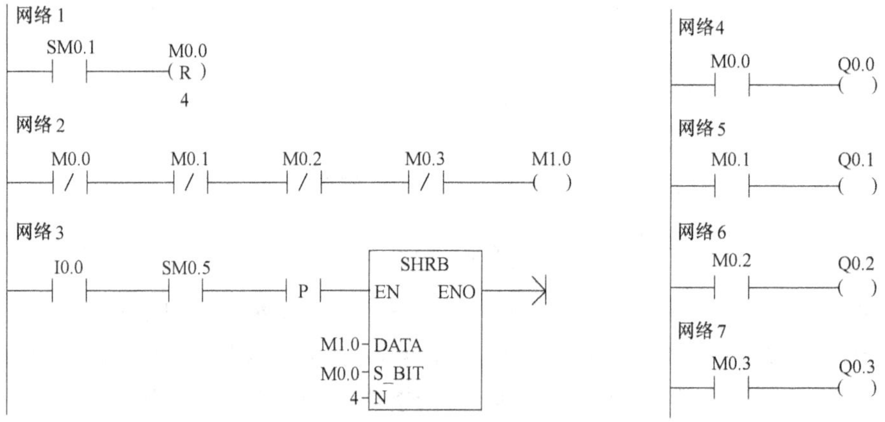

网络1
SM0.1
M0.0
R
4
网络2
M0.0
M0.1
M0.2
M0.3
M1.0
网络3
I0.0
SM0.5
P
SHRB
EN
ENO
M1.0
DATA
M0.0
S_BIT
4
N
网络4
M0.0
Q0.0
网络5
M0.1
Q0.1
网络6
M0.2
Q0.2
网络7
M0.3
Q0.3

图 4-64　彩灯控制程序

4-17　如图 4-65 所示，是控制 8 只彩灯按一定规律点亮的梯形图程序，设 I0.0 外接常开触点按钮，I1.0 与 I1.1 外接乒乓开关，Q0.0 ~ Q0.7 外接彩灯 LED0 ~ LED7。试分析该程序的工作过程：（1）当 I1.0 = I1.1 = **1** 时，简述彩灯的点亮规律；（2）当 I1.0 = **1**、I1.1 = **0** 时，简述彩灯的点亮规律；（3）若 N = −8，则在上述两种输入时，彩灯的点亮规律将怎样变化？（4）I0.0 在此程序中有何作用？

4-18　梯形图程序如图 4-66 所示，设 VB15 中存放的是代表时间分的 BCD 码 **00110101**（35min）。（1）解释每一条指令所执行的操作；（2）当程序运行后，AC0、VB25 中存放的数码是什么？该程序实现了什么功能？

4-19　逻辑堆栈指令有哪些？分别用于什么场合？梯形图中有无逻辑堆栈指令？为什么？

4-20　试用逻辑堆栈指令列写出图 4-67 所示 6 个梯形图的语句表程序；并总结在不改变逻辑关系的前提下，触点怎样排列，使用的堆栈指令最少。

4-21　画出图 4-68 中 4 个语句表程序对应的梯形图。

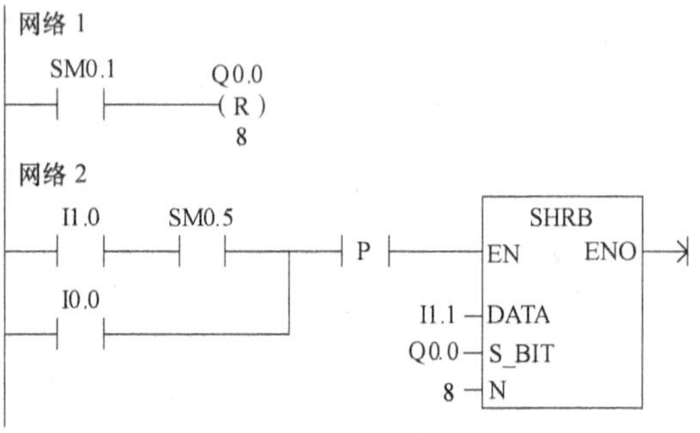

网络1
SM0.1
Q0.0
R
8
网络2
I1.0
SM0.5
P
SHRB
EN
ENO
I0.0
I1.1
DATA
Q0.0
S_BIT
8
N

图 4-65　题 4-17 图

网络1
SM0.0
MOV_B
EN
ENO
VB15
IN
OUT
AC0
BCD_I
EN
ENO
AC0
IN
OUT
AC0
MOV_B
EN
ENO
AC0
IN
OUT
VB25

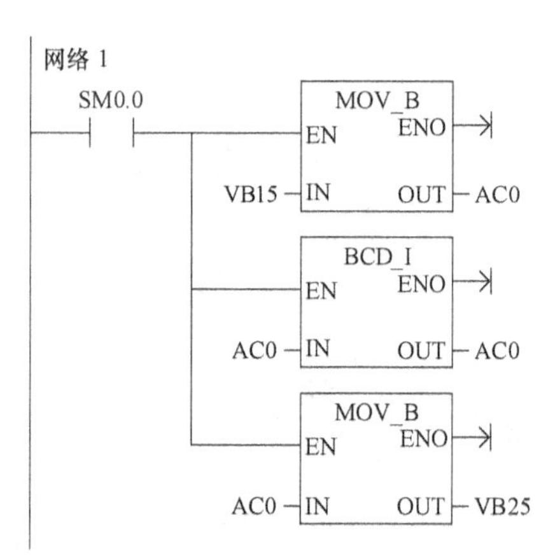

图 4-66　题 4-18 图

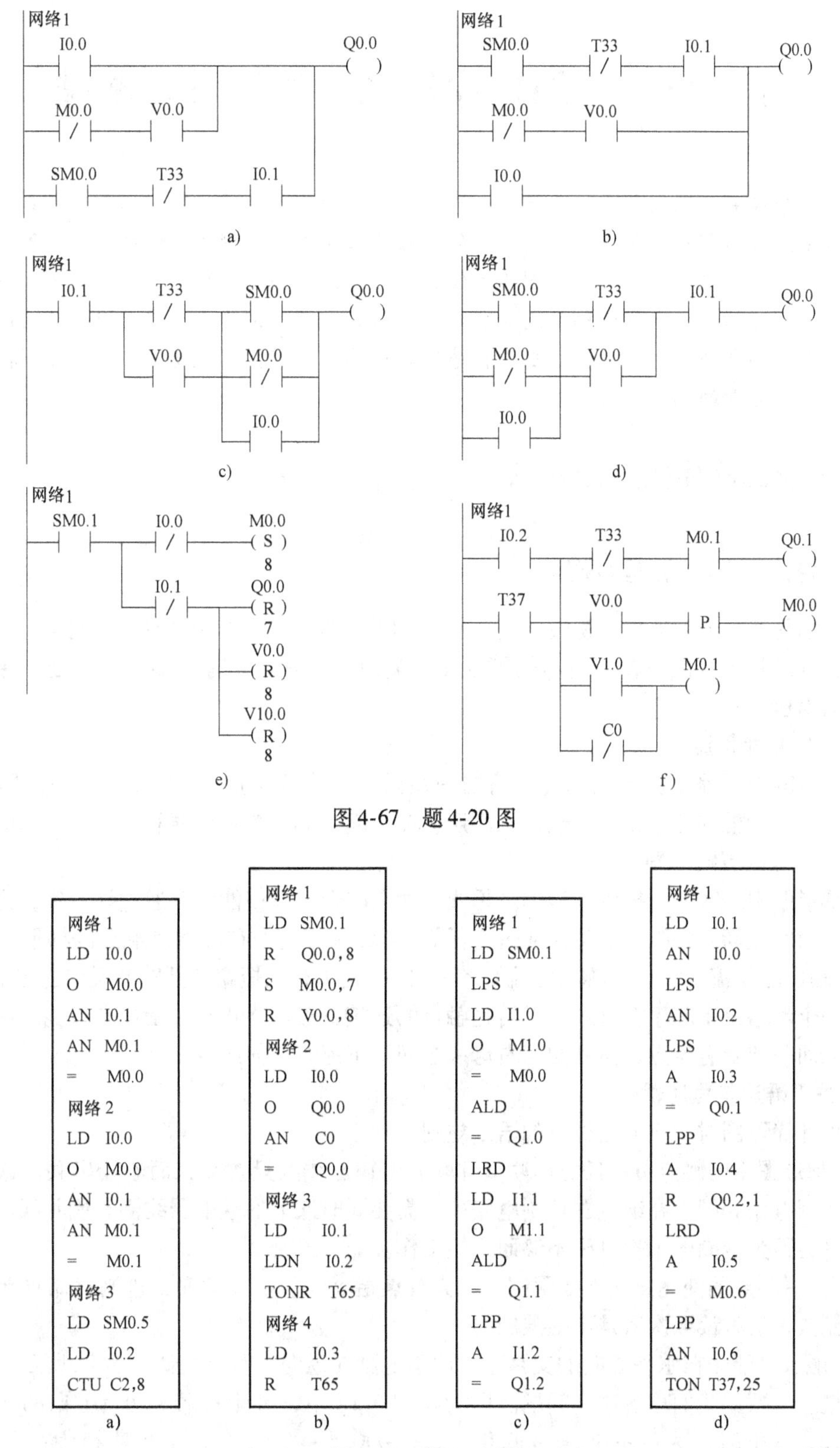

图 4-67　题 4-20 图

```
网络 1
LD   I0.0
O    M0.0
AN   I0.1
AN   M0.1
=    M0.0
网络 2
LD   I0.0
O    M0.0
AN   I0.1
AN   M0.1
=    M0.1
网络 3
LD   SM0.5
LD   I0.2
CTU  C2,8
```

a)

```
网络 1
LD   SM0.1
R    Q0.0,8
S    M0.0,7
R    V0.0,8
网络 2
LD   I0.0
O    Q0.0
AN   C0
=    Q0.0
网络 3
LD   I0.1
LDN  I0.2
TONR T65
网络 4
LD   I0.3
R    T65
```

b)

```
网络 1
LD   SM0.1
LPS
LD   I1.0
O    M1.0
=    M0.0
ALD
=    Q1.0
LRD
LD   I1.1
O    M1.1
ALD
=    Q1.1
LPP
A    I1.2
=    Q1.2
```

c)

```
网络 1
LD   I0.1
AN   I0.0
LPS
AN   I0.2
LPS
A    I0.3
=    Q0.1
LPP
A    I0.4
R    Q0.2,1
LRD
A    I0.5
=    M0.6
LPP
AN   I0.6
TON  T37,25
```

d)

图 4-68　题 4-21 图

第5章　可编程序控制器程序设计基础

可编程序控制器应用程序的设计方法有很多。作为入门性的教材，本章只介绍几种主要的设计方法。可编程序控制器程序所使用的编程语言主要有梯形图、语句表和功能块图，由于梯形图对传统继电器控制电路的图符和结构的继承性，加之图形语言的直观性，使其成为入门学习的首选语言。本章以梯形图为主介绍编程的方法，但为了使读者以最简洁的方法快速掌握语句表编程语言，对大多数应用程序同时给出了对应的语句表。读者对照阅读程序，将较快理解语句表的编程方法。

5.1　梯形图程序的基础知识

5.1.1　梯形图编程的基本规则

梯形图是基于继电器梯形逻辑电气图的，因此，梯形图与继电器控制电路图（也是梯形结构）在结构形式和逻辑控制功能等方面相类似，但它们又有许多不同之处，梯形图具有自己的编程规则。

1. 网络和能量流

在梯形图中，程序被分成称为网络的一些段（一个段构成一个梯级）。一个网络是触点、线圈和功能框的有序排列，这些元件连接在一起组成一个左母线和右母线之间的完整电路（右母线可以省略不画）。

在梯形图中，有一个提供能量的左母线。触点闭合可以使能量流通过该器件，到达下一个器件，而触点断开将阻止能量流通过。任何可以连接到左/右母线或触点的梯形图元件都有输入/输出能量流（可以简称为能流）。一个网络是不存在短路、开路和反向能流的。

每一个网络总是起于左母线，然后是触点的连接，最后终止于线圈或右母线。在左母线与线圈之间一定要有触点，而线圈与右母线之间则不能有任何触点。

2. 关于语法与程序优化

在设计梯形图时，应遵循如下的语法规则：

1）梯形图中的触点可以任意串联或并联，但输出线圈只能并联而不能串联，这一点与继电器控制电路相同。在继电器控制电路中，需要同时通电的继电器线圈只能并联、不能串联，串联会因为线圈的工作电压不够而不能工作。

2）同一触点的使用次数不受限制。因为触点指令实质上是读取二进制存储单元中的一位二进制数，这种读取次数是不受限制的。

3）触点只能画在水平方向的支路上，而不能画在纵向支路上，如图5-1a所示。利用能流这一概念，帮助我们理解这个问题。因为在图5-1a中，可能有两个相反方向的能流通过触点I0.2，一条路径为：左母线→I0.0→I0.2→I0.4→Q0.0，另一条路径为：左母线→I0.3→I0.2→I0.1→Q0.0。这不符合能流只能从左向右流动的原则，因此，应将图5-1a改为如图5-1b所示的梯形图。

这种在纵向支路画触点的做法是源于继电器控制电路的设计思维。因为继电器的触点数量很少，在设计控制电路时，本着节约触点的原则，常将触点用在纵向公共支路上。而在梯形图中，同一触点可以无限次使用。事实上，在编程界面上，软件设置就限制了不可能在纵向支路上画出触点。

4）除了触点指令等少数指令外，一般用指令盒形式的指令都不能与左母线直接连接。

设计梯形图程序时，除了要遵守上述语法规则外，合理安排串并联触点的位置，可以减少使用逻辑堆栈指令的条数，缩短程序的长度及执行的时间。具体技巧有以下两条：

1）触点串并联结构：对于触点串联的支路相并联时，应将串联触点多的支路放在上方，如图5-2a、b所示。其中图5-2b是图5-2a的优化程序。

2）触点并串联结构：对于并联触点后再相串联时，应将并联触点多的块放在左方，如图5-2c、d所示。其中图5-2d是图5-2c的优化程序。

虽然触点在水平方向的混合连接均不会出现语法错误，但按照图5-2b、d这样编制程序不仅简洁明了，而且指令语句较少，使程序执行时间短。

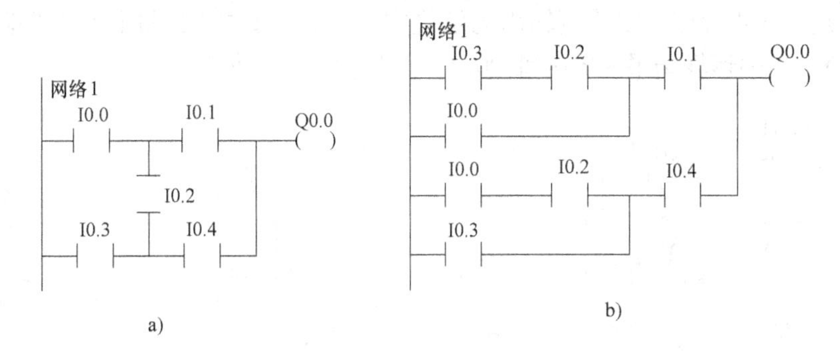

图5-1　梯形图的画法

a）错误的画法　b）正确的画法

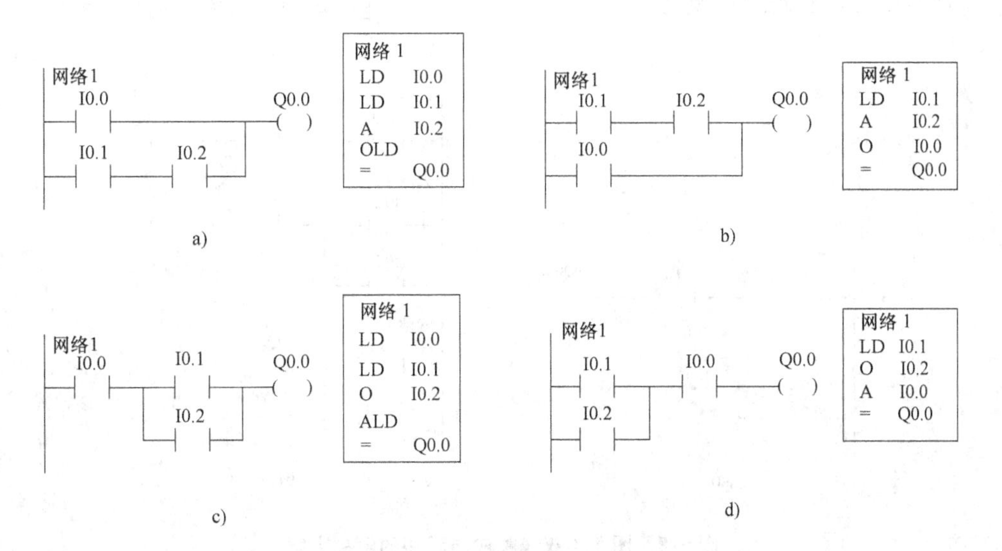

图5-2　梯形图的优化

3. 关于双线圈输出

一般情况下，在梯形图中同一线圈只能出现一次。如果在程序中，同一线圈使用了两次或多次，称为双线圈输出。对于双线圈输出，有些 PLC 将其视为语法错误，绝对不允许；有些 PLC 则将前面的输出视为无效，只有最后一次输出有效；而有些 PLC 在含有跳转指令或步进指令的梯形图中允许双线圈输出。

双线圈输出的实例之一，如图 5-3 所示。该程序编译能通过，说明无语法错误。但是该程序的执行结果，可能并不是编程者所期望的结果。例如，当 I0.0 = **1**，I0.1 = **0**，则程序运行后的状态为 Q0.0 = **0**，Q0.1 = **1**。

双线圈输出的实例之二，如图 5-4 所示。该程序编译能通过，说明无语法错误。程序本身的逻辑关系是：在 I0.0 和 I0.1 同时接通时，Q0.2 则接通；或者 I0.2（或 I0.3）和 I0.4 同时接通时，Q0.2 也接通。但是，该程序的执行结果，网络 1 和网络 2 之间并不能实现或逻辑运算关系，该程序运行后的状态总是由网络 2 来决定的。

由于双线圈输出而导致的逻辑关系错误，必须给予修正。只要能弄清楚原程序所要实现的逻辑关系，即可采用多种方法来修改。图 5-5a 是图 5-4 程序中双线圈输出的解决方案之一；图 5-5b 是图 5-4 程序中双线圈输出的解决方案之二，该方案采用位存储器作为中间继电器，产生两个中间运算结果 M0.0 和 M0.1，最后实现或逻辑运算。

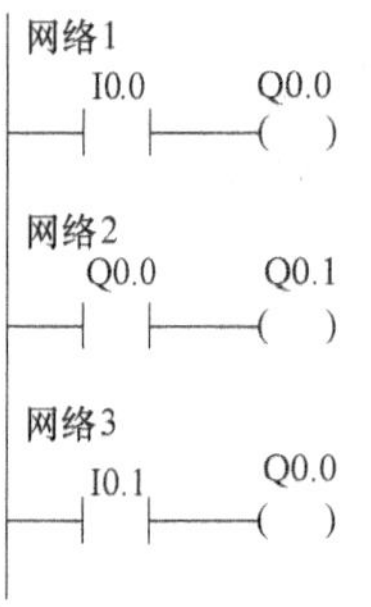

图 5-3　双线圈输出的实例之一

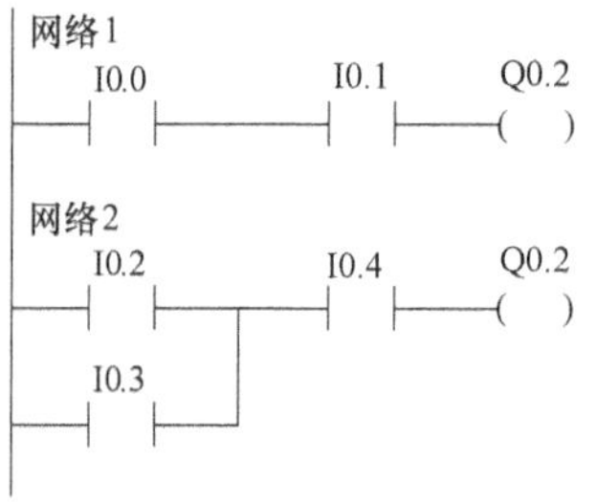

图 5-4　双线圈输出的实例之二

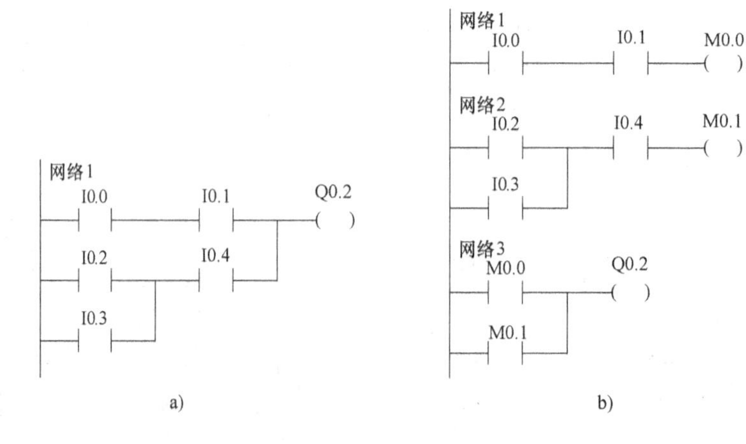

图 5-5　图 5-4 双线圈输出程序的解决方案

a）解决方案之一　b）解决方案之二

4. 关于输入信号的选用

在继电器控制电路中，起动按钮一般使用常开触点，停止按钮使用常闭触点；而在PLC控制系统中，外部的起动和停止按钮都可以使用常开触点或常闭触点。这是因为，无论外部的触点是常开触点还是常闭触点，其输入信号均以**0**或**1**两个二进制信息存储的，而触点指令可以取输入信号的原码（常开触点指令）来运算，也可以取输入信号的反码（常闭触点指令）来运算。

设计梯形图时，要处理好内部常开、常闭触点与外部的常开、常闭触点的关系。对于初学者，外部的输入触点可以一律采用常开触点来进行设计，这样便于程序的阅读理解，也使程序的编制不易出错。如果真实的输入信号只能来自常闭触点，也可以先按常开触点来设计，程序编制完成后，再将梯形图中对应的触点取反，即将常开触点改成常闭触点，而常闭触点改成常开触点。

5.1.2 Step 7-Micro/WIN32 编程规约

1. 关于图形

Step 7-Micro/WIN32 指令的图形中，有些指令的梯形图和功能块图的图形是一样的。

在SIMATIC 功能块图中不使用左/右母线的概念。能量流的术语用于表示流过功能块图逻辑模块的控制流这一概念。通过功能块图元件的逻辑**1**称为能量流。

除具有能量流以外，许多指令还具有一个或多个操作数。输入和输出操作数允许的参数在第4章介绍具体指令时已经给出。

Step 7-Micro/WIN32 允许以网络为单位给LAD和FBD程序建立注释。STL程序不使用网络，但是使用NETWORK（汉化版软件使用“网络”）这个关键词对程序进行分段。如果这样做，STL程序可以转换成LAD和FBD程序。

在一个LAD、FBD和STL程序中，至少包含一个命令部分和其他可选部分。命令部分是主程序，可选部分包括一个或多个子程序或中断程序。在程序编辑器中，主程序、子程序和中断程序是处在不同的执行分区中的，即有不同的编程界面，可通过编程界面左下方的标签切换。

2. 关于允许输入/允许输出（EN/ENO）

EN称为允许输入（或使能输入），是LAD和FBD中功能框（指令盒）的布尔输入量。对于要执行的功能框，这个输入必须存在能流。在STL中，指令没有EN输入，但是，对于要执行的语句，栈顶的值必须是**1**。

ENO称为允许输出（或使能输出），是LAD和FBD中功能框的布尔输出量。如果功能框的EN输入存在能流，且功能框准确无误地执行了其功能，那么，ENO输出将把能流量传到下一个单元。如果在执行过程中出现了错误，那么，能流量就在出现错误的功能框处终止（即ENO=**0**）。

具有ENO输出的指令后面可以级联其他指令盒，如数学运算指令、传送指令等；而没有ENO输出的指令后面就不能级联其他指令盒了，如定时器、计数器、顺序控制继电器指令等。

在STL中，指令没有ENO输出，但是，为与带有ENO输出的LAD、FBD指令相对应的STL指令设置了一个特殊的ENO位。这个位可以使用STL指令AENO访问，用以产生与功能框的ENO位相同的效果。

5.1.3　使用符号变量及符号表

对于逻辑变量多、程序比较复杂的情况，编程者在分析、编辑和调试程序时，常常纠缠于查对某个变量的物理意义。为了提高编程效率，S7-200 PLC 的编程软件 Step7-Micro/WIN32 允许为每个变量取一个唯一的符号名称，这些符号变量的地址需要在符号表中设定。

下面举例说明符号变量的使用方法。现要求设计一个控制灯的亮与灭的程序，假设输入信号由外部的常开触点按钮 SB1、SB2 分别产生起动信号 lamp_on 和停止信号 lamp_off，当点动 SB1 时，起动信号 lamp_on 为**1**，使输出信号 lamp 为**1**，外部灯亮；当点动 SB2 时，停止信号 lamp_off 为**1**，使输出信号 lamp 为**0**，外部灯灭。在梯形图编辑器窗口输入如图5-6a所示的程序，并通过菜单命令“查看\符号信息表（View\Symbol Tabie）”或者单击工具栏中按钮（切换符号信息表），将在梯形图的下方出现符号表编辑小窗口。双击各个表格，在其中逐一为各个变量分配地址，并添加说明（I0.0 和 I0.1 分别对应起动和停止按钮产生的信号，Q0.0 为驱动灯的信号），符号变量一旦被分配了地址，立刻就会在程序中显示、生效，程序的编辑状态如图5-6b所示。需要说明以下几点：

1）在网络中单击鼠标右键，在调出的快捷菜单中点选“选项”，在随后出现的“程序编辑器”窗口右侧的“符号寻址”中，有两个选项“仅显示符号”与“显示符号和地址”。如果选择“仅显示符号”，则采用符号地址的程序显示如图5-6b所示；如果选择“显示符号和地址”，则程序显示如图5-6c所示。注意：如果没有勾选菜单命令“查看\符号地址”，则程序显示如图5-6d所示。即采用符号地址后，程序可以在图5-6a、b、c三种显示方式之间切换。

2）对于低版本的编程软件，编辑符号信息表后，还需要通过“编译”命令，才能将符号表应用于程序中。

3）符号变量可以使用汉字。

再次单击工具栏中的“切换符号信息表”按钮后，符号表编辑小窗口即不再显示在梯形图的网络之间。

通过菜单命令“查看\符号表”或者单击浏览条中第二个图标（符号表），将从程序编辑窗口切换到符号表窗口，查看到如图5-6d所示的符号表。比较图5-6a所示的符号信息表，多了三列信息，第一列为符号变量的序号，第二列可以标注出符号变量的地址是否与其他符号变量的地址重叠，第三列可以标注出没有定义的符号变量。例如，图5-6e所示的符号表中，标注了第二、三行的变量地址与第四行的变量地址重叠，第五行是没有定义的符号变量。

5.1.4　输出点的终值设定

当CPU由运行状态转为停止状态时，必须明确各个数字量输出点应该具有的状态，这对实际控制系统的安全工作至关重要。为此，S7-200 CPU 选择如下两种方式设定输出点的

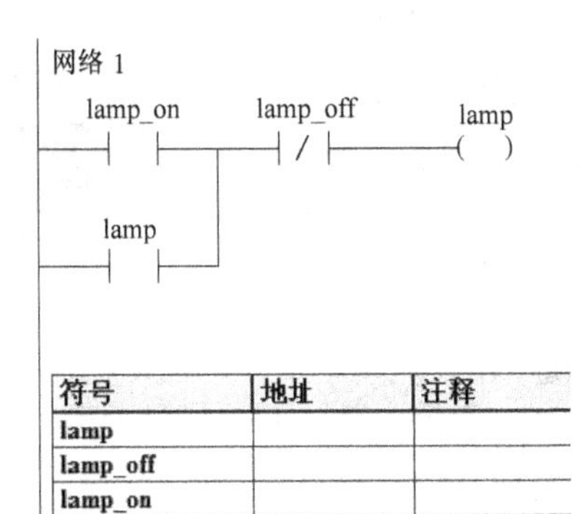

a)

网络 1

lamp_on　lamp_off　lamp

lamp

符号	地址	注释
lamp	Q0.0	驱动灯
lamp_off	I0.1	停止按钮
lamp_on	I0.0	起动按钮

b)

网络 1

lamp_on:I0.0　lamp_off:I0.1　lamp:Q0.0

lamp:Q0.0

c)

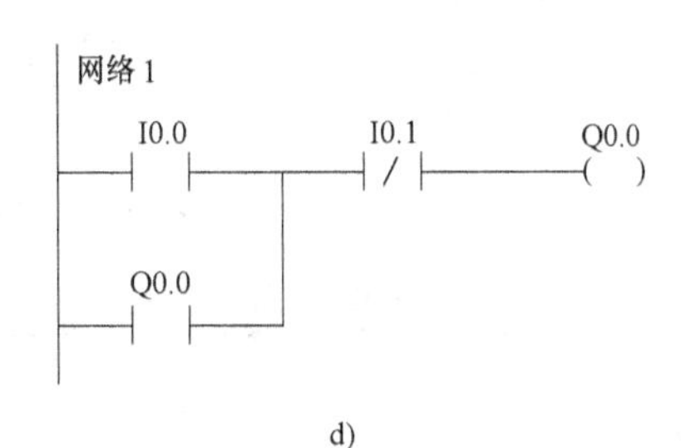

d)

			符号	地址	注释
1			lamp	Q0.0	驱动灯
2			lamp_on	I0.0	起动按钮
3			lamp_off	I0.1	停止按钮
4					
5					

e)

			符号	地址	注释
1			lamp	Q0.0	驱动灯
2			lamp_on	I0.0	起动按钮
3			lamp_off	I0.1	停止按钮
4				IB0	
5			LED		

f)

图 5-6　符号变量及符号表

a）未定义符号的地址　b）已定义符号的地址　c）同时显示符号和地址

d）不显示符号　e）符号表 1　f）符号表 2

终值。

1）预置数字量输出点在 CPU 转变为 STOP 方式时所需要保持的值。

2）设置数字量输出点在 CPU 转变为 STOP 方式时保持为运行状态转换前瞬间的值。

上述两种终值的设定方法如图 5-7a 所示。在编程软件 Step7-Micro/WIN32 中，选择菜单命令“查看→系统块→输出表（View \ System Block \ Output Table）”，在数字量标签中，勾选“将输出冻结在最后的状态”，则所有数字量输出点保持停止前的状态；不勾选“将输出冻结在最后的状态”，则可在窗口中给出的小方格中逐一勾选那些需要 CPU 转变为 STOP 方式时保持 **1** 态（接通状态）的输出位。图中，已经勾选了 Q0.0、Q0.2、Q0.4、Q1.1 等输出位。注意：CPU 的默认值是各个输出点为 **0** 态（断开状态）。

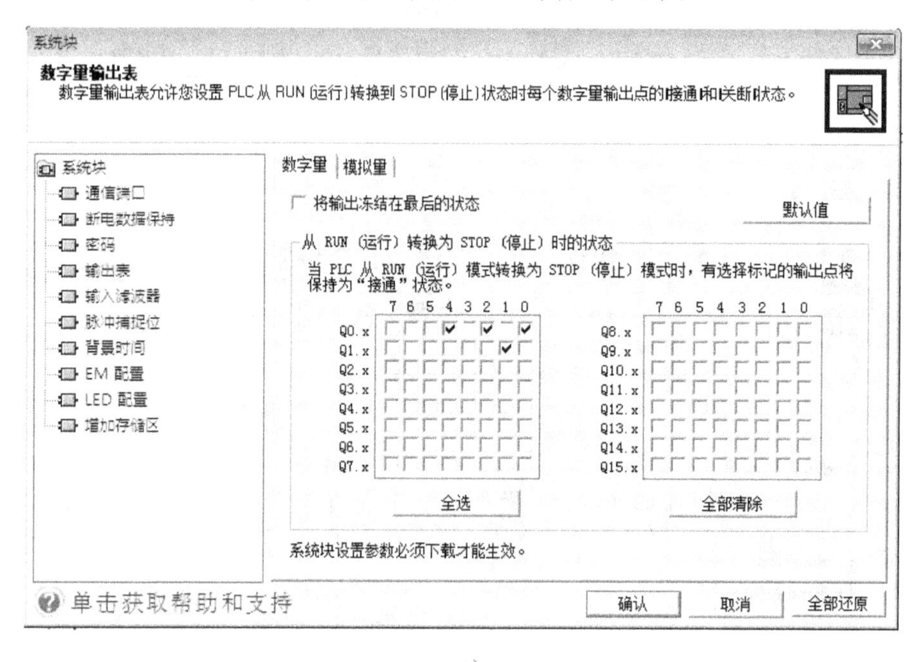

a)

系统块
模拟量输出表
模拟量输出表允许您设置 PLC 从 RUN (运行) 转换到 STOP (停止) 状态时的每个模拟量输出值。
系统块
通信端口
断电数据保持
密码
输出表
输入滤波器
脉冲捕捉位
背景时间
EM 配置
LED 配置
增加存储区
数字量　模拟量
将输出冻结在最后的状态
默认值
从 RUN (运行) 转换为 STOP (停止) 时的取值
AQW0: 0　AQW16: 0　AQW32: 0　AQW48: 0
AQW2: 0　AQW18: 0　AQW34: 0　AQW50: 0
AQW4: 0　AQW20: 0　AQW36: 0　AQW52: 0
AQW6: 0　AQW22: 0　AQW38: 0　AQW54: 0
AQW8: 0　AQW24: 0　AQW40: 0　AQW56: 0
AQW10: 0　AQW26: 0　AQW42: 0　AQW58: 0
AQW12: 0　AQW28: 0　AQW44: 0　AQW60: 0
AQW14: 0　AQW30: 0　AQW46: 0　AQW62: 0
系统块设置参数必须下载才能生效。
单击获取帮助和支持
确认
取消
全部还原

b)

图 5-7　输出表

a) 数字量输出表　b) 模拟量输出表

对于模拟量输出，当 CPU 由 RUN 方式转变为 STOP 方式时，各路模拟量可以选择“将输出冻结在最后的状态”，即锁定程序运算的最后数值，也可以逐一设定各路模拟量由 RUN 转变为 STOP 时的取值（－32768～37262），如图 5-7b 所示。

5.2 典型控制功能的梯形图

复杂的PLC应用程序往往是一些典型的控制环节的组合，熟练掌握这些典型控制环节的程序，可以使程序的设计变得简单。本节主要介绍一些常见的具有典型控制功能的梯形图程序。

5.2.1 具有自锁和互锁功能的程序

1. 具有自锁功能的程序

控制系统的起动信号和停止信号一般都使用没有自锁能力的常开触点按钮来产生，点动按钮时，按钮短暂闭合后即刻断开。为了在接收到起动信号后，输出能保持接通（不会因为输入信号的断开而断开），一般在程序中要设置自锁环节。利用输出线圈自身的常开触点使线圈持续保持接通（ON）状态的功能称为自锁。如图 5-8 所示的梯形图就是具有自锁功能的控制程序。图中，I0.0 是由 PLC 外部常开触点按钮产生的起动信号，I0.1 是由 PLC 外部常开触点按钮产生的停止信号[㊀]。

在 t_1 时刻，I0.0 = **1**，I0.1 = **0**，常开触点 I0.0 和常闭触点 I0.1 均闭合，使 Q0.0 接通，Q0.0 = **1**，常开触点 Q0.0 闭合而自锁，因此，当 I0.0 = **0** 时，Q0.0 仍然接通；在 t_2 时刻，I0.0 = I0.1 = **1**，常开触点 I0.0 闭合而常闭触点 I0.1 断开，对于图 5-8a，Q0.0 因为 I0.1 的断开而立即断开，故称之为停止优先的控制程序；对于图 5-8b，Q0.0 不会因为 I0.1 的断开而断开，故称之为起动优先的控制程序。

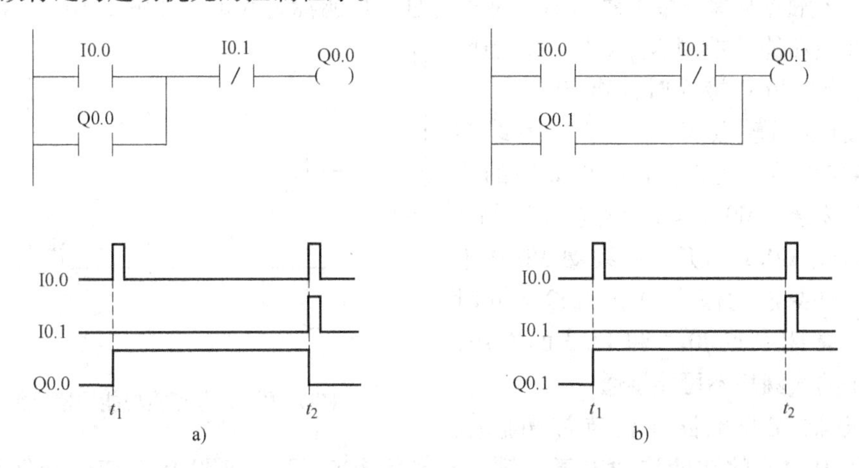

图 5-8　具有自锁功能的梯形图和时序图

a）停止优先　b）起动优先

上述程序也可以用如图 5-9 所示的置位 SET 指令和复位 RST 指令来实现。如果起动信号 I0.0 与停止信号 I0.1 分别有效时，分别执行置位指令或执行复位指令，使输出接通或断开，并且，由于这两条指令具有记忆功能，输出的状态将会自动保持。如果两个输入信号同时有效，图 5-9a、b 的运行结果就不相同了。

㊀ 本教材的程序除非特别说明，约定其起动信号和停止信号均是由 PLC 外部的常开触点按钮产生。对此条件，在本节以后的程序中不再赘述。

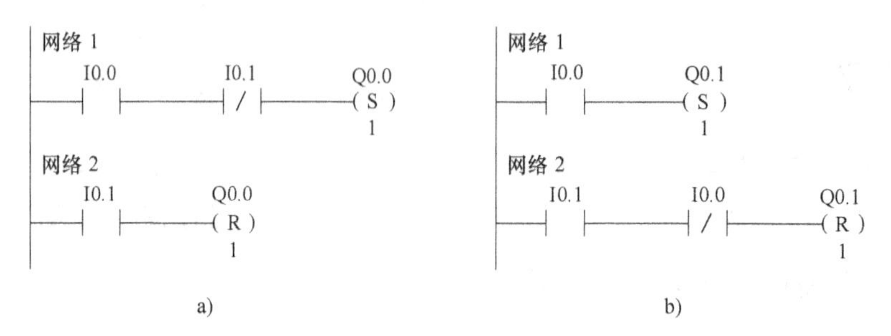

图 5-9　起动和停止控制程序
a）停止优先　b）起动优先

对于图 5-9a，如果 I0.0 与 I0.1 同时为 **1**，在网络 1 中，常开触点 I0.0 闭合、常闭触点 I0.1 断开，不执行置位指令；在网络 2 中，常开触点 I0.1 闭合，执行复位指令，使 Q0.0 = **0**。因此，图 5-9a 的程序具有停止信号优先的功能。

对于图 5-9（b），如果 I0.0 与 I0.1 同时为 **1**，在网络 1 中，常开触点 I0.0 闭合，执行置位指令，使 Q0.0 = **1**；在网络 2 中，常开触点 I0.1 闭合、常闭触点 I0.0 断开，不执行复位指令。因此，图 5-9b 的程序具有起动信号优先的功能。

在实际应用中，起动信号和停止信号可能是由多个信号的触点串并联后组成的综合信号。

2. 具有互锁功能的程序

利用常闭触点来保证多个线圈不会同时接通的功能称为互锁。如图 5-10 所示的梯形图就是具有互锁功能的控制程序。图中，当网络 1 中的线圈 M0.0 接通时，M0.0 = **1**，在网络 2 中的常闭触点 M0.0 断开，使线圈 M0.1 不能被接通；反之，若网络 2 中的线圈 M0.1 先接通，M0.1 = **1**，则其在网络 1 中的常闭触点 M0.1 断开，使线圈 M0.0 不能被接通。如果起动信号 I0.0 和 I0.2 同时接通，由于常闭触点 I0.2 和 I0.0 的作用，两个网络中的线圈均不可能接通。

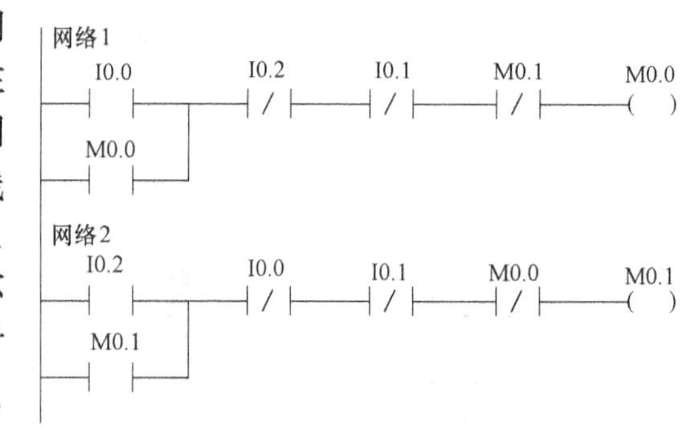

图 5-10　具有互锁功能的梯形图

在继电器控制电路中，与常闭触点 M0.1 和 M0.0 对应的功能称为电气互锁，与常闭触点 I0.2 和 I0.0 对应的功能称为机械互锁。

5.2.2　定时器应用程序

1. 占空比可调的脉冲信号发生器程序

如图 5-11a 所示，为占空比可调的脉冲信号发生器的程序。该程序采用两个定时器产生周期为 1.5s 的连续脉冲信号，脉冲的占空比 δ 为 1/3（δ = 接通时间/脉冲周期），如图 5-11b所示。接通时间 0.5s（10ms × 50 = 0.5s），由定时器 T34 设定，断开时间为 1s（10ms × 100 = 1s），由定时器 T33 设定，用 Q1.0 作为连续脉冲输出端。改变任意一个定时

器的预设值，将改变脉冲的周期和占空比。该程序也可以用于灯光的闪烁控制。

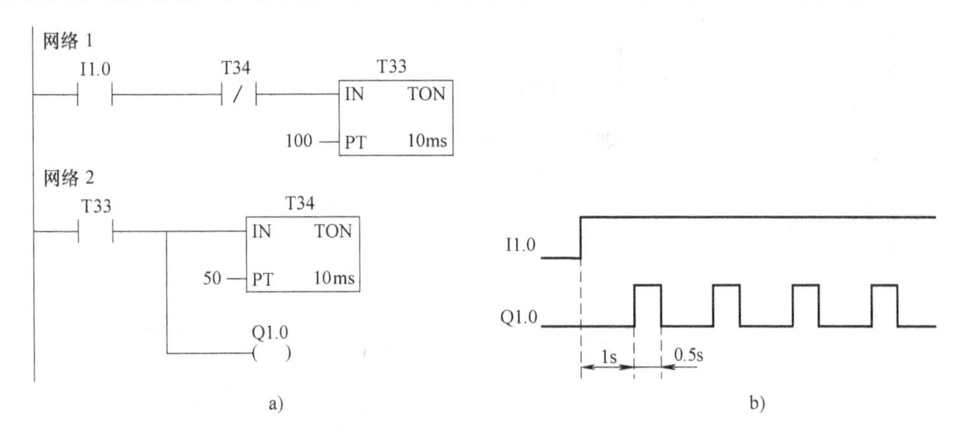

图 5-11　脉冲信号发生器程序

a）梯形图　b）时序图

图 5-11a 所示梯形图的工作原理：当 I1.0 = 1 时，接通延时定时器 T33 开始计时；计时到 1s 时，常开触点 T33 闭合，使接通延时定时器 T34 开始计时，同时输出 Q1.0 接通；计时到 0.5s 时，常闭触点 T34 断开，使 T33 复位，常开触点 T33 断开，又使 T34 和 Q1.0 复位；下一个扫描周期开始时，T33 重新开始计时。

2. 顺序脉冲发生器程序

图 5-12a 所示为用三个定时器产生顺序脉冲发生器的梯形图程序。从 Q0.0、Q0.1 和 Q0.2 输出的顺序脉冲信号如图 5-12b 所示。调节定时器 T33、T34 和 T35 的预设值，就可以改变各个输出脉冲的宽度。在本例中，三个定时器具有相同的预设值 100，其定时时间均为 10ms × 100 = 1s。

图 5-12a 所示梯形图的工作原理：当输入信号 I1.1 接通时，T33 开始计时，同时 Q0.0 接通；当 T33 计时到 1s 时，常闭触点 T33 断开，Q0.0 断电，常开触点 T33 闭合，使 T34 开始计时、Q0.1 接通；当 T34 计时到 1s 时，常闭触点 T34 断开，Q0.1 断电，常开触点 T34 闭合，使 T35 开始计时、Q0.2 接通；当 T35 计时到 1s 时，常闭触点 T35 断开，Q0.2 断电，同时使 T33 复位；常开触点 T33 断开，使 T34 复位；常开触点 T34 断开，使 T35 复位。在下一个扫描周期，如果输入信号 I1.1 继续保持接通，则重复上述过程。当输入信号 I1.1 断开时，所有的定时器同时复位，输出全部断电。

3. 长延时程序

一般 PLC 的定时器的定时时间都比较短，例如 S7-200 PLC 的定时器最长定时时间为 3276.7s。当需要较长时间的定时时，可以使用多个定时器的组合定时来实现，或采用定时器与计数器的结合来实现。

如图 5-13a 所示，是采用两个分辨率为 100ms 的定时器 T37 和 T38 实现 60min 长定时功能的梯形图。图 5-13 中，I0.0 和 I0.1 是由外部常开触点按钮控制的定时起动信号和停止信号。点动起动按钮，网络 1 中 I0.0 短时接通，M0.0 被置 1 并自锁；网络 2 中，因常开触点 M0.0 接通，T37 开始计时，定时时间为 1500s；当 T37 定时时间到，网络 3 中常开触点 T37 闭合，使 T38 开始计时，定时时间为 2100s；当 T38 定时时间到，网络 4 中常开触点 T38 闭

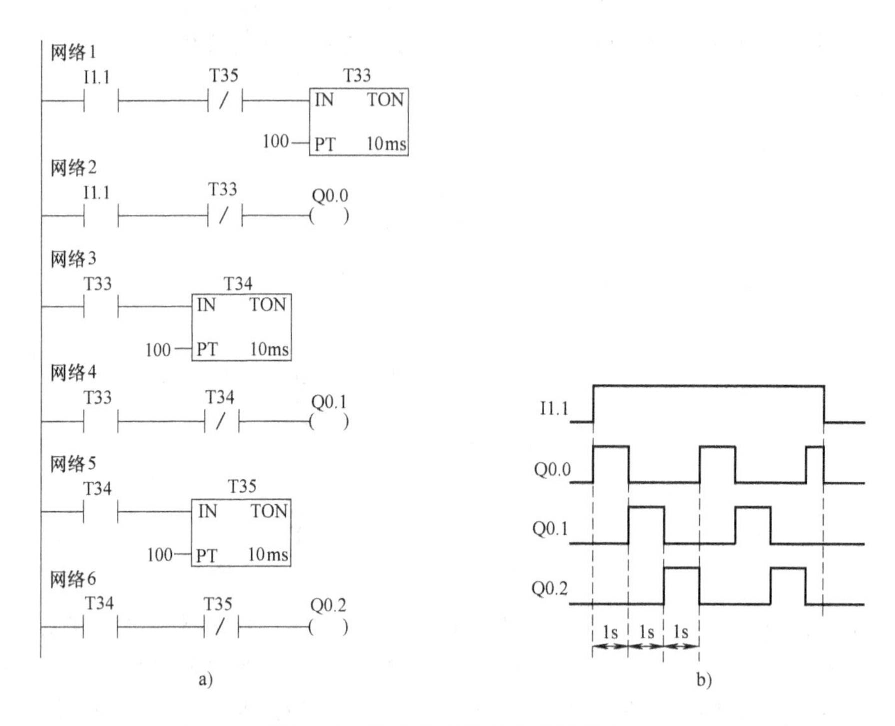

图5-12　顺序脉冲信号发生器程序

a）梯形图　b）时序图

合，输出Q0.0接通，完成一次起动延时控制。

综上，从输入信号I0.0接通，到Q0.0接通，共延时了3600s（1500s+2100s=3600s），工作时序如图5-13b所示。

若要再次定时，必须先使定时器复位。具体操作如下：点动停止按钮，I0.1断开，使

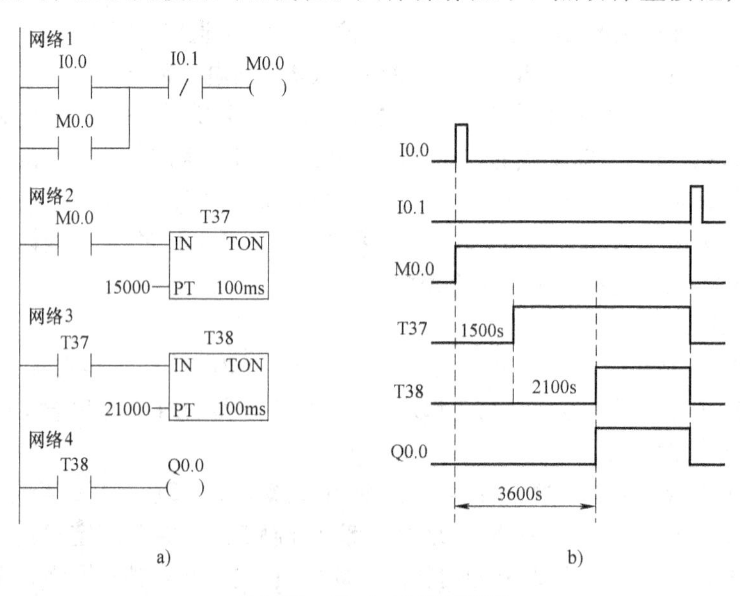

图5-13　60min长定时程序

a）梯形图　b）时序图

M0.0 置**0**、自锁解除；常开触点 M0.0 断开，使 T37 复位；常开触点 T37 断开，使 T38 复位。

本程序中，当一个定时器定时时间到再启动下一个定时器开始定时，定时器之间的关系相当于“串联”。当多个定时器串联使用时，总的定时时间为各定时器的定时时间之和。

4. 用接通延时定时器实现断开延时功能的程序

S7-200 PLC 的定时器既有接通延时定时器又有断开延时定时器，但有些厂商的 PLC 只有接通延时定时器，当需要断开延时功能时，就必须使用接通延时定时器来转换。如图 5-14a 所示的梯形图，即为用接通延时定时器实现断开延时功能的程序，其工作过程如图 5-14b 的时序图所示。图中，I0.0 是由 PLC 外部的常开触点开关控制的输入信号，若开关长期处于断开状态，则 I0.0 =**0**，M0.0 =**0**，Q0.3 =**0**，T33 =**0**。若开关通断一次，程序的工作过程如下所述：

设开关在 t_1 时刻闭合，网络 1 中常开触点 I0.0 闭合（I0.0 = **1**），线圈 M0.0 接通（M0.0 =**1**）并自锁，而常闭触点 I0.0 断开，定时器 T33 不能计时；网络 2 中常开触点 M0.0 闭合，输出 Q0.3 立即接通（Q0.3 =**1**）。因此，输入接通时，输出没有延时地接通了。

设开关在 t_2 时刻断开，网络 1 中常开触点 I0.0 断开（I0.0 =**0**），M0.0 因自锁而保持接通，故常闭触点 I0.0 闭合就使 T33 开始计时；网络 2 中常开触点 M0.0 保持闭合，输出 Q0.3 保持接通。

在 t_3 时刻，T33 达到预设值 5s 时，T33 =**1**，网络 1 中常闭触点 T33 断开，使线圈 M0.0 断电（M0.0 =**0**），自锁解除，同时 T33 被复位（T33 =**0**）；网络 2 中因常开触点 M0.0 断开，输出 Q0.3 断电（Q0.3 =**0**）。显然，当输入 I0.0 在 t_2 时刻断开时，输出 Q0.3 延时了 5s、在 t_3 时刻才断开，实现了断开延时的功能。

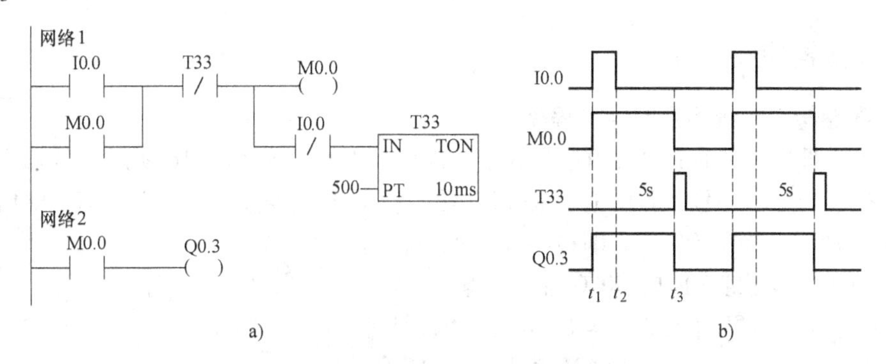

图 5-14　用接通延时实现断开延时的程序
a）梯形图　b）时序图

5. 单脉冲发生器程序

单脉冲发生器的功能是每给定一个任意宽度的输入脉冲信号，输出就产生一个宽度一定的脉冲信号。单脉冲发生器的梯形图程序如图 5-15a 所示，其工作过程如图 5-15b 的时序图所示。图中，设 I0.0 是由 PLC 外部的常开触点按钮产生的输入信号，每一次点动按钮，按钮闭合的时间都不可能相同，并且还可能因为抖动，导致 I0.0 多次通断。但无论按钮接通时间的长短或者有抖动，从输出端 Q1.0 都会得到一个宽度相同的脉冲，具体分析如下。

设在 t_1 时刻，输入了一个窄脉冲信号 I0.5，在网络 1 中，M0.1 立刻接通并自锁（M0.1 =**1**）；在网络 2 中，因常开触点 M0.1 接通，使定时器 T35 开始计时，同时 Q1.0 接通（Q1.0 =**1**）。虽然 t_1 时刻稍后，输入 I0.5 断开了，由于网络 1 中的常开触点 M0.1 的自锁作用，维持了 M0.1 保持接通，使得网络 2 中 T35 能继续计时。

在 t_2 时刻，T35 计时达到3s 的预设值（T35 =**1**），网络2 中的常闭触点 T35 断开，使输出 Q1.0 断电（Q1.0 =**0**）；在下一个扫描周期，网络 1 中的常闭触点 T35 断开，自锁解除，使 M0.1 断开（M0.1 =**0**），网络 2 中，T33 复位。

设在 t_3 时刻，输入了一个宽度大于3s 的脉冲信号，由于网络 2 中的常闭触点 T35 的作用，输出脉冲的宽度仍然为 3s；该宽脉冲使 M0.1 在 t_4 时不能断开，而是延续到 I0.5 断开时才断开。因此，Q1.0 输出脉冲的宽度取决于 T35 的预设值，而与输入脉冲的宽度无关。

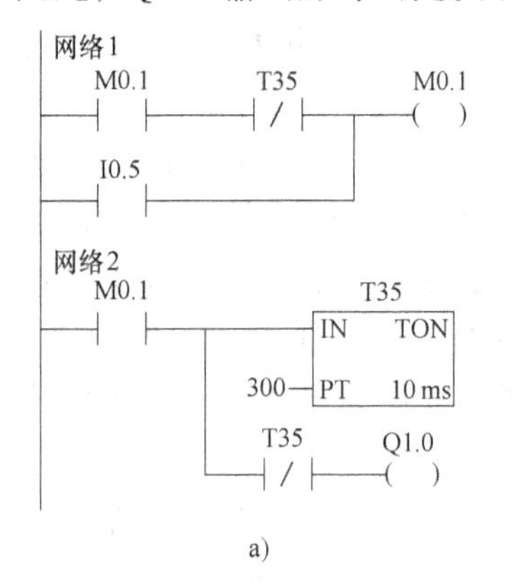

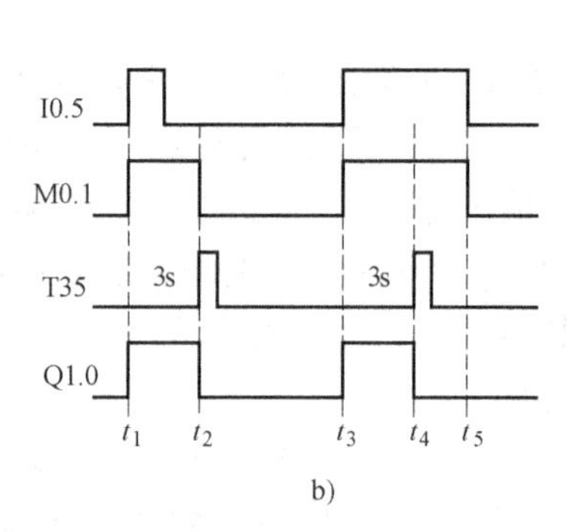

图 5-15　单脉冲发生器程序

a）梯形图　b）时序图

5.2.3　计数器应用程序

1. 计数器与定时器组合的定时程序

利用计数器与定时器的组合可以扩大定时时间的范围。如图 5-16 所示，设输入 I0.0 和 I0.1 是由按钮产生的信号，其中 I0.0 是起动信号，I0.1 是停止信号。该程序的功能是：当输入 I0.0 接通时，输出 Q0.0 立即被接通；如果没有停止信号 I0.1，则延时 80s 后 Q0.0 自动断电。

对于网络 1，如果输入 I0.0 =**1**，I0.1 =**0**，计数器 C20 计数未到，C20 = 0，则常开触点 I0.0 闭合，常闭触点 I0.1 和 C20 均闭合，输出 Q0.0 接通，Q0.0 =**1**，常开触点 Q0.0 闭合自锁。

对于网络 2，由于常开触点 Q0.0 闭合，定时器 T37 开始计时；当达到 10s 时，网络 3 中的常开触点 T37 接通，计数器 C20 加 1（当前值为 1），同时，网络 2 中的常闭触点 T37 断开，使自身复位，受其影响，网络 3 中的常开触点 T37 被断开。

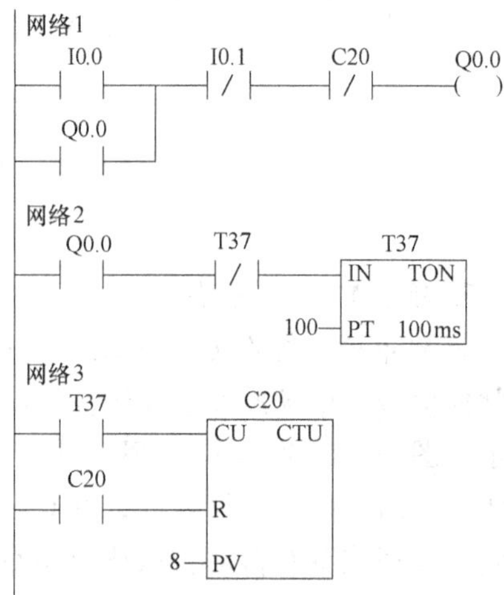

图 5-16　计数器与定时器组合的定时程序

由于 T37 的复位，网络 2 中的常闭触点 T37 恢复闭合，T37 再次开始 10s 的定时，然后再次接通网络 3 中的常开触点 T37，使计数器 C20 再加 1（当前值为2)，此后，T37 再次复位后，程序重新开始新的一轮的定时和计数。这样的定时和计数过程总共要进行8次。

当 C20 的当前值累计到8时，网络1中常闭触点 C20 断开，使输出 Q0.0 断电，常开触点 Q0.0 断开，解除自锁；网络2中的常开触点 Q0.0 断开，T37 停止计时；网络3中的常开触点 C20 闭合，使 C20 自身复位（当前值被清零，状态位被复位）。

当程序未达到8次定时和计数时，如果产生了停止信号 I0.1，即 I0.1 =**1**，则常闭触点 I0.1 断开，输出 Q0.0 被断开，整个程序的运行终止。

在该程序中，计数器的作用是累计定时器定时的次数。给定时器和计数器设置不同的预设值 PT 和预值数 PV，就能组合出任意的定时时间。本例的定时时间为 100ms ×100 ×8 =80s。

2. 计数器组合扩大计数范围的程序

一个计数器的计数范围总是有限的，例如 S7-200 PLC 的计数器的最大计数值为 32767。如果需要更大的计数范围，可以通过多个计数器组合计数的方法来实现。如图5-17所示为使用两个计数器 C0 和 C1 组合计数的程序。SM0.1 是 CPU 的初始脉冲，用于对 C0 和 C1 复位。该程序对输入信号 I0.0 的接通次数进行计数，I0.0 每次由 **0** 变为 **1**（正跳变沿）时，C0 累加1，当 C0 累加到1000时，网络3中的常开触点 C0 闭合，C1 累加1，同时网络2中的常开触点 C0 闭合，使 C0 复位，重新从零开始对 I0.0 的正跳变沿进行计数；当 C1 累加到100时，网络4中的常开触点 C1 闭合，使输出 Q0.0 接通，同时网络3中的常开触点 C1 闭合，使 C1 复位。本程序总的计数值为 1000 ×100 次 =10 万次。

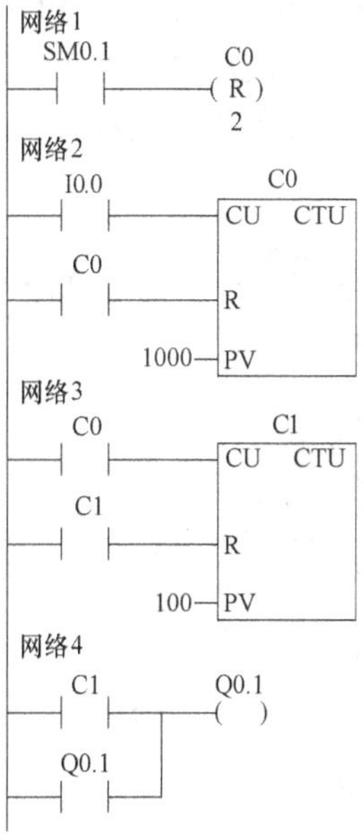

本程序中，当一个计数器累计的脉冲个数达到预设值时再触发下一个计数器累加1，计数器之间的关系也相当于“串联”。当多个计数器串联使用时，总的计数值为各个计数器计数值之乘积。

图5-17 计数器组合应用的程序

5.2.4 微分指令应用程序

1. 系统时钟的读取与设置

S7-200 PLC 中，CPU224 与 CPU226 内部自带时钟，可以通过指令将其读取出来作为控制系统中的时钟使用，如果时间不准确，亦可通过指令修改时钟值。如图5-18a所示的程序，就是使用时钟指令来读取与设置 CPU 的时钟。该程序巧妙使用了微分指令，使程序的执行合理而高效。

在网络1中，READ_RTC 是读实时时钟指令，在使能输入端 EN 接通的每个扫描周期，读取 CPU 的当前日期和时间（BCD 码），将其装入一个起始地址为 T（VB20）的8个字节的时钟缓冲器中（其中第7个字节系统设定为不使用）。这里使用了特殊存储器的标志位 SM0.5 与微分指令 EU 配合产生读时钟的使能信号 EN。因为在 CPU 运行时，SM0.5 产生秒脉冲（0.5s 为 **1**，0.5s 为 **0**），因此，每秒钟 EU 指令检测到一个上升沿，即使能信号 EN 每秒钟只接通一次，故 READ_ RTC 指令每秒读一次系统时钟，读出的时间值存放在 VB20 ~ VB27 中（VB26 无效），如图 5-18b 所示。该组数据表示系统时钟为：14 年 09 月 26 日 08 点 57 分 36 秒星期四（每一周从星期天开始算起）。

该程序段中的微分指令提高了程序的执行效率，因为系统时钟的最小单位为秒，如果不使用微分指令，则在 SM0.5 接通的 0.5s 内的每个扫描周期，读实时时钟指令 READ_ RTC 都要读一次系统时钟，这不仅毫无意义，而且延长了程序的执行时间。

在网络 2 中，SET_ RTC 是设定实时时钟指令，在使能输入端 EN 接通的每个扫描周期，把以 T（VB30）开始的 8 个字节的时钟缓冲器中的日期和时间（BCD 码）写入系统时钟。这里也使用了常开触点指令 I1.0 与微分指令 EU 配合产生写时钟的使能信号 EN。每当常开触点 I1.0 由断开变为闭合时，微分指令检测到一个正跳变，其触点接通一个扫描周期，SET_ RTC指令将以 VB30 字节开始的 8 个字节时钟缓冲器中的时间预设值写入系统时钟。

该程序段中的微分指令也确保了 I1.0 每接通一次，只写一次系统时钟。系统时钟的设置当然不能反复进行，一般是在初次使用或时间误差较大时，才写一次系统时钟。

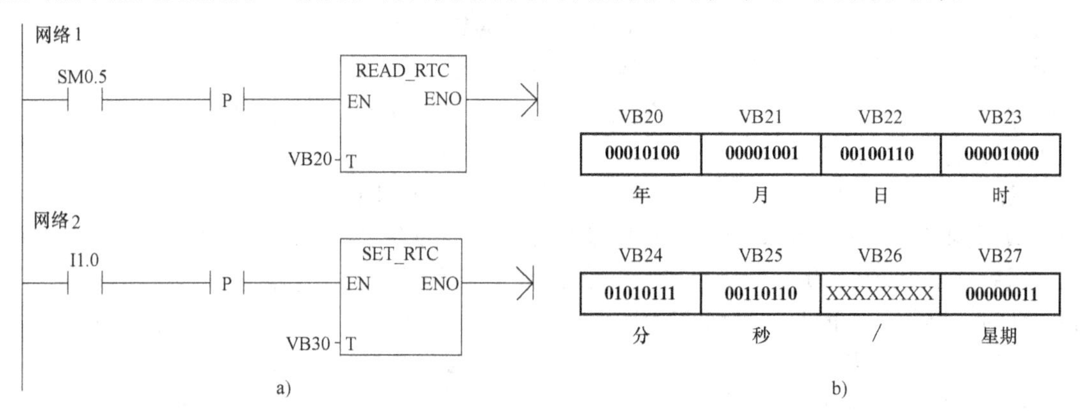

图 5-18　读写时钟指令的应用

a）梯形图　b）时间值举例

2. 主令开关故障保护

主令开关是电气控制系统中发布控制命令的低压电器，例如，起动按钮、停止按钮和行程开关等，它们的工作若不可靠，就会造成系统故障甚至事故。以起动按钮为例，通常是采用常开触点的按钮，在起动时操作者点动一下，其状态只能是短暂接通，当操作者的手松开后，应即刻恢复断开状态。当出现机械故障时，起动按钮在被点动之后不能恢复断开状态，就容易引起系统事故。

在如图 5-8a 所示的起停控制程序中，如果 I0.0 端口外接的常开触点按钮 SB1 不能在点动后恢复断开，那么，若要停止，按下 I0.1 端口外接的常开触点停止按钮 SB2 时，Q0.0 能够断开，但只要一松开 SB2，I0.1 马上恢复闭合，由于 I0.0 始终没有断开，故 Q0.0 将重新接通。实际上，Q0.0 不可能被断开了。如果将程序修改成如图5-19 所示的梯形图，就完全解决了因起动按钮故障而导致不能断开输出的事故。因为，当按钮 SB1 按下

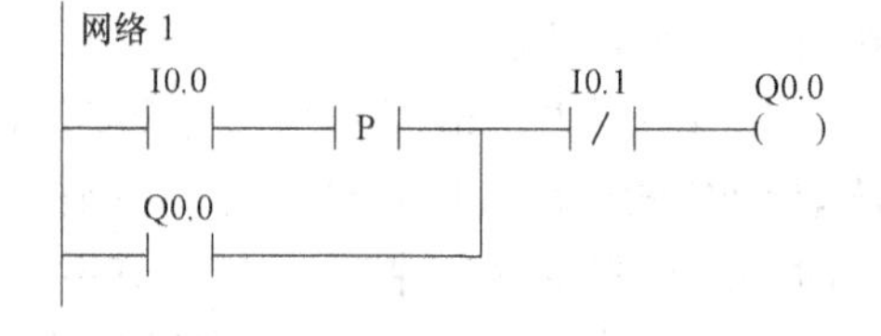

图 5-19　起动按钮故障保护程序

时，I0.0 从 OFF 状态变为 ON 状态，正微分指令触点只接通一个扫描周期，该扫描周期中，输出接通并自锁。在接下来的所有扫描周期中，因微分指令的触点始终为断开状态，无论 I0.0（SB1）是否断开，I0.0 支路始终为断开状态。如果起动按钮 SB1 没有恢复断开，不影响系统正常停止，但会影响到下次不能起动。

3. 一个开关控制两组设备交替工作

在实际生产中，重要的设备一般都会配置一套同样的设备备用，备用设备在主设备检修或故障时投入运行。例如，工厂变电所里的变压器要配置备用变压器。可以设置一个开关来控制两组设备的交替工作，程序如图 5-20 所示。图 5-20 中，I0.0 外接单掷开关，M0.0 和 M0.1 是两组设备运行的使能信号。当开关闭合时，I0.0 的状态从 OFF 变为 ON，上升沿微分指令触点接通一个扫描周期，执行置位指令，使 M0.0 = **1**，同时执行复位指令，使 M0.1 = **0**；当开关断开时，I0.0 的状态从 ON 变为 OFF，下降沿微分指令触点接通一个扫描周期，执行复位指令，使 M0.0 = **0**，同时执行置位指令，使 M0.1 = **1**。因此，转换控制开关的位置，就能实现两组设备的交替工作。

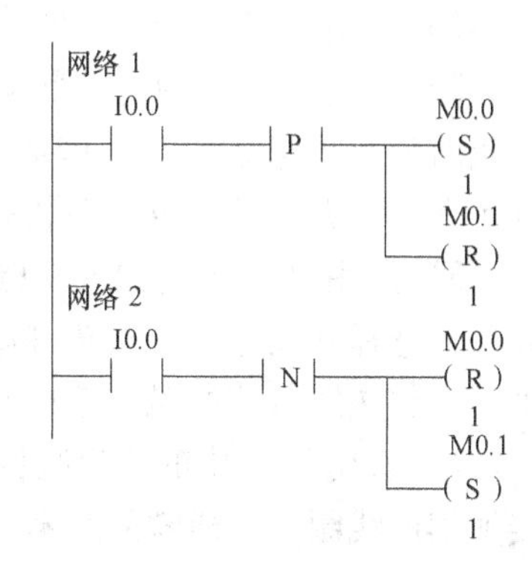

图 5-20　两组设备交替工作控制程序

综上，微分指令是常用的重要指令，在设计控制程序时，灵活应用微分指令往往能使编程大为简化。另外，一般在初始化程序中都要用到微分指令。

5.3　PLC 程序的移植设计法和经验设计法

5.3.1　PLC 程序的移植设计法

在使用 PLC 改造传统继电器控制系统时，根据原有的控制电路图来设计梯形图程序的方法称为 PLC 程序的移植设计法。这是由于原有的继电器控制系统经过长期的使用和考验，已经被证明能完成系统要求的控制功能，而继电器控制电路图又与梯形图有很多相似之处，因此，可以将其经过适当的“翻译”，从而设计出具有相同功能的 PLC 梯形图程序，故移植设计法又称为“翻译法”。

在分析 PLC 控制系统的功能时，可以将 PLC 想象成一个继电器控制系统中的控制箱。PLC 外部接线图描述的是这个控制箱的外部接线，PLC 的梯形图程序是这个控制箱内部的“电路图”，PLC 输入映像寄存器和输出映像寄存器是这个控制箱与外部联系的“中间继电器”，这样就可以用分析继电器电路图的方法来分析 PLC 控制系统。

我们可以将输入映像寄存器的触点想象成对应的外部输入设备的触点，将输出映像寄存器的线圈想象成对应的外部输出设备的线圈。外部输出设备的线圈除了受 PLC 的控制外，可能还会受外部触点的控制。用上述的思想就可以将继电器控制电路图转换为功能相同的 PLC 外部接线图和梯形图。

移植设计法的编程步骤如下。

1. 分析原有系统的工作原理

了解被控设备的工艺过程和执行机械的动作原理与顺序，根据继电器控制电路图分析和掌握控制系统的控制原理。

2. PLC的I/O分配

分析系统有哪些控制信号（输入变量）和被控制信号（输出变量），选定输入设备和输出设备，进行PLC的I/O分配，画出PLC外部接线图或列出I/O分配表。

3. 建立元器件之间的对应关系

1）选用PLC中的位存储器（辅助继电器）来替代继电器控制电路中的中间继电器。

2）选用PLC中的定时器来替代继电器控制电路中的时间继电器。由于时间继电器有通电延时型和断电延时型，因此在替换时要注意正确选择定时器的延时类型（接通延时型TON和断开延时型TOF，分析是否可采用有记忆接通延时型TONR）。

3）选用PLC中的输入映像寄存器来替代继电器控制电路中的主令电器，如按钮、行程开关、选择开关等。一般热继电器的触点也作为PLC的输入。如果PLC的输入点不够用，也可以将热继电器的触点接在PLC外部驱动电路中。

4）选用PLC中的输出映像寄存器来替代继电器控制电路中的各个执行元件，如交直流接触器的线圈、电磁铁的线圈、电磁阀、指示灯等。

通过上述步骤，就建立了继电器控制电路中所有的元器件与PLC内部编程元件之间的对应关系，对于移植设计法而言，这是非常关键的一个步骤。

4. 设计梯形图程序

根据上述的对应关系，将继电器控制电路图“翻译”成对应的“准梯形图”，再根据梯形图的编程规则将“准梯形图”转换成符合语法的梯形图。对于复杂的控制电路，可以化整为零，先进行局部电路的转换，最后再综合起来。

在将继电器控制电路转换成梯形图时，尤其要注意以下三点。

1）继电器控制电路中的常开触点和常闭触点与梯形图中的常开触点和常闭触点并不一定是一一对应的关系。继电器控制电路中的常开触点不一定转换成梯形图中的常开触点，常闭触点亦如此。在梯形图中使用常开触点或常闭触点取决于PLC的外部物理输入点所采用的触点形式，以及程序的控制功能。

2）在继电器控制电路中，起动按钮必须使用常开触点按钮，停止按钮必须使用常闭触点按钮。而在采用PLC控制，起动按钮和停止按钮等主令电器可以任意使用其常开触点或常闭触点。因为，这些外部触点的通断状态，已经转换为内部输入映像寄存器中的一位二进制数码**1**或**0**，程序运行时，可以取二进制数码的原码参与运算（内部用常开触点），也可以取二进制数码的反码参与运算（内部用常闭触点）。通常，对于初学者来说，外部触点尽量统一采用常开触点，便于理解和转换。

3）在继电器控制电路中，常常有纵向触点支路，在移植成准梯形图后，要进一步分析触点之间的逻辑关系，等效变换去掉纵向触点支路，使之符合梯形图的语法。

5. 程序调试

对转换后的梯形图一定要仔细校对，以保证其控制功能与原图相符。程序输入编程器后，首先要编译程序，再次检查有无错误。然后将编程器与PLC实现通信连接，再把程序下载到PLC中，进行调试。

例 5-1　在继电器控制系统中，三相异步电动机正反转控制的主电路和控制电路如图 5-21 所示，现要用 PLC 控制来代替继电器控制电路，试设计电动机正反转控制的 PLC 程序。

解　经过分析可知，该控制电路有停止 SB1、正转起动 SB2 和反转起动 SB3 等三个控制信号，还有一个过载保护信号 FR；被控制的是正转和反转交流接触器 KM_F 和 KM_R。据此给出如图 5-22 所示的 I/O 分配图。说明如下：

1）由于输入信号不多，过载保护信号 FR 可以占用一个输入点，否则，过载保护信号 FR 可以接在输出电路中，直接与线圈 KM_F 和 KM_R 串联。

2）由于在程序运算中可以实现互锁控制，因此，图中输出回路中的互锁触点可以省略。

3）I/O 分配图比较直观地说明了 PLC 外部触点的使用和连接情况，对于输入和输出点数很多的场合，一般使用 I/O 分配表来说明各个 I/O 点的物理意义。与图 5-22 功能相同的 I/O 分配表见表 5-1。

由于 I/O 分配图与 I/O 分配表是采用不同的形式说明相同的问题，因此，设计梯形图程序时，只需要给出一种即可。本教材的后续例题，其 I/O 分配就只给出一种形式了。

三相异步电动机正反转控制电路的梯形图程序如图 5-23 所示。图中，停止信号 I0.0 取自常开触点的按钮 SB1，当没有停止信号时，SB1 断开，I0.0 = **0**，在梯形图中，I0.0 应该是闭合的，故使用的是常闭触点；而过载保护信号 I0.3 取自热继电器的常闭触点 FR，当没有过载时，FR 闭合，I0.3 = **1**，在梯形图中，I0.3 应该是闭合的，故使用的是常开触点。

停止信号 I0.0 和热继电器的过载信号 I0.3 在程序中亦可作为两条控制支路的公共信号，这样设计的话，两个网络就应该合并为一个网络，程序如图 5-24 所示，对比图 5-21 的右半部分的控制电路图和图 5-24，其结构完全相同。图 5-23 和图 5-24 是功能完全相同的梯形图程序，但 PLC 执行这两种程序的过程完全不同，如果对照它们的语句表就能清楚其运算区别。按照图 5-24 程序运算时，需要使用 4 条堆栈指令。对于初学者来说，图 5-23 所示梯形图的逻辑关系简单、清晰，编制其语句表也比较容易（不需要使用堆栈指令）。因此，建议初学者采用图 5-23 的方式设计梯形图。

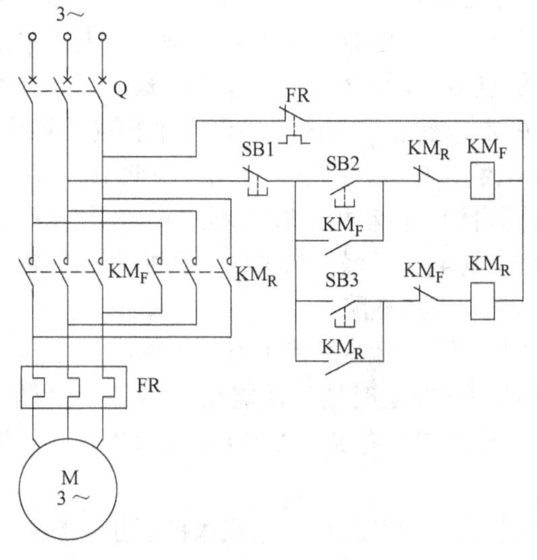

图 5-21　异步电动机的正反转控制电路

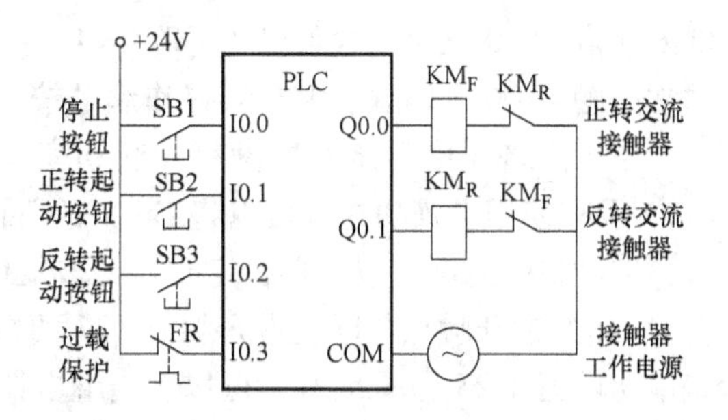

图 5-22　异步电动机正反转控制的 I/O 分配图

表5-1　异步电动机正反转控制的I/O分配表

输　入		输　出	
控制信号	输入端口	驱动信号	输出端口
停止按钮SB1(常开触点)	I0.0	正转运行	Q0.0
正转起动按钮SB2(常开触点)	I0.1	反转运行	Q0.1
反转起动按钮SB3(常开触点)	I0.2		
过载保护FR(常闭触点)	I0.3		

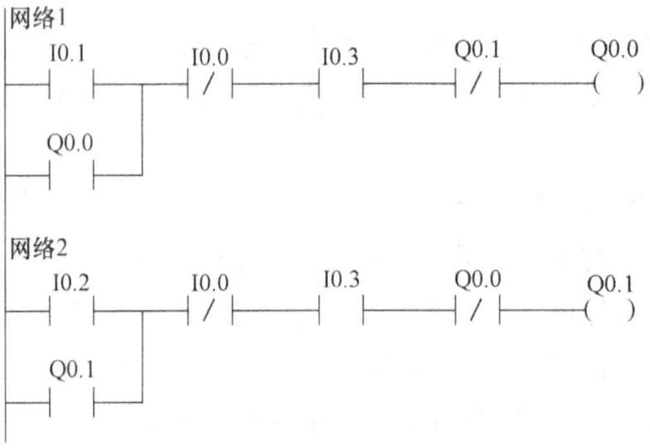

图5-23　异步电动机正反转控制的梯形图之一

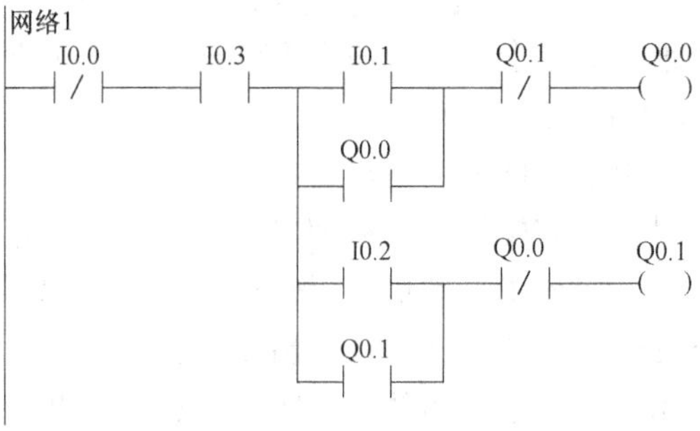

图5-24　异步电动机正反转控制的梯形图之二

例5-2　在继电器控制系统中，三相异步电动机Y-△起动控制的主电路和控制电路如图5-25所示，试设计电动机Y-△起动控制的PLC程序。

解　经过分析可知，该控制电路有起动SB1、停止SB2和过载保护FR等三个控制信号；被控制的是Y形联结、△形联结和主开关三个交流接触器KM1、KM2和KM。据此对PLC的I/O点分配如图5-26所示，梯形图程序如图5-27所示。为了便于程序的阅读理解，图5-27中每段网络增加了简单的网络注释。

在网络1中，当点动起动按钮时，I0.0 =**1**，使输出Q0.0 =**1**并自锁，对应主电路中的电动机联结成Y形。网络2中因常开触点Q0.0闭合，使输出Q0.2 =**1**并自锁，主电路中的主开关闭合，电动机Y形起动。网络3中因常开触点Q0.2闭合，定时器T37被激活，开始起动10s定时。当起动10s时，T37 =**1**，网络4中常开触点T37闭合，但本个扫描周期中，因互锁用的常闭触点Q0.0是断开的，输出Q0.1仍然为**0**态。在下一个扫描周期中，网络1中因常闭触点T37断开，使得输出Q0.0 =**0**并解除自锁，电动机Y形联结解除；网络4中因常闭触点Q0.0恢复闭合使输出Q0.1 =**1**，主电路中的电动机联结成△形；网络1中互锁用的常闭触点Q0.1断开，避免误操作起动按钮，而使主电路短路。

由于网络3中的定时器没有在起动完成后复位，T37始终保持**1**态，故网络4中输出Q0.1没有使用自锁功能。可以将Q0.1的常闭触点串联在定时器的使能输入端IN，这样一来，电动机一旦联结成△形，定时器将被复位，网络4中相应要增加Q0.1的自锁触点，即将Q0.1的常开触点并联在常开触点T37两端。

比较图5-25和图5-27，可以看出继电器控制电路与PLC程序一个很大的区别：在继电器控制电路中，只要保证控制逻辑关系的正确性，各种触点可以画在任何方向的支路上，而梯形图程序则不能出现纵向支路。如Y形联结的线圈 KM1 通电后，要立即使时间继电器的线圈 KT 和主交流接触器的线圈 KM 通电的常开触点 $KM1_{-1}$ 就接在一条纵向的支路上。这是由于交流接触器等实际设备的触点数目是很有限的，设计电路时，往往要考虑尽量共用触点。在 PLC 中，所谓触点只是存储器中的一个二进制存储单元，因此，这样的触点是可以被使用无穷多次的。

3~
Q
FR
KM
SB2
SB1
KT
KM1
KM2
FR
KM1-1
KT
KM
KM
KM2
KM1-2
KM2
KM1

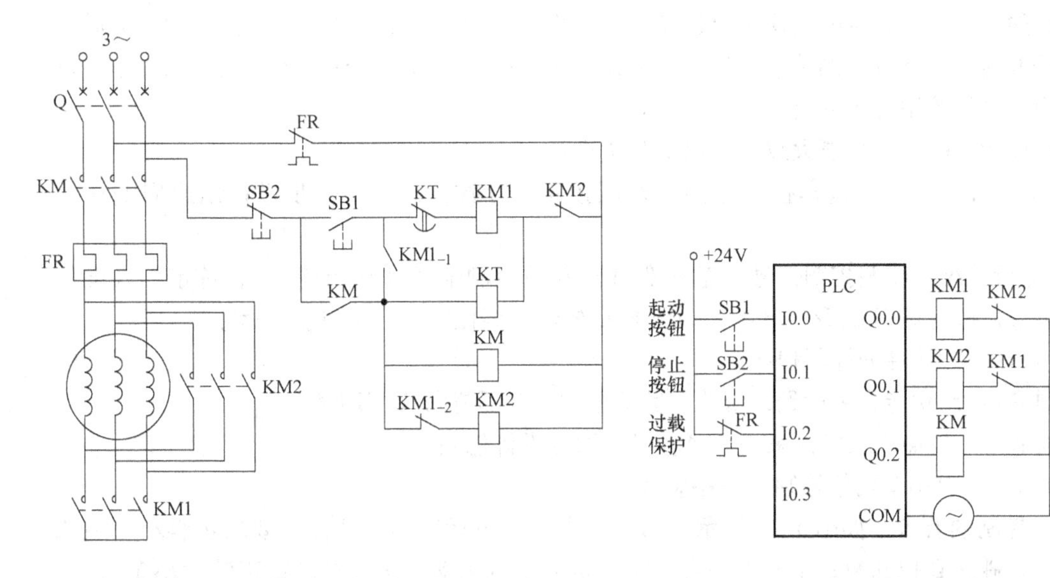

图 5-25　异步电动机的Y-△起动控制电路

+24V
PLC
起动按钮
SB1
停止按钮
SB2
过载保护
FR
I0.0
I0.1
I0.2
I0.3
Q0.0
Q0.1
Q0.2
COM
KM1
KM2
KM2
KM1
KM
Y形联结开关
△形联结开关
主开关

图 5-26　异步电动机Y-△起动控制的 I/O 分配图

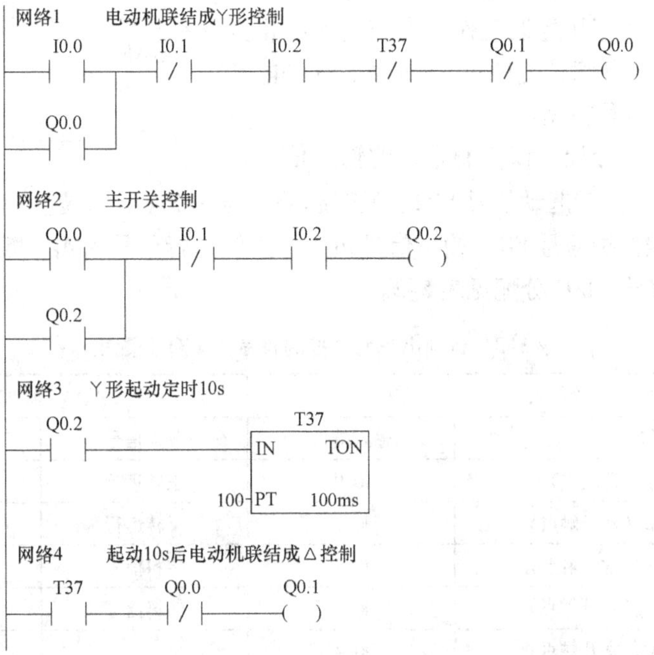

网络1　电动机联结成Y形控制
I0.0
I0.1
I0.2
T37
Q0.1
Q0.0
Q0.0
网络2　主开关控制
Q0.0
I0.1
I0.2
Q0.2
Q0.2
网络3　Y形起动定时10s
Q0.2
T37
IN
TON
100
PT
100ms
网络4　起动10s后电动机联结成△控制
T37
Q0.0
Q0.1

图 5-27　异步电动机Y-△起动控制的梯形图

5.3.2　PLC程序的经验设计法

PLC程序的经验设计法实际上是沿用了设计继电器控制电路的方法，即在已有的典型梯形图的基础上，根据被控对象对控制的具体要求，不断地修改和完善梯形图。有时需要多次反复地调试和修改梯形图，不断地增加中间编程元件和触点，最后才能得到一个较为满意的结果。这种方法没有普遍的规律可以遵循，设计程序的优劣、设计所用的时间，设计的质量均与编程者的经验有直接的关系，故把这种设计方法称为经验设计法。该方法可以用于逻辑关系较为简单的控制程序的设计。

经验设计法的设计步骤大致可按以下几步进行：

1）分析控制要求，选择控制原则（时间控制、计数控制、条件步进控制或周期性控制等）。

2）分析系统有哪些控制信号（输入变量）和被控制信号（输出变量），选定输入设备和输出设备，进行PLC的I/O分配，画出PLC外部接线图或列出I/O分配表。

3）设计执行元件的控制程序。

4）检查控制功能是否达到，修改、完善程序，最后进行程序调试。

下面通过比较简单的实例来说明经验设计法的设计思路。

例5-3　运料小车两位控制的程序设计。

（1）控制的要求　如图5-28所示，为运料小车两位运行的示意图。要求运料小车在A位装料，运料到B位卸料；小车由一台三相异步电动机驱动，假设电动机正转时小车右行，反转时小车左行，选用行程开关SQ_A和SQ_B分别检测装料位置和卸料位置；在A处装料时延时180s后自动右行，到B位碰到SQ_B时停车、卸料；卸料延时120s后自动左行，到A位碰到SQ_A时停车、装料，如此循环往复地工作，直到按下停止按钮SB1（小车可以在任意位置停车）。显然，这是电动机的正反转控制加行程控制。

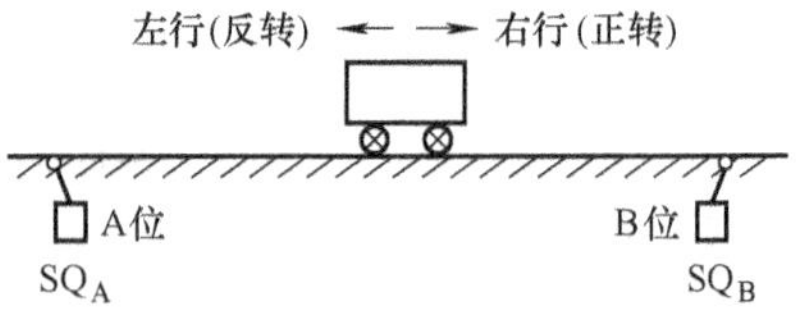

左行(反转) ← → 右行(正转)

A位　　B位

SQ_A　　SQ_B

图5-28　运料小车两位运行示意图

（2）PLC的I/O分配　该控制系统的输入信号包括：停止信号SB1、正转起动信号SB2、反转起动信号SB3、装料位置信号SQ_A、卸料位置信号SQ_B以及过载保护信号FR。输出信号包括：正转运行信号KM_F、反转运行信号KM_R、装料信号和卸料信号。I/O分配见表5-2。

表5-2　运料小车两位控制程序的I/O分配表

输　入		输　出	
控制信号	输入端口	驱动信号	输出端口
停止按钮SB1(常开触点)	I0.0	正转运行	Q0.0
正转起动按钮SB2(常开触点)	I0.1	反转运行	Q0.1
反转起动按钮SB3(常开触点)	I0.2	装料信号	Q0.2
装料位置信号SQ_A(常开触点)	I0.3	卸料信号	Q0.3
卸料位置信号SQ_B(常开触点)	I0.4		
过载保护FR(常闭触点)	I0.5		

（3）程序设计与分析　根据传统的电动机正反转控制电路，设计出的小车两位控制的梯形图如图 5-29 所示。定时器 T37 用于装料位置的装料延时，T38 用于卸料位置的卸料延时。设小车为空车且原始位置处于任意位置，按下左行起动按钮 SB3，I0.2 = **1**，常开触点 I0.2 闭合，使 Q0.1 接通，小车左行；小车到达 A 位装料处时，压动行程开关 SQ_A，I0.3 = **1**，常闭触点 I0.3 断开，使 Q0.1 断电，小车左行停止。网络 3 中的常开触点 I0.3 闭合，发出装料信号 Q0.2（该信号可以起动装料电磁阀），同时装料延时定时器 T37 开始计时；T37 计时到 180s 时，网络 1 中的常开触点 T37 闭合（代替右行起动信号 I0.1），使 Q0.0 接通，小车右行；小车到达 B 位卸料处时，压动行程开关 SQ_B，I0.4 = **1**，常闭触点 I0.4 断开，使 Q0.0 断电，小车右行停止。网络 4 中的常开触点 I0.4 闭合，发出卸料信号 Q0.3（该信号可以起动卸料电磁阀），同时卸料延时定时器 T38 开始计时；T38 计时到 120s 时，网络 2 中的常开触点 T38 闭合（代替左行起动信号 I0.2），使 Q0.1 接通，小车左行。然后重复上述过程。

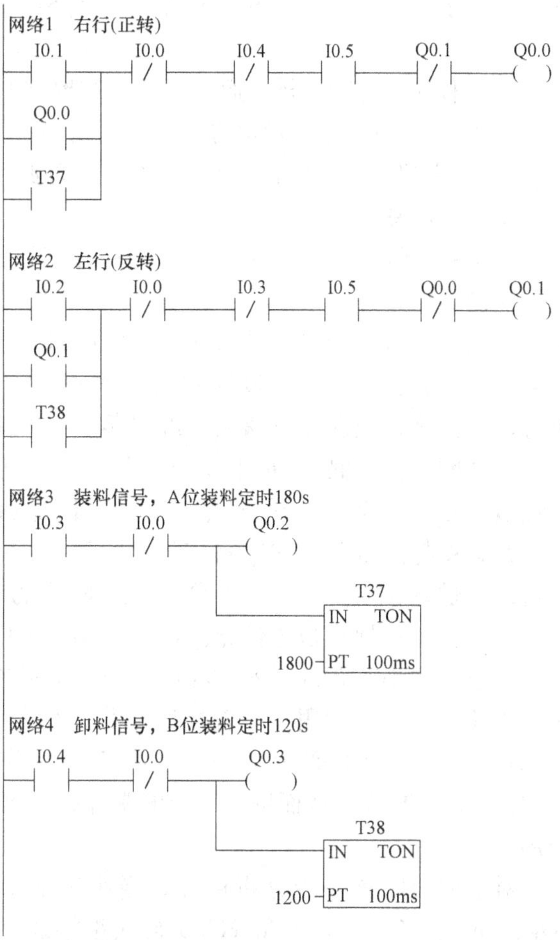

图 5-29　运料小车两位控制的梯形图

与起动按钮 I0.1 和 I0.2 并联的定时器的常开触点 T37 和 T38 实现了小车的自动往复控制。因此，只需要操作者在起动时按下一次起动按钮，系统即可自动完成各项工作。停止按钮用于工作周期结束时，停止系统的运行，或系统在运行过程中若有突发故障时，使系统紧急停止运行。

例 5-4　运料小车三位控制的程序设计。

（1）控制要求　在例 5-3 小车两位运行控制功能的基础上，再增加一处卸料位（C 位）的小车运行路线示意图如图 5-30 所示，现要求：小车在 A 位装料，第一次运送到 B 位，卸料后自动返回到 A 位再装料，第二次运送到 C 位，卸料后自动返回到 A 位再装料，以上过程自动往复。

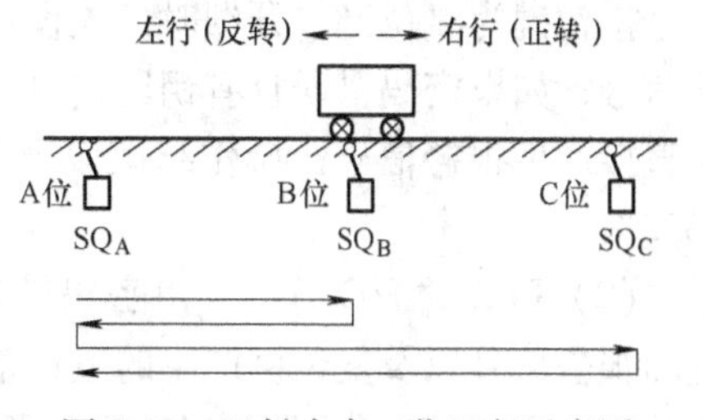

图 5-30　运料小车三位运行示意图

（2）PLC 的 I/O 分配　与小车的两位控制比较，只需增加一个输入信号，即 C 位检测的位置信号 SQ_C。设 SQ_C 的常开触点接到 I0.5，热继电器的常闭触点接到I0.6，其余输入和输出与例5-3的I/O分配完全相同，故此题I/O分配表省略。

（3）程序设计和分析 运料小车三位控制的难度在于偶数次运料经过B位时，尽管压动了行程开关SQ_B，但小车不能停止；当小车从C位返回经过B位时，也压动了行程开关SQ_B，但小车仍然不能停止。因此，控制程序必须具有记忆功能，以区分是奇数次还是偶数次压动行程开关SQ_B。

小车的三位运行控制（两处卸料）程序如图5-31的梯形图所示。首先按照正反转加行程控制功能设计梯形图，由于在B位和C位小车的右行运动均要停止并卸料，因此，应将该两位的行程开关信号I0.4（SQ_B）和I0.5（SQ_C）串联来控制电动机的正转输出信号Q0.0（网络1），并将I0.4和I0.5并联来产生卸料信号和卸料延时（网络5）；其次，再考虑区分是奇数次还是偶数次经过B位、压动行程开关SQ_B的问题。如果增设一个具有自锁功能的位存储器M0.0（网络3），控制程序便有了基本的记忆功能。当小车在奇数次经过B位、压动行程开关SQ_B时，常开触点I0.4闭合，使M0.0接通并自锁，用M0.0的常开触点与网络1中SQ_B对应的常闭触点I0.4并联，就将I0.4“短路”了，当小车右行再次通过B位时，网络1中常开触点I0.4的断开不会再使线圈Q0.0断电了，那么，小车就会一直运行到C位才停止。但是，网络1中I0.4“短路”的记忆功能不能一直有效，为了再下一次小车右行到B位时能停车，必须在其完成记忆功能后，立即将I0.4的“短路”取消。为此，利用小车右行到C位的信号I0.5来使M0.0复位，即在网络3中用常闭触点I0.5与线圈M0.0串联，当小车右行到C位时，网络3中的常闭触点I0.5断开，使线圈M0.0断电，从而网络1中的常开触点M0.0断开，解除了对I0.4的“短路”记忆作用。

对上述程序进一步分析可知，当小车从C位返回经过B位时，也会触动行程开关SQ_B，如果网络3中的线圈M0.0再次被接通，将导致记忆功能被触发，这是不允许的，应当利用小车左行的信号Q0.1来断开网络3中的起动信号支路，为此，将常闭触点Q0.1与常开触点I0.4串联即可达到目的。另外，如果网络5的卸料信号仅由I0.4和I0.5并联触发产生，那么，当小车偶数次右行通过B位时，以及小车从C位返回通过B位时，网络5均会产生卸料信号。因此，应该保证只要小车在运行（不停车）就不产生卸料信号，为此用小车的右行和左行信号Q0.0和Q0.1来控制网络5，即在网络5中串联常闭触点Q0.0和Q0.1来解决这个问题。

例5-5 密码锁的程序设计。

（1）要求用PLC设计一个密码锁程序 密码锁给定六个按钮键，其中有三个按钮键用于设定密码，一个按钮键为钥匙键（模拟真实密码锁的钥匙），一个按钮键为报警键，还有一个按钮键为复位键。开锁时，先设定三位密码，再点动钥匙键，如果密码正确，则发出开锁信号；如果密码错误且有钥匙信号时，则发出报警信号；如果在操作过程中误按下报警键时直接产生报警信号；操作结束以及报警时可以通过复位键复位。本例设密码锁的密码为“352”。

（2）PLC的I/O分配 由密码键产生的三位密码、钥匙键产生的钥匙信号、报警键产生的报警信号以及复位键产生的复位信号均为输入信号、开锁信号和报警信号为输出信号。因此，PLC的I/O分配见表5-3，设所有的按钮键均使用其常开触点。

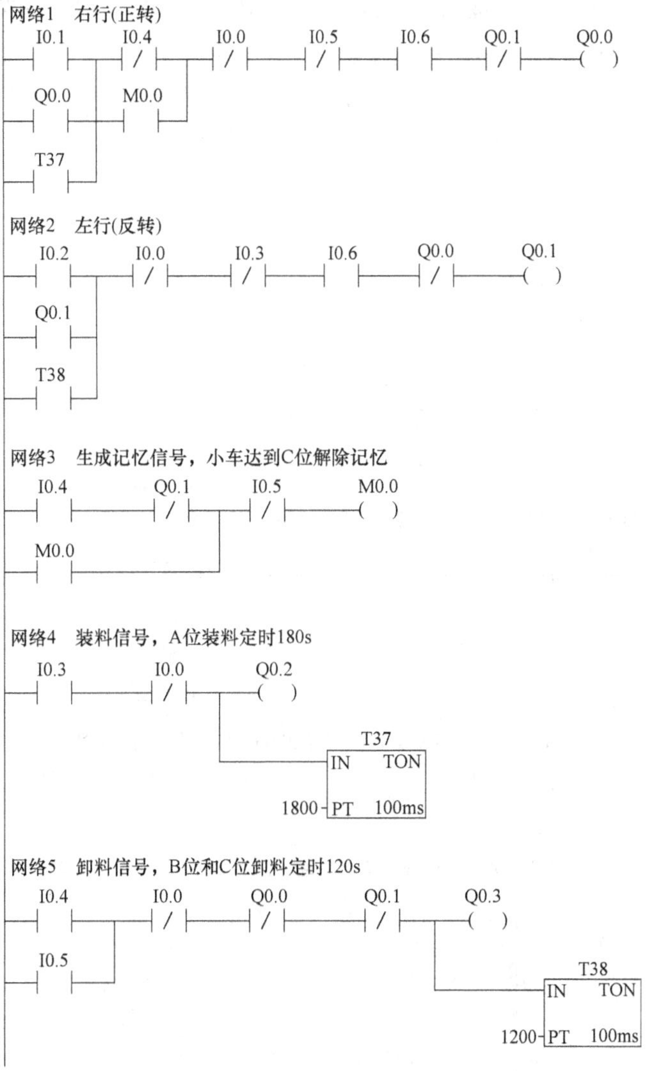

网络1　右行(正转)

I0.1　I0.4　I0.0　I0.5　I0.6　Q0.1　Q0.0

Q0.0　M0.0

T37

网络2　左行(反转)

I0.2　I0.0　I0.3　I0.6　Q0.0　Q0.1

Q0.1

T38

网络3　生成记忆信号，小车达到C位解除记忆

I0.4　Q0.1　I0.5　M0.0

M0.0

网络4　装料信号，A位装料定时180s

I0.3　I0.0　Q0.2

T37 IN TON

1800 PT 100ms

网络5　卸料信号，B位和C位卸料定时120s

I0.4　I0.0　Q0.0　Q0.1　Q0.3

I0.5

T38 IN TON

1200 PT 100ms

图 5-31　运料小车三位控制的梯形图

表 5-3　密码锁程序的 I/O 分配表

输　入		输　出	
控制信号	输入端口	驱动信号	输出端口
钥匙键 SB1	I0. 0	开锁	Q0. 0
第一位密码键 SB2	I0. 1	报警	Q0. 1
第二位密码键 SB3	I0. 2		
第三位密码键 SB4	I0. 3		
复位键 SB5	I0. 4		
报警键 SB6	I0. 5		

（3）程序设计和分析　利用按钮按动的次数来代表密码的数值，因此，密码锁程序需要用计数器指令；而密码的数值是否正确，应该使用整数比较指令（计数器中存放的计数

值为整数)。利用计数器指令和整数比较指令设计的密码锁程序如图5-32所示。

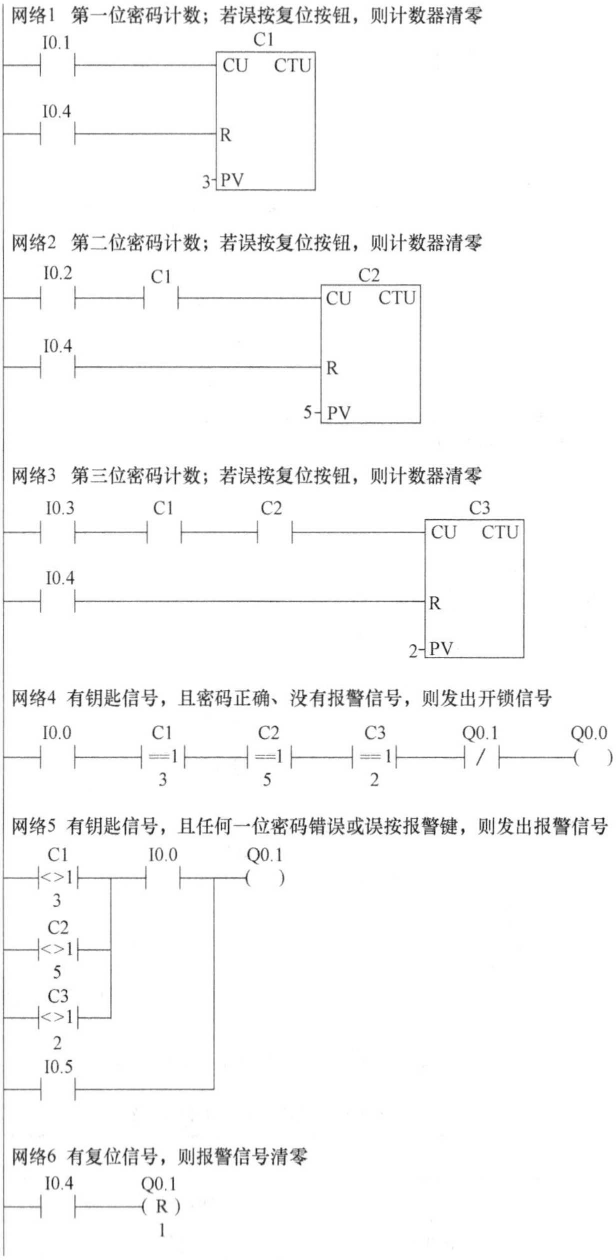

网络1　第一位密码计数；若误按复位按钮，则计数器清零

I0.1　C1　CU　CTU
I0.4　R
3　PV

网络2　第二位密码计数；若误按复位按钮，则计数器清零

I0.2　C1　C2　CU　CTU
I0.4　R
5　PV

网络3　第三位密码计数；若误按复位按钮，则计数器清零

I0.3　C1　C2　C3　CU　CTU
I0.4　R
2　PV

网络4　有钥匙信号，且密码正确、没有报警信号，则发出开锁信号

I0.0　C1 ==I 3　C2 ==I 5　C3 ==I 2　Q0.1 /　Q0.0 ( )

网络5　有钥匙信号，且任何一位密码错误或误按报警键，则发出报警信号

C1 <>I 3　I0.0　Q0.1 ( )
C2 <>I 5
C3 <>I 2
I0.5

网络6　有复位信号，则报警信号清零

I0.4　Q0.1 (R) 1

图5-32　密码锁的梯形图

网络1：实现第一位密码计数。每按一次按钮I0.1（SB2），计数器C1的计数值加1。当C1的计数值等于或大于3时，网络2中的常开触点C1闭合。若误按复位键I0.4（SB5），则计数器清零。

网络2：当C1≥3时，才能实现第二位密码计数。每按一次按钮I0.2（SB3），计数器C2的计数值加1。当C2的计数值等于或大于5时，网络3中的常开触点C2闭合。若误按复位键I0.4（SB5），则计数器清零。

网络 3：当 C1≥3 且 C2≥5 时，才能实现第三位密码计数。每按一次按钮 I0.3（SB4），计数器 C3 的计数值加 1。若误按复位键 I0.4（SB5），则计数器清零。

网络 4：有钥匙信号 I0.0（SB1），且密码正确（C1 = 3，C2 = 5，C3 = 2）以及没有报警信号（Q0.1 = **0**），则发出开锁信号，Q0.0 = **1**。

网络 5：有钥匙信号且任何一位密码错误，或误按报警键（I0.5 = **1**），则发出报警信号，Q0.1 = **1**。

网络 6：按下复位键 I0.4（SB5）时，复位报警信号，Q0.1 = **0**。

例 5-6　多位送料小车定位控制的程序设计。

（1）要求用 PLC 设计一个多位送料小车定位控制的程序　多位送料小车的运行路线如图 5-33 所示。在生产线上有五个工位，当某工位需要运送原料时，按下呼叫按钮 SB（常开触点按钮），小车根据当前位置与呼叫位置之间的关系，右行或左行至呼叫位置；当小车压动呼叫位置的行程开关 SQ 时，小车停止运行，直到有新的呼叫小车才驶离该位置。送料小车的运行要有运行起动开关 S 控制，小车驱动电动机需设过载保护。行程开关有常开触点和常闭开触点，本设计选用常开触点。

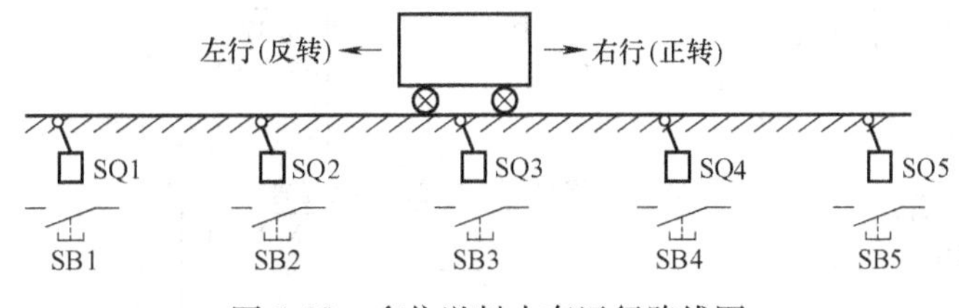

图 5-33　多位送料小车运行路线图

（2）PLC 的 I/O 分配　呼叫信号与位置信号均为输入信号；输出为控制小车右行（电动机正转）或左行（电动机反转）两个信号，因此，多位送料小车 PLC 控制的 I/O 分配见表 5-4。表中，所有呼叫按钮和行程开关均使用其常开触点。

表 5-4　多位送料小车定位控制程序的 I/O 分配表

输入				输出	
控制信号	输入端口	控制信号	输入端口	驱动信号	输出端口
起动开关 S	I0.0	位置 1 检测 SQ1	I1.1	正转	Q0.0
位置 1 呼叫按钮 SB1	I0.1	位置 2 检测 SQ2	I1.2	反转	Q0.1
位置 2 呼叫按钮 SB2	I0.2	位置 3 检测 SQ3	I1.3		
位置 3 呼叫按钮 SB3	I0.3	位置 4 检测 SQ4	I1.4		
位置 4 呼叫按钮 SB4	I0.4	位置 5 检测 SQ5	I1.5		
位置 5 呼叫按钮 SB5	I0.5	过载保护 FR(常闭)	I1.6		

（3）程序设计和分析　由于小车的行进方向取决于小车的当前位置与呼叫位置之间的关系，因此，可将位置信号转换为数值，再利用比较指令判定小车的行进方向。利用字节传送指令和字节比较指令设计的送料小车定位控制程序如图 5-34 所示。

网络 1：当按钮 SB1 按下时，MB1 存储位置号码 1。

网络 2：当按钮 SB2 按下时，MB1 存储位置号码 2。

网络3：当按钮SB3按下时，MB1存储位置号码3。

网络4：当按钮SB4按下时，MB1存储位置号码4。

网络5：当按钮SB5按下时，MB1存储位置号码5。

网络6：当小车运行到1位，压动行程开关SQ1时，MB2存储位置号码1。

网络7：当小车运行到2位，压动行程开关SQ2时，MB2存储位置号码2。

网络8：当小车运行到3位，压动行程开关SQ3时，MB2存储位置号码3。

网络9：当小车运行到4位，压动行程开关SQ4时，MB2存储位置号码4。

网络10：当小车运行到5位，压动行程开关SQ5时，MB2存储位置号码5。

网络11：当呼叫号码等于位置号码，设置停车标志，M0.2 = **1**。

网络12：呼叫号码大于位置号码，设置正转标志，M0.0 = **1**。

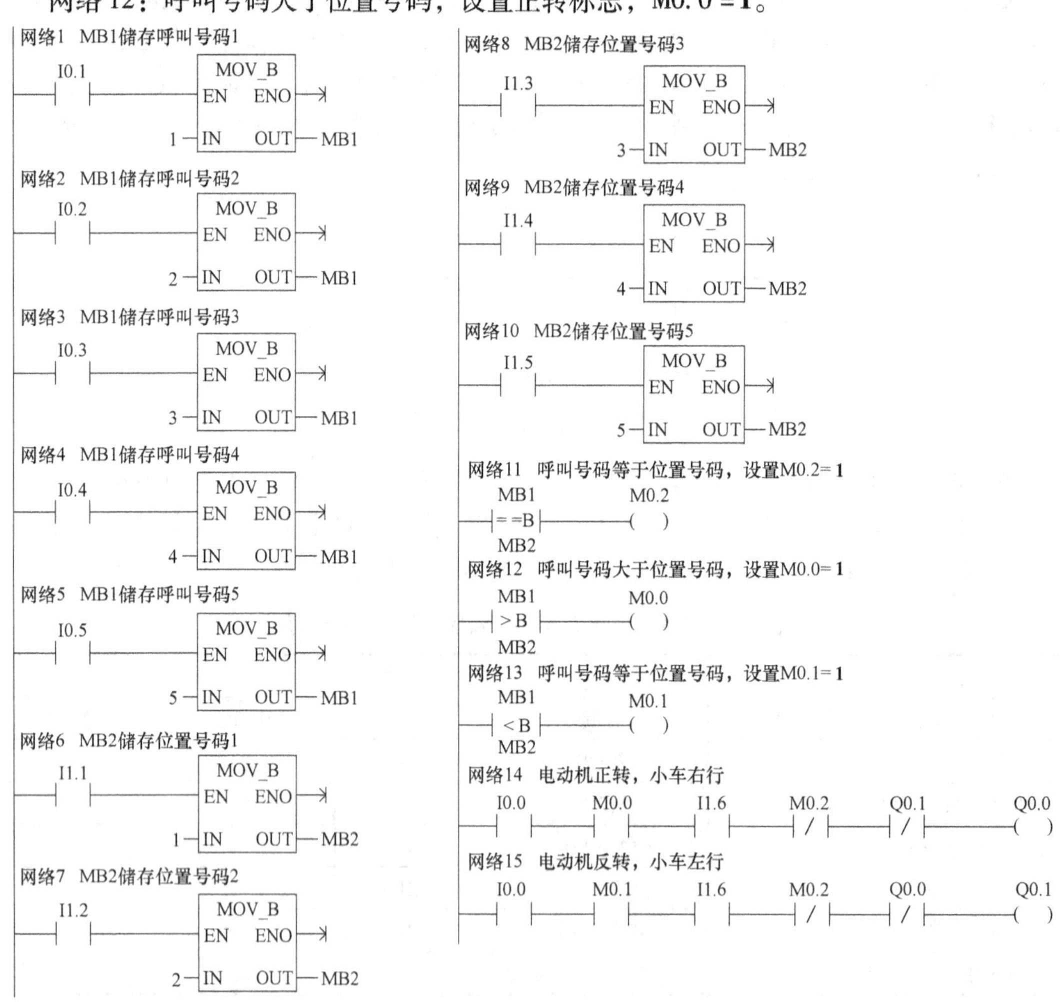

图5-34　多位送料小车定位控制的梯形图

网络13：呼叫号码小于位置号码，设置反转标志，M0.1 = **1**。

网络14：有正转标志（M0.0 = **1**）和运行信号（I0.0 = **1**），且无停车标志（M0.2 = **0**）和过载保护（I1.6 = **1**），则Q0.0 = **1**，电动机正转，小车右行。

网络15：有反转标志（M0.0 = **1**）和运行信号（I0.0 = **1**），且无停车标志（M0.2 = **0**）

和过载保护（I1.6 =**1**），则 Q0.1 =**1**，则电动机反转，小车左行。

根据以上几个例题的分析与设计，可知经验设计法主要是依靠设计人员的经验进行设计，要求设计者有一定的实践经验，对工业控制系统和工业上常用的各种典型环节比较熟悉。经验设计法没有规律可以遵循，具有很大的试探性和随意性，往往需经多次反复修改和完善才能符合设计要求，所以设计的结果往往不太规范，因人而异。

经验设计法一般适合于控制要求比较简单的程序设计或复杂系统的某一局部控制程序（如手动程序等）的设计，可以收到快速、简单的效果。但是，对设计人员的要求比较高，如果用来设计复杂控制系统的程序，则存在以下问题：

1）考虑不周、设计麻烦、设计周期长。用经验设计法设计复杂系统的梯形图程序时，要用大量的中间元件来完成记忆、联锁、互锁等功能，由于需要考虑的因素很多，它们往往又交织在一起，分析起来非常困难，并且很容易遗漏一些问题。修改某一局部程序时，很可能会对系统其他部分程序产生意想不到的影响，往往花了很长时间，还得不到一个满意的结果。

2）程序的可读性差、系统维护困难。用经验设计法设计的梯形图是按设计者的经验和习惯的思路进行设计。因此，即使是设计者的同行，要分析这种程序也非常困难，更不用说维修人员了，这给 PLC 系统的维护和改进带来许多困难。

5.3.3　实用程序两例

在工程应用中，控制程序不仅要满足控制逻辑的要求，还必须要考虑系统的安全性，以保证在操作错误、硬件故障、系统突然断电等情况下不出现人身及设备安全事故。下面所给出的异步电动机的正反转控制程序与Y-△ 起动控制程序相对 5.3.1 小节中介绍的相应程序就考虑了更多的工程实际问题。阅读这些程序，将有利于初学者更好地掌握 PLC 程序的编程方法。

1. 实用的异步电动机正反转控制程序

异步电动机正反转控制的主电路如图 5-21 所示，PLC 控制的 I/O 分配见表 5-5。本例所采用的断路器 Q 既是主电路的电源主开关，也包含了短路、过载、欠电压等保护功能，其辅助触点与主电路的主触点状态一致，将其接入 PLC 的 I0.3，用于检测断路器的状态。

表 5-5　异步电动机正反转控制程序的 I/O 分配表

输　入		输　出	
控制信号	输入端口	驱动信号	输出端口
正转起动按钮 SB1（常开）	I0.0	正转交流接触器线圈 KM_F	Q0.0
反转起动按钮 SB2（常开）	I0.1	反转交流接触器线圈 KM_R	Q0.1
停止按钮 SB3（常闭）	I0.2	停止指示灯	Q0.2
断路器 Q（辅助常闭）	I0.3	正转指示灯	Q0.3
		反转指示灯	Q0.4
		强制等待指示灯	Q0.5

异步电动机正反转控制的梯形图程序如图 5-35 所示，本程序长度为 137B。该梯形图设计考虑了以下问题：

1）设置旋转方向标志位：正转标志 M1.0，反转标志 M1.1。

2）设置方向使能标志位：正转使能标志 M2.1，反转使能标志 M2.2。

3）设置正反转互锁标志位：M2.0，避免主回路短路。

4）设置停机等待时间：5s，避免反方向起动时电动机轴承受较大的扭矩。

5）设置停机过程强制等待标志位：M2.3，在停机等待时间内，不能反方向起动。

6）设置四种系统状态指示灯，参见表5-5。

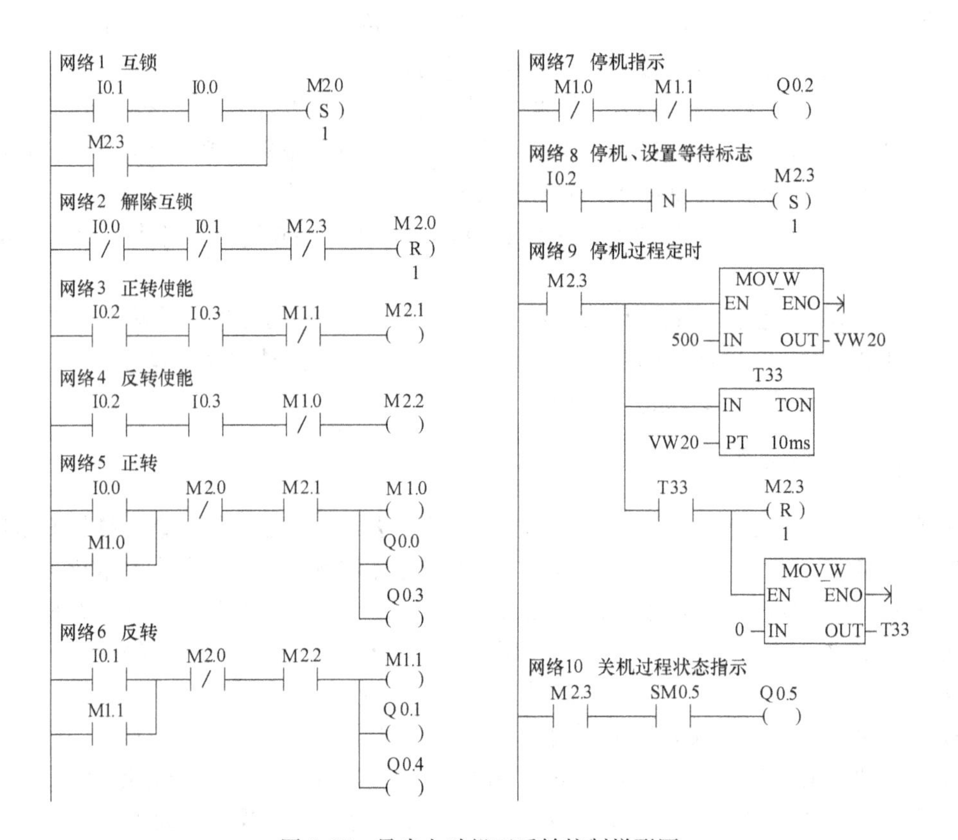

图5-35　异步电动机正反转控制梯形图

程序解释如下：

网络1：如果既命令电动机反转，又命令电动机正转，或处于强制等待状态，则设置互锁标志位，M2.0 = **1**。

网络2：如果既无正转起动命令，又无反转起动命令，并且强制等待时间溢出，则解除互锁标志位，M2.0 = **0**。

网络3：如果既无停机命令，且断路器未动作（处于闭合状态），又无反转标志，则置位正转使能位，M2.1 = **1**。

网络4：如果既无停机命令，且断路器未动作（处于闭合状态），又无正转标志，则置位反转使能位，M2.2 = **1**。

网络5：如果有正转起动信号（I0.0 = **1**），或有正转标志信号（M1.0 = **1**），且无互锁标志（M2.0 = **0**）和有正转使能信号（M2.1 = **1**），则置位正转标志位，M1.0 = **1**；输出正转驱动信号，Q0.0 = **1**；输出正转指示灯点亮信号，Q0.3 = **1**。

网络6：如果有反转起动信号（I0.1 = **1**），或有反转标志信号（M1.1 = **1**），且无互锁标志（M2.0 = **0**）和有反转使能信号（M2.2 = **1**），则置位反转标志位，M1.1 = **1**；输出反转驱动信号，Q0.1 = **1**；输出反转指示灯点亮信号，Q0.4 = **1**。

网络7：如果既无正转标志信号（M1.0 = **0**），又无反转标志信号（M1.1 = **0**），则输出停机指示灯亮信号，Q0.2 = **1**。

网络8：若有停机信号（I0.2 由 ON 变为 OFF），置位正在停机标志位，M2.3 = **1**。

网络9：若有停机标志信号（M2.3 = **1**），则装载停机过程强制等待的时间值（5s）；T33 定时 5s 时间到，正在停机标志位复位，M2.3 = **0**，同时等待定时器清零。

网络10：如果正在停机过程中，秒脉冲 SM0.5 使正在停机指示灯闪烁。

2. 实用的异步电动机Y-△起动控制程序

异步电动机Y-△起动控制的主电路如图5-25 所示，PLC 控制的 I/O 分配见表5-6。本例所采用的断路器 Q 既是主电路的电源主开关，也包含了短路、过载、欠电压等保护功能，其辅助触点与主电路的主触点状态一致，将其接入 PLC 的 I0.3，用于检测断路器的状态。

表5-6　异步电动机Y-△起动控制程序的 I/O 分配表

输　入		输　出	
控制信号	输入端口	驱动信号	输出端口
起动按钮 SB1（常开）	I0.0	主电源接触器线圈 KM	Q0.0
停止按钮 SB2（常闭）	I0.1	Y形起动接触器线圈 KM1	Q0.1
断路器 Q（辅助常闭）	I0.2	△形运行接触器线圈 KM2	Q0.2
主接触器反馈信号 KM（辅助常开）	I0.3	故障指示灯	Q0.3
Y形起动接触器反馈信号 KM1（辅助常开）	I0.4		
△形运行接触器反馈信号 KM2（辅助常开）	I0.5		
复位（确认）按钮 SB3（常开）	I0.6		

电动机Y-△起动控制的梯形图程序如图5-36 所示，程序长度为153B。本设计考虑了以下问题：

1）设置互锁标志位：M10.0，防止误操作。

2）设置起动过程标志位：M11.1。

3）设置Y形起动时间定时：5s（此值应根据电动机功率的大小修正）。

4）设置各个交流接触器工作状态反馈信号：交流接触器的辅助常开触点接至 I0.3、I0.4 和 I0.5，用于反馈各个接触器的接通状态。

5）设置故障信号定时：2s，这段延时时间对应交流接触器动作的最长时间。在此时间段，若各个交流接触器的工作状态与驱动信号的逻辑关系不对应，则说明接触器发生了故障，立即终止起动过程。

6）设置系统故障信号指示灯：由输出 Q0.3 驱动，用于指示接触器铁心不能吸合的故障。

7）设置复位故障信号按钮 SB3：I0.6 是用于复位起动过程中所产生的故障信号。确认故障排除后操作 SB3，以复位故障信号 Q0.3。

程序解释如下：

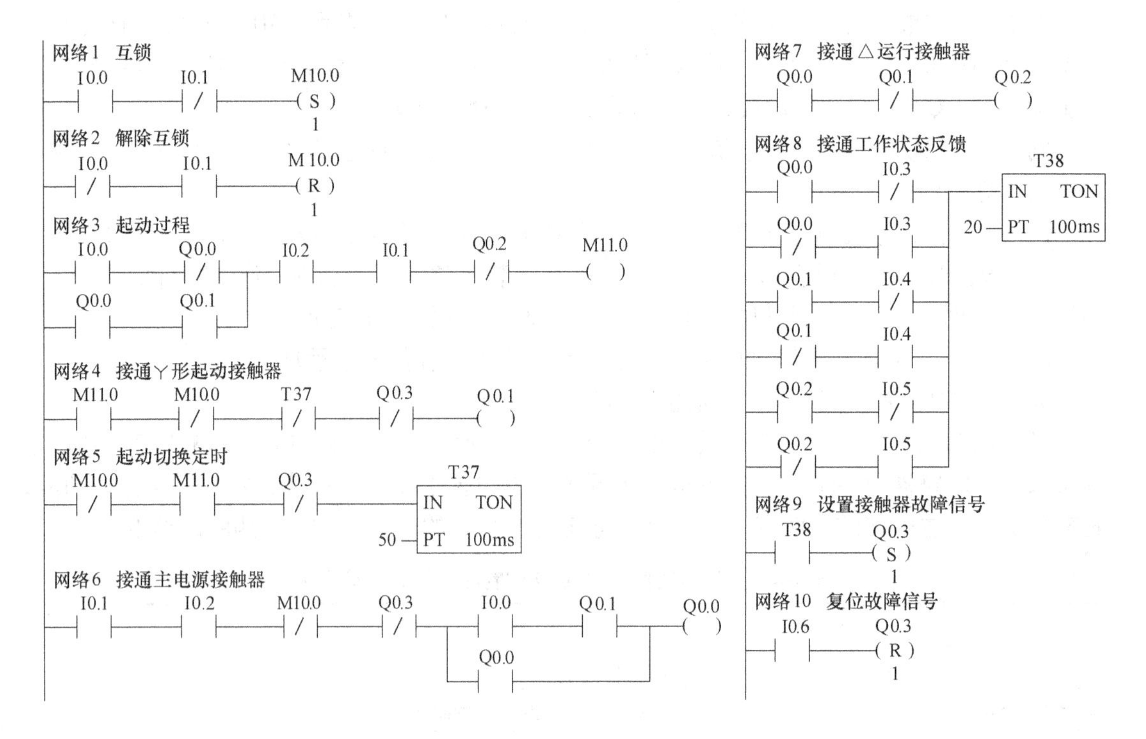

图5-36　电动机丫-△起动控制梯形图

网络1：若起动按钮与停止按钮同时动作（I0.0 =**1**，I0.1 =**0**），则设置互锁标志，M10.0 =**1**。

网络2：若起动按钮与停止按钮均没有动作（I0.0 =**0**，I0.1 =**1**），则解除互锁标志，M10.0 =**0**。

网络3：若起动按钮动作（I0.0 =**1**）、主接触器未接通（Q0.0 =**0**），且断路器未动作（I0.2 =**1**）、没有停止信号（I0.1 =**1**）以及△形运行接触器未接通（Q0.2 =**0**），则设置起动过程标志，M11.0 =**1**；并用主接触器和丫形起动接触器的接通信号（Q0.0 =**1**，Q0.2 =**1**）自锁。

网络4：若有起动过程标志（M11.0 =**1**）、无互锁标志（M10.0 =**0**）、丫形起动切换时间未到（T37 =**0**）、且无故障信号（Q0.3 =**0**），则接通丫形起动接触器，Q0.1 =**1**。

网络5：若无互锁标志（M10.0 =**0**）、有起动过程标志（M11.0 =**1**）、无故障信号（Q0.3 =**0**），则丫形起动5s定时开始。

网络6：若没有停止信号（I0.1 =**1**）、断路器未动作（I0.2 =**1**）、无互锁标志（M10.0 =**0**）、无故障信号（Q0.3 =**0**），且有起动信号（I0.0 =**1**）、丫形起动接触器已接通（Q0.1 =**1**），则接通主接触器，Q0.0 =**1**，并自锁。

网络7：若主接触器已接通（Q0.0 =**1**），丫形起动接触器已断开（Q0.1 =**0**），则接通△形运行接触器，Q0.2 =**1**。

网络8：有无故障逻辑判断，以下六种情况均起动2s定时。

1）若有主接触器驱动信号（Q0.0 =**1**），但无主接触器接通状态反馈信号（I0.3 =**0**）。

2）若无主接触器驱动信号（Q0.0 =**0**），而有主接触器接通状态反馈信号（I0.3 =**1**）。

3）若有丫形起动接触器驱动信号（Q0.1 =1），但无丫形起动触器接通状态反馈信号（I0.4 =0）。

4）若无丫形起动接触器驱动信号（Q0.1 =0），而有丫形起动接触器接通状态反馈信号（I0.4 =1）。

5）若有△形运行接触器驱动信号（Q0.2 =1），但无△形运行接触器接通状态反馈信号（I0.5 =0）。

6）若无△形起动接触器驱动信号（Q0.2 =0），而有△形运行接触器接通状态反馈信号（I0.5 =1）。

网络9：故障检测延时2s时间到，均说明出现了电气设备硬件故障，设置故障信号，Q0.3 =1。

网络10：人工排除故障后，按下复位（确认）按钮，复位故障信号，Q0.3 =0。

综上所述，该程序设计的特点在于在网络8中实现的接触器状态监测与反馈。从原理上讲，反馈就是将输出信号与反应接触器实际状态的输入信号相比较，如不一致，则表示执行机构没有按照输出命令动作。实际运行时，接触器可能会因为机械故障，在线圈通电时，其触点没有动作，或在线圈断电时，其触点没有恢复原始状态。此时设置一个故障延时（T38），等待时间为2s。这段延时时间对应接触器动作（吸合或释放）的最长时间。2s延时时间到，说明故障存在，则设置故障指示Q0.3，并在网络4、网络5和网络6中将所有输出复位，等待排查故障并确认复位后，方能再次执行起动过程。

5.4 PLC程序的顺序控制设计法

如果一个控制系统可以分解成一些独立的控制动作，而且这些动作必须严格按照一定的先后次序执行才能保证生产过程的正常运行，这样的控制系统称为顺序控制系统，也称为步进控制系统，简称顺控系统。顺控系统的控制动作总是一步一步地按顺序进行。在工业控制领域中，顺控系统的应用很广，尤其在机械行业，几乎无一例外地利用顺序控制来实现加工的自动循环。

所谓顺序控制设计法就是针对顺序控制系统的一种专门的设计方法。这种设计方法很容易被初学者接受，对于有经验的工程师，也会提高设计的效率，程序的调试、修改和阅读也很方便。PLC的设计者们为顺序控制系统的程序编制提供了大量通用和专用的编程元件，开发了专门供编制顺序控制程序用的顺序功能图SFC，使这种有规律可循的设计方法成为当前PLC程序设计的主要方法。

5.4.1 顺序控制设计法的设计步骤

采用顺序控制设计法进行程序设计的基本步骤及内容如下。

1. 步（状态）的划分

顺序控制设计法最基本的思想是将系统的一个工作周期划分为若干个顺序相连的阶段，这些阶段称为步（或称为状态），并且用编程元件（位存储器M或顺序控制继电器S）来代表各步的逻辑状态。步的划分有两种方法，其一是根据PLC输出状态的变化来划分的，在任何一步之内，各个输出逻辑变量的状态不变，而相邻两步之间的输出逻辑变量的状态是不同的；其二是根据被控对象的工作状态的变化来划分，但被控对象工作状态的变化应该是由PLC输出状态的变化引起的。

例如，某彩灯工作系统的时序图如图5-37所示，红、黄、绿三种颜色的彩灯顺序点亮后，再一起熄灭，然后按上述步骤循环工作。根据PLC输出状态的变化来划分，可以将其划分为四步：步1～步4（或称为状态1～状态4）。

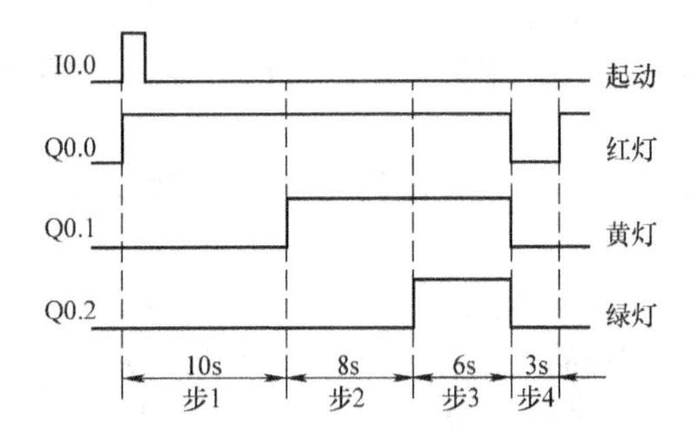

图5-37　彩灯顺序点亮控制的时序图

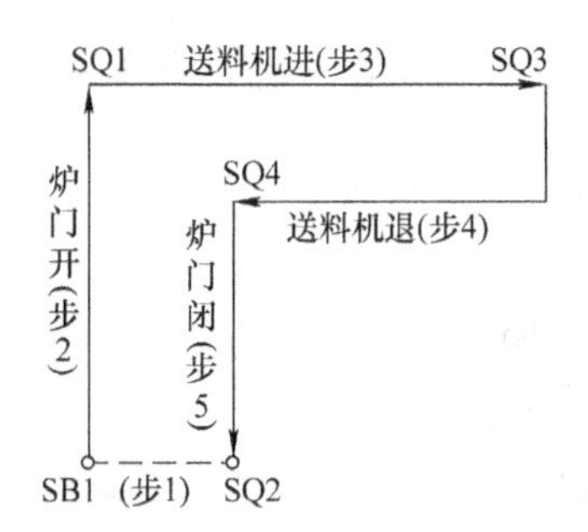

图5-38　加热炉自动上料的控制过程

又如加热炉自动上料控制系统的工作过程如图5-38所示，该系统有两台电动机M1和M2，M1用于控制炉门的开启与关闭，M2用于控制送料机的进与退。SB1为起动按钮。当按动起动按钮SB1时，M1正转，炉门开启；炉门开启到位，压动行程开关SQ1，M1正转停止，同时M2正转，送料机推进；送料机推进到位，压动行程开关SQ3，M2正转停止，同时M2反转（暂时不考虑倒料动作），送料机后退；送料机后退到位，压动行程开关SQ4，M2反转停止，同时M1反转，炉门关闭；炉门关闭到位，压动行程开关SQ2，M1反转停止。当再次按动起动按钮SB1时，重复上述过程。根据被控对象的工作状态的变化来划分，可以将加热炉自动上料控制系统的工作过程划分为五步：步1～步5。

综上所述，每一步或说每一个状态都是与所有输出的一种确定状态组合相对应的。因此，步的这种划分方法使代表各步逻辑状态的编程元件与PLC各输出状态之间有着极为简单的逻辑对应关系。

2. 确定转换条件

使顺序控制系统由当前步转入下一步的信号称为转换条件。转换条件可以是外部输入信号，如按钮、指令开关、限位开关的通断信号，也可以是PLC内部产生的信号，如定时器、计数器触点的通断等，转换条件也可以是若干个信号与、或、非的逻辑组合。在图5-37所示的彩灯顺序点亮控制系统中，各步之间的转换条件分别为定时器的定时时间到的信号。在图5-38所示的加热炉自动上料控制系统中，各步之间的转换条件分别为SB1、SQ1、SQ2、SQ3和SQ4。

顺序控制设计法用转换条件来控制代表各步的编程元件，让它们的逻辑状态按一定的顺序变化，然后用代表各步的编程元件去控制各个输出映像寄存器。

3. 绘制顺序功能图

根据对系统控制功能的分析、顺序步骤和被控对象的动作要求绘制出顺序功能图。绘制顺序功能图是顺序控制设计法中最为关键的一个步骤。其具体方法在后面详细介绍。

4. 编制梯形图

根据顺序功能图，选择某种编程方式编制出梯形图程序。如果PLC支持顺序功能图语言，则可直接使用该顺序功能图作为最终程序。

5.4.2 顺序功能图的绘制

顺序功能图又称为功能表图或状态转移图，它是描述控制系统的控制过程、功能和特性的一种图形，也是设计PLC的顺序控制程序的工具。顺序功能图并不涉及所描述的控制功能的具体技术，它是一种通用的技术语言，可以用于与不同专业的人员之间进行技术交流，并据此进一步设计程序。各个PLC厂家都开发了相应的顺序功能图，各国家也都制定了顺序功能图的国家标准。我国最新颁布的顺序功能图国家标准GB/T 21654—2008采用了GRAFCET规范语言。

顺序功能图的一般形式如图5-39所示，它主要由步（状态）、有向连线、转换、转换条件和动作（命令）组成。

1. 步与动作

步在顺序功能图中用矩形框来表示，方框内标注该步的编号或名称。在图5-39的顺序功能图中，用编号$n-1$、n和$n+1$表示各步（或标注状态$n-1$、状态n和状态$n+1$）。在具体编程时，一般用PLC内部的编程元件来代表各步，如M0.0、S2.1等，这样做便于根据顺序功能图比较直观地设计出梯形图。

任何控制系统都有初始状态，与系统的初始状态相对应的步称为初始步。初始状态一般是控制系统等待起动命令的相对静止的状态。初始步用双线方框表示，如图5-40所示。每一个顺序功能图至少应该有一个初始步。

一个顺序控制系统的被控对象在某一步中可能要完成几个动作，与此相应，PLC在某一步中则要向被控系统发出几个命令，与这些命令或动作用矩形框中的文字或符号表示，并将该矩形框与相应的步相连。多个动作的表示方法有两种，如图5-40所示，即可以将多个动作的矩形框横向排列或纵向排列，而且，多个动作的矩形框的排列顺序不代表这些动作之间的任何顺序。

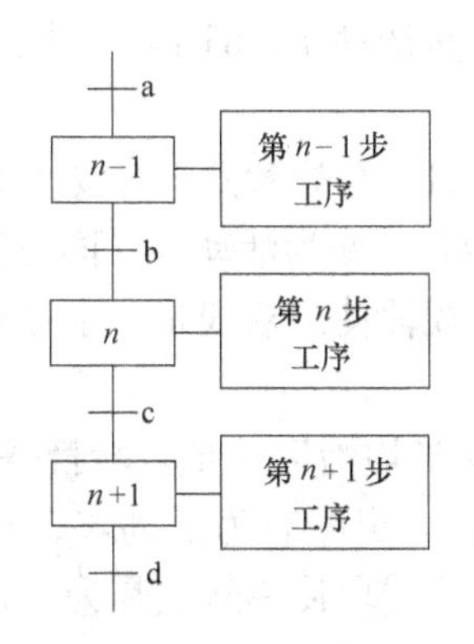

图5-39　顺序功能图的一般形式

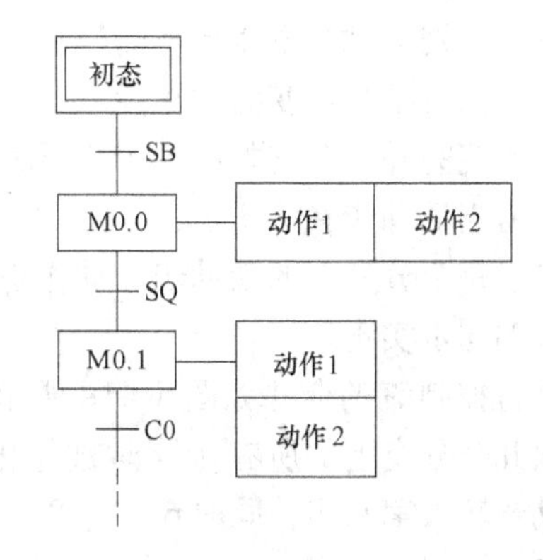

图5-40　顺序功能图的例子

当系统正处于某一步时，该步相应的动作被执行，称此步为活动步，其他步则称为休止步。当某一步由活动步变为休止步时，相应的动作如果需要继续执行，则称此动作为保持型的动作；当某一步由活动步变为休止步时，相应的动作如果要求立即停止，则称此动作为非保持型的动作。一般在顺序功能图中保持型的动作应该用文字或助记符标注，而非保持型动作不用标注。

2. 有向连线、转换与转换条件

在顺序功能图中，随着时间的推移和转换条件的实现，将会发生步的活动状态的顺序推移，这种推移按有向连线规定的路线和方向进行。在画顺序功能图时，将代表各步的方框按它们成为活动步的先后次序顺序排列，并用有向连线将它们连接起来。活动状态的移动方向习惯上是从上到下或从左至右，在这两个方向有向连线上的箭头可以省略。如果不是上述的方向，应在有向连线上用箭头注明活动状态的转移方向。

转换是用有向连线上与有向连线垂直的短画线来表示，转换将相邻两步分隔开。上下两步之间的转换是依靠转换条件实现的，转换条件可以用文字语言、逻辑代数式或图形符号标注在表示转换的短线的旁边。如图5-40所示，要从初始状态转换到第一步M0.0，其转换条件是按钮信号SB；要从第一步M0.0转换到第二步M0.1，其转换条件是行程开关信号SQ。一般地，转换条件X和$\overline{X}$分别表示在逻辑信号X为**1**态和**0**态时实现转换；转换条件X↑和X↓分别表示当X从**0**态变为**1**态（上升沿）时和从**1**态变为**0**态（下降沿）时实现转换。对于较复杂的、由多个信号的综合得到的转换条件，则使用逻辑代数式来表示，如转换条件（I0.2+I0.5）·V1.0。

3. 顺序功能图的基本结构

顺序功能图的基本结构有单控制流（单序列）、选择性控制流（选择序列）和并行控制流（并行序列）。

单控制流由一系列相继激活的步（状态）组成，每一步的后面仅接有一个转换，每一个转换的后面只有一个步，如图5-41a所示。

控制流的选择性分支如图5-41b所示。各个分支的转换条件不同，某一时刻只有一个转换条件成立（具有一定的随机性）。当某个转换条件成立时，活动步则转入相应的步。例如，当前活动步在第5步，若f=**1**，则活动步转入第7步，同时第5步变为休止步。

选择性控制流的合并如图5-41c所示。当某个分支上的步为活动步，且其下面的转换条件成立时，则活动步发生向下的转移。例如，如果第8步是活动步，且j=**1**，则活动步转入第9步，同时第8步变为休止步。

控制流的并行分支如图5-41d所示。当转换条件成立时，会导致几个分支上的步同时被激活。若当活动步在第5步，且k=**1**，则6、7、8这三步同时变为活动步，同时第5步变为休止步。每个分支上的活动步的动作是独立进行的。水平线段使用双线是为了强调激活几个后续步的同步实现。

并行控制流的合并如图5-41e所示。当分支上的所有步均为活动步且转换条件实现时，会导致几个分支上的所有步同时被休止，即当6、7、8这三步同时为活动步，且x=1时，则活动步转入第9步，同时6、7、8三步变为休止步。水平线段使用双线是为了强调休止几个前级步的同步实现。

4. 绘制顺序功能图应注意的问题

1）两个步绝对不能直接相连，必须用一个转换将它们隔开。

2）两个转换也不能直接相连，必须用一个步将它们隔开。

3）顺序功能图中初始步是必不可少的，它一般对应于系统等待起动的初始状态，这一步可能没有什么动作执行，因此很容易遗漏这一步。如果没有该步，无法表示初始状态，系

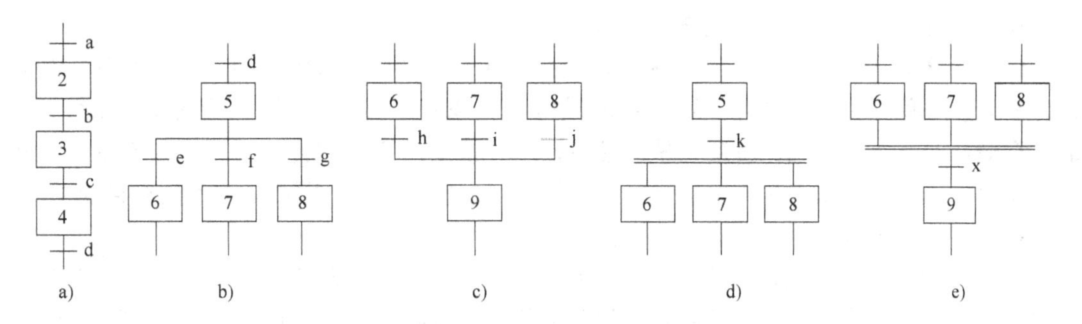

图 5-41　顺序功能图的基本结构

a）单控制流　b）控制流的选择性分支　c）选择性控制流的合并　d）控制流的并行分支　e）并行控制流的合并

统也无法返回停止状态。

4）只有当某一步的前级步为活动步时，该步才有可能变成活动步。如果用无断电保持功能的编程元件代表各步，则 PLC 开始进入 RUN 方式时各步均处于 **0** 态。因此必须要有初始化信号，将初始步预置为活动步，否则顺序功能图中永远不会出现活动步，系统将无法工作。

如图 5-37 所示的彩灯顺序点亮控制系统的顺序功能图如图 5-42 所示。该控制系统的工作过程分成依次点亮和全灭四步，相应的转换条件为定时器的时间信号 T33、T34、T35 和 T36。每一步直接用编程元件位存储器 M0.1 ~ M0.4 来代表，图中 SM0.1 为 S7-200 PLC 产生初始化脉冲的特殊标志位，一般使用该信号来激活系统的初始状态。

如图 5-38 所示的加热炉自动上料控制系统的顺序功能图如图 5-43 所示。其中，图 5-43a 是用文字叙述每一步的状态和动作，图 5-43b 则直接使用编程元件来代表每一步的状态和动作。该控制系统的工作过程分成：停止状态、炉门开、送料机进、送料机退和炉门关等五步。

显然，彩灯顺序点亮控制系统和加热炉自动上料控制系统都是具有单控制流顺序功能图的简单控制系统。

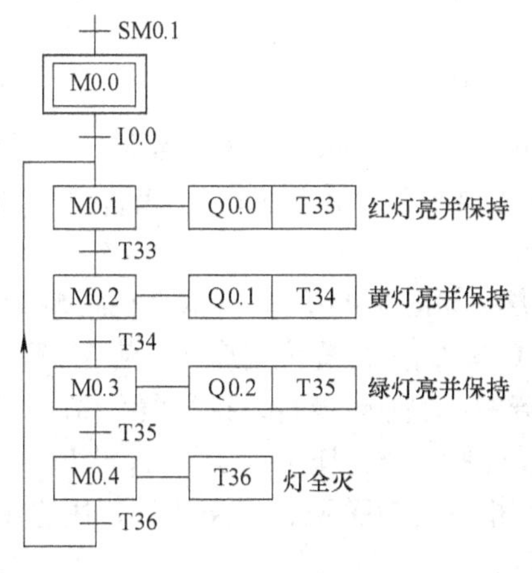

图 5-42　彩灯控制系统的顺序功能图

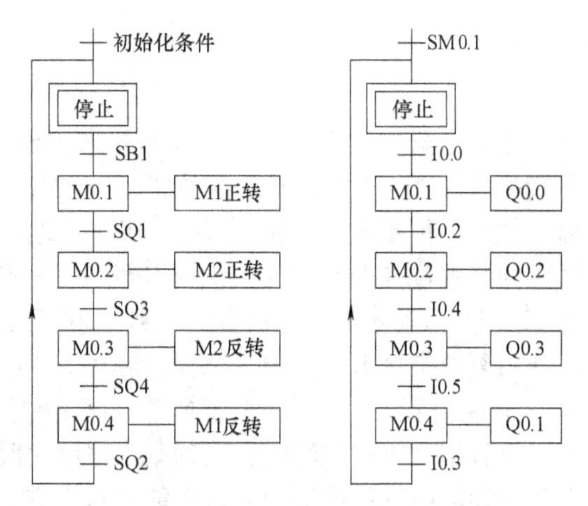

图 5-43　加热炉自动上料控制系统的顺序功能图

5.4.3　单控制流的顺序控制设计法

梯形图的顺序控制设计法是指根据顺序功能图设计出梯形图的方法。本小节仅讨论顺序功能图具有单控制流结构的简单控制系统的顺序控制设计法。

1. 使用位逻辑指令的编程方法

各厂商PLC的位逻辑指令基本相同，因此采用位逻辑指令的编程方法是一种通用的编程方法。该编程方法使用位存储器（中间继电器）来代表步。当某一步为活动步时，对应的位存储器的状态为**1**态，转换条件满足时，该转换的后续步变为活动步，并使本步休止，即使位存储器的状态变为**0**态。由于转换条件大都是短暂有效，因此，应使用有自锁功能的程序段来维持代表步的位存储器的状态（**1**态）。

如图5-44a所示，是某单控制流顺序功能图中顺序相连的3步，X_i是步M_i之前的转换条件。编程的关键是找出它的起动条件和停止条件。根据转换实现的基本规则，转换实现的条件是它的前级步为活动步，并且满足相应的转换条件，所以步M_i变为活动步的条件是M_{i-1}为活动步（$M_{i-1}=\mathbf{1}$），并且转换条件$X_i=\mathbf{1}$，在梯形图中则应将M_{i-1}和X_i的常开触点串联后作为控制M_i的起动电路，如图5-44b所示；当M_i和X_{i+1}均为**1**态时，步M_{i+1}应变为活动步，并应使步M_i应变为休止步，因此，可以将$M_{i+1}=\mathbf{1}$作为使M_i变为**0**态的条件，即将M_{i+1}的常闭触点与M_i的线圈串联。

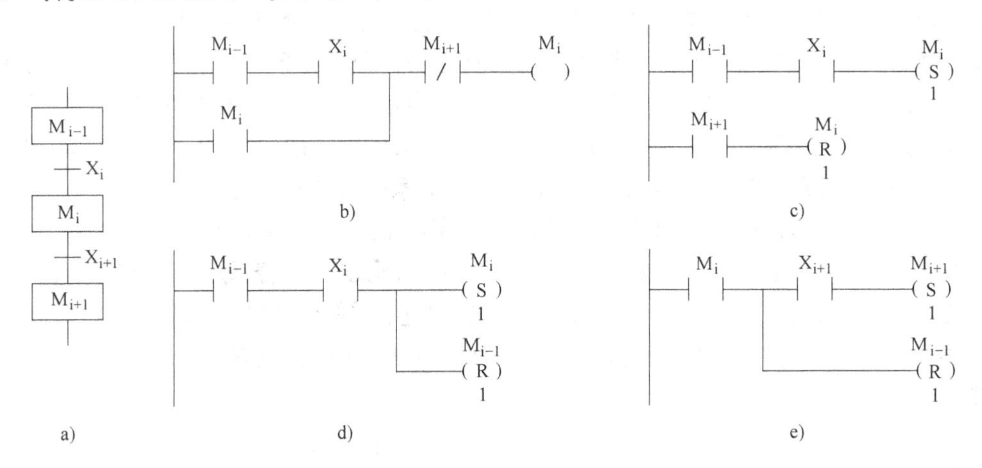

图5-44　使用位逻辑指令的编程方法

也可用置位指令S和复位指令R来实现上述功能，如图5-44c所示。当M_{i-1}为活动步，且转换条件$X_i=\mathbf{1}$时，执行置位指令S，M_i被置**1**，使M_i变为活动步；当M_{i+1}变为活动步时，执行复位指令R，M_i被置**0**，使M_i变为休止步。

使用置位指令S和复位指令R编程的另外两种方法如图5-44d、e所示。在图5-44d中，当M_i变为活动步的条件满足时（M_{i-1}和X_i同时为**1**态），执行置位指令S，使M_i置**1**，同时执行复位指令R，使M_{i-1}置**0**。在图5-44e中，若M_i为活动步时，执行复位指令R，使上一步M_{i-1}置**0**，当下一个转换条件满足时，执行置位指令S，使下一步M_{i+1}置**1**。

这种编程方法与转换实现的基本规则之间有着严格的对应关系，思路清晰，用它编制复杂的顺序功能图的梯形图时，更能显示出它的优越性。

由图5-42所示的彩灯控制系统的顺序功能图编写的梯形图程序如图5-45所示。开始运行时由初始脉冲SM0.1将M0.0置为**1**态（网络1中），使系统处在初始状态；在网络2～网络6中，当转换条件满足时，置前级步为休止步，置后续步为活动步；在网络7～网络10中，是对某个活动步进行定时；在网络11～网络13中，是由某个活动步的状态所激励的对应动作的输出程序段，由于这三个动作均为保持型的，故程序采用了自锁触点，并且在

M0.3 步的定时时间达到时（T35 =1），使所有步的动作复位（灯全灭）；当 M0.4 步的定时时间达到时（T36 =1），网络3中的常开触点 T36 闭合，使第一步 M0.1 再次置为1态，各个彩灯再次顺次点亮，从而彩灯周而复始地工作。

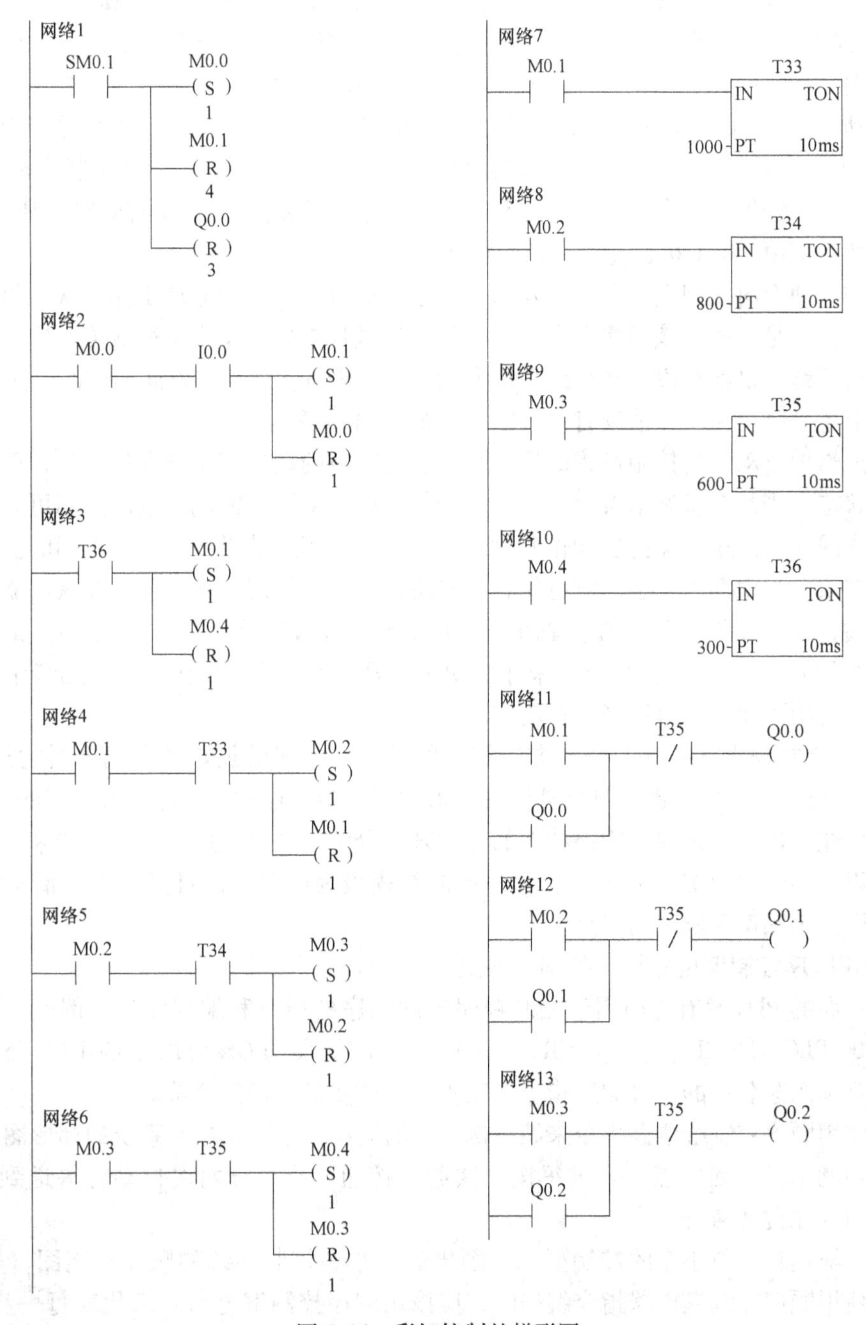

图5-45　彩灯控制的梯形图

本彩灯系统的控制程序没有考虑系统启动工作后怎样停止的问题，如果增设一个停止信号 I0.1，请读者自行修改顺序功能图和梯形图程序。

由图5-43所示的加热炉自动上料控制系统的顺序功能图编写的梯形图程序如图5-46所

示。在网络1中，开始运行时由初始脉冲SM0.1将M0.0置为**1**态，使系统处在初始状态；在网络2中，当起动信号I0.0有效时，M0.1置为**1**态，使系统由初始状态转换到状态M0.1，同时执行M0.1状态时对应的动作，即Q0.0被接通，炉门打开；在网络3中，当行程开关信号I0.2有效时，M0.2置为**1**态，使系统由M0.1状态转换到M0.2状态，同时执行M0.2状态时对应的动作，即Q0.2被接通，送料机推进；在网络4中，当行程开关信号I0.4有效时，M0.3置为**1**态，使系统由M0.2状态转换到M0.3状态，同时执行M0.3状态时对应的动作，即Q0.3被接通，送料机退出；在网络5中，当行程开关信号I0.5有效时，M0.4置为**1**态，使系统由M0.3状态转换到M0.4状态，同时执行M0.4状态时对应的动作，即Q0.1被接通，炉门关闭；在网络1中，当行程开关信号I0.3有效时，M0.0重新置为1态，使系统由M0.4状态转换到初始状态。

加热炉自动上料控制系统虽然每发出一个起动信号，系统就循环工作一次，最后能自动停止在原位，但是，还应该考虑到在一个循环工作过程中如何发生某种故障，应该立即停止系统运行的问题。也就是说，必须给系统增设一个急停开关SB2，以此相应的停止信号I0.1怎样加进上述控制程序中？请读者自行完善该梯形图程序。

由于加热炉自动上料控制过程的每一个状态所对应的动作都是非保持型的，即一个动作对应一个状态，当某个状态结束时，相应的动作也就结束了，因此，输出线圈可以直接与代表状态的线圈并联。这与保持型动作所对应的输出驱动程序的设计是完全不同的。如果某一输出动作在某几步中都为**1**态，应将代表各有关步的位存储器的常开触点并联后驱动该动作的输出线圈；或者按照图5-45中的输出线圈的驱动程序段（网络11～网络13）的设计方法（自锁）来保持动作。注意：用自锁来保持动作，只能用于该动作在连续的几步中都必须保持的情况，否则不能采用自锁来保持动作。

图5-47是根据图5-44e的编程方法编写的另一种形式的加热炉自动上料的控制程序。对照图5-43可知，该梯形图与顺序功能图的形式很相似，这样的程序具有更好的可读性。

综上所述，由于步是根据输出状态的变化来划分的，并且使用了位存储器来代表每一个状态，所以，不仅梯形图中输出驱动程序段的编程极为简单，而且具有思路清晰、编程规范、梯形图易于阅读和修改的优点。

2. 使用顺序控制继电器指令的编程方法

许多厂商的PLC都有专门用于编制顺序控制程序的指令和编程元件。例如，西门子公司的S7-200 PLC的SCR指令（LSCR、SCRT、SCRE），美国GE公司和GOULD公司的鼓形控制器，日本东芝公司的步进顺序指令、三菱公司的步进梯形指令等。

下面使用顺序控制继电器指令来编写例5-4的运料小车三位控制系统的梯形图程序。现将原控制功能稍微改动一点，要求每按一次起动按钮，小车分两次自动将料送到B、C两地，并返回到原位A停止。

首先，根据对运料小车的控制要求，画出运料小车控制系统的顺序功能图，如图5-48所示。当使用顺序控制继电器指令编程时，应该用顺序控制继电器S来代表每一步的状态。假设小车在原位并已经装料为系统的初始状态步S0.0，系统的工作过程简述如下：

按下起动按钮I0.1，系统由初始步S0.0转换到第一步S0.1，小车右行；小车右行到B位，产生了行程开关信号I0.4，系统由S0.1步转换到第二步S0.2，输出卸料信号Q0.3，并起动定时器T38定时；T38定时时间到，系统由S0.2步转换到第三步S0.3，小车左行；小

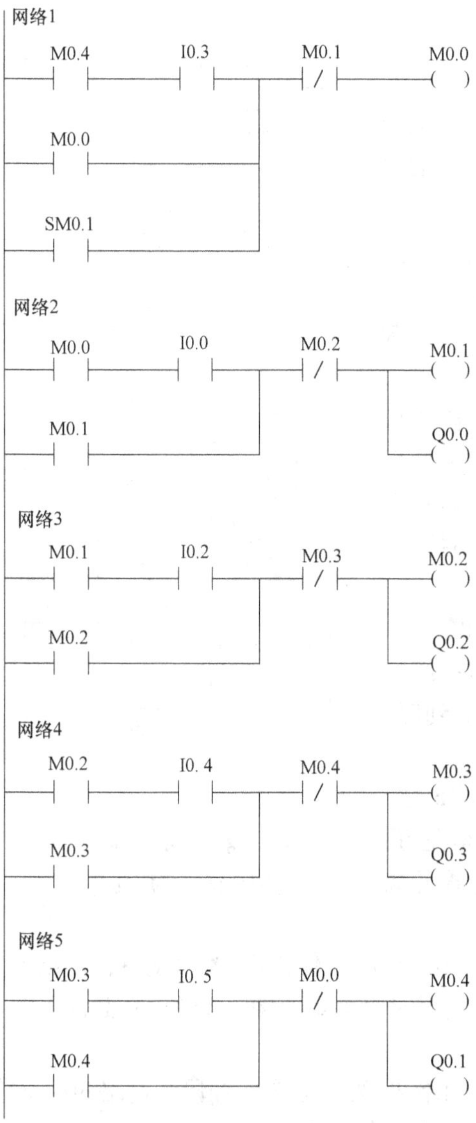

图 5-46　加热炉自动上料控制的梯形图之一

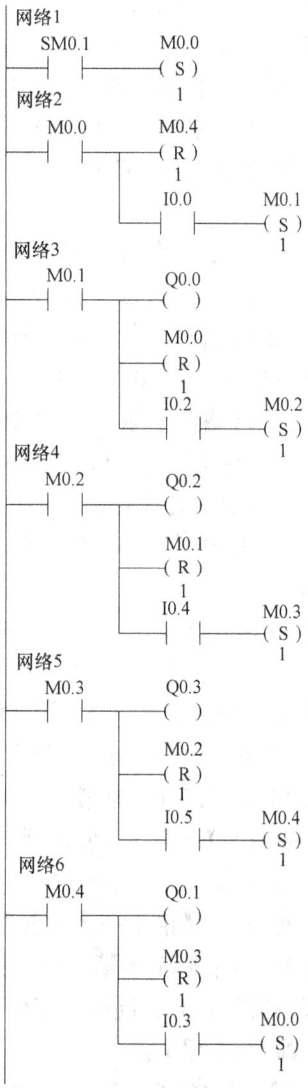

图 5-47　加热炉自动上料控制的梯形图之二

车左行到 A 位，产生了行程开关信号 I0.3，系统由 S0.3 步转换到第四步 S0.4，输出装料信号 Q0.2，并起动定时器 T37 定时；T37 定时时间到，系统由 S0.4 步转换到第五步 S0.5，小车右行；小车右行到 C 位，产生了行程开关信号 I0.5，系统由 S0.5 步转换到第六步 S0.6，输出卸料信号 Q0.3，并起动定时器 T39 定时；T39 定时时间到，系统由 S0.6 步转换到第七步 S0.7，小车左行；小车左行到 A 位，产生了行程开关信号 I0.3，系统由 S0.7 步转换到初始状态步，停止运行。即每按一次起动按钮，系统按上述步骤循环工作一个周期后回到初始状态步 S0.0。

图 5-49 为采用顺序控制继电器指令编写的小车自动送料控制系统的梯形图。计入初始状态，小车自动送料控制系统的控制程序分为八个顺控程序段（或称八个状态），即 S0.0～S0.7，每一个程序段由 SCR 指令开始，SCRE 指令结束，在某个程序段结束之前，要用

SCRT指令将下一个程序段激活。在SCR指令与SCRE指令之间放置的是本程序段需要执行的动作（指令）。

图5-49所示梯形图程序的工作过程简述如下。

网络1为控制的初始化程序。系统上电时，初始脉冲SM0.1使初始状态位S0.0置**1**，状态S0.1～S0.7置**0**（复位）。

网络2～网络5为第一个顺控程序段。系统上电后的首个扫描周期，该顺控段被执行，所执行的任务是：网络3复位所有的输出，并在起动信号I0.1有效时，网络4激活下一个顺控段，即S0.1置**1**。

网络6～网络9为第二个顺控程序段。该顺控段所执行的任务是：网络7用PLC的运行标志位SM0.0使输出Q0.0置**1**，发出正转信号，运料小车右行；当小车右行到B位而压动行程开关I0.4时，网络8激活下一个顺控段，即S0.2置**1**。

网络10～网络13为第三个顺控程序段。在网络11中，SM0.0使输出Q0.3置**1**，发出卸料信号并起动卸料定时，同时小车停止右行；当卸料定时时间100s到时，网络12激活下一个顺控段，即S0.3置**1**。

网络14～网络17为第四个顺控段。在网络15中，SM0.0使输出Q0.1置**1**，发出反转信号，运料小车左行，同时复位卸料信号；当小车左行到A位而压动行程开关I0.3时，网络16激活下一个顺控段，即S0.4置**1**。

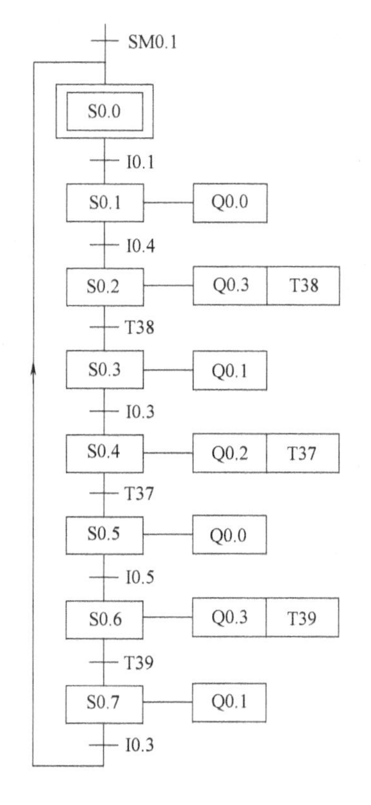

图5-48　小车自动送料控制系统的顺序功能图

网络18～网络21为第五个顺控段。在网络19中，SM0.0使输出Q0.2置**1**，发出装料信号并起动装料定时，同时小车停止左行；当装料定时时间150s到时，网络20激活下一个顺控段，即S0.5置**1**。

网络22～网络25为第六个顺控段，网络26～网络29为第七个顺控段，网络30～网络33为第八个顺控段，这些顺控程序段的执行情况由读者自行分析。

综上所述，每一个程序段的动作都是用SM0.0来激活，用定时时间或行程开关的信号（都是转换信号）使SCRT指令被执行，从而激活下一个顺控段，本顺控段由SCRE指令（对应着用位逻辑指令编程中的复位指令）终止。该程序是基于如下假设设计的：初始状态为送料小车停在原位（A位），且系统的工作完全按部就班地执行。实际系统运行时，事故是难免的，控制程序需增设急停开关。当事故发生时，小车将会紧急停放在任意位置，控制程序应该怎样修改，才能恢复系统的顺序工作状态？请读者自行分析设计。

这种编程方法看似复杂，因为图5-49的程序相比例5-4的程序要长许多，实际上，因其编程思路特别清晰，对解决复杂的顺控问题非常有效。

从上述各个例子可以看出，顺序功能图能够清楚地展现出控制程序中各个输入、输出逻辑变量之间的逻辑关系，无论是采用位逻辑指令还是顺序控制继电器指令，编程的思路都非常清晰。因此，根据顺序功能图进行编程的方法是一种最简单、有效的编程方法。

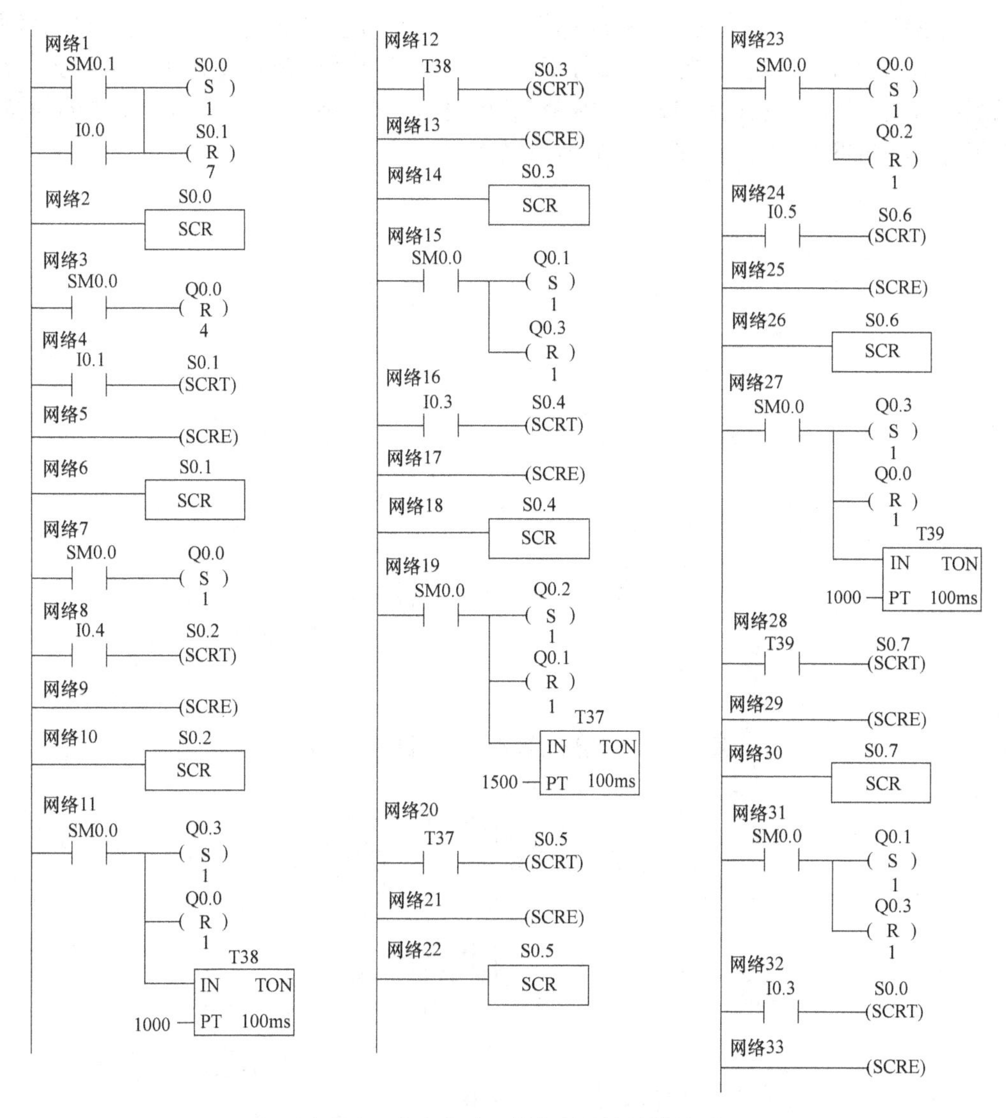

图 5-49　小车自动送料控制系统的梯形图

5.4.4　复杂控制流的顺序控制设计法

如图 5-41 所示，顺序功能图除了单控制流结构外，还有控制流的选择性分支、选择性控制流的合并、控制流的并行分支以及并行控制流的合并等复杂结构。本小节介绍具有这几种复杂控制流结构的顺序功能图对应的梯形图的设计方法。

图 5-50 是使用顺序控制继电器指令实现控制流的选择性分支控制的编程实例。如图 5-50a 所示，当系统处于状态 S2.3 且转换条件 I0.6 为真时，则系统转换为状态 S2.4；或者当系统处于状态 S2.3 且转换条件$\overline{\text{M1.2}}$为真时，则系统转换为状态 S2.4。控制程序如图 5-50b 所示，图中没有画出的网络 16 是状态 S2.3 中系统应当执行的动作；网络 17 和网络 18 中的两条 SCRT 指令实现了将一段 SCR 程序分解成两条选择性分支的控制。

图 5-51 是使用顺序控制继电器指令实现控制流的并行分支控制的编程实例。如图 5-51a

所示，当系统处于状态 S1.0 且转换条件（I0.3）·（M0.1）（逻辑与）为真时，则系统同时转换到状态 S1.1 和 S1.2。控制程序如图 5-51b 所示，图中没有画出的网络 11 是状态 S1.0 中系统应当执行的动作；网络 12 中的两条 SCRT 指令同时将状态 S1.1 和 S1.2 同时激活，实现了将一段 SCR 程序分解成两条并行分支的控制。

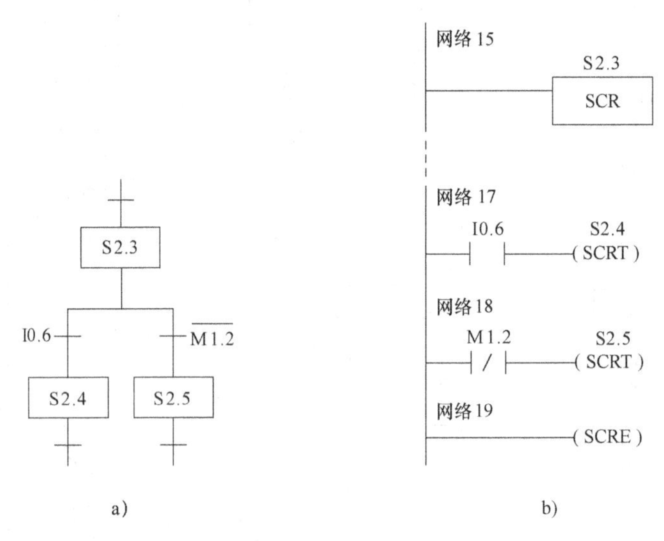

图 5-50　控制流的选择性分支控制编程实例

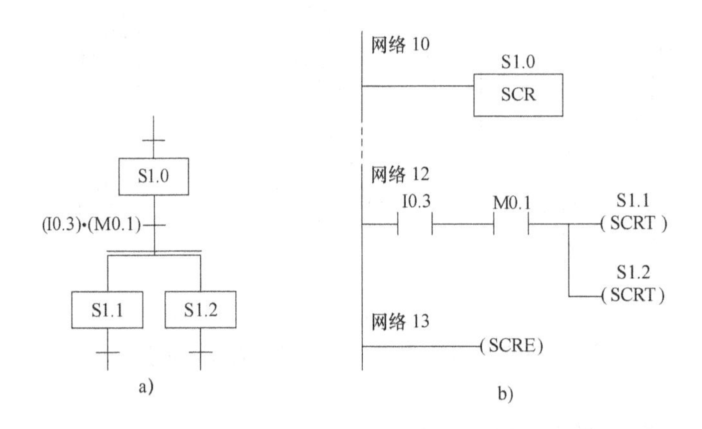

图 5-51　控制流的并行分支控制的编程实例

图 5-52 是使用顺序控制继电器指令实现选择性控制流的合并控制的编程实例。如图 5-52a 所示，如果系统处于状态 S0.6 且转换条件 T37 为真时，则系统转换为状态 S1.0；如果系统处于状态 S0.7 且转换条件 M2.0 为真时，则系统转换为状态 S1.0。控制程序如图 5-52b 所示，图中没有画出的网络 13 和网络 17 分别是状态 S0.6 和状态 S0.7 中系统应当执行的动作；网络 14 和网络 18 中的 SCRT 指令将状态 S1.0 激活，实现状态转移。

图 5-53 是使用顺序控制继电器指令实现并行控制流的合并控制的编程实例。如图 5-53a 所示，由于状态 S1.4 和 S1.5 均要完成控制是实现状态转换的必要条件，因此需设置两个等待状态 S1.6 和 S1.7，V1.0 是状态 S1.4 完成控制的标志，而 V1.2 是状态 S1.5 完成控制的标志。通过从状态 S1.4 转换到状态 S1.6，以及从状态 S1.5 转换到状态 S1.7 的方法实现控

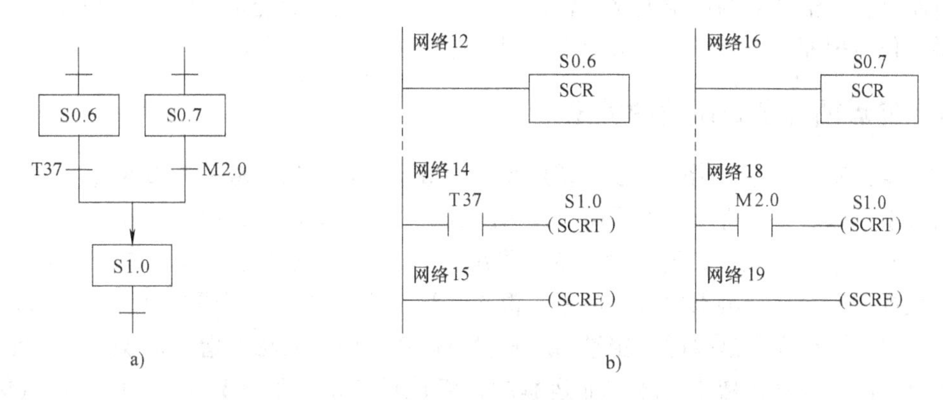

图 5-52　选择性控制流的合并控制编程实例

制流的合并。当 S1.6 和 S1.7 同时为 1 态且转换条件 C30 为真时，则系统转换到状态 S2.0。控制程序如图 5-53b 所示，图中没有画出的网络 21 和网络 25 分别是状态 S1.4 和状态 1.5 中系统应当执行的动作；显然 S1.6 与 S1.7 是两个没有任何操作的等待状态；网络 28 中的置位和复位指令将下一个状态 S2.0 激活、使上两个状态 S1.6 与 S1.7 休止，实现状态转移。

对于复杂的顺序控制系统，不仅 I/O 点数多，顺序功能图也相当复杂。其工作周期不是固定的，在某个工作周期中所做的动作与转换条件有关，具有一定的随机性，以此相应的顺序功能图不仅会包含选择性控制流和并行控制流，还会出现跳步与循环等特殊控制，而且系统往往还要求设置多种工作方式，如手动和自动（包括连续、单周期、单步等）工作方式。手动程序比较简单，一般用经验法设计，自动程序的设计一般用顺序控制设计法。

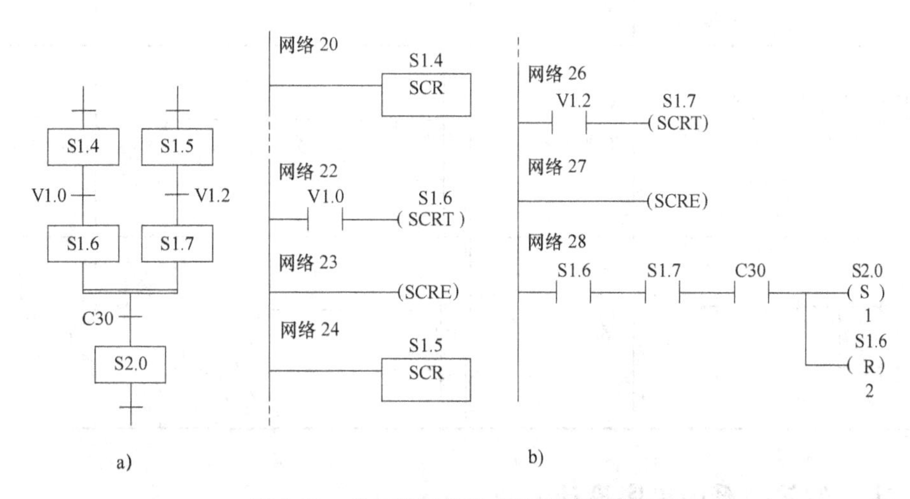

图 5-53　并行控制流的合并控制编程实例

5.5　PLC 程序的逻辑设计法

逻辑设计法包括组合逻辑设计法和时序逻辑设计法，这是借用逻辑电路的设计方法。逻辑电路包括组合逻辑电路和时序逻辑电路，简单地说，组合逻辑电路是没有记忆功能的逻辑电路，输出逻辑变量与输入逻辑变量之间的关系可以使用逻辑函数简单地表达出来；而时序逻辑电路是有记忆功能的逻辑电路，输出逻辑变量与输入逻辑变量之间除了逻辑关系还有时间关系。作为程序设计基础，本节只介绍组合逻辑设计法。

5.5.1　梯形图与逻辑函数的关系

在完全由基本位逻辑指令构成的梯形图中，输出逻辑变量与输入逻辑变量之间存在简单的逻辑关系，如表5-7所示。为了简化逻辑函数中变量的书写，表中，输入逻辑变量采用单字母A、B、C、D等表示，输出逻辑变量采用F_1、F_2、F_3等表示。与、或、非是逻辑代数的三种最基本的运算，触点串联对应着逻辑与，触点并联对应着逻辑或（亦称逻辑加）。在PLC中，常开触点指令是取逻辑变量的原码参与运算，而常闭触点指令是取逻辑变量的反码参与运算。而在逻辑代数中，逻辑非运算即是将逻辑变量的值（**1**或**0**）取反后（**0**或**1**）参与运算。因此，常开触点应当直接采用逻辑变量表示，而常闭触点应当采用逻辑非变量表示。

由于梯形图与逻辑函数存在一一对应的关系，因此，可以借助组合逻辑电路的设计方法来设计梯形图程序。

表5-7　梯形图与逻辑函数的对应关系

梯形图	逻辑函数	梯形图	逻辑函数
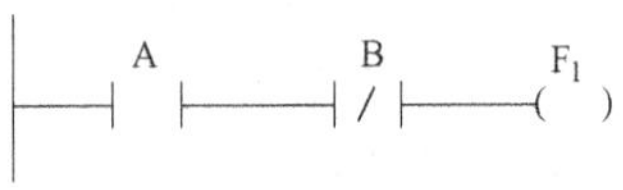 A B / F1	$F_1 = A\overline{B}$	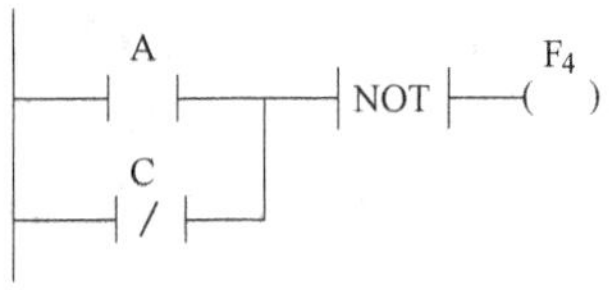 A, C / NOT F4	$F_4 = \overline{A + \overline{C}}$
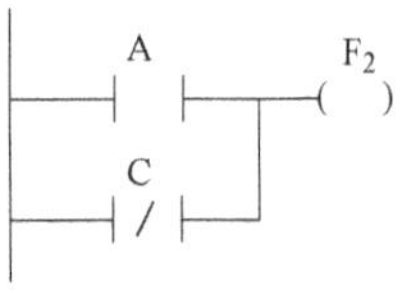 A, C / F2	$F_2 = A + \overline{C}$	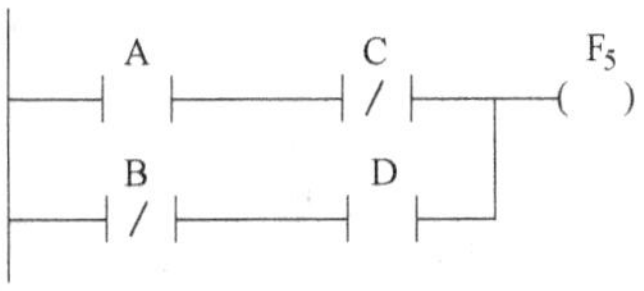 A C / F5; B / D	$F_5 = A\overline{C} + \overline{B}D$
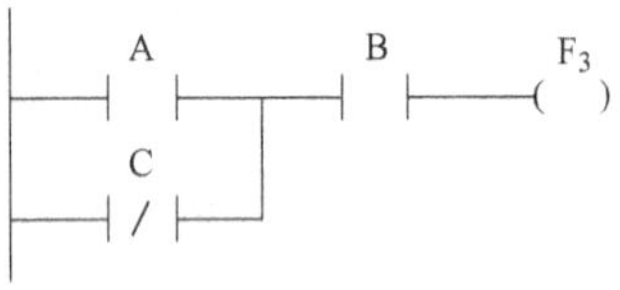 A, C / B F3	$F_3 = (A + \overline{C})B$	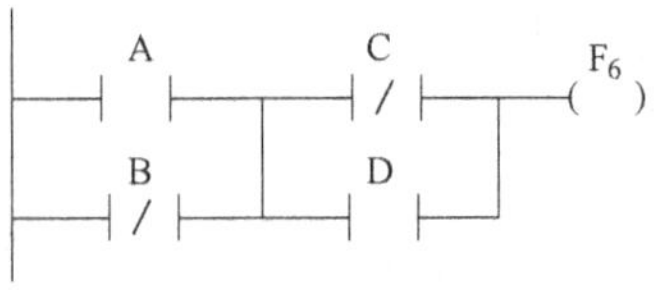 A C / F6; B / D	$F_6 = (A + \overline{B})(\overline{C} + D)$

5.5.2　组合逻辑关系的程序设计法

采用组合逻辑电路的设计方法设计梯形图的具体步骤如下：

1）分析实际的控制问题，明确有哪些输入逻辑变量和输出逻辑变量，并使用字母代表各个逻辑变量；进一步分析这些逻辑变量之间的逻辑关系，列出真值表。

2）根据真值表列写出输出逻辑变量的逻辑代数式（逻辑函数）。由真值表列出的逻辑代数式都是与或项之和的形式，该逻辑代数式中可能有多余的项，也可能有多余的变量，因此，必须化简该逻辑代数式。

3）根据化简后的逻辑代数式，使用位逻辑指令画出梯形图。

下面通过一个实例来说明组合逻辑设计法。

例 5-7　某消防设备为了处理紧急事故设置了可以在四个地点进行控制的控制开关（单掷开关），操作任意一处的控制开关均能起动该消防设备自动工作或停止其工作。试设计实现控制该消防设备工作的梯形图程序。

解　设四个控制开关分别用 A、B、C 和 D 表示，它们分别接入 PLC 的 I0.0、I0.1、I0.2 和 I0.3 四个端口，当开关断开或闭合时，对应逻辑状态为**0** 或**1**。驱动消防设备工作的信号 F 由 PLC 的 Q0.0 端口输出，当输出为**1** 态时，设备自动起动工作，反之，当输出为**0** 态时，设备自动停止工作。

根据题意，可以列出表 5-8 所示的真值表。此表是遵循每一次操作只改变一个开关的状态、输出的逻辑状态总与原来状态相反的规律列写的。第一行，所有开关均为断开状态，输出为**0** 态，设备不工作；第二行闭合开关 D，输出变为**1** 态，设备开始工作；第三行闭合开关 C，输出变为**0** 态，设备停止工作，以此类推。也就是说，在某地起动设备工作，可以在另外一地（异地）停止设备工作，亦可再换一处再次起动设备工作。这样的逻辑关系，保证了能够及时控制消防设备。

表 5-8　消防设备逻辑变量的真值表之一

A B C D	F	A B C D	F
0 0 0 0	**0**	**1 0 0 1**	**0**
0 0 0 1	**1**	**1 0 1 1**	**1**
0 0 1 1	**0**	**1 0 1 0**	**0**
0 1 1 1	**1**	**0 0 1 0**	**1**
1 1 1 1	**0**	**0 1 1 0**	**0**
1 1 1 0	**1**	**0 1 0 0**	**1**
1 1 0 0	**0**	**0 1 0 1**	**0**
1 0 0 0	**1**	**1 1 0 1**	**1**

根据表 5-8 可列出如下逻辑代数式：

$$F=\overline{A}\,\overline{B}\,\overline{C}D+\overline{A}BCD+ABC\,\overline{D}+A\,\overline{B}\,\overline{C}\,\overline{D}+A\,\overline{B}CD+\overline{A}\,\overline{B}C\,\overline{D}+\overline{A}B\,\overline{C}\,\overline{D}+AB\,\overline{C}D \tag{5-1}$$

根据卡诺图可知，上述逻辑函数是不能化简的，但可以通过合并同类项来简化表达形式。现将第一项与第六项合并、将第二项与第七项合并、将第三项与第八项合并、将第四项与第五项合并，可得

$$F=\overline{A}\,\overline{B}(\overline{C}D+C\,\overline{D})+\overline{A}B(CD+\overline{C}\,\overline{D})+AB(C\,\overline{D}+\overline{C}D)+A\,\overline{B}(CD+\overline{C}\,\overline{D}) \tag{5-2}$$

继续合并同类项，可得

$$F=(\overline{A}\,\overline{B}+AB)(\overline{C}D+C\,\overline{D})+(\overline{A}B+A\,\overline{B})(CD+\overline{C}\,\overline{D}) \tag{5-3}$$

根据式（5-3）以及各个逻辑变量与 PLC 输入-输出端口的关系，可以得到如图 5-54 所示的梯形图。由图可见，这是一个逻辑关系比较复杂的程序，如果不采用组合逻辑设计法，很难分析出各个逻辑变量之间的逻辑关系。

根据实际逻辑问题列写真值表的方法不是唯一的。表 5-8 所示的真值表是按照每一次只操作一个与上次操作的开关不同的顺序列写的。显然，在自变量更多的情况下，很难将自变

量的所有排列列写出来。如果按照自变量构成的二进制数码的大小顺序列写，就不存在上述困难。表5-9是与表5-8相同的真值表，但四个自变量是按照十进制数0，1，2，…，14，15的顺序列写的。第一行，所有开关均为断开状态，输出为**0**态，设备不工作；第二行闭合开关D，输出变为**1**态，设备开始工作；第三行闭合开关C、同时断开开关D，相当于操作了两次开关，故输出保持**1**态，设备继续工作。依次类推。显然，根据表5-9列出的逻辑函数与由表5-8得到的逻辑函数完全相同。

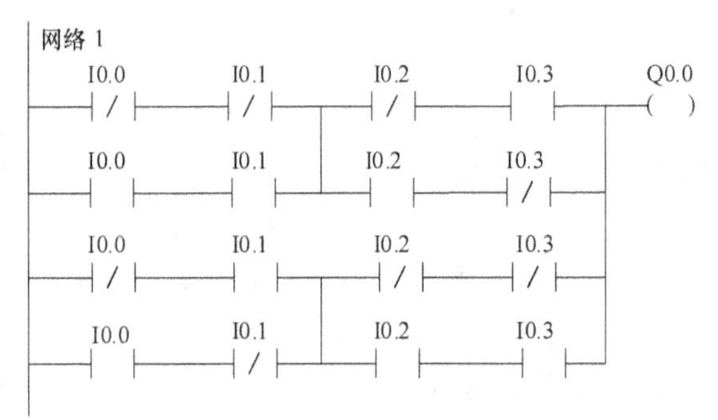

图5-54　控制消防设备的梯形图

表5-9　消防设备逻辑变量的真值表之二

A B C D	F	A B C D	F
0 0 0 0	0	1 0 0 0	1
0 0 0 1	1	1 0 0 1	0
0 0 1 0	1	1 0 1 0	0
0 0 1 1	0	1 0 1 1	1
0 1 0 0	1	1 1 0 0	0
0 1 0 1	0	1 1 0 1	1
0 1 1 0	0	1 1 1 0	1
0 1 1 1	1	1 1 1 1	0

例5-8　有Y_1、Y_2、Y_3三组照明灯由一个常开触点按钮控制，每点动一次按钮，三组灯顺次点亮；当三组灯全亮后，再每点动一次按钮，三组灯按照点亮的顺序依次熄灭；若每一次点动按钮的时间超过2s，则三组灯同时熄灭。试设计实现上述控制功能的梯形图程序。

解　根据题意，点动按钮6次就可以使三组灯顺次点亮并依次熄灭，完成一个周期的规律性亮灭。因此，可以采用具有计数功能的指令来实现工作状态的累计，并由工作状态的步序产生输出驱动信号。本例采用字节增指令来累计按钮点动的次数，并将其存放在字节MB0中。若设用三个中间变量A、B、C代表MB0的低三位M0.2、M0.1、M0.0，可列出如表5-10所示的真值表。表中，第7行对应按钮点动6次时的计数状态，当出现**110**时，计数单元应当马上清零、恢复初始状态。

表5-10　三组照明灯工作逻辑真值表

按钮点动次数	计数状态	输出变量
	A B C	Y_1 Y_2 Y_3
0	0 0 0	0 0 0
1	0 0 1	1 0 0
2	0 1 0	1 1 0
3	0 1 1	1 1 1
4	1 0 0	0 1 1
5	1 0 1	0 0 1
6	1 1 0	0 0 0
	0 0 0	
7	0 0 1	1 0 0

根据表 5-10，可列出三个输出变量与计数状态的逻辑关系如下三式：

$$\left.\begin{aligned} Y_1 &= \overline{A}\,\overline{B}C + \overline{A}B\overline{C} + \overline{A}BC = \overline{A}(B + C) \\ Y_2 &= \overline{A}B\overline{C} + \overline{A}BC + A\overline{B}\,\overline{C} = \overline{A}B + A\overline{B}\,\overline{C} \\ Y_3 &= \overline{A}BC + A\overline{B}\,\overline{C} + A\overline{B}C = \overline{A}BC + A\overline{B} \end{aligned}\right\} \tag{5-4}$$

用 M0. 2、M0. 1、M0. 0 代替中间变量 A、B、C，设驱动 Y_1、Y_2、Y_3 三组灯的信号分别由 Q0. 0、Q0. 1、Q0. 2 输出，则可得到如图 5-55 所示的梯形图。图中，网络 1 是初始化程序段；网络 2 使用字节增指令累加按钮点动的次数；网络 3 ~ 网络 5 是根据式 (5-4) 画出的驱动程序段；网络 6 记录按钮按下的时间；网络 7 在下列两种条件下都将使三个计数位清零：当第 6 次按下按钮（计数状态为 **110**）时，或者按钮按下时间达到或超过 2s 时。

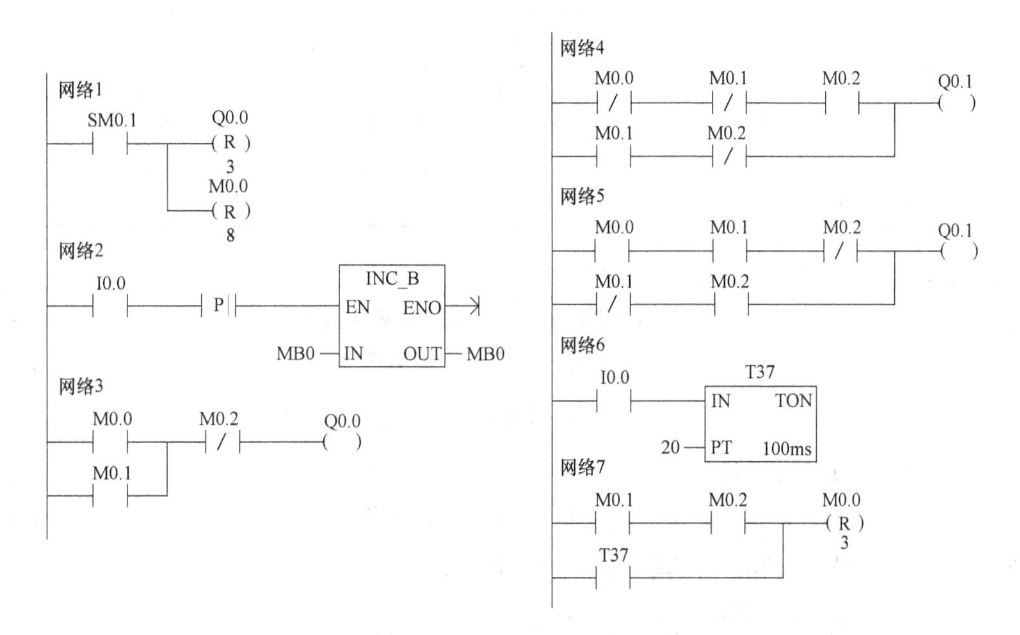

图 5-55　控制三组灯的梯形图

本例所描述的问题是有时间先后顺序的控制问题，并不是简单的组合逻辑问题，但是，通过字节增指令将按钮的点动次数转换为 3 位二进制数码后，因二进制数码与灯的状态之间存在一一对应的关系，故逻辑关系就转换成了组合逻辑。设计程序时，除了根据逻辑函数外，还需要补充计时和清零、复位的程序段。

例 5-9　某喷漆车间的排风系统由三台风机组成，为了保证在喷漆时保持车间排风通畅，必须检测风机是否正常工作。当有两台及两台以上风机工作时，表示车间通风状况良好，通风系统的状态指示灯正常点亮；当只有一台风机工作时，状态指示灯以 0. 5Hz 频率闪烁报警，表示车间通风状况不佳，提示检修通风系统；当所有风机停止工作时，状态指示灯以 2Hz 频率闪烁报警，并且蜂鸣器鸣叫，发出声音报警以警告车间处于危险状态，必须马上停工检查。试用组合逻辑设计法设计该喷漆车间的排风系统运行状态检测系统的 PLC 程序。

解　设三台排风扇分别用A、B、C表示，传感器输出的信号正常运转时为**1**，停转时为**0**；设驱动指示灯的信号为F，驱动蜂鸣器的信号为Y。根据检测要求，可列出状态表如表5-11所示（指示灯闪烁与蜂鸣器鸣叫也定义为**1**态）：

表5-11　例5-9状态表

A　B　C	F	Y
0　0　0	**1**(2Hz 闪烁)	**1**
0　0　1	**1**(0.5Hz 闪烁)	**0**
0　1　0	**1**(0.5Hz 闪烁)	**0**
0　1　1	**1**	**0**
1　0　0	**1**(0.5Hz 闪烁)	**0**
1　0　1	**1**	**0**
1　1　0	**1**	**0**
1　1　1	**1**	**0**

指示灯点亮与闪烁的逻辑关系分别为

$$F_1 = \bar{A}BC + A\bar{B}C + AB\bar{C} + ABC = BC + AC + AB \tag{5-5}$$

$$F_2 = \bar{A}\,\bar{B}\,C + \bar{A}B\bar{C} + A\,\bar{B}\,\bar{C} \tag{5-6}$$

$$F_3 = \bar{A}\,\bar{B}\,\bar{C} \tag{5-7}$$

驱动指示灯的逻辑代数式

$$F = F_1 + F_2 \cdot CP_1 + F_3 \cdot CP_2 \tag{5-8}$$

式中，CP_1 是0.5Hz脉冲信号，CP_2 是2Hz脉冲信号。

驱动蜂鸣器的逻辑代数式：

$$Y = \bar{A}\,\bar{B}\,\bar{C} \cdot CP_2 = F_3 \cdot CP_2 \tag{5-9}$$

由状态表可知，逻辑变量 F_2 与逻辑变量（$F_1 + F_3$）具有相反的逻辑关系，即

$$F_2 = \overline{F_1 + F_3} = \bar{F_1}\,\bar{F_3} \tag{5-10}$$

再设逻辑变量与PLC存储单元的对应关系如表5-12所示：

表5-12　逻辑变量与PLC存储单元的对应关系

A	B	C	F_1	F_3	F_2	F	Y
I0.0	I0.1	I0.2	M0.0	M0.1	M0.2	Q0.0	Q0.1

根据式（5-5）~式（5-10），可以直接得到如图5-56所示的梯形图。图5-56中，网络1~网络3是根据式（5-5）、式（5-7）和式（5-10）得到的程序段；网络4与网络5是产生0.5Hz脉冲信号的程序段；网络6与网络7是产生2Hz脉冲信号的程序段；网络8和网络9是根据式（5-8）和式（5-9）得到的程序段。

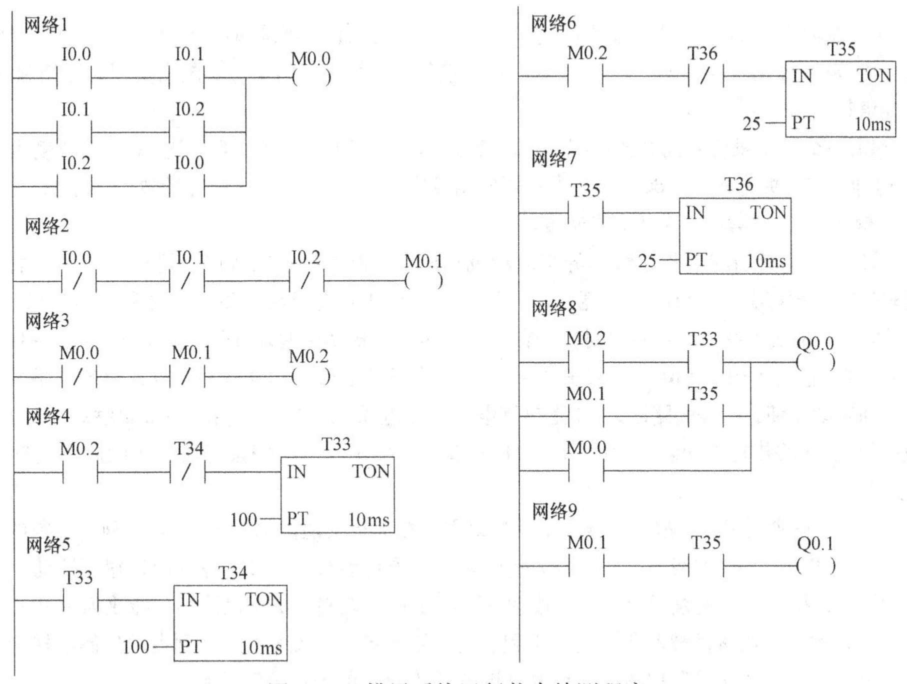

图 5-56　排风系统运行状态检测程序

练　习　题

5-1　应用计数器指令设计一个计数范围为 50000 的计数程序，当计数达到预设值时，将标志位 M10.0 设置为 **1** 态，并停止计数，若要再次开始计数，须点动复位按钮。设计数脉冲来自端口 I1.5，复位按钮使用常开触点，接至输入端口 I1.4。

5-2　试用计数器指令和定时器指令设计一个定时时间为 100h 的长定时程序。

5-3　在图 5-57 所示梯形图中，I0.0 ~ I0.2 均是来自外部常开触点按钮的信号（发控制命令），Q0.0 和 Q0.1 是驱动外部设备的信号。试分析该程序的工作过程，说明 I0.0 ~ I0.2 的功能以及操作顺序，总结该程序的功能。

5-4　在图 5-58 所示梯形图中，I0.0 和 I0.2 是来自外部常开触点按钮的信号（发控制命令），I0.2 外接接触器的辅助常开触点，Q1.0 是驱动外部接触器线圈的信号，Q1.1 是报警信号。试分析该程序的工作过程，说明 I0.0 和 I0.2 的功能以及在什么情况下会发出报警信号。

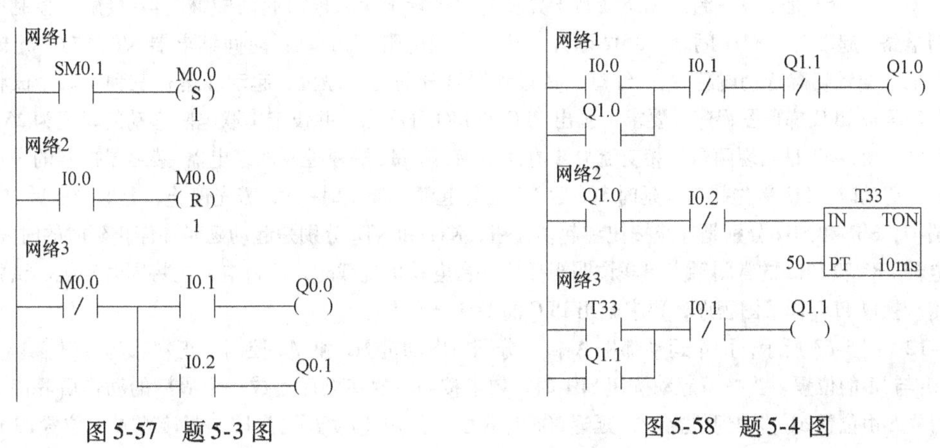

图 5-57　题 5-3 图

图 5-58　题 5-4 图

5-5　用接在输入端I0.0的开关检测传送带上通过的产品，有产品通过时I0.0为ON，如果15s内没有产品通过，由Q0.0发出报警信号，用I0.1输入端外接的开关解除报警信号。画出实现上述控制的梯形图，并写出对应语句表程序。

5-6　编写一个显示系统时间的梯形图程序。要求：用读实时时钟指令READ_ RTC将所使用的PLC内部CPU的时钟读出，并存放在VB0～VB7中；再使用段码指令SEG将系统时钟秒数的个位数字显示出来；说明PLC的输出端口怎样与LED显示器连接。

5-7　试设计具有运行状态指示灯的异步电动机正反转控制的梯形图程序。要求：（1）正转运行时绿灯亮，反转运行时黄灯亮，停机时红灯亮；（2）画出PLC的I/O分配图（提示：可参考例5-1）。

5-8　图5-59是实现在甲、乙两地对同一台三相异步电动机实现起动和停止控制的继电器-接触器控制的主电路和控制电路。图中，SB1和SB2是安装在甲地的停车按钮和起动按钮，SB3和SB4是安装在乙地的停车按钮和起动按钮，Q是断路器，FR是热继电器（当电动机过载时，相应的常闭触点FR断开，从而实现过载保护）。试将该控制功能改为由PLC程序来实现，要求说明控制按钮所采用的触点类型及PLC的I/O分配关系。

5-9　图5-60是实现一台笼型三相异步电动机既能连续运行又能点动的继电器-接触器控制的主电路和控制电路。图5-60中，SB1是停车按钮，SB2是连续运行的起动按钮，SB3是点动按钮。按动SB2电动机起动并连续运行，按动SB1连续运行停止，按动SB3实现点动控制。试将该控制功能改为由PLC程序来实现。要求：（1）用联动按钮代替停车按钮SB1和点动按钮SB3，使从连续运行到点动控制的转换过程不经过停车这一操作；（2）说明控制按钮所采用的触点类型及PLC的I/O分配关系。

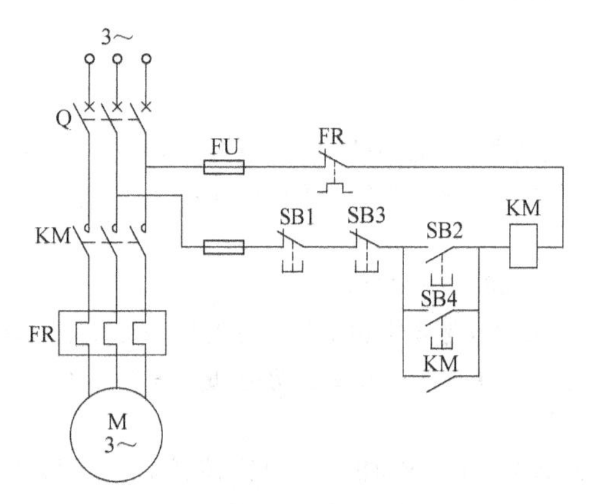

图5-59　题5-8图

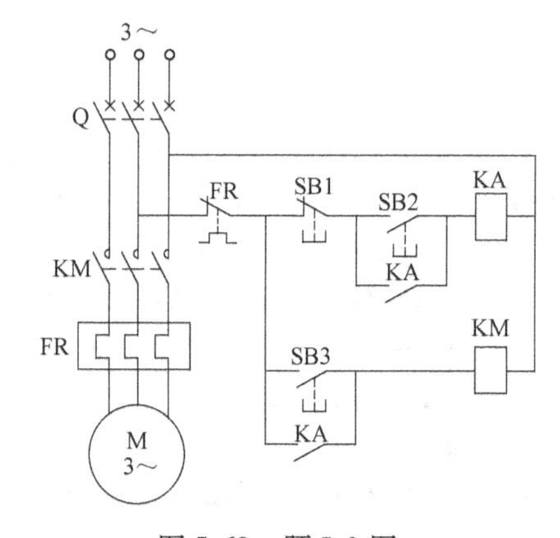

图5-60　题5-9图

5-10　图5-61是实现一台三相绕线转子异步电动机转子串联电阻起动的继电器-接触器控制的主电路和控制电路。起动时：KM1闭合、KM2断开，转子串联电阻$\boldsymbol{R}_{st}$起动；时间继电器KT延时一定时间后使KM2闭合，自动切除起动电阻$\boldsymbol{R}_{st}$。红灯、黄灯和绿灯分别指示停机、起动和运行三种状态。试将上述控制电路转换成PLC梯形图程序。要求：画出PLC的I/O分配图，并设定串联电阻起动的时间为25s。

5-11　图5-62是实现两台三相交流异步电动机M1和M2顺序控制的继电器-接触器控制的主电路和控制电路。起动时：M1需先起动，延时30s后M2自行起动；停止时：M2需先停止，延时20s后M1自行停止。图中，SB1和SB2分别是停止按钮和起动按钮，KT1和KT2分别是起动延时和停止延时的时间继电器，热继电器FR1和FR2的常闭触点串联说明当任何一台电动机过载时，两台电动机将同时停机。试将上述控制电路转换成PLC梯形图程序，要求画出PLC的I/O分配图。

5-12　图5-63所示，两个运动部件A和B分别由电动机M1和M2控制。正常未起动时，A与B分别处于a1与b1的位置。当按下起动按钮SB1时，要求按如下规律顺序完成一个周期的动作后等待下一次起动信号：A由位置a1移动到位置a2，延迟30s时B由位置b1移动到位置b2；紧接着A由位置a2退回到位

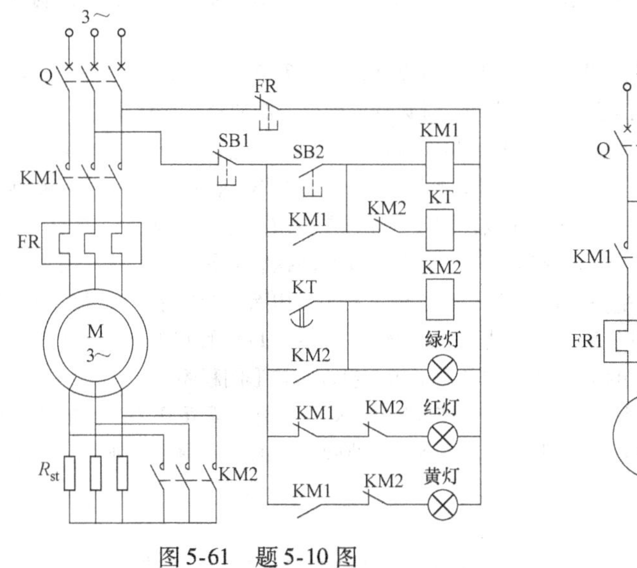

图 5-61　题 5-10 图

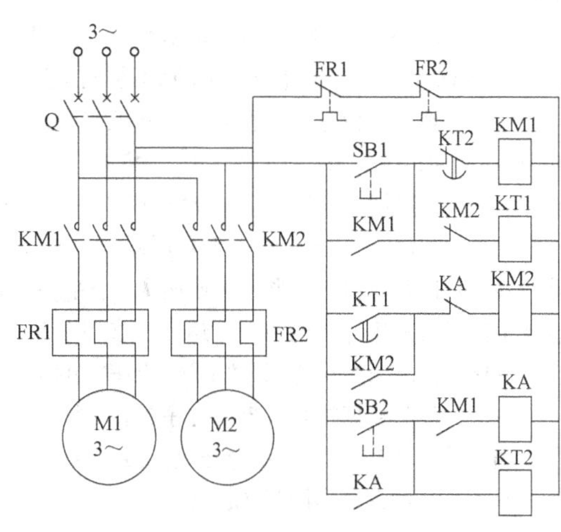

图 5-62　题 5-11 图

置 a1，再延迟 15s 时 B 又由位置 b2 退回到位置 b1。四个位置分别由行程开关 SQ1、SQ2、SQ3 和 SQ4 检测。如果按下停止按钮 SB2，则终止上述周期动作。(1) 根据表 5-13 所示的 I/O 分配，设计实现上述控制要求的 PLC 梯形图程序；(2) 如果非正常停止动作后，下次起动前应让 A 和 B 退回原位。试修改完善 PLC 程序（提示：可增补控制信号）。

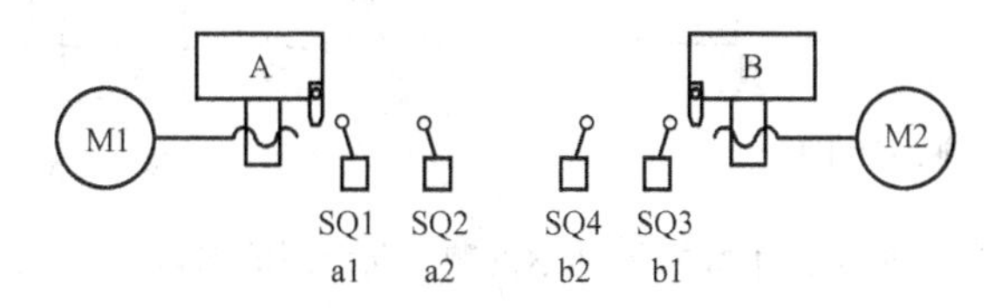

图 5-63　题 5-12 图

表 5-13　两台电动机顺序控制程序的 I/O 分配

输　入		输　出	
控制信号	输入端口	驱动信号	输出端口
起动信号 SB1(常开触点)	I0.0	M1 正转信号	Q0.0
停止信号 SB2(常开触点)	I0.1	M1 反转信号	Q0.1
a1 位置信号 SQ1(常开触点)	I0.2	M2 正转信号	Q0.2
a2 位置信号 SQ2(常开触点)	I0.3	M2 反转信号	Q0.3
b1 位置信号 SQ3(常开触点)	I0.4		
b2 位置信号 SQ4(常开触点)	I0.5		

5-13　试采用 PLC 设计一个灯光控制系统。其逻辑要求如下：用一个常开触点按钮 SB 控制三只彩灯 HL1、HL2 和 HL3：点动三次按钮后，从 HL1 开始三只灯顺次点亮并保持；再次点动三次按钮后，从 HL1 开始三只灯顺次熄灭。然后周而复始重复上述过程。(1) 画出三只彩灯的工作时序图；(2) 使用位逻辑指令编写梯形图或写出语句表程序。

5-14　现有八只彩灯排成一行，要求自左向右、每秒钟依次点亮一只灯；循环两次后，八只彩灯同时点亮，3s后全部熄灭，1s后再次重复上述过程。用一个乒乓开关控制彩灯的工作。试设计该彩灯控制的梯形图或语句表程序。

5-15　用I0.0控制接在Q0.0~Q0.7上的八只彩灯循环移位点亮，用T37定时，每0.5s移一位，首次扫描时给Q0.0~Q0.7赋初值，用I0.1控制彩灯移位的方向。试设计该彩灯控制的梯形图程序。

5-16　现有三台三相笼型异步电动机按照如下规律实现顺序起动、运行和停止：（1）M1起动40s后，M2自动起动；（2）M2起动50s后，M3自动起动；（3）M3起动60s后，M1停止；（4）M1停止30s后，M2和M3同时停止。试用一个起动按钮和一个停止按钮设计实现上述控制要求的梯形图程序。

5-17　试设计一个实现三相绕线转子异步电动机转子串联电阻三级起动控制的梯形图程序。要求：起动时转子电路每相绕组串联三个电阻R_{st1}、R_{st2}和R_{st3}，起动过程中，每10s切除一个电阻，起动完毕，在转子电路没有外串电阻的情况下运行。参照题5-10画出电动机控制的主电路，PLC的I/O分配自行设定。

5-18　画出图5-64所示时序图的顺序功能图，并使用位逻辑指令设计其梯形图程序。

5-19　某信号灯控制系统的时序逻辑如图5-65所示，图5-19中，I0.0为外部乒乓开关产生的控制信号，当开关闭合时，红、绿、黄三色灯按顺序周期性点亮。试画出该控制系统的顺序顺序功能图，并使用位逻辑指令设计其梯形图程序。

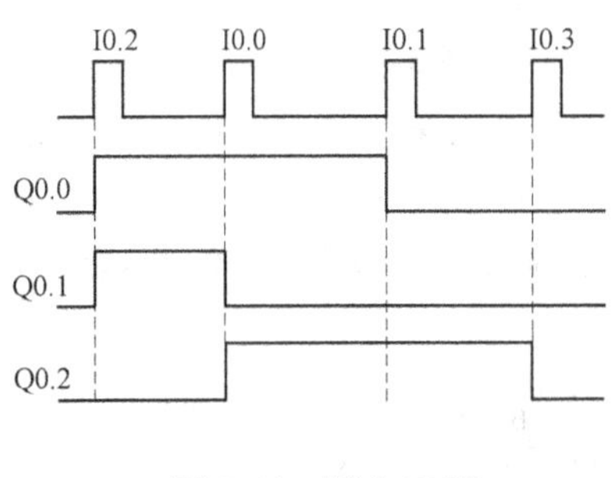

图5-64　题5-18图

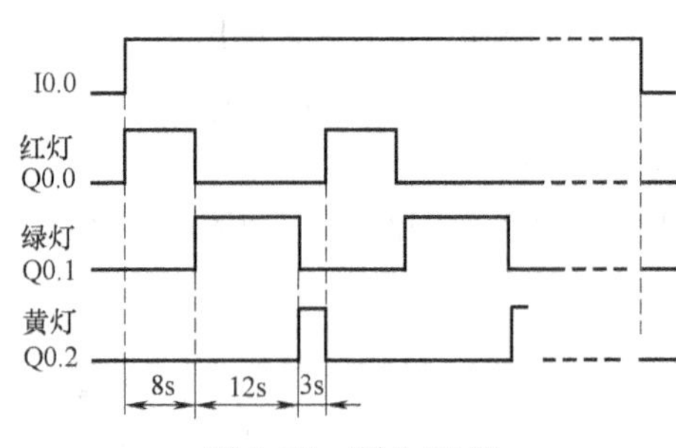

图5-65　题5-19图

5-20　试使用置位、复位指令设计图5-66所示的顺序功能图的梯形图程序，定时器T37和T38的定时值为15s和12s。

5-21　某零件加工过程由三道工序组成，加工周期共需18s，每一道工序所需时间如图5-67所示。用控制开关控制加工过程的开始、运行和停止，每次控制开关接通，加工过程均从第一道工序开始。试画出该控制时序的顺序功能图，并使用顺序控制继电器指令设计实现该加工工序控制的梯形图程序。

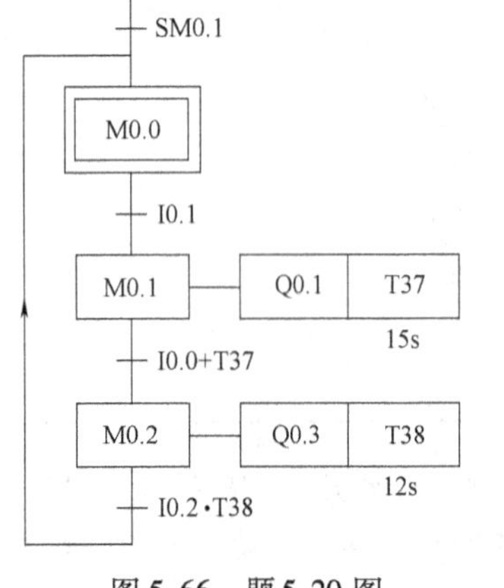

图5-66　题5-20图

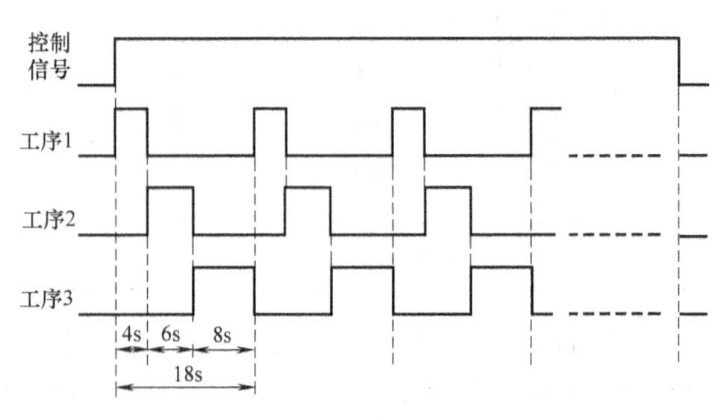

图5-67　题5-21图

5-22　试画出题5-11控制程序的时序图和顺序功能图，并使用位逻辑指令的顺序控制设计法重新设计原程序。

5-23 试画出题 5-12 控制程序的时序图和顺序功能图，并使用顺序控制继电器指令的顺序控制设计法重新设计原程序。

5-24 试画出题 5-13 控制程序的时序图和顺序功能图，并使用顺序控制继电器指令的顺序控制设计法重新设计原程序。

5-25 已知送料小车周期性工作，其工作行程如图 5-68 所示，其中，A 位是装料位，B、C、D 三位是卸料位。在小车已经装完料且没有过载情况下，若点动起动按钮，小车从 A 位开始，依次为 B、C、D 三个卸料位送料；每到一个卸料位，延时 50s 后自动返回装料位；每次返回装料位装料延时 120s 后，自动起动去下一个卸料位送料。完成三个位置的送料后，自动停止在 A 位。若送料过程中发生事故时，点动停止按钮，小车可以停留在任意位置。设计要求：（1）设置位置指示灯及运行方向指示灯，列出 I/O 分配表；（2）画出顺序功能图，采用顺序控制设计法设计控制小车的梯形图程序；（3）采用经验设计法，使用位逻辑指令和定时器指令设计控制小车的梯形图程序（说明：故障停车后，需手动排除故障后，再启动手动操作程序恢复系统的运行。此功能本程序设计不予考虑）。

5-26 某搅拌机由一台异步电动机驱动，一旦起动后，就会按照如下规律周而复始地工作：正转 30s – 停止 5s – 反转 30s – 停止 6s – 正转 30s ……，其工作时序如图 5-69 所示。图 5-69 中，I0.0 和 I0.1 分别是来自起动按钮和停止按钮的起动和停止信号，Q0.0 和 Q0.1 是电动机的正反转驱动信号。试设计该搅拌机的控制程序（程序设计方法不限）。

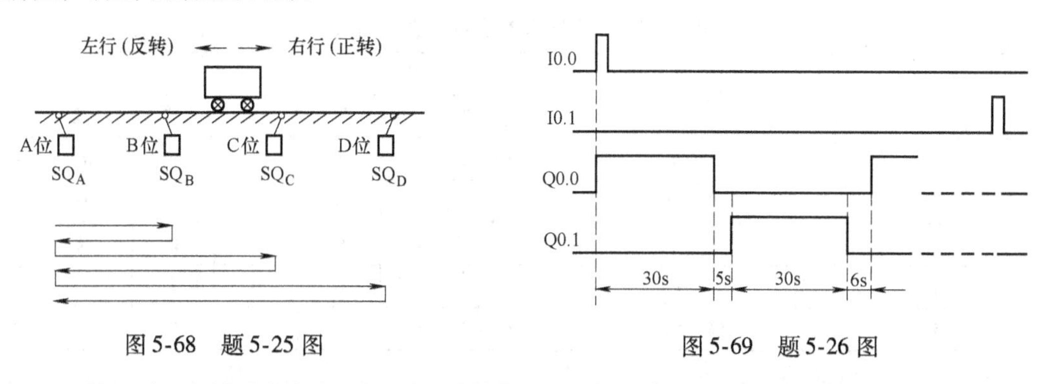

图 5-68 题 5-25 图

图 5-69 题 5-26 图

5-27 试用组合逻辑设计法设计一个三个地点控制一盏电灯的梯形图程序。要求：当三个地点的开关（设为乒乓开关）均为断开状态时，灯为熄灭状态；操作任何一个开关动作一次（闭合或断开），电灯的状态就发生一次改变。设三个开关分别产生三个输入信号 I0.0、I0.1 和 I0.2，用输出 Q0.0 控制电灯。

5-28 某机房有 A、B、C、D 四台排风扇，如果 A 开机，同时其他三台至少有两台开机，则绿色指示灯点亮，否则红色指示灯按照 1Hz 的频率闪烁（报警信号）。试用组合逻辑设计法设计机房排风扇运行状态检测的 PLC 程序。

5-29 试用 PLC 设计一个四人抢答逻辑电路。要求：（1）每个人控制一个常开触点的按钮，当没有按动按钮时，对应的输出为 **0** 态，相应指示灯不亮；（2）当给出开始抢答信号后，任何一个人先按动按钮时，其输出变为 **1** 态，相应指示灯点亮，此后其他人再按动按钮，其输出不会发生变化；（3）有抢答信号时驱动蜂鸣器鸣叫，给出时长为 1s 的提示音；（4）程序具有复位功能，当每次抢答后，通过复位按钮使系统状态恢复为初始状态 **0** 态（程序设计方法不限）。

5-30 试设计双头钻床的 PLC 控制程序。双头钻床有两个独立的立式钻头，待加工的工件放置于钻头下方的工作台上。当起动工作时，首先由夹紧装置将工件夹紧，然后两个钻头一起向下运动，对工件进行钻孔。当达到各自的加工深度后，钻头上升、分别返回原位。当两个钻头都返回原位时，夹紧装置松开，可取走工件。工件是否夹紧，由压力传感器检测，当达到预设压力时，压力传感器输出高电平（逻辑 **1**）信号。钻头的上下限位位置由行程开关检测，两个钻头分别由两台电动机 M1 和 M2 驱动。根据钻头的加工工艺，PLC 的 I/O 端口可按表 5-14 进行分配。

表 5-14　双头钻床 PLC 控制的 I/O 分配表

输　入		输　出	
控制信号	输入端口	驱动信号	输出端口
起动信号 SB1	I0.0	夹紧与释放电磁阀	Q0.0
压力传感器信号	I0.1	1号钻头上升(M1 正转)	Q0.1
1号钻头上限位 SQ1	I0.2	1号钻头下降(M1 反转)	Q0.2
1号钻头下限位 SQ2	I0.3	2号钻头上升(M2 正转)	Q0.3
2号钻头上限位 SQ3	I0.4	2号钻头下降(M2 反转)	Q0.4
2号钻头下限位 SQ4	I0.5		

5-31　试用 PLC 设计一个简单的十字路口交通灯控制电路。假设南北干道为主干道，东西干道为次干道，在每个路口有红、黄、绿三种颜色的交通灯。各个方向的交通灯点亮的时间长度如表 5-15 所示，其中，**0** 态表示灯为熄灭状态，**1** 态表示灯为点亮状态。要求：（1）设置起动信号和停止信号，PLC 通电、但未起动时，所有灯均为熄灭状态；（2）画出 PLC 的 I/O 分配图；（3）设计出 PLC 程序。（程序设计方法不限，建议采用顺序控制继电器指令）

表 5-15　十字路口交通灯点亮控制时间表

序号	时间段	南北			东西		
		红	黄	绿	红	黄	绿
1	0～30s	**0**	**0**	**1**	**1**	**0**	**0**
2	30～32s	**0**	**1**	**0**	**1**	**0**	**0**
3	32～52s	**1**	**0**	**0**	**0**	**0**	**1**
4	52～54s	**1**	**0**	**0**	**0**	**1**	**0**
5	54～84s	**0**	**0**	**1**	**1**	**0**	**0**

第6章　可编程序控制器的通信及网络

随着计算机通信网络技术的日益成熟以及企业对工业自动化程度要求的提高，自动控制系统也从传统的集中式控制向多级分布式控制方向发展，构成控制系统的 PLC 也就必须要具备通信及网络的功能，能够相互连接，远程通信。因此，20 世纪 90 年代起，世界各 PLC 生产厂家纷纷给自己的产品增加通信及联网的功能，不断研制开发自己的 PLC 网络系统，以适应控制领域的新要求。现在，即使是微型和小型的 PLC 也都具有网络通信接口，极大地拓宽了它们在自动化领域的应用。PLC 通信及网络技术正向着高速、多层次、大信息量、高可靠性和开放式的方向发展。

本章首先介绍 PLC 网络通信的基础知识，然后以应用较为广泛的西门子公司 S7 系列 PLC 为例，着重介绍它的网络通信功能的实现。

6.1　网络通信概述

6.1.1　数据通信的几个基本概念

1. 并行与串行通信方式

根据计算机传输数据的时空顺序，数据通信的传输方式可以分为串行通信（Serial Communication）和并行通信（Parallel Communication）两种。

（1）并行通信方式　在多个信道同时传输的方式称为并行传输。并行通信时，数据的各个位同时发送或接收，以字或字节为基本单位并行进行传输。并行通信传输数据快，通常用于要求传输速率高的近距离数据传输，如打印机与计算机之间的数据传输，PLC 的内部各元件之间、主机与扩展模块之间采用的也是并行通信方式。

（2）串行通信方式　数据在一个信道上，以二进制的位（bit）为单位按顺序发送或接收的数据传输方式，称为串行通信方式。串行通信每次只传送一位，传输速度低，所需要的信号线少，在远距离传输时通信线路简单、成本低，故常用于远距离传输而速度要求不高的场合。近年来串行通信技术得到了快速的发展，通信速度可以达到 Mbit/s 数量级，因此在分布式控制系统中得到了广泛的应用。通常，当计算机之间、PLC 网络内部等的传输距离大于 30m 时要采用串行通信方式。

2. 异步通信与同步通信

在串行通信系统中，各种处理工作总在一定的时序脉冲控制下进行，因此，通信系统的收发端工作的协调一致性是实现信息正确传输的关键，这就是通信系统的传输同步问题。在串行通信中采用了两种同步技术：异步通信和同步通信。

（1）异步通信　异步通信又称起止式通信，它是利用起止位来达到收发同步的。在异步通信中，数据是按照固定格式一帧一帧进行传送，一帧包括一个字符代码或一个字节数据，每个传输的字符都有一个附加的起始位和多个停止位作为字符的开始标志和结束标志，构成一帧数据信息。

在空闲状态下，线路呈高电平1状态，字符传输时，首先发送起始位0，然后是被编码的字节，通常规定低位在前，高位在后，接下来是奇偶校验位（可省略），最后是停止位1（可以是1位、1.5位或2位）表示字符的结束。停止位后可以加空闲位，以1表示，位数不限，其作用是等待下一个字符的传输。例如，传送一个ASCII码字符（7位），选用2位停止位，1位校验位和1位起始位，那么传送这个7位的ASCII码字符就需要11位，其格式如图6-1所示。

异步通信时每个字符都要附加起始位和停止位等非有效信息，因而传送效率低，主要应用于中、低速通信场合。PLC一般使用串行异步通信。

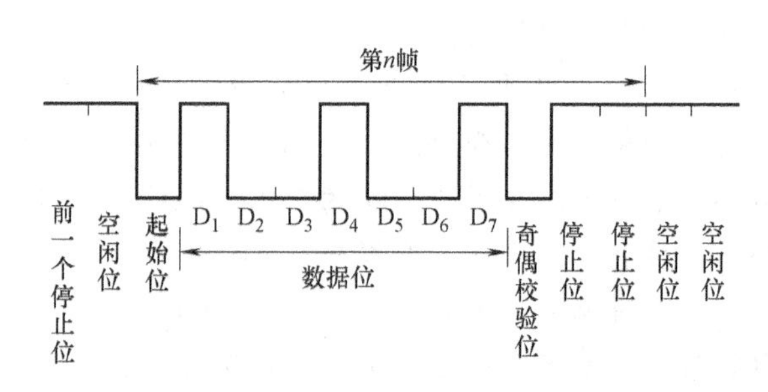

图6-1　串行异步通信格式

（2）同步通信　同步通信就是把每个完整的数据块作为整体来传输。同步传输时，用1~2个同步字符表示传输过程的开始，接着是n个字符的数据块，字符之间不允许有空隙。由定时信号（时钟）来实现收发端同步，一旦检测到与规定的同步字符相符合的信息，接下来就是连续按顺序传送的数据。

同步通信传输效率高，但是对软、硬件的要求也高，因此一般只用于近距离的高速通信场合，通常在传输速率超过2kbit/s的系统中才采用。

3. 单工通信与双工通信

数据在通信线路上的传输具有方向性，按串行通信的数据在某一时刻的传送方向，线路通信的方式可以分为单工通信方式和双工通信方式，其中双工通信方式又可以分为半双工通信方式和全双工通信方式，如图6-2所示。

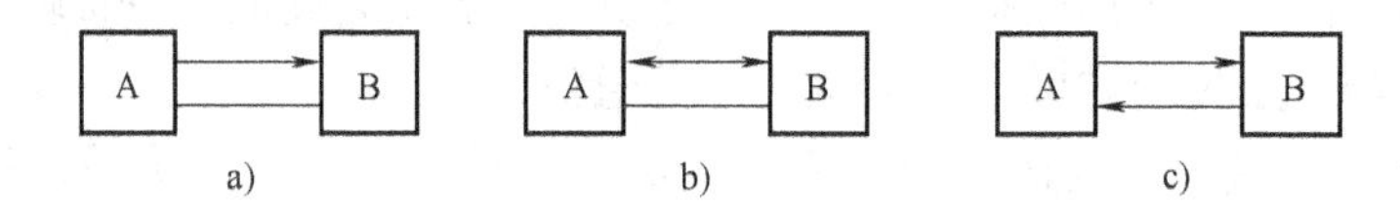

图6-2　数据通信方式

a）单工通信方式　b）半双工通信方式　c）全双工通信方式

（1）单工通信方式　单工通信就是指数据的传送始终保持同一个方向，不能反向传送，如图6-2a所示。其中A端只能作为发送端发送数据，B端只能作为接收端接收数据。无线电广播采用的就是单工通信方式。

（2）半双工通信方式　在半双工通信方式时，信息流可以沿两个方向传送，但同一时刻只限于一个方向传送，如图6-2b所示。A端和B端都具有接收和发送的功能，但传送线路只有一条，即A端发送B端接收，或者B端发送A端接收。RS-485接口通信属于半双工通信。

（3）全双工通信方式　全双工通信方式下，通信的双方都能在同一时刻接收和发送信息，如图6-2c所示。A端和B端都可以一面发送数据，一面接收数据。全双工通信方式使数据吞吐量明显地增加。RS-232 和 RS-422 接口通信属于全双工通信。

4. 数据传输速率

数据传输速率，即波特率，表示每秒传送的二进制的位数，单位是 bit/s。不同的串行通信网络的传输速率差别很大，常用的标准数据传输率为 300bit/s、600bit/s、1200bit/s、2400bit/s、4800bit/s、9600bit/s、19200bit/s 等。

5. 基带传输与宽带传输

通信网络中的数据传输方式分为两种：基带传输和宽带传输。基带传输是指数据传输系统不对信号做任何调制的直接传输方式。基带传输时，整个频带范围都用来传输某一数字信号，即单信道，常用于半双工通信。PLC 网络中大多采用基带传输。宽带传输是把信号调制到某一频带上，以调制信号进行数据传输的方式。宽带传输时，在同一条传输线路上可用频带分割的方法将频带划分为几个信道，同时传输多路信号。前者的优点是价格低、设备简单、可靠性高。缺点是通道利用率低，长距离传送衰减大。后者的优点是通道利用率高，但需加调制解调器，故成本较高。

6.1.2　网络配置

网络配置与建立网络的目的、网络结构及通信方式有关，但任何网络，其配置都涵盖了软件和硬件两个方面。

1. 硬件配置

主要包括通信接口和通信介质的配置。

（1）通信接口　工业网络中，通常采用串行通信的方式来传送数据。PLC 网络的通信接口也多为串行接口，主要功能是进行数据的并行与串行转换，控制传输速率和字符格式，进行电平转换等。常用的串行通信接口有 RS-232C、RS-422A、RS-485。

RS-232C 接口是美国电子工业协会（Electronic Industries Association，EIA）与 1969 年公布的一种标准化串行通信接口。它既是一种协议标准，又是一种电气标准，规定了终端设备（DTE）和通信设备（DCE）之间信息交换的方式与功能。PLC 与上位计算机之间的通信就是通过 RS-232C 标准接口实现的。

RS-232C 接口是标准 25 针的 D 型连接器。当 PLC 与上位计算机通信时，使用的连接器有 25 针的，也有 9 针的，由用户根据需要自行选择配置。表 6-1 列出了 PLC 与上位计算机连接中用到的信号线。

表 6-1　RS-232C 部分引脚的信号定义

引　脚	信　号	说　明
1	保护地线	设备地线
2	TXD	发送数据
3	RXD	接收数据
4	RTS	请求发送
5	CTS	允许发送
6	DSR	数据装置准备好
7	GND	信号地线
8	DCD	载波检测
20	DTR	数据终端准备好
22	振铃指示	响铃信号

RS-232C 的电气接口为非平衡型，每根信号线只有一根导线，所有信号回路共用一根地线，故线间干扰较大。在通信距离较近（一般不超过 15m），传输速率要求不高（最高 20kbit/s）的场合可以直接使用该接口实现联网通信。

RS-422A 接口是 EIA 于 1977 年推出的新串行通信标准 RS-499 的一个子集。RS-422A 采用平衡驱动、差分接收的工作方式，从根本上取消了信号地线。在传输速率、通信距离、抗共模干扰等方面较 RS-232C 接口有较大提高。RS-422A 接口适合远距离传输，工厂应用较多。

RS-485 接口是 RS-422A 接口的变形。RS-422A 是全双工，采用两对平衡差分的信号线，而 RS-485 是半双工，只有一对平衡差分信号线，不能同时发送和接收。RS-485 也采用平衡驱动、差分接收的工作方式，它输出阻抗低，无接地回路，有较强的抗干扰能力，通信距离可达 1200m，传输速度可达 10Mbit/s，适合远距离传输数据。

RS-232C、RS-422A、RS-485 三种通信接口的性能比较见表 6-2。

表 6-2　RS-232C、RS-422A、RS-485 性能参数比较表

参考项目	RS-232C	RS-422A	RS-485
传输方式	单端	差动	差动
通信距离/m	15	1200(速率 100kbit/s)	1200(速率 100kbit/s)
最高传输速度/(bit/s)	20K	10M(距离 12m)	10M(距离 12m)
输入电压范围/V	-25 ~ +25	-7 ~ +7	-7 ~ +12
最大驱动器数量	1	1	32 单位负载
最大接收器数量	1	10	32 单位负载

（2）通信介质　通信接口主要靠介质实现相连，以此构成信道。常用的通信介质有：同轴电缆、屏蔽双绞线、光缆。此外，还可以通过电磁波实现无线通信。

PLC 要求通信介质必须具有传输速率高、能量损耗小、抗干扰能力强等特点。由于同轴电缆和屏蔽双绞线成本低，且安装简单，因此被广泛应用于 PLC 的通信中。光缆相比电缆，具有尺寸小，质量轻，抗干扰能力更强，传输距离更远的优点，但其安装需要专门设备，成本高，维修复杂。常用通信介质性能比较见表 6-3。

表 6-3　常用通信介质性能比较

性能指标	传输介质		
	屏蔽双绞线	同轴电缆	光缆
传输速率	9.6kbit/s ~ 2Mbit/s	1 ~ 450Mbit/s	10 ~ 500Mbit/s
连接方法	点到点 多点 1.5km 不用中继器	点到点 多点 10km 不用中继(宽带) 1 ~ 3km 不用中继(基带)	点到点 50km 不用中继
传输信号	数字、调制信号、纯模拟信号(基带)	调制信号,数字(基带) 数字、声音、图像(宽带)	调制信号(基带) 数字、声音、图像(宽带)
支持网络	星形、环形、小型交换机	总线型、环形	总线型、环形
抗干扰能力	好	很好	极好
环境适应能力	好	好,但必须与腐蚀物隔离	极好,耐高温和其他恶劣环境

2. 软件配置

不同公司生产的 PLC，其通信软件各不相同。通常分为两类，一类是系统编程软件，用以实现计算机编程，并把程序下载到 PLC，监控 PLC 的工作状态。如西门子公司的 Step-Micro/WIN 软件。另一类是应用软件，用户根据不同的开发环境和具体要求，用不同的语言编写通信程序。

6.2　S7 系列 PLC 的网络类型及配置

6.2.1　S7 系列 PLC 的网络结构

西门子公司 PLC 网络 SIMATIC NET 是一个对外开放的通信系统，具有广泛的应用领域。西门子公司的控制网络结构由 4 层组成，从下到上依次为：过程测量与控制级、过程监控级、工厂与过程管理级、公司管理级，如图 6-3 所示。

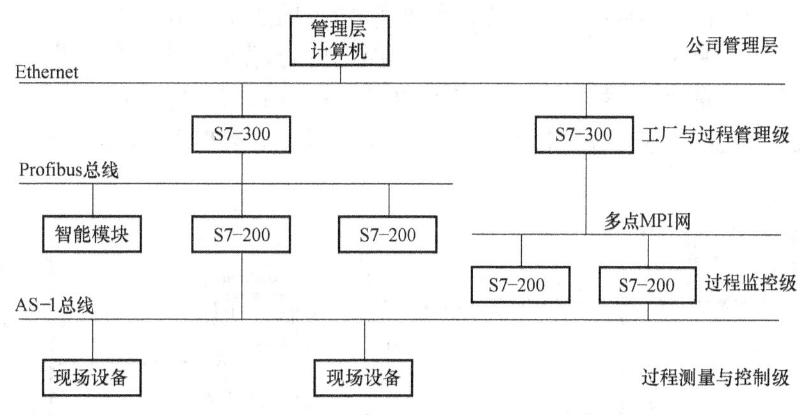

图 6-3　西门子公司 S7 系列 PLC 网络结构

该网络结构的 4 个层次由 3 级总线复合而成。

最底一级为 AS-I 级总线，它是用于连接现场传感器和执行器通信的国际标准总线。响应时间小于 5ms，使用未屏蔽双绞线为传输介质。

中间一级是 Profibus 级总线，它是一种工业现场总线，采用数字通信协议，用于仪表和控制器的一种开放、全数字化、双向、多站的通信系统。其传输介质为屏蔽双绞线或光缆。

最高一级为工业以太网（Ethernet）使用通用协议，负责传送生产管理信息。

6.2.2　网络通信协议

西门子公司 S7 系列 PLC 中的 S7-200 CPU 支持多样的通信协议。根据所使用的 S7-200 CPU 不同，网络可支持一个或多个协议，包括通用协议和公司专业协议。其中，公司专业协议包括：点到点（Point-to-Point）接口协议（PPI）、多点接口（Muti-Point）协议（MPI）、Profibus 协议、自由口通信协议（用户定义协议）等。

协议定义了两类网络设备：主站和从站。主站设备可以对网络上其他设备发出请求，也可以对网络上其他主站的请求做出响应。从站只响应来自主站设备的请求，从站不会发起申请。

1. PPI网络通信协议

PPI协议是西门子公司专门为S7-200系列PLC开发的一个通信协议。S7-200 CPU上集成的通信口支持PPI通信，可以通过两芯屏蔽双绞线联网，数据传输率为9.6kbit/s、19.2 kbit/s和187.5 kbit/s。PPI网络如图6-4所示。

PPI协议是主/从协议，在协议中，主站（其他CPU、SIMATIC编程器或人机界面）给从站发送申请，从站进行响应。从站不初始化信息，当主站发出申请或查询时，从站才响应。网络上的所有S7-200 CPU都作为从站。

如果在用户程序中允许PPI主站模式，一些S7-200 CPU在RUN模式下可以作为主站。一旦允许PPI主站模式，S7-200 CPU就可以利用网络读NETR和网络写NETW指令读写其他CPU。当S7-200 CPU作为PPI主站时，它还可以作为从站响应来自其他主站的申请。对于任何一个从站，有多少个主站和它通信，PPI没有限制，但在网络中最多只能有32个主站。

PPI协议用于S7-200 CPU之间、S7-200 CPU与编程计算机和HMI之间的通信。

2. MPI网络通信协议

MPI多点接口协议是集成在PLC、操作员界面上的通信接口使用的通信协议，用于建立小型通信网络。它可以是主/主协议或主/从协议，协议如何操作依赖于设备的类型。如果设备是S7-300 CPU，则建立的是主/主连接，因为所有的S7-300 CPU都是网络主站。如果设备是S7-200 CPU，则建立的是主/从连接，因为S7-200 CPU是从站。MPI网络如图6-5所示。

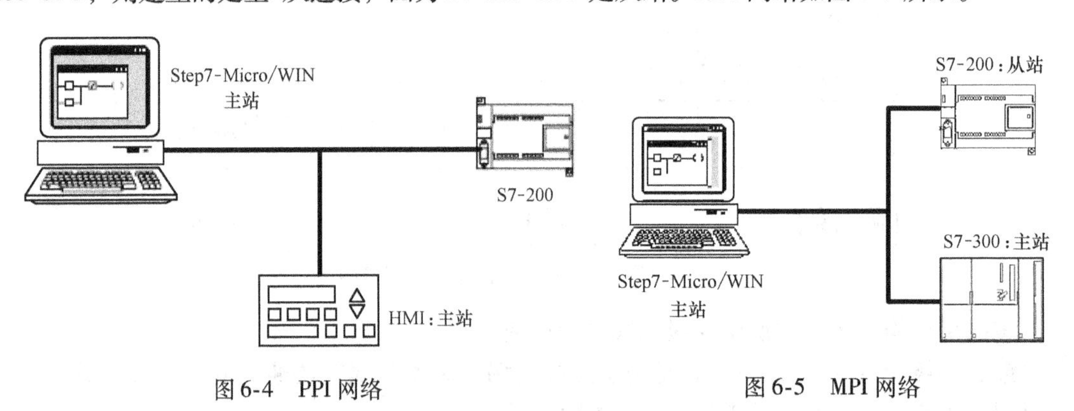

图6-4　PPI网络　　　　图6-5　MPI网络

S7-200 CPU可以通过集成通信接口或扩展通信模块EM227连接到MPI网上。应用MPI组成的网络通信的波特率为19.2kbit/s ~ 12Mbit/s，默认设置187.5kbit/s。通过此协议，实现作为主站的S7-300/400 CPU与从站S7-200 CPU间的通信，而从站S7-200 CPU之间不能通信。MPI协议也不能与作为主站的S7-200 CPU通信。

由于网络设备间的通信连接是非公用的且需要CPU中的资源，故通信连接的个数受到限制，每个S7-200 CPU只能支持4个连接，每个EM227模块支持6个连接。每个S7-200和EM227模块各保留2个连接，其中一个给SIMATIC编程器或计算机，另一个给操作面板。这些保留的连接不能由其他类型的主站（如CPU）使用。

对于MPI协议，S7-300/400 PLC可以使用XGET和XPUT指令来读写S7-200 PLC中的数据，相关内容详见S7-300/400 PLC编程手册。

3. Profibus-DP网络通信协议

Profibus-DP协议用于分布式I/O设备（远程I/O）的高速通信。这些设备包括从简单的输入输出模块到电动机控制器、可编程序控制器等。S7-200 CPU 可以通过 EM277 Profibus-DP 扩展模块连接到 Profibus-DP 协议支持的网络中，波特率为 9600bit/s ~ 12Mbit/s 之间的任何值。Profibus-DP 网络通常有一个主站和几个 I/O 从站。主站初始化网络，核对网络上的从站设备和配置中的是否匹配。运行时，主站周期性地把输出数据写入到从站，并自从站读取输入数据。当 DP 主站成功地组态一个从站时，它就拥有了该从站。如果网络中有第二个主站，它只能很有限地访问属于第一个主站的从站数据。Profibus-DP 网络如图 6-6 所示。

Profibus 网络使用 RS 485 标准双绞线。它允许在一个网络段上最多连接 32 台设备。根据波特率的不同，网络段的长度可以达到 1200m（3936ft）。采用中继器连接网络段可以在网络上连接更多的设备，延长网络的长度。根据不同的波特率，采用中继器可以把网络延长到 9600m（31488ft）。

4. 自由口通信协议（用户定义协议）

自由口通信协议是指由用户定义通信协议，用户可以通过设置特殊寄存器的参数改变通信口的数据传输率、数据格式（数据位数，停止位，校验），以适应不同的通信协议。自由口通信协议可以将 CPU 与任意通信协议公开的设备联网，如：上位计算机、打印机、条形码阅读器、变频器等。也可用于两台 CPU 之间简单的数据交换。

6.2.3　通信设备

1. 通信口

S7-200 CPU 上的通信口是符合欧洲标准 EN50170 中 Profibus 标准的 RS 485 兼容 9 针 D 型连接器。S7-200 PLC 端口 0 或端口 1 的引脚与 Profibus 的名称对应关系见表 6-4。

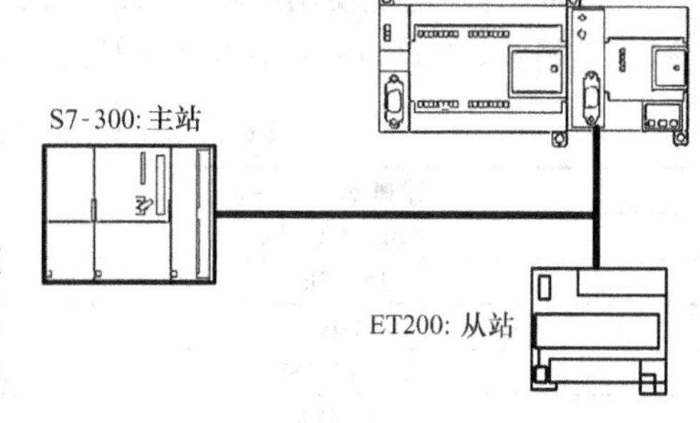

图 6-6　Profibus-DP 网络

表 6-4　PLC 端口引脚与 Profibus 的名称对应关系表

针	Profibus 名称	端口 0 / 端口 1
1	屏蔽	机壳接地
2	24V 返回	逻辑地
3	RS 485 信号 B	RS 485 信号 B
4	发送申请	RTS(TTL)
5	5V 返回	逻辑地
6	+5V	+5V,100Ω 串联电阻
7	+24V	+24V
8	RS 485 信号 A	RS 485 信号 A
9	未用	10 位协议选择(输入)
连接器外壳	屏蔽	机壳接地

2. 网络连接器

网络连接器可以把多个设备连接到网络中。西门子公司提供了两种网络连接器：一种是标准的网络连接器，提供连接到主机的接口；另一种是带编程接口的网络连接器，如图 6-7

所示。后者可以把 SIMATIC 编程器或操作面板增加到网络中，而不用改动现有的网络连接。

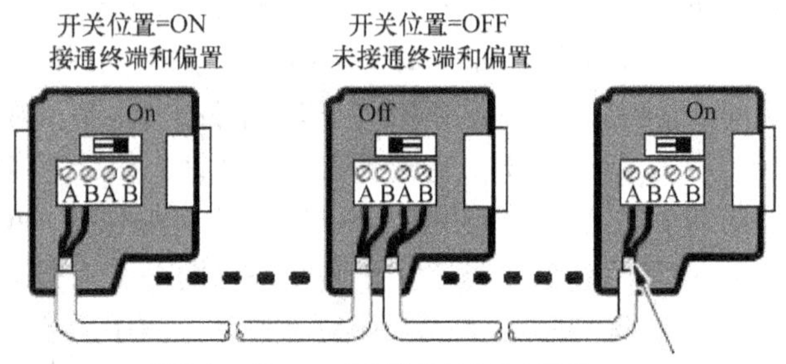

图 6-7　带编程器接口的网络连接器

网络连接器在 ON 位置时，表示内部有终端匹配和偏置电阻，在 OFF 位置时，表示未接终端电阻。接在网络末端的连接器必须有终端匹配和偏置电阻，开关应处于 ON 位置。

3. 通信连接电缆

通信电缆主要有 Profibus 网络电缆、PC/PPI 电缆和 PPI 多主站电缆。

Profibus 网络电缆使用屏蔽双绞线。网络连接时，网络段的电缆类型和电缆长度与传输速率息息相关。Profibus 网络电缆的长度与传输速率的关系见表 6-5。

表 6-5　Profibus 网络电缆长度与传输速率对比

传输速率/(bit/s)	网络段最大电缆长度
9.6k ~ 93.75k	1200m(3936ft)
187.5k	1000m(3280ft)
500k	400m(1312ft)
1M ~ 1.5M	200m(656ft)
3M ~ 12M	100m(328ft)

PC/PPI 电缆是老型号编程电缆，它可以借助 S7-200 CPU 的自由口通信功能，把主机和配备有 RS 232 标准接口的设备（如：计算机、编程器、调制解调器等）连接起来。

PC/PPI 电缆的一端是 RS 485 端口，用来连接 PLC 主机；另一端是 RS 232 端口，用于连接计算机等设备。电缆中部有一个开关盒，上面有 4 或 5 个 DIP 开关，用来设置波特率、传送字符数据格式和设备模式。

当数据从 RS 232 传送到 RS 485 口时，PC/PPI 电缆是发送模式；当数据从 RS 485 传送到 RS 232 口时，PC/PPI 电缆是接收模式。当检测到 RS 232 的发送线有字符时，电缆立即由接收模式转换到发送模式；当 RS 232 发送线处于闲置的时间大于电缆切换的时间时，电缆又切换回接收模式。这个时间与电缆上的 DIP 开关设定的波特率选择有关，见表 6-6。

表 6-6　PC/PPI 电缆转换时间（发送模式到接收模式）

波特率/(bit/s)	转换时间/ms	设置(1 = 上)
38400	0.5	000
19200	1	001
9600	2	010
4800	4	011
2400	7	100
1200	14	101

自由口通信系统中使用 PC/PPI 电缆时，以下两种情况必须在 S7-200 CPU 的用户程序中包含转换时间：

1）S7-200 CPU 在接收到 RS 232 设备的发送请求后，CPU 必须延时一段时间才能发送数据，延时时间必须大于或等于电缆切换时间。

2）S7-200 CPU 在接收到 RS 232 设备的应答信号后，CPU 下一次应答信号的发出必须延迟大于或等于电缆切换时间。

在这两种情况下，延迟使 PC/PPI 电缆有足够时间从发送模式切换到接收模式，使数据准确地从 RS 485 口传到 RS 232 口。

PPI 多主站电缆有两种类型：RS 232/PPI 和 USB/PPI。USB/PPI 多主站电缆必须用于 Step7-Micro/WIN Service Pack 4 或更高版本，它不支持自由口通信模式。电缆没有开关，插上电缆后只需选择 PPI 协议，并在 PC 上设置好 USB 端口即可使用。需要注意在使用 Step7-Micro/WIN 编程软件时，PC 不能同时连接多根 USB/PPI 多主站电缆。

RS 232/PPI 多主站电缆用于 Step7-Micro/WIN V3. 2. 4 或更高版本。电缆有 8 个 DIP 开关用于配置通信，配置方法在 DIP 开关盒上有明确标识：

1）开关 1、2、3 设置波特率。

2）开关 5 选择模式，当采用自由口通信模式时，开关应置“0”；采用调制解调器时置“1”。

3）开关 6 选择本地或远程模式，当在 Step7-Micro/WIN 下使用多主站电缆或多主站电缆已连接到 PC 上，应选择本地模式（开关置“0”）；使用调制解调器时，选择远程模式。

4）开关 7 选择字符位数，10 位或 11 位。

RS 232/PPI 多主站电缆也存在切换时间的问题，其处理方法同 PC/PPI 电缆。

4. 网络中继器

在 Profibus 网络中，可以使用网络中继器来延长网络的距离（见图 6-8），允许给网络加入设备，并且提供一个隔离不同网络段的方法。Profibus 网络上最多允许有 32 个设备，最长距离是 1200m。每个中继器最多可再给网络增加 32 个设备，并把网络再延长 1200m。网络中最多可以有 9 个中继器。

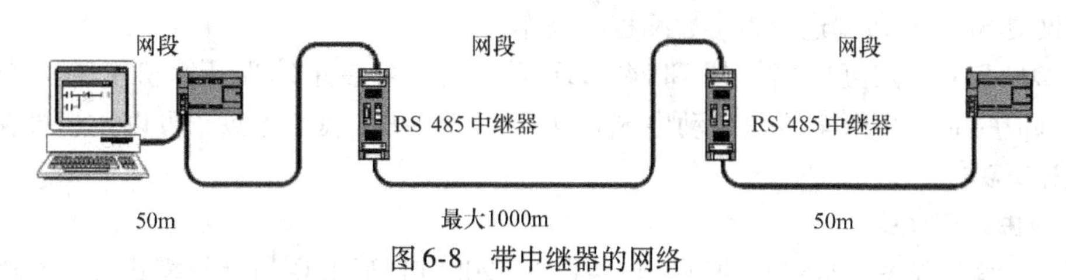

图 6-8　带中继器的网络

6. 2. 4　S7-200 PLC 的通信方式

S7-200 PLC 具有很强的通信功能，它的通信方式主要有：单主站方式、多主站方式、远程通信方式、自由端口模式等。

1. 单主站方式

单主站通信网络如图 6-9 图所示。一台安装了 Step7-Micro/WIN PLC 编程软件的个人计算机作为单一主站，S7-200 CPU 作为从站，主从站间通过 PC/PPI 电缆或 CP 通信卡连接。

在图6-9的实例中，人机界面（HMI）设备（如：文本显示器TD200、操作面板OP）是网络的主站。

单主站可以与一个或多个从站连接，每次只能和一个从站通信，但是可以分时访问网络中的所有从站。

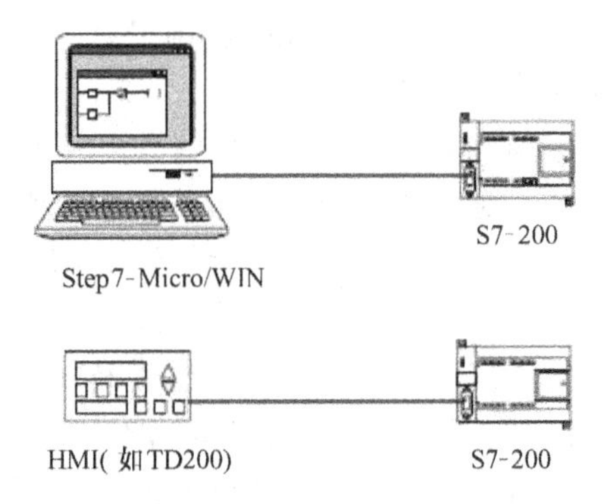

图6-9　单主站通信网络

2. 多主站方式

在多主站通信网络中存在多个主站，一个或多个从站。一般地，带CP通信卡的计算机、人机界面（HMI）设备都可以作为主站，S7-200 CPU是从站。多主站通信网络如图6-10所示。

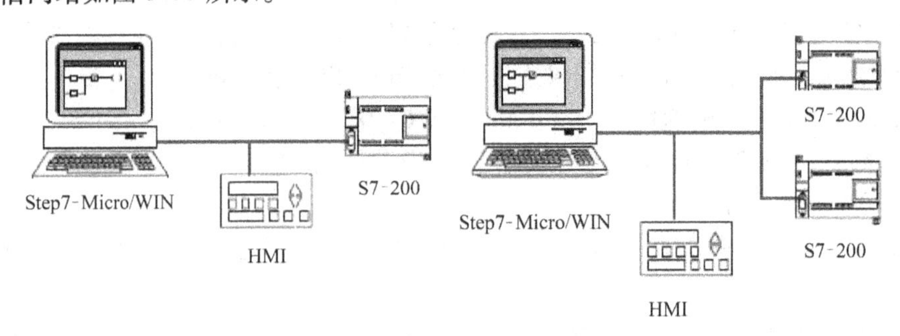

图6-10　多主站通信网络

3. 远程通信方式

S7-200 PLC扩展MODEM通信模块EM241后，可以借助电话网络与本地安装MODEM（调制解调器）的计算机实现远距离通信，本地PC经电话线远程对S7-200 PLC进行编程、调试等服务。

S7-200 PLC扩展以太网模块CP243-1后，可以实现工业以太网通信。CP243-1通信模块采用TCP/IP，PLC扩展该模块后，可以通过标准RJ45网络接口连接网络设备（如集线器和路由器等）组成以太网网络。安装以太网网卡的计算机使用Step7-Micro/WIN编程软件通过以太网对S7-200 PLC进行组态、编程等操作。

S7-200 PLC扩展互联网模块CP243-1IT后，用户可使用编程计算机上的标准浏览器（安装Step7-Micro/WIN软件后自动生成）访问CP243-1IT模块主页，可以发送报文，实现网络监控等功能。

4. 自由端口模式

由用户编写程序（自定义的协议）控制S7-200CPU通信口的操作模式称为自由端口模式。该模式下，S7-200 CPU可以与许多具有串口的外部智能设备和控制器进行通信，波特率范围为1200~115200bit/s（可调整）。

用户程序可以通过接收中断、发送中断、发送指令XMT和接收指令RCV来控制通信操作。在自由端口模式下，通信协议完全由用户控制，当CPU处于RUN模式时，通过SMB30（口0）或SMB130（口1）允许自由端口模式；当CPU处于STOP模式时，自由端口模式被禁止，通信口转换为正常的PPI协议。

Step7-Micro/WIN32 V3.2以上版本的编程软件可以实现基于自由端口模式的USS和

Modbus RTU 从站通信。USS 指令库可以对西门子生产的 MM420 等型号变频器进行串行通信控制；Modbus RTU 指令库为 S7-200 CPU 提供了 Modbus RTU 从站功能。

6.3　S7-200 PLC 的通信指令与通信实例

6.3.1　网络读与网络写指令

1. 指令格式

网络读 NETR、网络写 NETW 指令的格式及其功能见表 6-7。

表 6-7　网络读、写指令

LAD/ FBD	STL	功能描述
NETR EN　ENO TBL PORT	NETR TBL, PORT	当使能端 EN = 1(有效)时,指令初始化通信操作;通过端口 PORT 从远程设备接收数据;所接收到的数据存储在指定的缓冲区表 TBL 中,形成数据表 TABLE
NETW EN　ENO TBL PORT	NETW TBL, PORT	当使能端 EN = 1(有效)时,指令初始化通信操作;通过指令端口 PORT 将缓冲区表 TBL 中的数据发送到远程设备

指令中，TBL 为缓冲区首地址，可以是 VB、MB、* VD、* AC、* LD，数据类型是 BYTE。PORT 为操作端口，S7-200 系列的 CPU221、CPU222、CPU224 模块的 PORT 值为 0；CPU224XP、CPU226 模块的 PORT 值为 0 或 1，数据类型是 BYTE。

NETR 指令可以从远程站点上读取最多 16B 的信息，NETW 指令则可以向远程站点写入最多 16B 的信息，但在同一时间，最多只能有 8 条 NETR 和 NETW 指令有效。例如，在所给的 S7-200 CPU 中可以有 4 条 NETR 指令和 4 条 NETW 指令，或者有 2 条 NETR 指令和 6 条 NETW 指令。

2. 传送数据表

S7-200 CPU 执行网络读写指令时，数据是以数据表（TBL）的格式进行传送。数据表的参数定义见表 6-8。

表 6-8　数据表的参数定义

字节偏移量	名　称	描　述
0	状态字节	反映网络指令的执行结果状态及错误码
1	远程站地址	被访问网络的 PLC 从站地址
2 ~ 5	指向远程站数据区的指针	存放被访问数据区(I、Q、M 和 V 数据区)的首地址
6	数据长度	远程站上被访问的数据区的长度
7	数据字节 0	对 NETR 指令,执行后,从远程站读取的数据存放该区域 对 NETW 指令,执行后,要发送到远程站的数据存放在该区域
8 ~ 22	数据字节 1 ~ 数据字节 15	

传送数据表中的第一个字节是状态字节，各位含义如下：

D	A	E	0	E1	E2	E3	E4

D 位：操作完成位。0：未完成；1：完成。

A 位：有效位，操作已被排队。0：无效；1：有效。

E 位：错误标志位。0：无错误；1：有错误。

E1、E2、E3、E4 位：错误码。如果执行指令后 E 位为 1，则该 4 位将返回一个错误码。错误编码及含义参见表 6-9。

表 6-9　错误编码及含义

E1 E2 E3 E4	错误码	说　明
0000	0	无错误
0001	1	超时错误：远程站点无响应
0010	2	接收错误：奇偶校验错，响应时帧或校验和出错
0011	3	离线错误：相同的站地址或无效的硬件引起冲突
0100	4	队列溢出错误：超过 8 条 NETR 和 NETW 指令被激活
0101	5	违反通信协议：没有在 SMB30 中允许 PPI 协议而执行 NETR/NETW 指令
0110	6	非法参数：NETR/NETW 指令中包含非法或无效值
0111	7	没有资源：远程站点忙（正在进行上装或下载操作）
1000	8	第七层错误：违反应用协议
1001	9	信息错误：错误的数据地址或不正确的数据长度
1010～1111	A～F	未用

6.3.2　单主站通信网络应用实例

用 NETR 和 NETW 指令实现两台 CPU224 之间的通信，其中，2 号机为主站，站地址为 2，3 号机为从站，站地址为 3，编程用计算机的站地址为 0。

通信任务要求：用 2 号机的 I0.0～I0.7 控制 3 号机 Q0.0～Q0.7，用 3 号机的 I0.0～I0.7 控制 2 号机 Q0.0～Q0.7。

具体实现：使用 RS 485 通信接口和网络连接器将两台 S7-200 系列 PLC 与编程用计算机组成一个应用 PPI 协议的单主站通信网络。用双绞线分别将连接器的两个 A 端子连在一起，两个 B 端子连在一起。短距离应用时，也可以用标准的 9 针 D 型连接器来代替网络连接器。

在编程软件中，分别设置好两 PLC 的站地址，并下载到 CPU 模块中（设置方法参考本书 7.2 节内容）。输入并编译通信程序后，将程序下载到作为主站的 2 号机的 CPU 模块中，并将两台 PLC 的工作模式开关置于 RUN 状态下。此时，分别改变 2 号机和 3 号机的输入信号状态，就可以验证通信效果。

2 号机的网络读和网络写缓冲区地址定义见表 6-10。

表 6-10　网络读和网络写缓冲区地址定义表（TBL）定义

字节意义	状态字节	远程站地址	远程站数据区指针	读写的数据长度	数据字节
NETR 缓冲区表	VB100	VB101	VD102	VB106	VB107
NETW 缓冲区表	VB110	VB111	VD112	VB116	VB117

图 6-11 是 2 号机的通信程序。

网络 1，当 PLC 由 STOP 转为 RUN 的第一个扫描周期，MOVB 指令设置本机为 PPI 主站模式，FILL 指令清空接收和发送缓冲区。

网络 2，由状态字节的 V100.7 位判断网络读操作是否完成，若完成，MOVB 指令将读取的 3 号机 IB0 赋给本机的 QB0。

网络 3，若 NETR 未被激活且没有错误，第一条 MOVB 指令、第二条 MOVD 指令和第三条 MOVB 指令分别将远程站的站地址、数据区指针值 IB0 和数据字节数赋值到网络读缓冲区内；NETR 指令从端口 0 读 3 号机的 IB0，缓冲区起始地址为 VB100。

网络 4，若 NETW 未被激活且没有错误，第一条 MOVB 指令、第二条 MOVD 指令和第三条 MOVB 指令分别将远程站的站地址、数据区指针值 QB0 和数据字节数赋值到网络写缓冲区内；第四条 MOVB 指令将本机的 IB0 值写入网络写缓冲区的数据区；NETW 指令从端口 0 写 3 号机的 QB0，缓冲区起始地址为 VB110。

网络1　设置本机PPI主站模式，清空接收和发送缓冲区

SM0.1
MOV_B
EN　ENO
2 - IN　OUT - SMB30
FILL_N
EN　ENO
0 - IN　OUT - VW100
10 - N

网络2　若NETR操作完成，将读取3号机的IB0送给本机QB0

V100.7
MOV_B
EN　ENO
VB107 - IN　OUT - QB0

网络3　为NETR缓冲区表赋值；从端口0读3号机的IB0

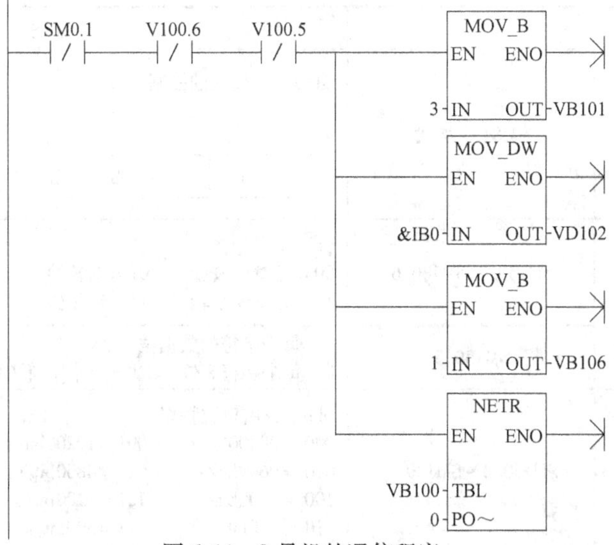

图 6-11　2 号机的通信程序

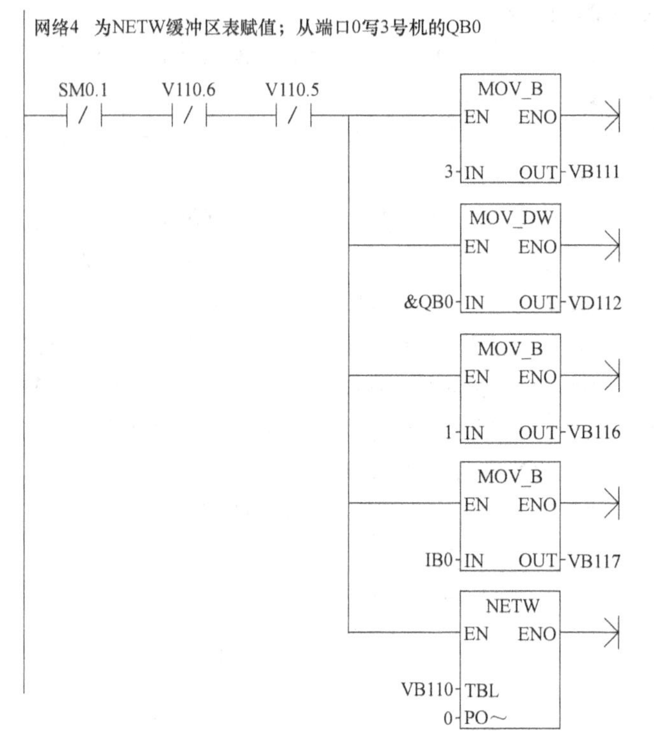

图6-11　2号机的通信程序（续）

6.3.3　自由端口模式通信指令

1. 自由端口初始化

特殊标志寄存器SMB30和SMB130分别用来控制和设置通信端口0和通信端口1，为自由端口选择波特率、奇偶校验和数据位数。SMB30和SMB130的各位及其定义见表6-11。

表6-11　控制寄存器SMB30和SMB130定义

端口0	端口1	描述
SMB30格式	SMB130格式	自由端口模式的控制字节： MSB 7　LSB 0 p p d b b b m m
SM30.7,SM30.6	SM130.7,SM130.6	pp　奇偶选择 00 = 无奇偶校验　01 = 偶校验 10 = 无奇偶校验　11 = 奇校验
SM30.5	SM130.5	d　每个字符的数据位 0 = 每个字符8位　1 = 每个字符7位
SM30.2 ~ SM30.4	SM130.2 ~ SM130.4	bbb　自由口波特率 000 = 38400bit/s　001 = 19200bit/s 010 = 9600bit/s　011 = 4800bit/s 100 = 2400bit/s　101 = 1200bit/s 110 = 600bit/s　111 = 300bit/s

（续）

端口 0	端口 1	描述
SM30.0,SM30.1	SM130.0,SM130.1	mm　协议选择 00 = 点到点接口协议(PPI/从站模式) 01 = 自由口协议　　10 = PPI/主站模式 11 = 保留(默认设置为 PPI/从站模式)

可以通过特殊存储器位 SM0.7 来控制自由端口模式的进入。SM0.7 与反映 CPU 工作方式的模式开关相对应。模式开关处于 TERM 位置时 SM0.7 为 0；模式开关处于 RUN 位置时 SM0.7 为 1。只有模式开关处于 RUN 位置（SM0.7 =1）时，才允许自由端口模式。若开关处于其他位置，自由端口模式被禁止，普通通信（使用可编程设备监视或控制 CPU 操作）可以进行。

2. 自由端口模式通信指令

自由端口模式下的通信指令有自由端口发送指令 XMT 和接收指令 RCV。指令格式及功能见表 6-12。XMT 和 RCV 指令只有在 CPU 处于 RUN 模式时，才允许进行自由端口通信。

表 6-12　自由端口模式通信指令格式及功能

LAD/ FBD	STL	功能描述
XMT EN　ENO TBL PORT	XMT TBL, PORT	当使能端 EN = 1(有效)时,激活待发送的数据缓冲区表 TBL 中的数据,并通过端口 PORT 将数据缓冲区表 TBL 中的数据发送出去
RCV EN　ENO TBL PORT	RCV TBL, PORT	当使能端 EN = 1(有效)时,激活初始化或接收信息服务;通过指定的通信端口 PORT,接收从远程设备传送来的数据,将其存储在数据缓冲区 TBL 中

指令中，TBL 为缓冲区首地址，可以是 VB、IB、QB、MB、SB、SMB、* VD、* AC、* LD,数据类型是 BYTE。发送指令 XMT 数据缓冲区 TBL 中的第一个数据指明了要发送的字节数，接收指令 RCV 数据缓冲区 TBL 中的第一个数据指明了接收的字节数。

PORT 为操作端口，S7-200 系列的 CPU221、CPU222、CPU224 模块的 PORT 值为 0；CPU226 模块的 PORT 值为 0 或 1，数据类型是 BYTE。

数据的发送与接收可以采取以下三种方式：

（1）用 XMT 指令发送数据　XMT 指令可以方便地发送一个或多个字符，最多有 255 个字符的缓冲区。如果有一个中断程序连接到发送结束事件上，在发送完缓冲区的最后一个字符时，端口 0 会产生中断事件 9，端口 1 产生中断事件 26。或者通过监视发送完成状态位 SM4.5 或 SM4.6 的变化来判断发送是否完成，这种方式不是用中断进行发送，如打印机发送信息采用的就是这种模式。

如果将字符数设置为 0，然后执行 XMT 指令，就可以以当前的波特率在线上产生一个 16 位的断开（BREAK）条件。发送断开的操作与发送其他信息一样。完成断开发送时会产生一个 XMT 中断，SM4.5 或 SM4.6 反映 XMT 的当前状态。

（2）用 RCV 指令接收数据　RCV 指令可以方便的接收 1 ~255 个字符，如果有一个中断程序连接到接收信息结束事件上，在接收完最后一个字符时，端口0会产生中断事件23，端口1产生中断事件24。

与发送指令一样也可以不使用中断，通过监视接收信息状态寄存器SMB86（端口0）或SMB186（端口1）状态的变化，来判断接收是否完成。SMB86或SMB186为非零时，RCV指令未被激活或接收已经结束。当接收正在进行时，它们为零。

RCV指令允许用户选择信息的起始和结束条件。信息开始和结束条件的描述见表6-13。使用SMB86～SMB94对端口0进行设置，使用SMB186～SMB194对端口1进行设置。当超界或奇偶校验错时，接收信息功能自动终止，因此必须为接收信息功能操作定义一个起始条件和一个结束条件（或最大字符数）。

表6-13　特殊功能寄存器SMB86～SMB94，SMB186～SMB194定义

<table>
<tr><th>端口0</th><th>端口1</th><th>描　述</th></tr>
<tr><td>SMB86格式</td><td>SMB186格式</td><td>接收信息状态字节：
MSB　LSB
7　0
<table><tr><td>n</td><td>r</td><td>e</td><td>0</td><td>0</td><td>t</td><td>c</td><td>p</td></tr></table>
n=1:用户通过禁止命令结束接收信息
r=1:接收信息结束:输入参数错误或无起始或结束条件
e=1:收到结束字符
t=1:接收信息结束:超时
c=1:接收信息结束:字符数超长
p=1:接收信息结束:奇偶校验错误</td></tr>
<tr><td>SMB87</td><td>SMB187</td><td>接收信息状态字节：
MSB　LSB
7　0
<table><tr><td>en</td><td>sc</td><td>ec</td><td>il</td><td>c/m</td><td>tmr</td><td>bk</td><td>0</td></tr></table>
en：　0:禁止接收信息功能;1:允许接收信息功能
每次执行RCV指令时检查允许/禁止接收信息位
sc：　0:忽略SMB88或SMB188
1:使用SMB88或SMB188的值检测起始信息
ec：　0:忽略SMB89或SMB189
1:使用SMB89或SMB189的值检测结束信息
il：　0:忽略SMB90或SMB190;1:使用SMB90值检测空闲状态
c/m：0:定时器是内部字符定时器;1:定时器是信息定时器
tmr：0:忽略SMW92或SMW192
1:当执行SMW92或SMW192时终止接收
bk：　0:忽略BREAK条件;1:使用BREAK条件来检测起始信息
接收信息控制字节位用来作为定义识别信息的标准。信息的起始和结束均需定义。
起始定义:il * sc + bk * sc
结束定义:ec + tmr + 最大字符数
起始信息编程：
1)空闲检测:il = 1,sc = 0,bk = 0, SMW90 > 0
2)起始字符检测:il = 0,sc = 1,bk = 0, 忽略SMW90或SMW190
3)BREAK检测:il = 0,sc = 1,bk = 1,忽略SMW90或SMW190
4)对一个信息的响应:il = 1,sc = 0,bk = 0,SMW90 = 0
5)BREAK和一个起始字符:il = 0,sc = 1, bk = 1,忽略SMW90
6)空闲和一个起始字符:il = 1,sc = 1,bk = 0,SMW90 > 0
7)空闲和一个起始字符(非法):il = 1,sc = 1,bk = 0,SMW90 =0</td></tr>
</table>

（续）

端口 0	端口 1	描　　述
SMB88	SMB188	信息字符的开始
SMB89	SMB189	信息字符的结束
SMB90 SMB91	SMB190 SMB191	空闲线时间间隔按毫秒设定。空闲线时间结束后接收的第一个字符是新信息的开始字符。SMB90（或 SMB190）为高字节，SMB91（或 SMB191）为低字节
SMB92 SMB93	SMB192 SMB193	中间字符超时/信息间定时器超值（用毫秒表示）。如果超出时间，就停止接收信息。SMB92（或 SMB192）为高字节，SMB93（或 SMB193）为低字节
SMB94	SMB194	要接收的最大字符数（1～255B） 注：这个范围必须设置为所希望的最大缓冲区，即使不使用字符计数信息终止

（3）使用字符中断控制接收数据　为了完全适应对各种通信协议的支持，可以使用字符中断控制的方式接收数据。接收每个字符时都会产生中断。在执行该中断程序之前，先将接收到字符存入 SMB2 中，校验状态（如果使能的话）存入 SM3.0。SMB2 是自由端口接收字符缓冲区。在自由端口模式下，每个接收到的字符都会存放到该位置以便于用户程序访问。SMB3 用于自由端口模式，它包含一个校验错误标志位。当接收字符的同时检测到校验错误时，该位被置位，字节的其他位被保留。

SMB2 和 SMB3 是端口 0 和端口 1 共用的。当接收的字符来自端口 0 时，执行中断事件 8 的中断服务程序，SMB2 中存储从端口 0 接收到的字符，SMB3 中存储该字符的校验状态。当接收的字符来自端口 1 时，执行中断事件 25 的中断服务程序，SMB2 中存储从端口 1 接收到的字符，SMB3 中存储该字符的校验状态。

6.3.4　PLC 与打印机的通信实例

控制要求：在自由端口模式下，实现一台 S7-200 PLC 向打印机发送信息。输入 I0.0 为 1 时，打印文字“SIMATIC S7-200”；输入 I0.1 到 I0.7 为 1 时，打印文字“INPUT 0.X IS SET !”（其中，X 分别为 1，2，…，7）。

参数设置：CPU 224 通信口设置为自由端口模式。通信协议：传输速率为 9600bit/s，无奇偶校验，每个字符 8 位。

程序框图如图 6-12 所示。

主程序实现初始化和输入请求，子程序完成打印设置。

```
// 主程序
LD      SM0.1              //第一次扫描标志：SM0.1 =1
CALL    0                  //调用子程序 0
LD      SM0.7              //若在 TERM 模式，则设置 PPI 协议
 =      SM30.0             //若在 RUN 模式，则设置自由端口模式
LD      I0.0               //启动打印输入 I0.0
EU                         //识别脉冲上升沿
XMT     VB80, 0            // 发送 ASCII 码并打印（VB80 中存放所发送的
```

```
                                ASCII 码个数)
LD      I0.1                    //输入 I0.1 启动打印
EU                              //识别脉冲上升沿
MOVB    16#31, VB109            //把 1 的 ASCII 码 31 存入 VB109
XMT     VB100, 0                //发送 ASCII 码并打印（VB109 中存放所发送的
                                  ASCII 码个数)
LD      I0.2                    //输入 I0.2 启动打印
EU                              //识别脉冲上升沿
MOVB    16#32, VB109            //把 2 的 ASCII 码 32 存入 VB109
XMT     VB100, 0                //发送
LD      I0.3                    //输入 I0.3 启动打印
EU
MOVB    16#33, VB109
XMT     VB100, 0
LD      I0.4                    //输入 I0.4 启动打印
EU
MOVB    16#34, VB109
XMT     VB100, 0
LD      I0.5                    //输入 I0.5 启动打印
EU
MOVB    16#35, VB109
XMT     VB100, 0
LD      I0.6                    //输入 I0.6 启动打印
EU
MOVB    16#36, VB109
XMT     VB100, 0
LD      I0.7                    //输入 I0.7 启动打印
EU
MOVB    16#37, VB109
XMT     VB100, 0
MEND                            //主程序结束
//子程序 0
SBR     0                       //设置打印信息
MOVB     +9, SMB30              //波特率 9600bit/s，无奇偶校验，每字符 8 位
MOVB     +16, VB80              //信息长度为 16 个 ASCII 码字符：SIMATIC S7-200
MOVW    16#5349, VW81           //字符：SI
MOVW    16#4D41, VW83           //字符：MA
MOVW    16#5449, VW85           //字符：TI
MOVW    16#4320, VW87           //字符：C 空格
```

```
MOVW   16#5337, VW89      //字符：S7
MOVW   16#2D32, VW91      //字符： -2
MOVW   16#3030, VW93      //字符：00
MOVW   16#0D0A, VW95
MOVB    +20, VB100        //信息长度为20个ASCII码字符：INPUT 0.X IS SET！
MOVW   16#494E, VW101     //字符：IN
MOVW   16#5055, VW103     //字符：PU
MOVW   16#5420, VW105     //字符：T 空格
MOVW   16#302E, VW107     //字符：0.
MOVB   16#20, VB110       //由主程序装载VB109，空格
MOVW   16#4953, VW111     //字符：IS
MOVW   16#2053, VW113     //字符：空格 S
MOVW   16#4554, VW115     //字符：ET
MOVW   16#2021, VW117     //字符：空格!
MOVW   16#0D0A, VW119
RET                       //子程序结束
```

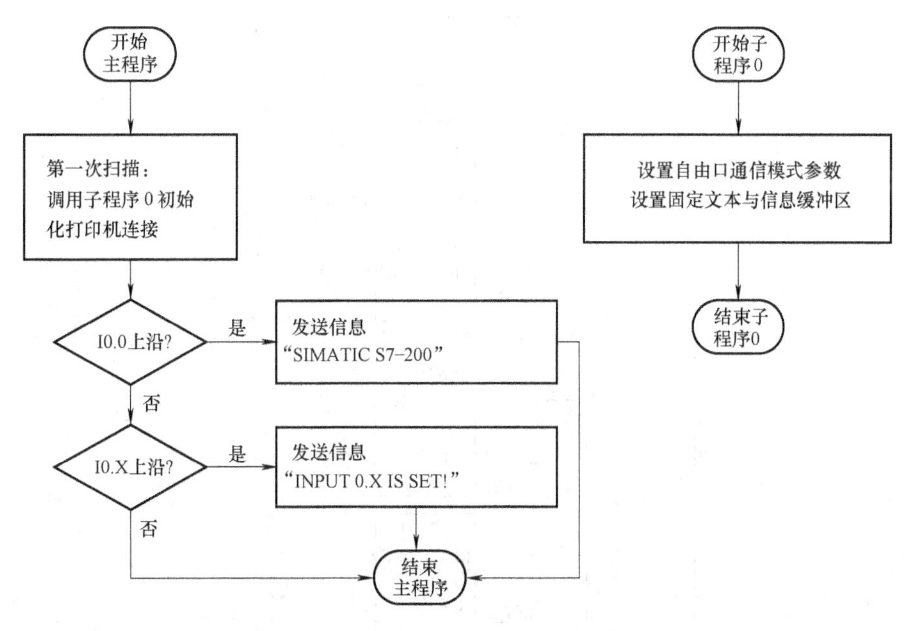

图 6-12　程序框图

6.3.5　PLC 与远程 PC 的通信实例

控制要求：在自由端口模式下，实现一台本地 PLC（CPU 224）与一台远程 PC 之间的数据通信。本地 PLC 接收远程 PC 发送的一串字符，直到收到回车符为止，接收完成后，PLC 再将信息发回给 PC。

参数设置：CPU 224 通信口设置为自由端口模式。通信协议：传输速率为 9600bit/s，无

奇偶校验，每个字符8位。接收和发送使用同一个缓冲区，首地址为VB100。

通信主程序如图6-13所示。图6-13中，第一条MOVB指令初始化自由口，设置为9600bit/s、8位数据位、无校验；第二条MOVB指令初始化RCV信息控制字、启用RCV、检测信息结束符字符及空闲线信息条件；第三条MOVB指令设定信息结束字符为16#0A（回车字符）；第四条MOVW指令设置空闲线超时时间为5ms；第五条MOVB指令设定最大字符数为100；ATCH指令设置接收中断INT_0（事件23）和发送中断INT_2（事件9）；ENI指令允许用户中断；接收指令RCV启动接收，接收缓冲区从VB100开始，端口为0。

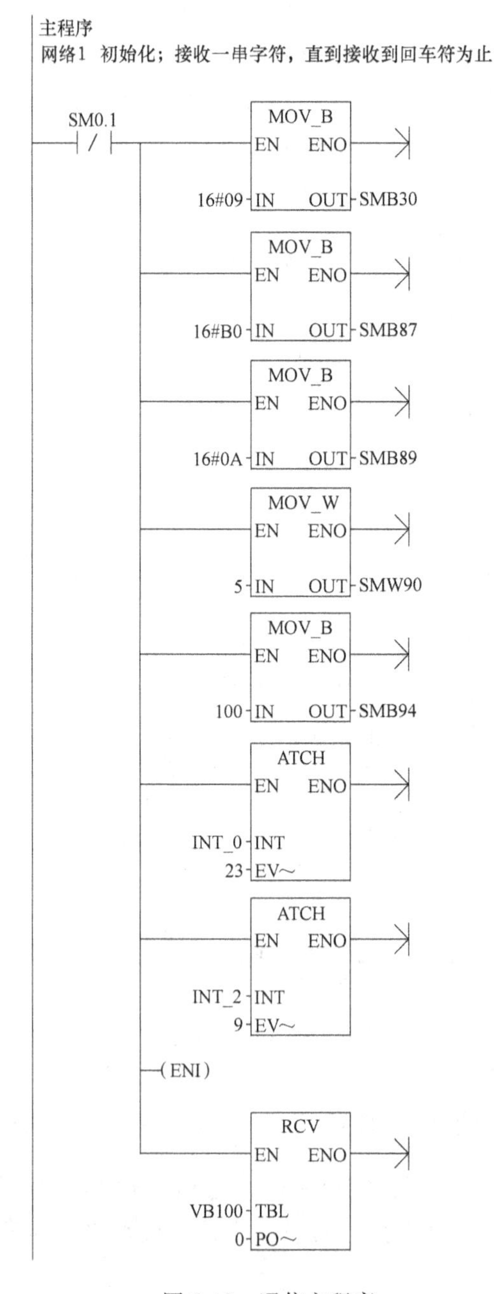

图6-13　通信主程序

通信中断 INT_0 如图 6-14 所示。图中，执行第一行语句，如果 SMB86 接收状态显示接收到结束字符，则执行 MOVB 指令为 SMB34 赋值，设定定时时间为 10ms；ATCH 指令设置 10ms 定时器中断 INT_1（事件 10）；CRETI 指令实现中断返回；执行第四行语句后，如果由于任何其他原因接收未完成，则启动一次新的接收。

中断 INT_1 如图 6-15 所示。图中，DTCH 指令断开定时器中断；XMT 指令在端口 0 向 PC 回送信息。

中断 INT_2 如图 6-16 所示，为发送字符中断事件，发送完成后允许 PLC 的下一次接收。

中断程序INT_0
网络1　当接收到信息结束字符后，延时10ms
SMB86
==B
16#20
MOV_B
EN ENO
10 IN OUT SMB34
ATCH
EN ENO
INT_1 INT
10 EV~
(RETI)
NOT
RCV
EN ENO
VB100 TBL
0 PO~

图 6-14　通信中断 INT_0

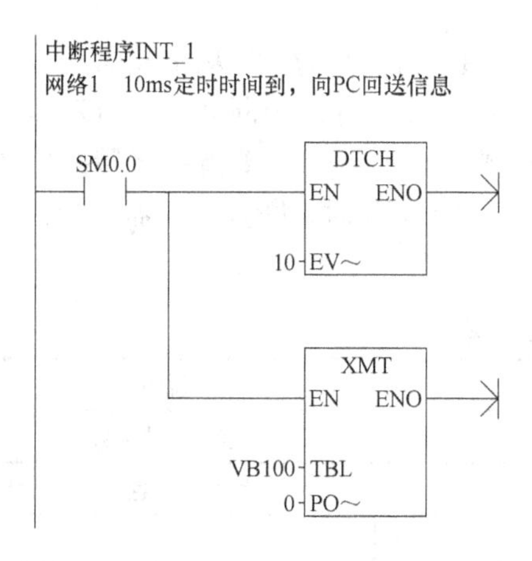

图 6-15　通信中断 INT_1

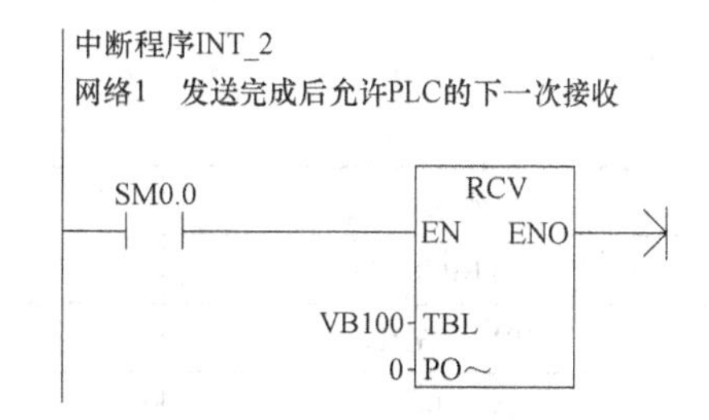

图 6-16　通信中断 INT_2

6.3.6　PLC 自由端口发送实例

控制要求：在自由端口模式下，S7-200 PLC 记录定时中断次数，从 1 记至 100，并将计数值转化为 ASCII 值发送给计算机串口，计算机接收后使用操作系统自带的超级终端软件显示计数值。

参数设置：CPU 224 通信口设置为自由端口模式，通信协议：传输速率为 9600bit/s，无奇偶校验，每个字符 8 位。发送缓冲区首地址为 VB100，定义见表 6-14，其中 16#0D 和 16#0A 是计算机超级终端软件所需的结束字符。

主程序如图 6-17 所示，实现的功能是调用两个子程序。网络 1，如果检测到输入信号的上升沿，则调用子程序 SBR_0；网络 2，如果检测到输入信号的下降沿，则调用子程序 SBR_1。

子程序 SBR_0 如图 6-18 所示。图中，第一条 MOVB 指令初始化自由口，设置 9600bit/

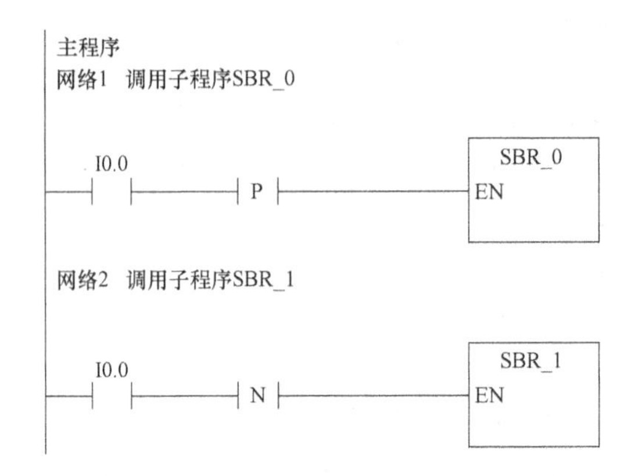

图6-17　主程序

s、8位数据位、无校验；第二条MOVB指令设定定时时间为200ms，第三条MOVB指令设置发送字节个数为15；第四条和第五条MOVB指令设置发送信息的最后两位；第六条MOVD指令清空作为累加器的VD150；ATCH指令设置200ms定时器中断INT_1（事件10）；ENI指令允许用户中断。

子程序SBR_1如图6-19所示，实现的功能是设置通信口恢复为PPI从站模式。

中断程序INT_0如图6-20所示。图中，每次定时时间到，进入中断后，执行双整数加法指令使VD150计数值加1；DTA指令将计数值转换成ASCII码；XMT指令将转换后的计数值从端口0发送出去；执行第四行指令后，当计数值达到100时，断开定时器中断，计数中止。

表6-14　发送缓冲区定义

地址	存储内容	说明
VB100	15	发送字节个数
VB101 ~ VB113	数据字节	发送的信息字符
VB114	16#0D	信息结束字符
VB115	16#0A	回车字符

程序编写完成后进入调试阶段，步骤如下：

1）检查连接PLC主机与PC的RS 232/PPI多主站电缆的设置：波特率、自由口通信模式、本地模式。断开PLC的输入I0.0。

2）编译并下载程序至PLC后，将PLC运行开关拨至“RUN”位置，关闭Step7-Micro/WIN32软件（若软件打开会与超级终端争用COM口产生冲突）。

3）在Windows操作系统界面上选择“开始→程序→附件→通信→超级终端”，为新建立的连接输入名称，如图6-21所示；选择连接使用的串口，如图6-22所示；设置串口通信参数与PLC程序一致，如图6-23所示。

4）闭合PLC的输入I0.0，在超级终端软件界面上单击“呼叫→等候呼叫”，此时就可以看见PLC发送过来的信息，程序运行结果如图6-24所示。

本例中，发送缓冲区的定义除了在编程软件中用梯形图编程实现，还可以使用Step7-Micro/WIN32软件中的数据块功能完成定义。要查看计算机接收PLC发送的信息，除了使用

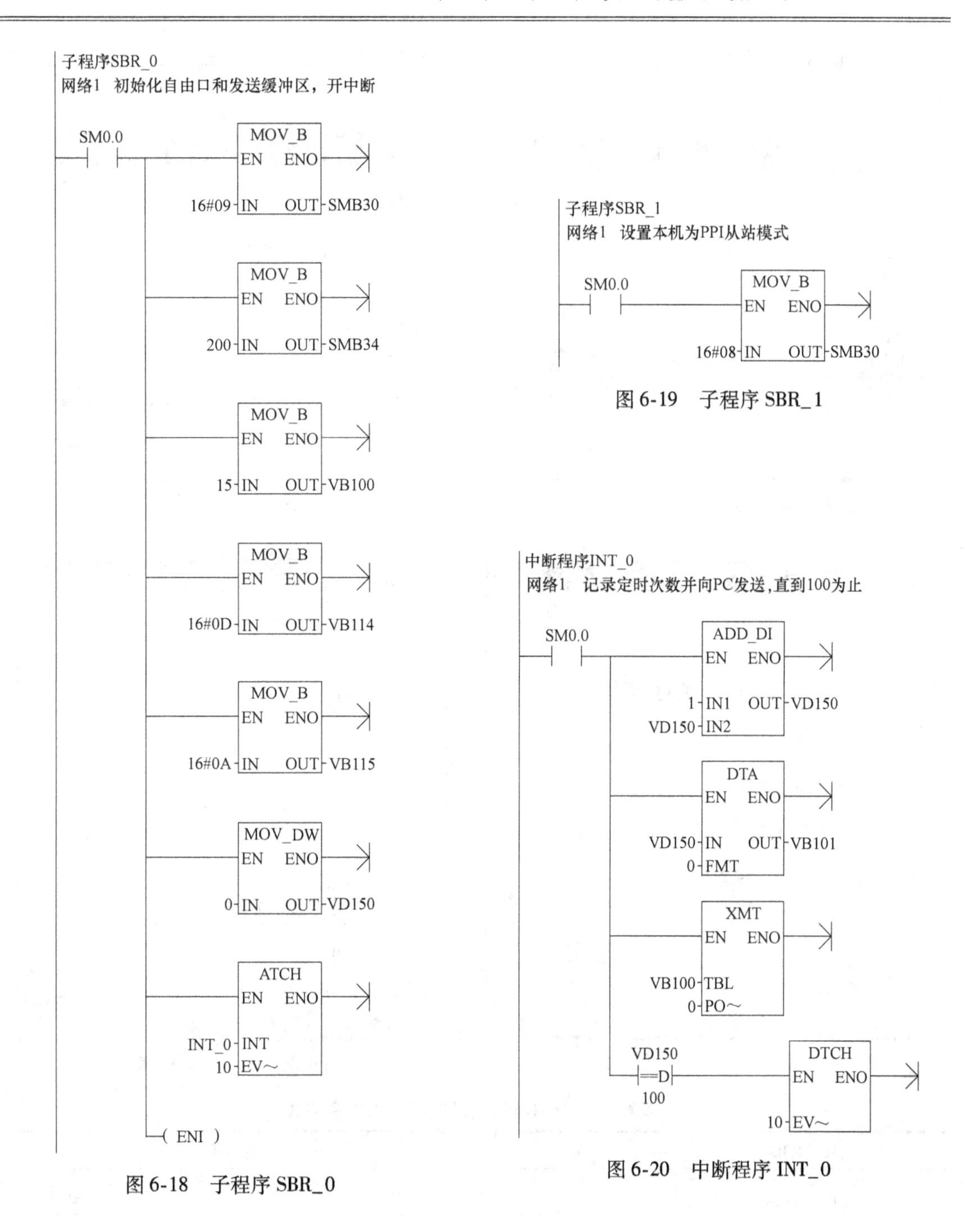

图 6-18　子程序 SBR_0

图 6-19　子程序 SBR_1

图 6-20　中断程序 INT_0

超级终端软件外，还可以使用各种串口调试助手软件，方法基本类同。

6.3.7　获取与设置通信口地址指令

获取与设置通信口地址指令格式见表 6-15。

获取通信口地址指令 GPA 指令，用于读取 PORT 指定的 CPU 口的站地址，并将数值放入 ADDR 指定的地址中。

设置通信口地址指令 SPA 指令，用于将通信口站地址（PORT）设置为 ADDR 指定的数值。

新地址不能永久保存，重新上电后，通信口地址将恢复为上次的地址值（用系统块下载的地址）。

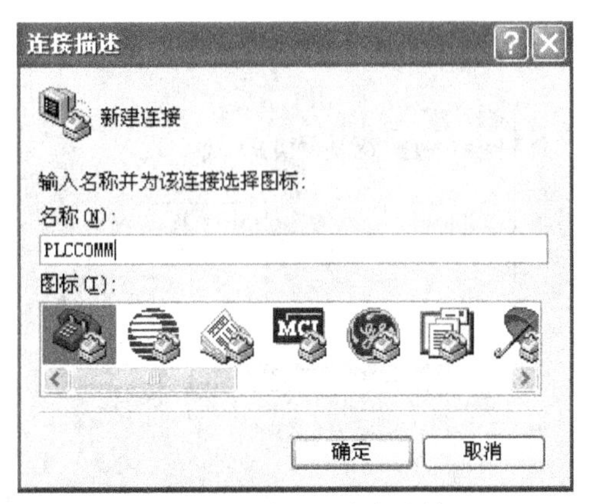

图 6-21　建立一个新连接

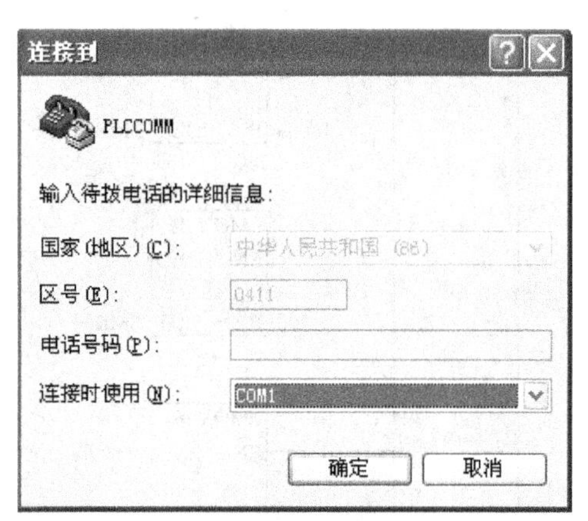

图 6-22　选择串口

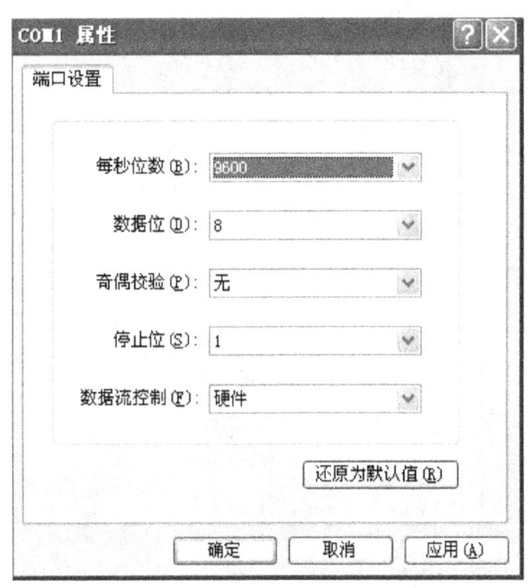

图 6-23　设置串口属性

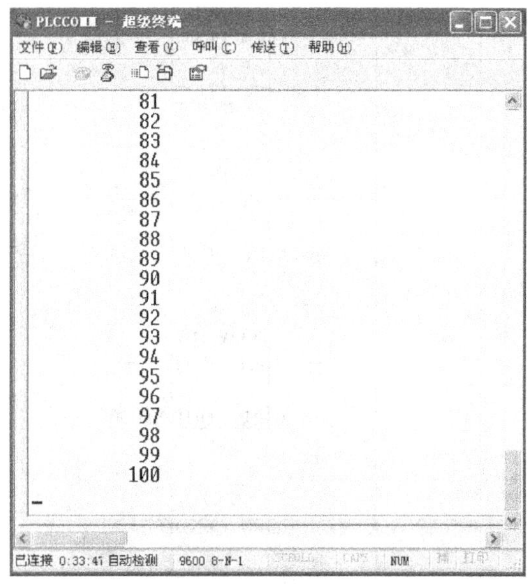

图 6-24　程序运行结果

表 6-15　获取与设置通信口地址指令格式

LAD/ FBD	STL	功能描述
GET_ADDR EN　ENO ADDR PORT	GPA　ADDR, PORT	当使能端 EN = 1(有效)时,指令读取 PORT 指定的 CPU 端口的站地址,并将数值放入 ADDR 指定的地址中
SET_ADDR EN　ENO ADDR PORT	SPA　ADDR, PORT	当使能端 EN = 1(有效)时,指令将通信端口站地址(PORT)设置为 ADDR 指定的数值

练　习　题

6-1　数据通信方式有几种？试述它们各自的特点。

6-2　PLC 联网、通信的目的是什么？

6-3　PLC 采用的通信方式是什么？

6-4　带 RS 485 接口的 PLC 如何与 RS 232C 接口的计算机连接？

6-5　如果要求远程设备地址为 4，本地设备地址为 0，使用 RS 232/PPI 多主站电缆连接到本地计算机的 COM2 串行口，传送速率为 9600bit/s，传送字符格式为默认值。试简述达到上述要求的具体通信设置方法。

6-6　如果在串行异步通信中，数据的传输速度为每秒传送 480 个字符，一个传送字符由 7 位有效数字、1 位起始位、1 位奇偶校验位和 1 位停止位组成，试求波特率。

下篇　实验教学篇

第 7 章　可编程序控制器编程系统及编程软件

7.1　S7-200 PLC 系统的建立

7.1.1　最小 S7-200 PLC 系统

要进行 S7-200 PLC 系统开发，需要具备一定的硬件和软件条件。一个最小的 S7-200 PLC 系统包括一个 S7-200 CPU 主机模块、一台安装有 Step 7 - Micro/WIN32 编程软件的个人计算机以及一条连接计算机与 CPU 主机的 PC / PPI 通信电缆，如图 7-1 所示。图中，安装有编程软件的计算机作为通用编程器使用，当用户程序调试成功、并下载到 CPU 主机中以后，S7-200 CPU 的工作不再需要计算机支持，可以单独运行。此时，断开通信电缆后，串行通信端口可以连接人机界面等其他设备。当然，若 CPU 不断开与编程计算机的通信，则计算机可以用于监控程序的运行状态。

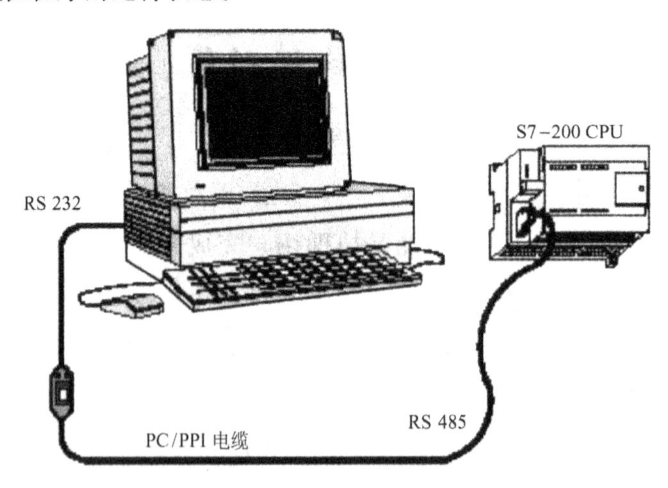

图 7-1　最小 S7-200 PLC 系统组成示意图

7.1.2　硬件连接

要对 S7-200 进行编程、调试，还需要将运行编程软件的 PC 和 S7-200 CPU 进行通信连接。选择隔离型的 PC/PPI 电缆实现将 PC 等设备的串口（RS 232）与 PLC 通信口（RS 485）两者之间的通信，可使用如下方式建立两者的硬件通信连接：

1）设置 PC/PPI 电缆上的 DIP 开关，选择计算机支持的波特率，一般可设置为 9.6 kbit/s。

2）把 PC/PPI 电缆的 RS 232 端（标记为 PC）连接到计算机的串行通信端口 COM1 或 COM2，并拧紧连接螺丝。

3）把 PC/PPI 电缆的 RS 485 端（标记为 PPI）连接到 CPU 的通信口，并拧紧螺丝。

注意：在安装或拆卸 S7-200 CPU 模块及其相关设备时，一定要切断所有电源，否则可能导致严重的人身伤害或设备损坏。

7.2 Step 7-Micro/WIN32 的安装与设置

Step 7-Micro/WIN32 是西门子公司为 S7-200 系列 PLC 专门设计的基于 Windows 的应用软件，主要为用户开发控制程序使用，它功能强大，基本功能是创建、编辑、调试用户程序、组态系统等，同时也可实时监控用户程序的执行状态，它是西门子公司 S7-200 用户不可或缺的开发工具。现在也可以在全汉化的界面下进行操作，为中国用户提供了极大方便。

Step 7-Micro/WIN32 可以安装在具有如下操作系统的计算机上：Windows 2000、Windows XP、Windows NT 和 Windows 7 等。计算机的 CPU 为 80586 或更高的处理器，至少有 16MB 内存配置和 50MB 硬盘空间，VGA 显示器以及 Windows 系统支持的鼠标。

7.2.1 编程软件的安装方法

英文版编程软件的安装步骤：

1）启动 Windows，关闭所有的应用软件，将 Step 7-Micro/WIN32 编程软件光盘插入到光盘驱动器。

2）系统自动进入安装向导或在光盘目录下双击 Setup 进入安装向导。

3）按照安装向导的提示完成软件的安装。（软件安装路径可以使用默认子目录，也可以用“浏览”按钮弹出的对话框中任意选择或新建一个子目录）

4）安装结束时可按提示重新启动计算机。

一般出售的软件都为英文版，如选择 V3.1.1.6 版本的程序安装，可以通过专门的汉化补丁程序将其操作界面汉化为中文环境。程序安装步骤如下：

1）在光盘目录下，找到“mwin-service-pack-from　V3.1 to 3.11”软件包，按照安装向导进行操作，把原来的 V3.1 英文版本编程软件转换为 3.11 版本。

2）打开“Chinese 3.1.1”目录，双击 Setup，按安装向导操作，完成汉化补丁软件的安装。

现在的编程软件已经升级到 V4.0 Step 7，软件安装方式同上，并可以通过设置在中文环境下编程。设置方法：在菜单栏中选择“Tools”，最下面有个“Options”，出现的界面左边有个“general”，单击它可在右边出现“Language”，然后在那里可以选择语言，选择语言后，软件需要重新启动。

7.2.2 设置通信参数

在软件安装完毕且硬件连接无误后，可按下列步骤进行通信设置：

1）运行 Step 7-Micro/WIN 32 进入主菜单，从“检视”中选择“通信”，或单击“通信”图标，则会出现通信设定对话框。

2）在通信设定对话框中双击 PC/PPI 电缆的图标，将出现设置 PG/PC 接口的对话框。

3）选择“Properties”按钮，将出现接口属性对话框，检查各参数属性是否正确。

4）在“通信参数”中，“传输速率”的设置必须与 PC/PPI 电缆上的设置相同（9.6 kbit/s）。通信参数设置窗口如图 7-2 所示。

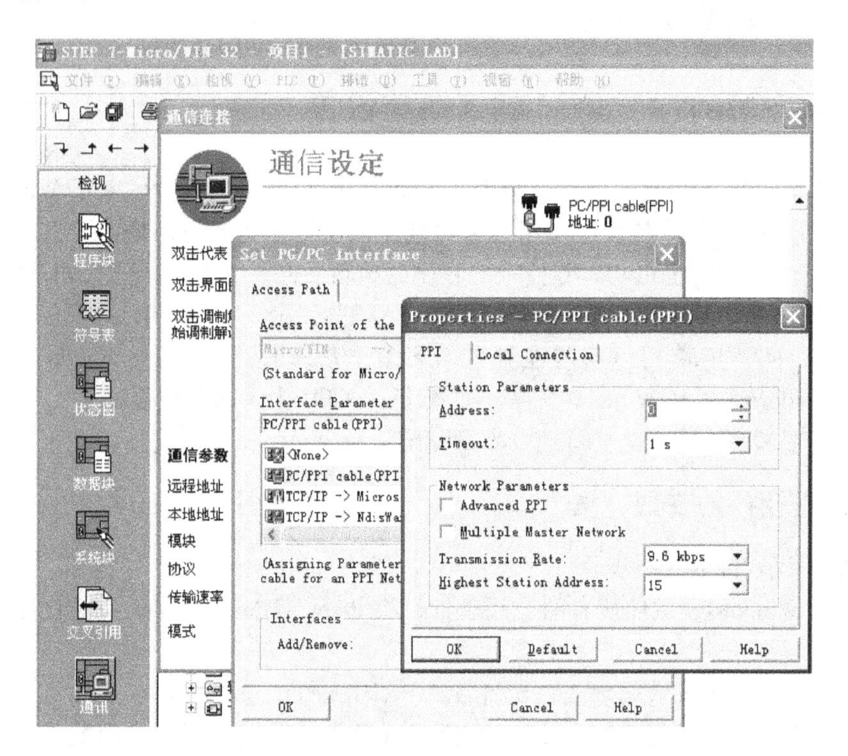

图 7-2　通信参数设置窗口

5）在“Local Connection（本地连接）”选项卡中，选择编程计算机的通信端口为与 PC/PPI 电缆相连的串行通信口（COM1 或 COM2），如图 7-3 所示。

7.2.3　建立在线联系

如果前面几步已完成，确信计算机与 PLC 主机通信电缆连接好，并且 PLC 主机的工作方式选择开关处于“TERM”位置，则可以建立与 PLC 主机的在线联系，步骤如下：

1）在 Step 7-Micro/WIN32 下，单击“通信”或从主菜单的“检视”中选择“通信”，则会出现一个通信对话框，此时显示没有连接主机 CPU。

2）双击通信设定对话框中的刷新图标，Step 7-Micro/WIN32 将检查所连接的所有 S7-200 CPU 站，在通信设定对话框中显示所连接的每一个站。如图 7-4 所示。

3）双击要进行通信的站，在通信设定对话框中，可以显示所选站的通信参数。

4）此时，可以建立计算机与 S7-200 CPU 主机的在线联系，如下载、上装、监控等。

如果建立了计算机与 PLC 的在线联系，就可利用软件检查、设置和修改 PLC 的通信参数。方法如下：

图 7-3　选择编程计算机 COM 口

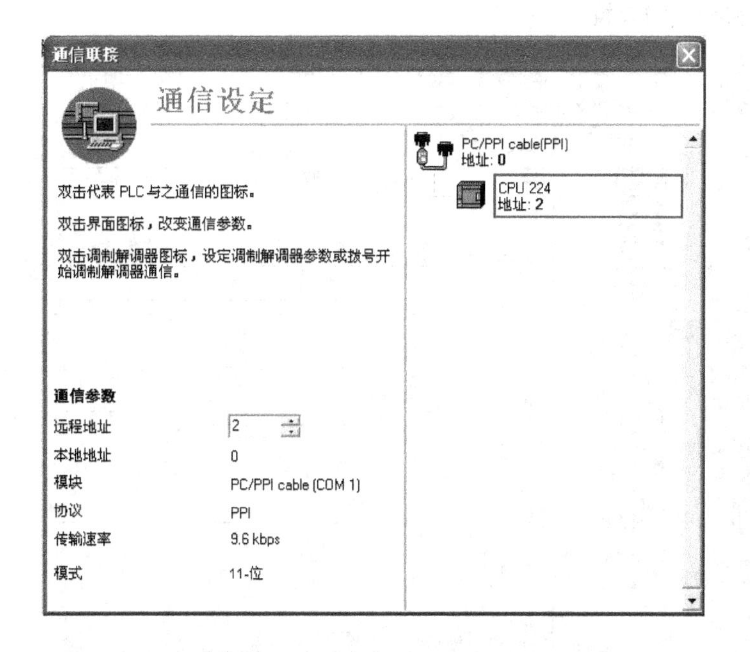

图 7-4　建立在线联系

1）从“视图（View）”菜单中选择“系统块（System Block）”选项，或单击引导条中的系统块图标，将出现系统块对话框。

2）单击“通信口”选项卡，检查各参数，如果需要修改某参数，可进行有关修改，确认无误后单击“确认（OK）”按钮。

3）单击工具条中的下载按钮，即可将修改后的参数下载到 PLC 主机。

7.3　Step 7-Micro/WIN 32 使用方法

编程软件 Step 7-Micro/WIN32 版软件包的基本功能是协助用户完成开发应用软件的任务，如创建用户程序、对用户程序进行编辑、修改；编辑过程中编辑器具有简单的语法检查功能；在联机方式下可以方便地进行下载、上装；此外，还可以直接用软件设置 PLC 的工作方式、参数和运行状态监控。

联机方式：计算机与 PLC 连接并建立在线联系。此时，可以通过计算机直接对相连的 PLC 进行操作，如上装和下载用户程序等。

离线方式：计算机与 PLC 断开连接。此时能部分地完成基本功能，如编程、编译和调试，需将所有程序和参数暂存在磁盘上，等联机后再下载到 PLC 中。

7.3.1　编程软件界面及窗口元素

打开计算机，单击“开始”菜单，指向“程序”，再移动鼠标打开 Step 7-Micro/WIN 32 V 4.0 或双击桌面 V4.0 Step 7 图标进入 Step 7 的应用程序编程界面如图 7-5 所示。

窗口界面包括以下组件：标题栏、菜单条（包含 8 个主菜单项）、工具条、引导条、指令树、数据块、输出窗口和用户窗口等。这些窗口不一定同时出现，用户可根据需要选择是否打开各窗口和相应的设置。

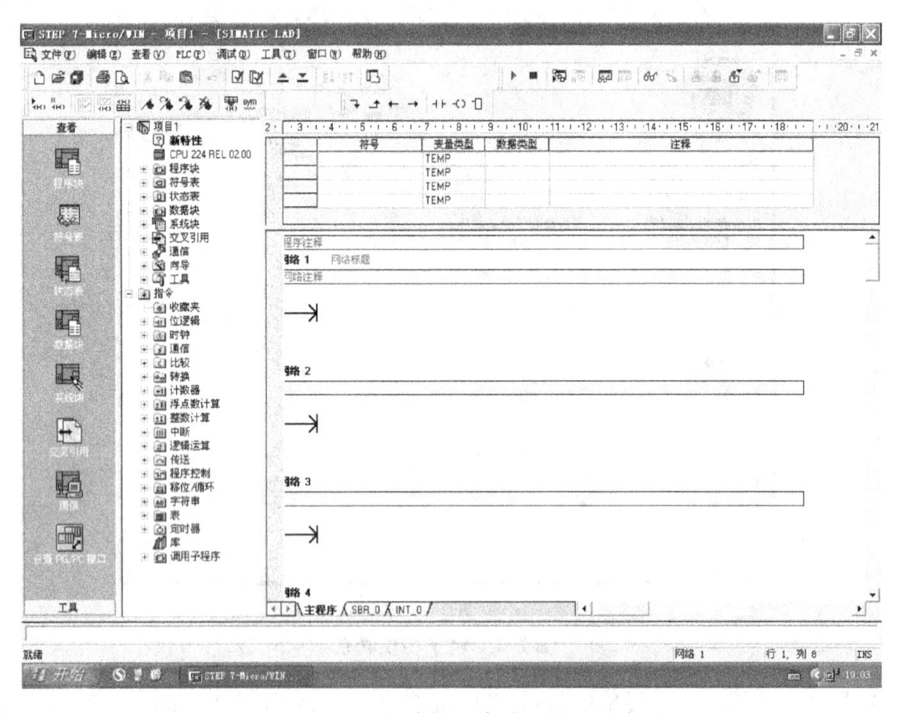

图 7-5　Step 7 的应用程序编程界面示意图

1. 标题栏和菜单

标题栏用来指明当前文件的名称，新建文件必须以某个名称保存以后才有文件名。

菜单允许用户使用鼠标或键盘执行 Step 7-Micro/WIN 32 V3.1 的各种操作，这是必选区，共有 8 项，各主菜单项功能如下：

1）文件（File）菜单。

文件操作如新建、打开、保存文件，上载、下载程序，还有文件的打印预览、设置和操作。

2）编辑（Edit）菜单。

与基本的 Windows 操作相同，是程序编辑的工具。如修改、删除、复制、剪切、粘贴程序块或数据块，同时提供查找、替换、插入、删除和快速光标定位等功能。

3）查看（View）菜单。

查看可以设置软件开发环境的风格，选择程序编辑器及改变图形观察范围等，如决定其辅助窗口（如引导窗口、指令树窗口、工具条按钮区）的打开与关闭；包含引导条中所有的操作项目；选择不同语言编辑器。

4）可编程序控制器（PLC）菜单。

可建立与 PLC 联机时的相关操作，如选择 CPU 运行工作状态、在线编译、查看 PLC 的信息、清除程序和数据、时钟、存储卡操作、程序比较、PLC 类型选择及通信设置等。

5）调试（Debug）菜单。

用于联机调试，设定计算机对 S7-200 CPU 中变量的扫描方式以及对 S7 -200 CPU 监控方式等。

6）工具（Tools）菜单。

指令精灵、TD200 精灵可以调用复杂的指令向导，对 NETR/NETW、PID、HSC 指令的编程和文本显示单元 TD200 的使用提供向导。

用户自定、选项：对菜单项、工具条和窗口属性进行设定 。

7）窗口（Window）菜单。

对视窗中的多个窗口进行层叠、水平、垂直操作，并可进行窗口之间的切换。

8）帮助（Help）菜单。

通过帮助菜单上的目录和索引查看几乎所有的相关使用帮助信息；帮助菜单还提供网上查询功能。

2. 工具条

工具条提供 Step7-Micro/WIN 32 最常使用功能的操作按钮，可以通过鼠标简化操作。可以用“查看（View）”菜单中的“工具（Tools）”选项来显示或隐藏 3 种工具条：标准（Standard）、调试（Debug）和指令（Instructions）工具条。

当工具条可以使用时，工具条按钮带颜色显示；当工具条按钮无效时，它呈灰色。

常用工具条的意义如下：

1）标准工具条。

：从 PLC 上装文件至 Step 7-Micro/WIN 32 编程系统中。

：从 Step 7-Micro/WIN 32 编程系统下载文件至 PLC 中。

2）调试工具条。

▶：将PLC设定为运行模式。■：将PLC设定为停止模式。

：程序状态监控按钮 。：状态表监控钮。

3）指令工具条。

各按钮的功能依次为：插入向下线，插入向上线，插入向左线，插入向右线，插入触点，插入线圈，插入方框（指令盒），插入网络（语句），删除网络（语句）。

3. 引导条、项目和指令树

在引导条中将Step 7-Micro/WIN 32 的一些常用的编程工具按组排放。引导条可以用“查看（View）”菜单中的“引导条（Navigation Bar）”选项来选择是否打开。

引导条中的按钮分为两组：查看、工具。如图7-6所示。它为编程提供按钮控制的快速切换功能。单击任何一个按钮，则主窗口切换成按钮对应的窗口。

查看组引导条包含以下几项：

程序块（Program Block）：进入程序编辑状态。

符号表（Symbol Table）：为程序数据及I/O指定符号名。

状态图（Status Chart）：可以监控数据。

数据块（Data Block）：用于为V存储器区指定初始值。

系统块（System Block）：配备PLC硬件选项。

交叉索引（Cross Reference）：能显示程序中使用的元件详细信息。

通信（Communication）：设定PC与PLC的通信。

工具组引导条包含：指令向导、文本显示向导、位置控制向导等多个向导 。

项目和指令树提供了所有的项目对象和当前程序编辑器可用的所有指令（LAD、FBD及LAD ）的一个树形浏览。可以单击指令树中的“+”、“-”，以展开或隐藏树中的内容。如图7-7所示。

可以用“查看（View）”菜单中的“指令树（Instructions Tree)”选项在ON（可见）和OFF（隐藏）之间来选择是否显示。

单击打开指令文件夹，选择所需的指令，可以双击或通过拖放操作，在程序中插入指令（仅适用于LAD和FBD)。

4. 数据块

该窗口可以设置和修改变量存储区内的一个或多个变量值，并加注必要的注释说明。

5. 状态图、输出窗口和状态条

在联机调试程序时，状态图监视各变量的值和状态。

输出窗口用来显示程序编译的结果信息。

状态条也称任务栏，与一般的任务栏功能相同。

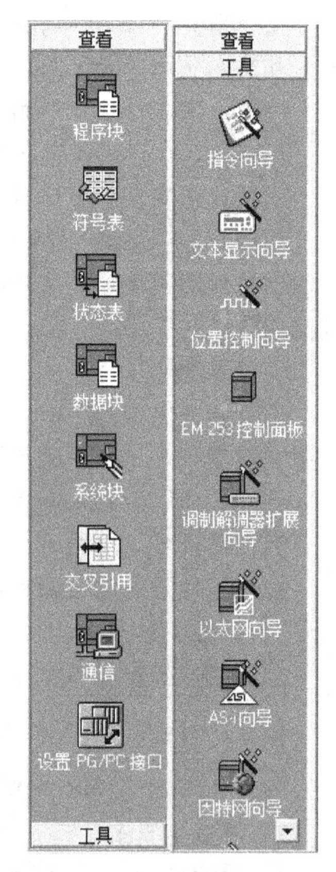

图7-6　引导条

7.3.2　自定义 STEP 7-Micro/WIN 32

用户可以根据不同需求对窗口进行选择。从菜单条中选择查看（View），将选择标记在打开和关闭中切换。如图 7-8 所示。

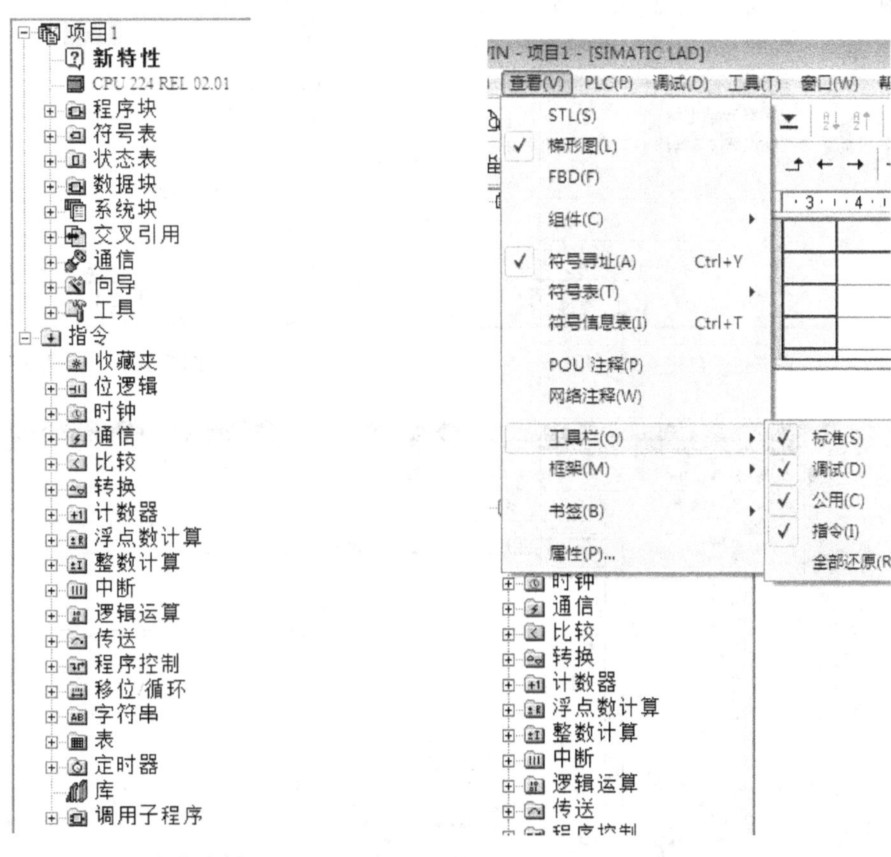

图 7-7　项目与指令树　　　　图 7-8　窗口选择

在菜单栏中选择“工具（Tools）”中的“自定义”，打开“自定义”对话框，如图 7-9 所示，用户可以根据需要添加工具按钮或命令来定制用户窗口。

7.3.3　使用帮助

Step 7-Micro/WIN32 有较强的帮助功能，用户可以通过使用联机帮助和在线帮助，对软件的基本功能及相关信息进行了解。

选择“帮助”菜单，调出“内容及目录”项，即可显示帮助主题，如图 7-10 所示。选择菜单项目或打开对话框，按“F1”键，即可打开帮助主题。

在编辑过程中如果针对某个指令有疑问，可以使用在线帮助功能。例如：在使用计数器指令“CUT”时，如果想得到相应的帮助，可以采取以下方式：将鼠标指向指令树中的“CUT”指令并单击鼠标右键，将显示快捷菜单，如图 7-11 所示，单击帮助，就可以得到相应的帮助内容。用户也可以在程序编辑器中，直接单击“CUT”指令，然后按“F1”键，也可以得到同样的帮助内容窗口。

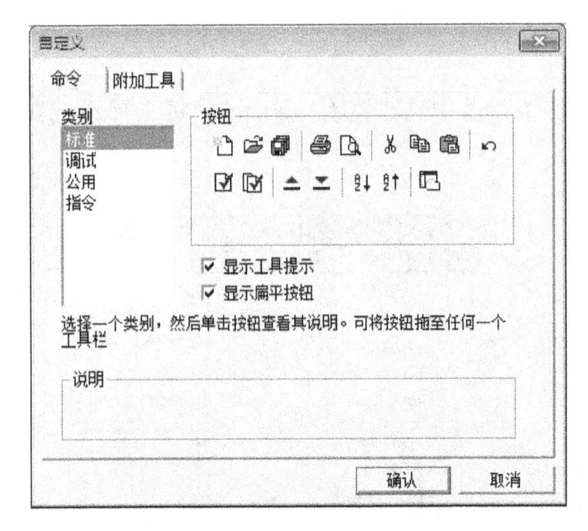

图7-9　自定义对话框

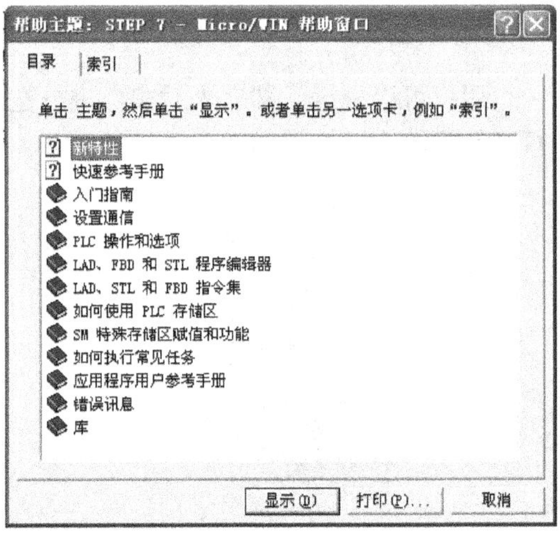

帮助主题：STEP 7 - Micro/WIN 帮助窗口
目录　索引
单击 主题，然后单击"显示"。或者单击另一选项卡，例如"索引"。
新特性
快速参考手册
入门指南
设置通信
PLC 操作和选项
LAD、FBD 和 STL 程序编辑器
LAD、STL 和 FBD 指令集
如何使用 PLC 存储区
SM 特殊存储区赋值和功能
如何执行常见任务
应用程序用户参考手册
错误讯息
库
显示(D)　打印(P)...　取消

图7-10　帮助主题

图7-11　在线帮助选择及帮助内容

7.4　编程与调试

基于计算机的编程软件 Step 7-Micro/WIN 32 提供了语句表、梯形图、功能块图这三种编辑器用于创建用户程序，用户编写程序之前，必须选择其中一种编辑器进行程序录入。以上三种编程方式可以在菜单栏“查看（View）”中进行选择，如图 7-8 所示。

7.4.1　梯形图程序的输入与编辑

下面针对梯形图编辑器介绍如何使用 SIMATIC 指令集进行编程。

1. 创建新项目

进入 Step 7 的应用程序编程界面后，可用“文件（File）”菜单中的“新建（New）”命令，在主窗口就可显示新建的程序文件主程序区，如图 7-12a 所示。一个新建项目（程序）就可以在此窗口中输入。也可以直接用快捷键“Ctrl + N”来完成；如果完成一个项目后需再建一个新项目，可单击“文件工具条”中的“新建项目”按钮来完成。

2. 打开原有项目

打开磁盘中已有的程序文件，可用“文件”菜单中的“打开”命令，在弹出的对话框中单击所需文件名来完成，也可用“文件工具条”中的按钮来完成，还可以直接用快捷键“Ctrl + O”来完成。

3. 保存文件

保存 PLC 程序文件可用“文件（File）”菜单中的“保存（Save）”来完成。

4. 编辑梯形图程序

本软件有较强的编辑功能供用户编辑和修改程序。梯形图的编程元件主要有触点、线圈、指令盒、标号及连线。输入编程元件有若干方法：指令树双击、工具条按钮输入以及功能键法等。下面主要介绍指令树双击法和程序工具条按钮，其他方法可从主“帮助”菜单中了解。

（1）用指令树双击法输入指令　指令树如图 7-7 所示，程序打开后，它将自动出现在主画面上。如果画面上没有指令树，单击菜单上“查看”就可以找到“指令树”，再单击就可以打开。

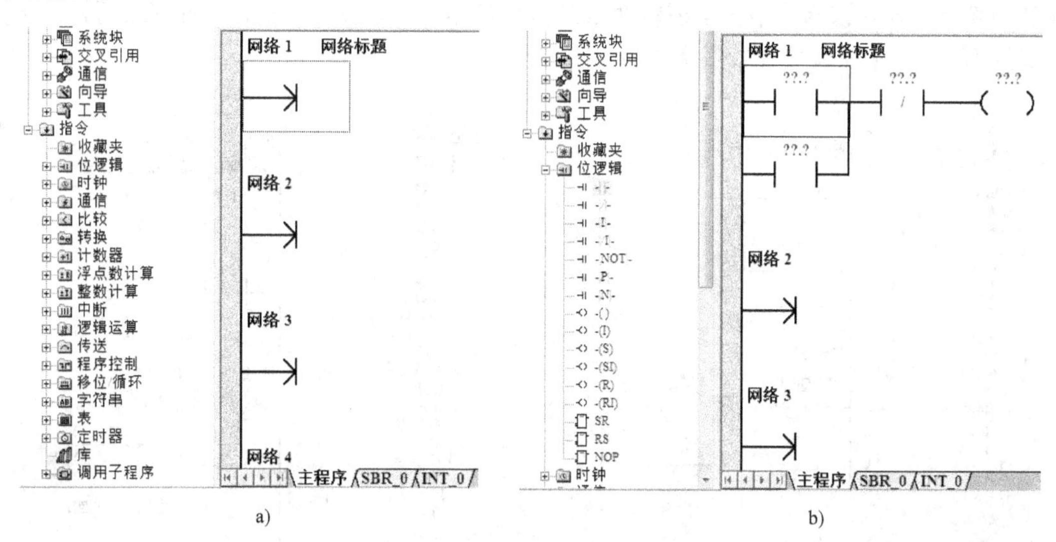

图 7-12　编辑窗口

指令树窗口中“指令（Instructions）”所列的一系列指令按类别分别编排在不同的目录中，指令树的图标前有“+”的可以继续打开，出现“-”的只能关闭。在图 7-12a 的状态下，单击位逻辑前面的“+”，出现一个下拉列表，如图7-12b所示。找到需要的指令并双击，指令就会出现在编辑窗口的方框位置。还可以将“指令树”中指令直接拖放到编辑窗口的方框位置，释放鼠标即可。方框规定了要输入指令的位置，用鼠标箭头可以选择方框的位置。

（2）用指令工具条按钮输入指令　输入元件时，在图7-12的状态下，在指令工具条按钮上单击触点、线圈或指令盒，从弹出的窗口的下拉菜单所列的指令中选择要输入的指令并单击即可。

输入连线时，先用方框指出连线的位置，在指令工具条按钮上找到需要的指令并单击，即可实现输入指令的连线。

（3）插入与删除　程序经常用到插入和删除一个网络，可利用指令工具条在已编好的某网络前插入一个网络，须先用鼠标选中该网络，然后按插入网络按钮即可，并可以在其中输入程序。需要删除网络时须先用鼠标选中该网络，然后按删除网络按钮即可。

利用元件的剪切、复制和粘贴等方法也可实现与插入和删除类似的功能。

（4）输入地址（参数）　当在梯形图中输入一条指令时，参数最初用问号（???）代表，这时可以赋值，如果有任何参数未赋值，程序将不能编译。输入地址的时候，都是先用鼠标或输入键选择输入地址的区域（方框的位置），然后在方框里输入需要的值，如果赋值出现红字或数值下面出现红色波浪线，说明赋值错误。如图7-13所示，IB0与T300出现了红色波浪线，说明是错误的参数。因为，触点指令的地址应该是位地址（位寻址），而IB0是字节地址；定时器只有256个，最大定时器号是T255，因此，T300是错误地址。

5. 输入程序注释

（1）网络标题和网络注释　在网络序号后面（“网络标题”处）可以直接输入对该网络逻辑功能的简要描述；在工具条中单击，在网络标题下面将出现一行文本输入框，可在其中直接输入对该网络中各个逻辑变量的详细注解，如图7-14所示。网络标题允许最大字数为127，网络注释允许最多字数为1023个字。

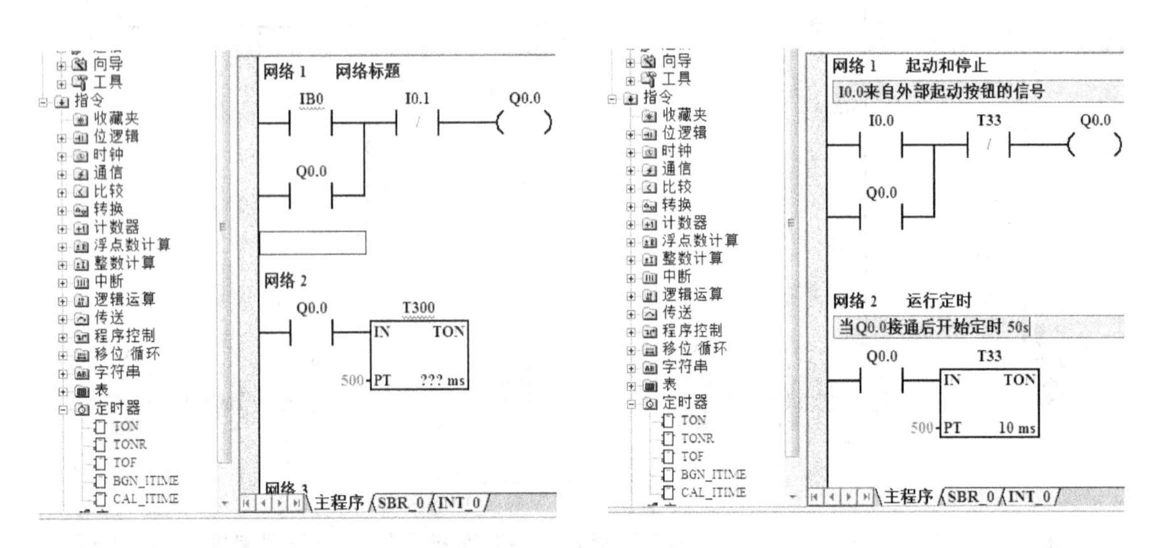

图7-13　输入参数　　　图7-14　程序注释

（2）项目组件的注释　使用指令树选择要注释的程序单元，右击该程序的图标，弹出快捷菜单，选择“属性”即可打开属性对话框，依次输入名称、作者等信息即可。

6. 编辑与修改程序

可利用梯形图编辑工具条进行编辑，也可用光标移动方框至需要进行编辑的指令，单击右键，利用弹出的快捷菜单进行撤销、剪切、复制、插入、删除行、列、垂直线、水平线等编辑，如图 7-15 所示。

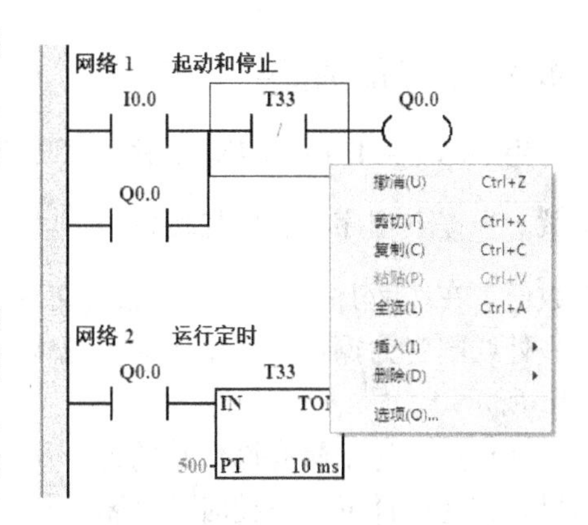

图 7-15　编辑与修改程序

7.4.2　程序的下载与上装

如果已在运行 Step 7 -Micro /WIN 32 的个人计算机上和一台 PLC 建立了通信，就可以按下面的步骤下载编辑好的程序到 PLC。

1. CPU 工作方式的设置

PLC 的 CPU 有两种工作方式：① STOP：CPU 不执行程序，可以进行程序编辑或向 CPU 装载程序；② RUN：CPU 运行程序，CPU 面板左上方有一组 LED 状态指示灯，用于显示当前的工作方式。

若要往程序存储器中写入程序，则必须把 CPU 置于 STOP 方式。可用 PLC 主机上的方式开关改变 CPU 状态：

1）把方式开关换到 STOP 时可以停止执行程序。

2）把方式开关换到 RUN 时可以启动程序执行。

3）把方式开关换到 TERM（Terminal）时允许由 Step 7-Micro /WIN 编程界面上的“运行”和“停止”按钮来控制 CPU 的工作状态。

如果方式开关置在 STOP 或 TERM 位置，当电源断开后又恢复时，CPU 会自动进入 STOP 状态；如果方式开关置在 RUN 位置，当电源断开后又恢复时，CPU 会自动进入 RUN 状态。

2. 下载程序

在停止的工作方式下，单击工具栏上的下载按钮，下载对话框出现；选择复选框全部内容，单击" 确定" 按钮开始下载过程；如果下载成功，会出现相应的提示。如果 Step 7-Micro /WIN 32 中的 CPU 不匹配实际使用的 PLC，将出现一警告方框，选择" 不"，终止下载进程。

当程序下载成功后，就可以单击工具条的" 运行" 按钮，使 PLC 进入运行工作方式。此时主画面左下方显示下载有关信息。

3. 上装程序

如果需要将 PLC 中已有的程序复制贝到编程计算机上，则单击工具栏上的上装按钮，将 PLC 程序上装至运行 Step 7-Micro /WIN 32 的个人计算机。可以上装至新的空项目，也可以上装至现有项目。

7.4.3　程序的调试与监控

用 Step 7 -Micro /WIN 32 软件可以观察程序的运行状态，可以方便地对程序进行监控和调试。当按下程序状态监控按钮 ，梯形图编辑器显示在线程序所有内存的逻辑状态和参数值。在“程序状态”下，某一处触点变为深色，表示该触点接通，能量流可以流过；某一处线圈变为深色，表示能量流流入线圈，线圈有输出。梯形图在线程序状态的监视如图 7-16 所示。

梯形图中显示所有操作数的值，所有这些操作数的状态都是 PLC 在扫描周期完成时的结果。在使用梯形图监控时，屏幕上梯形图中的显示不是 Step 7-Micro /WIN 32 编程软件在每个扫描周期采集状态值，而是要间隔多个扫描周期的值，然后刷新梯形图中各个状态显示。一般情况下，梯形图的状态显示不反映程序执行的每个元件的实际状态，但并不影响使用梯形图来监控程序状态。

注意：当程序状态监控按钮按下时，编辑操作无效，必须切换程序状态监控按钮到关闭状态，才能继续进行编辑。

7.4.4　程序及 CPU 的密码保护

编程软件 Step 7-Micro/WIN 32 提供了项目密码设置功能，防止未授权者打开项目。操作时在文件菜单选择“设置密码”，弹出下面对话框，选择“用密码保护项目”，按要求输入密码即可。如图 7-17 所示。

CPU 的密码设置的作用亦可限制某些存取功能。在指令树中选择“系统块”，即可调出如图 7-18 所示的密码保护窗口。S7-200 CPU 对存取程序的功能提供了 4 个等级的限制。系统默认状态是 1 级，该级别可以不受任何限制地上载或下载程序。如果选择了 2 级、3 级或 4 级密码保护，则要求输入密码并确认。

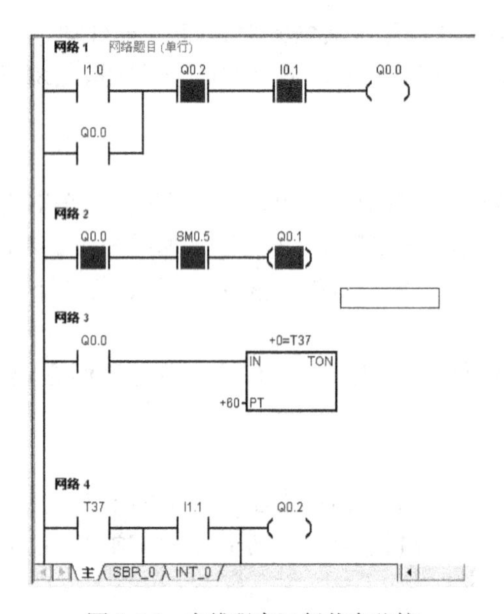

图 7-16　在线程序运行状态监控

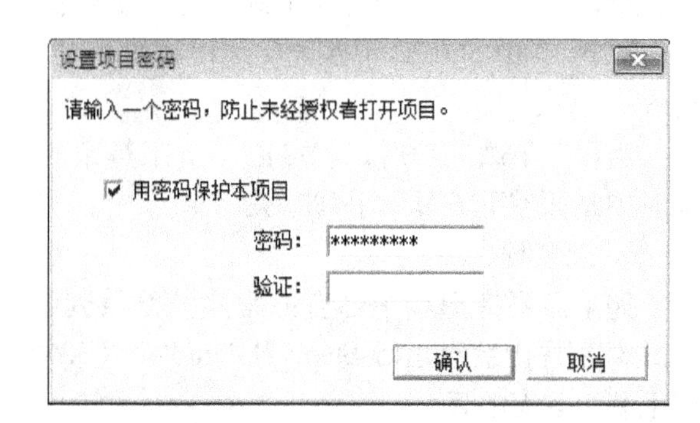

图 7-17　项目密码设置

如果在设置密码后又忘记密码，只有清除 CPU 中的程序，重新装入用户程序。当进入 PLC 进行程序下载时，弹出请输入密码的提示，输入 clearplc 后确认，PLC 密码清除，同时清除 PLC 中的程序。

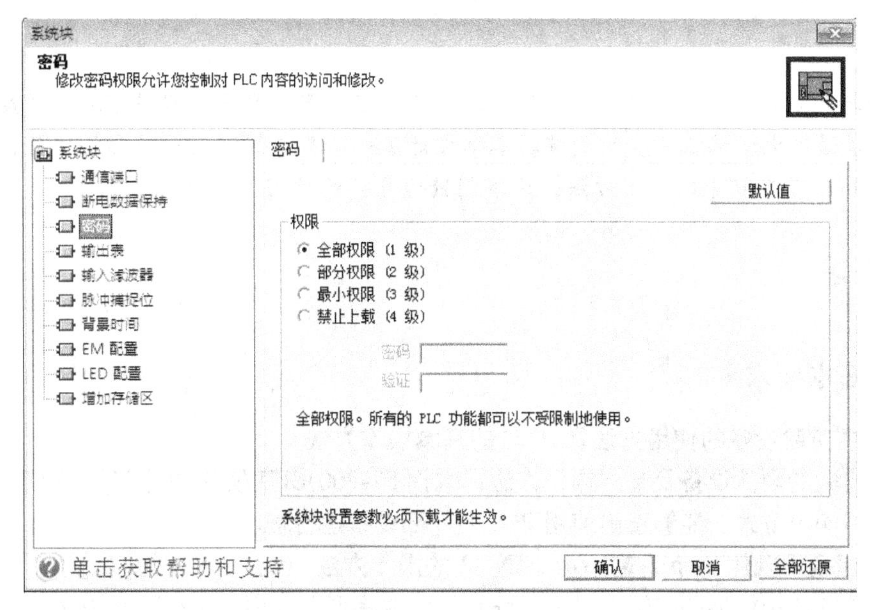

图 7-18　CPU 的密码设置

练　习　题

7-1　使用 PC/PPI 电缆需要做哪些设置？

7-2　简述创建一个新项目的具体方法。

7-3　使用 Step 7-Micro /WIN 32 编程软件，如何进行程序下载？

7-4　如何在程序编辑器中显示程序状态？

7-5　应用 Step 7-Micro /WIN 32 编程软件进行编程练习，熟练掌握程序输入、程序修改、程序监测以及程序运行的方法。

第 8 章　可编程序控制器编程基础实验

实验是巩固理论知识和培养实际动手能力的学习过程，要真正掌握可编程序控制器应用技术，必须通过大量编程实验的训练。本章设计了一些基本控制问题的实验项目，旨在培养熟练掌握 PLC 基本指令的应用方法，为编制较为复杂的控制程序奠定基础。

8.1　概述

8.1.1　基本要求

1. 掌握实验设备的使用方法及 PLC 的基本操作方法

熟悉实验的硬件设备及基本操作方法；掌握 S7-200 CPU 模块的外部接线方法；掌握信号的输入与输出方式，能够正确使用 PLC 的外部设备运行程序。

2. 掌握编程软件 Step 7-Micro/WIN 32 的操作方法

能够熟练使用梯形图编辑器录入、编辑和修改梯形图程序；掌握下载程序、监控程序与调试程序的基本方法。

3. 熟悉基本指令

理解并掌握位逻辑指令、定时器指令、计数器指令、比较指令和循环指令的功能及其基本应用方法。

4. 提交预习报告与实验成绩评定

实验课之前，预习实验项目的具体要求，设计出梯形图程序，并给出简要的程序说明。

每小节实验属于一个项目，其中包含有多个设计要求（子项目）。根据各人的兴趣与能力，可以完成其中的部分子项目，亦可完成全部子项目。实验成绩依据所完成的子项目个数和难度评定。

8.1.2　实验设备

1. 可编程序控制器实验装置

可编程序控制器实验装置的组成包括：

1）电源模块，提供 24V 直流电压。

2）可编程序控制器 S7-200 CPU 模块：CPU224/226（DC/DC/DC）。

3）输入设备和输出设备。输入设备包括若干按钮和单掷开关（乒乓开关）；输出设备包括若干 LED 指示灯、数码显示器、LED 显示阵列、继电器、蜂鸣器等。

2. 通用编程器

通用编程器是一台已经安装 Step 7-Micro/WIN 32 编程软件的计算机。

3. 通信电缆及导线

提供一条用于连接 S7-200 CPU 模块与编程器的 PC/PPI 通信电缆；提供若干条 CPU 模

块的输入与输出连接用导线。

8.2　基本逻辑指令实验

8.2.1　多地点控制

1. 控制问题简述及 I/O 分配

在不同地点实现对同一设备的控制是实际中经常遇到的控制问题。例如，照明灯一般要求能在两地控制；电动机要求既能在操作室控制，也能在生产现场控制；消防设备为了能及时启动，更需要在多地点进行控制。使用若干单刀双掷开关和双刀双掷开关，能够实现多地点对同一设备的控制，但接线比较复杂，而且不能清晰地表达出各个开关与被控对象之间的逻辑关系。而使用 PLC 就能简单地实现多地点对同一设备的控制。

无论被控对象是什么，其多地点控制的逻辑关系是相同的。本次实验以 LED 指示灯为被控对象，使用单掷开关（乒乓开关），当在两个以及两个以上不同地方操作开关时，均可控制灯的亮灭。

根据上述控制要求，进行 I/O 分配见表 8-1。

表 8-1　多地点控制 I/O 分配表

输　入		输　出	
控制信号	输入端口	驱动信号	输出端口
A 地控制开关 SA1	I0. 0	LED 指示灯	Q0. 0
B 地控制开关 SA2	I0. 1		
C 地控制开关 SA3	I0. 2		
D 地控制开关 SA4	I0. 4		
E 地控制开关 SA5	I0. 5		

2. 实验要求

1）设计一个能在两个地点控制一只 LED 指示灯的梯形图程序。

2）设计一个能在三个地点控制一只 LED 指示灯的梯形图程序。

3）设计一个能在四个地点控制一只 LED 指示灯的梯形图程序。

4）设计一个能在五个地点控制一只 LED 指示灯的梯形图程序。

在梯形图编程器中录入程序并编译后，下载到 PLC 中，然后运行程序，操作各个开关，观察程序的运行结果。

提示：1）多地点控制问题的程序设计，可使用 5. 5 节介绍的 PLC 程序的逻辑设计法进行设计。

2）两地控制程序可参考练习题 4-14；三地、四地和五地控制程序可参考例 5-7 以及练习题 5-27。

8.2.2　三相异步电动机的基本控制

1. 控制问题简述及 I/O 分配

点动与连续运行是电动机最基本的运行状态，一般使用按钮发出控制命令。本次实验使用三个或两个常开触点按钮[㊀]控制一台电动机的点动运行和连续正反转运行。

电动机在连续运行时，必须使用热继电器 FR 进行过载保护，通常在控制电路中使用 FR 的常闭触点检测是否有过载发生（电动机过载时，FR 的常闭触点断开）。为了让操作者直观掌握电动机的运行状态，通常要设置工作状态指示灯。

根据上述控制要求，可按表 8-2 进行 I/O 分配。

表 8-2　三相异步电动机的基本控制 I/O 分配表

输　入		输　出	
控制信号	输入端口	驱动信号	输出端口
点动按钮 SB1	I0.0	正转运行	Q0.0
连续运行正转起动按钮 SB2	I0.1	反转运行	Q0.1
连续运行反转起动按钮 SB3	I0.2	正转运行状态指示（绿色）	Q0.2
连续运行停止按钮 SB4	I0.3	反转运行状态指示（黄色）	Q0.3
过载保护 FR（常闭触点）	I0.4	停止状态指示（红色）	Q0.4

2. 实验要求

1）设计既能正向点动又能单方向连续运行的电动机控制程序，不需要考虑过载保护和工作状态指示。分别采用使用三个按钮（点动、起动和停止）和使用两个按钮（点动、起动）两种设计方案。

2）设计具有运行状态指示灯的异步电动机正反转控制的梯形图程序。

在梯形图编程器中录入程序并编译后，下载到 PLC 中，然后运行程序、操作各个按钮，观察程序的运行结果。

提示：1）程序参考例 5-1 的图 5-23 或图 5-24，以及练习题 5-7 和 5-9。

2）实验中，可使用实验箱中的乒乓开关模拟热继电器的触点；实验设备如果没有电动机主电路，驱动正反转运行的信号也可以直接接指示灯。程序运行时，直接观察指示灯的状态即可代表电动机的运行状态。

8.2.3　抢答器控制程序

1. 控制问题简述及 I/O 分配

在各种智力竞赛中，都要使用抢答器。通常每个参赛组或单人参赛选手都有一个控制按钮和对应的指示灯。当主持人提问并按下抢答允许按钮后，各参赛组才能够按动按钮抢答，最先的抢答信号有效，点亮抢答组的指示灯，其后的抢答信号无效。新一轮问题和抢答前，主持人按下复位按钮，清除上一次的抢答信号灯，系统回到初始状态（各个输出均为 **0** 态）。

根据上述控制要求，可按表 8-3 进行 I/O 分配。

2. 实验要求

1）使用置位复位指令设计控制有四个参赛组的抢答器的梯形图程序。

2）使用基本输出指令设计控制有五个参赛组的抢答器的梯形图程序。

㊀ 若无特殊说明，实验中所使用的按钮均为常开触点按钮。在后续实验项目中使用的按钮要求相同，不再赘述。

表 8-3　抢答器控制程序 I/O 分配表

输　入		输　出	
控制信号	输入端口	驱动信号	输出端口
抢答允许按钮 SB1	I0.0	A 组指示灯	Q0.0
复位按钮 SB2	I1.0	B 组指示灯	Q0.1
A 组控制按钮 SB3	I0.1	C 组指示灯	Q0.2
B 组控制按钮 SB4	I0.2	D 组指示灯	Q0.3
C 组控制按钮 SB5	I0.3	E 组指示灯	Q0.4
D 组控制按钮 SB6	I0.4	F 组指示灯	Q0.5
E 组控制按钮 SB7	I0.5		
F 组控制按钮 SB8	I0.6		

3）设计控制有六个参赛组的抢答器的梯形图程序。实验者可增补所设计抢答器的逻辑功能，程序使用的指令不限。

在梯形图编程器中录入程序并编译后，下载到 PLC 中，然后运行程序、操作各个按钮，观察程序的运行结果。

提示：程序设计方法可参考练习题 5-29。

8.3　定时器指令实验

8.3.1　多台电动机联锁运行控制

1. 控制问题简述及 I/O 分配

一个工业生产过程往往都是由多台电动机拖动、相互配合完成的。多台电动机之间最简单的配合就是多台电动机的顺序起动以及顺序或逆序停机，这些电动机在起动、运行和停止各个控制环节都有先后的顺序要求，有的还要进行严格的时间控制。例如，车床主轴电动机必须在油泵电动机工作后才能起动，以便在进刀时能可靠地进行冷却和润滑。再如，钻床在钻削加工时，拖动钻头的电动机必须先带动钻头旋转后，拖动刀架的电动机才能起动、进给，进给到位停止；钻头电动机继续旋转后，刀架电动机再后退，后退到位停止；最后钻头电动机才停止。上述的加工过程都要求完成同一工艺的多台电动机采用不同的顺序联锁控制。

本小节实验要求设计两台和三台电动机的联锁控制。如果要求自动顺序起动及自动顺序或逆序停机，则只需要 2 个起动按钮和停止按钮。按下起动按钮起动第一台电动机后，第二台及第三台电动机按照时间控制原则，延时后相继自行起动；按下停止按钮停止必须先停的电动机后，其余电动机仍按照时间控制原则，延时后相继停机。如果有任何一台电动机过载，则要求所有运行的电动机同时停机。

根据上述控制要求，可按表 8-4 进行 I/O 分配。

2. 实验要求

1）设计两台电动机的顺序联锁控制程序。要求起动时顺序起动：M1 需先起动，延时 15s 后 M2 自行起动；停止时逆序停机：M2 需先停机，延时 10s 后 M1 自行停机。

表8-4　多台电动机联锁运行控制I/O分配表

输　入		输　出	
控制信号	输入端口	驱动信号	输出端口
起动按钮SB1	I0.0	电动机M1运行	Q0.0
停止按钮SB2	I0.1	电动机M2运行	Q0.1
电动机M1过载保护FR1	I0.2	电动机M3运行	Q0.2
电动机M2过载保护FR2	I0.3		
电动机M3过载保护FR3	I0.4		

2）设计两台电动机的顺序联锁控制程序。要求起动时顺序起动：M1需先起动，延时20s后M2自行起动；停止时顺序停机：M1需先停机，延时12s后M2自行停机。

3）设计三台电动机的顺序联锁控制程序。要求起动时顺序起动：M1需先起动，延时10s后M2自行起动，再延时10s后M3自行起动；停止时逆序停机：M3需先停止，延时15s后M2自行停机，再延时15s后M1自行停机。

在梯形图编程器中录入程序并编译后，下载到PLC中，然后运行程序、操作各个按钮，观察程序的运行结果。

提示：1）程序参考练习题5-11。

2）实验设备如果没有电动机主电路，驱动电动机运行的信号可以直接接指示灯。程序运行时，直接观察指示灯的状态即可代表电动机的运行状态。

8.3.2　闪光报警程序设计

1. 控制问题简述及I/O分配

故障检测与报警是电气控制系统必备的功能。一般当故障发生时，报警指示灯闪烁并同时给出音响信号，即声光报警。驱动指示灯闪烁需要很低频率的脉冲信号（如0.5～1Hz），而驱动喇叭发出报警声响则需要音频脉冲信号（如2000～5000Hz）。

在本教材5.2.2小节中专门介绍了脉冲信号的产生方法。本实验使用一个乒乓开关控制报警电路是否工作，其I/O分配见表8-5。

表8-5　闪光报警程序的I/O分配表

输　入		输　出	
控制信号	输入端口	驱动信号	输出端口
起动/停止开关SA1	I0.0	报警灯	Q0.0
		报警蜂鸣器	Q0.1

2. 实验要求

1）设计产生振荡频率为1Hz、占空比为50%的报警灯信号，以及产生振荡频率为1000Hz、占空比为50%的音频脉冲信号。要求在实验报告上画出所设计程序的工作波形。

2）设计产生如图8-1所示两种报警信号的梯形图程序。

在梯形图编程器中录入程序并编译后，下载到PLC中，然后运行程序。观察记录上述两种程序的运行结果有何异同。

8.3.3 脉冲发生器程序设计

1. 顺序脉冲发生器程序设计

参考 5.2.2 小节介绍的顺序脉冲发生器程序，设计一个能产生宽度为 2s 的八路顺序脉冲发生器的梯形图程序。要求：八路顺序脉冲依次从 Q0.0～Q0.7 输出，驱动 LED 指示灯；程序是否运行由开关 SA1 控制。

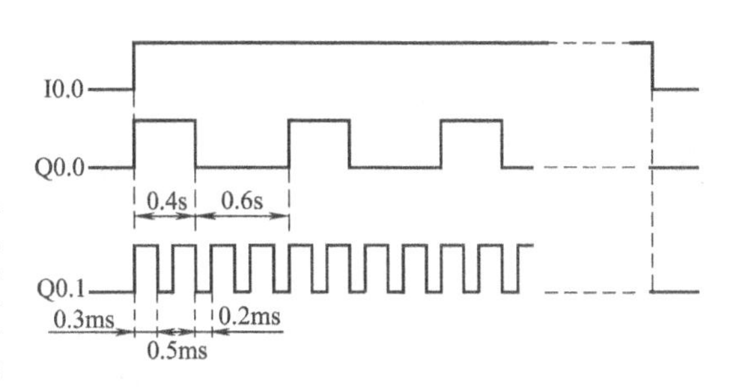

图 8-1　报警信号

在梯形图编程器中录入程序并编译后，下载到 PLC 中，然后运行程序。观察 LED 指示灯的亮灭状态，判断程序设计的正确性。并改变程序参数、修改脉冲的宽度，再次运行程序，观察 LED 指示灯的亮灭状态。

2. 单脉冲发生器程序设计

参考 5.2.2 小节介绍的单脉冲发生器程序，设计一个由按钮控制的、能产生宽度为 5s 的单脉冲发生器的梯形图程序，其工作时序如图 8-2 所示，显然，当两个信号的上升沿之间的间隔时间小于脉冲宽度时，第二个上升沿不起作用。要求：输入脉冲信号由按钮 SB 手动产生并输入到 I1.0，由 Q1.1 输出脉冲，驱动一只 LED 指示灯。

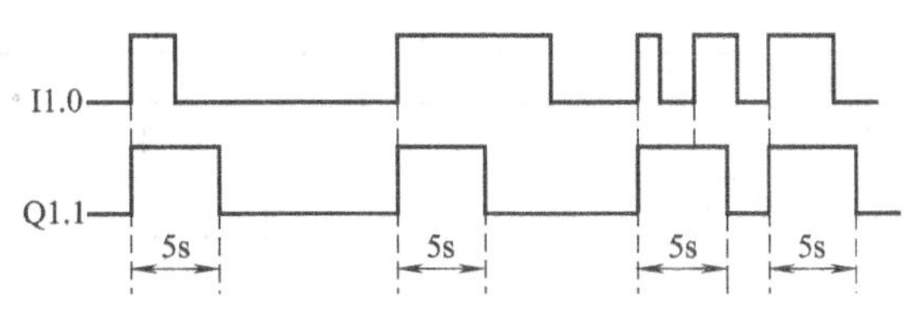

图 8-2　单脉冲发生器时序图

在梯形图编程器中录入程序并编译后，下载到 PLC 中，然后运行程序。观察 LED 指示灯的状态，判断程序设计的正确性。并改变程序参数、修改脉冲的宽度，再次运行程序，观察 LED 指示灯的状态变化。

8.3.4 通电延时与断电延时控制程序设计

1. 控制问题简述及参考程序

在某些应用场合，当接收到起动信号时，要求被控对象延时响应该起动信号；当接收到停止信号时，也要求被控对象延时响应该停止信号，其工作时序如图 8-3a 所示。使用接通延时定时器指令 TON 和断开延时定时器指令 TOF 容易实现此类控制要求。

实现通电延时与断电延时控制功能要求的参考程序如图 8-3b 所示。阅读理解本程序，简述程序工作过程，说明接通延时时间 t_1 和断开延时时间 t_2 分别为多少。

2. 实验要求

（1）验证程序

按照图 8-3b 在梯形图编程器中录入程序，输出 Q1.0 接一个 LED 指示灯。运行该程序，观察 LED 指示灯的亮灭状态，判断程序的运行结果与预习时的分析结论是否一致。

（2）监考计时控制程序设计

设计一个能够满足考试时的监考计时控制程序。具体控制要求如下：

1）监考教师在考试开始时间之前 5min 按动起动按钮给出开始发卷信号，此时蜂鸣器鸣叫 1s，并开始发卷；延时 5min 时，绿色指示灯点亮，学生开始答卷。

2）在考试结束时，监考教师按动停止按钮，此时蜂鸣器鸣叫 1s 提示学生交卷，同时绿

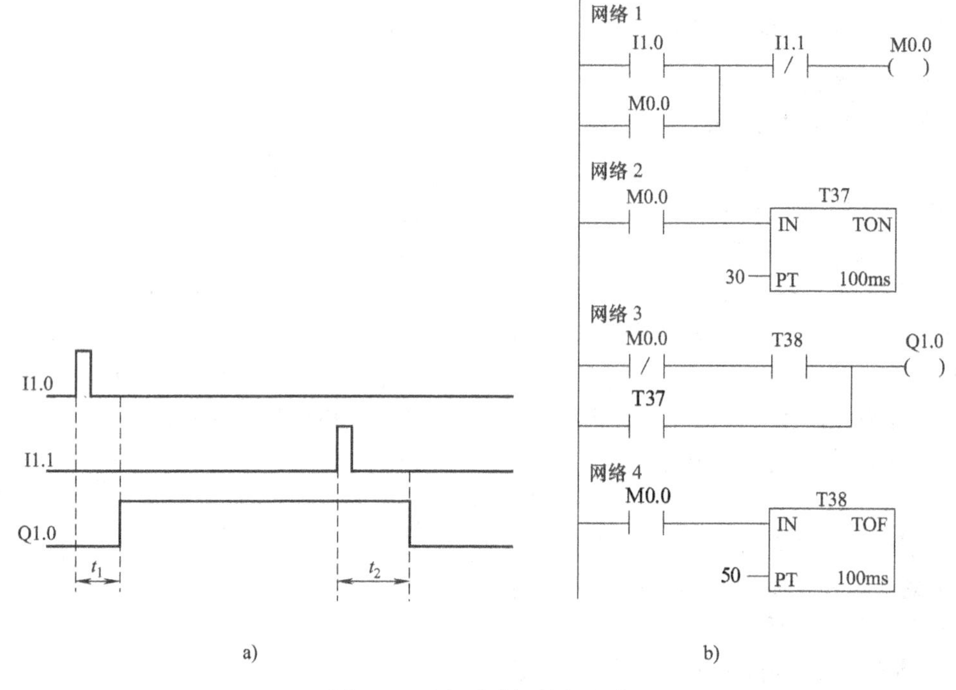

图 8-3　通电延时与断电延时

a）时序图　b）控制程序

色指示灯熄灭、黄色指示灯按照1Hz的频率闪烁；延时1min时，黄色指示灯熄灭、红色指示灯点亮，停止交卷。

根据上述控制要求，自行列出I/O分配表。

在梯形图编程器中录入程序并编译后，下载到PLC中，然后运行程序。观察各色指示灯的亮灭状态以及蜂鸣器的鸣叫，判断程序设计的正确性。为了快速观察程序的运行效果，可以自行缩短上述定时器指令的预设时间。

8.3.5　单台电动机的Y-△起动控制

1. 控制问题简述及I/O分配

三相异步电动机的起动电流是额定运行时电流的5～7倍，当较大功率的电动机直接起动时，会对电网产生较大的冲击，影响同一线路中工作的其他电气设备，也影响到自身的起动转矩。为了限制其起动电流，传统起动方法中，常用星形-三角形换接起动，简称Y-△起动。即对于正常运行为三角形联结的电动机，起动时将三相绕组联结成星形、减压起动，延时后自动切换成三角形。该方法可将电动机的起动电流限制为直接起动电流的三分之一。

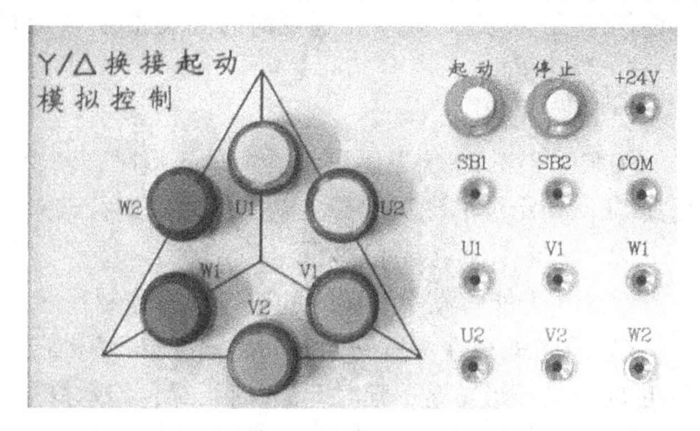

图 8-4　电动机Y-△起动控制模块

在 5.3.1 小节中，图 5-25 给出了在继电器-接触器控制系统中，三相异步电动机丫-△起动控制的主电路和控制电路，图 5-27 给出了三相异步电动机丫-△起动控制的梯形图程序。本实验采用如图 8-4 所示的两组三相对称电阻负载（灯）来模拟三相异步电动机的定子三相绕组，其中，U1、V1、W1 三只灯联结成星形，U2、V2、W2 三只灯联结成三角形。当驱动 U1、V1、W1 三只灯点亮时，表示电动机联结成了星形；当驱动 U2、V2、W2 三只灯点亮时，表示电动机联结成了三角形。

三相异步电动机丫-△起动控制的基本要求如下：点动起动按钮 SB1，丫联结接触器通电；延时 8s 时（此延时值取决于电动机功率的大小，一般电动机的功率越大惯性越大，起动过程的时间越长），自动断开丫联结接触器、接通△联结接触器，起动结束。点动停止按钮 SB2，电动机停机。电动机正常运行时，必须设置热继电器 FR 进行过载保护，在控制程序中，应当考虑继电器产生的过载保护信号（一般使用热继电器的常闭触点）。

根据上述控制要求，可按表 8-6 进行 I/O 分配。

表 8-6　单台电动机的丫-△起动控制 I/O 分配表

输　入		输　出	
控制信号	输入端口	驱动信号	输出端口
起动按钮 SB1	I1.0	电源开关(主接触器)	Q0.0
停止按钮 SB2	I1.1	丫联结接触器线圈(U1、V1、W1)	Q0.1
过载保护 FR(常闭触点)	I1.2	△联结接触器线圈(U2、V2、W2)	Q0.2
		丫联结起动指示灯 L1	Q0.3
		△联结运行指示灯 L2	Q0.4

2. 实验项目

参考图 5-27 所示的梯形图程序，设计满足如此下控制要求的电动机丫-△起动控制程序。

（1）具有状态指示的电动机丫-△起动控制程序设计

除了满足电动机丫-△起动控制的基本要求外，另增设各个运行阶段的状态指示灯：起动过程中点亮指示灯 L1，并且按 1Hz 的频率闪烁；△正常运行时点亮指示灯 L2。

（2）具有状态指示和换接延时的电动机丫-△起动控制程序设计

除了满足电动机丫-△起动控制的基本要求以及具备各个运行阶段的状态指示灯外，实用的电动机丫-△起动控制还需要具备换接延时功能，即电动机从丫联结换接成△联结时，为了避免主电路中因丫联结接触器的主触点还未断开、△联结接触器的主触点就已闭合，所造成的主电路短路事故，必须保证丫联结接触器的线圈断电时，延时 1s 后才能接通△联结接触器的线圈。

在梯形图编程器中录入程序并编译后，下载到 PLC 中，然后运行程序、操作各个按钮和开关，观察程序的运行结果。

提示：1）实验中，可使用实验箱中的乒乓开关模拟热继电器的触点；状态指示灯亦使用实验箱中的 LED 指示灯。

2）程序必须具备互锁功能，即丫联结接触器的线圈不能与△联结接触器的线圈同时通电。

3. 实验报告要求

1）打印出已经正确运行的程序。

2）画出整个系统的硬件接线图（参考图5-26）；分析整个系统有哪几种电源，说明各个电源所起的作用。

8.4 计数器指令实验

8.4.1 计数器指令的基本应用程序设计

1. 控制问题简述及参考程序

由信号源产生的脉冲信号通常都是频率较高的脉冲信号，如果需要使用较低频率的脉冲信号，就需要将高频脉冲信号的频率降低后使用。降低脉冲信号的频率称为分频。利用计数器指令容易实现各种倍数的分频。

如图8-5a所示，是对输入信号二分频、四分频和三分频的时序图，根据该波形可知，二分频的输出脉冲频率是输入脉冲频率的二分之一，四分频的输出脉冲频率是输入脉冲频率的四分之一，三分频的输出脉冲频率是输入脉冲频率的三分之一。从数学意义上来说，分频实际上是做整数除法运算。

如图8-5b所示，是实现输入信号二分频的梯形图程序。如果使用按钮产生输入信号I0.0，在输出端Q0.0接一只LED指示灯，那么，当点动按钮时就会发现，LED指示灯会在奇数次点动按钮时点亮、偶数次点动按钮时熄灭。这也相当于实现了使用一只按钮控制一只灯。

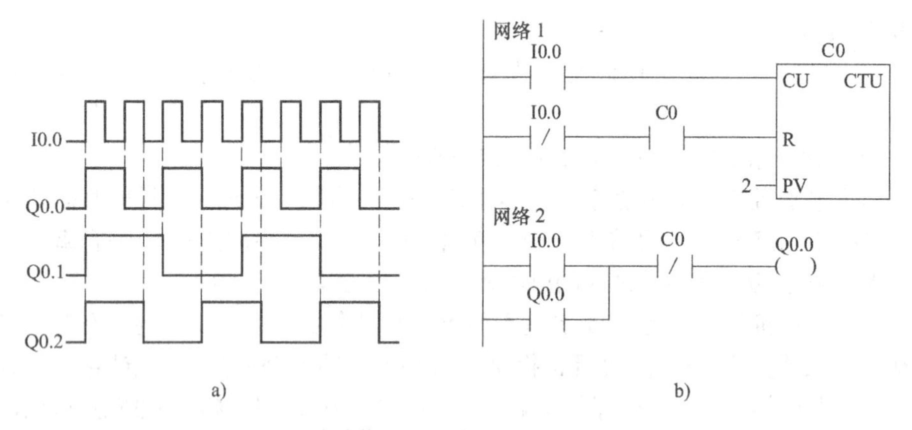

图8-5　脉冲信号的二分频、四分频与三分频
a）时序图　b）二分频程序

2. 实验要求

请读者自行阅读理解图8-5b所示的程序，据此设计实现以下要求的分频程序。

1）设计实现四分频的梯形图程序。

2）设计实现三分频的梯形图程序。

3）设计实现十分频的梯形图程序。

在梯形图编程器中录入程序并编译后，下载到PLC中，然后运行程序。观察LED指示灯的亮灭，判断程序设计的正确性。

8.4.2 计数器与定时器组合的定时程序

1. 控制问题简述

在S7-200 PLC中定时器最长定时时间为3276.7s（不足1h），但在实际工作中经常需要几小时或更长时间的定时控制。利用计数器与定时器的组合可以扩大定时时间的范围，以满足各种长定时控制的要求。在5.2.3小节中，给出了计数器与定时器组合应用的实例，参看图5-16梯形图。理解该程序的工作原理，掌握定时时间的设置方法。

如果定时时间很长，定时精度要求不高，例如，小于1s或1min的误差可以忽略不计，也可以使用计数器指令累计特殊存储器位SM0.4产生的分脉冲，或者SM0.5产生的秒脉冲来构成长定时控制程序。

2. 实验要求

1）设计56h30min的长定时控制程序，要求任意时刻能清零复位。

2）利用特殊存储器位SM0.4和SM0.5设计20h30min的长定时控制程序。

使用LED指示灯观察程序的运行结果，自行进行I/O分配。

在梯形图编程器中录入程序并编译后，下载到PLC中，然后运行程序。观察指示灯的亮灭，判断程序设计的正确性。为了快速观察程序的运行效果，可以自行缩短上述程序的定时时间。

8.4.3 超大容量计数器程序设计

1. 控制问题简述

在S7-200 PLC中，一个计数器最大计数值为32767。但在实际生产过程中，需要计数的范围有时会超过该值（比如产品数量统计）。通过多个计数器级联的组合计数方法能够方便地实现任意容量的计数，以满足各种生产工艺流程控制的要求。在5.2.3小节中，给出了采用计数器组合、以扩大计数范围的程序实例，参看图5-17所示梯形图。理解该程序的工作原理，掌握计数值的设置方法以及计数器复位的逻辑设计方法。

2. 实验要求

根据图5-17所示的程序，设计实现以下要求的计数程序，说明程序中所使用I/O点的意义。

1）设计能实现计数容量为500000的梯形图程序，当计数值达到一半时，给出提示信号。

2）设计能实现计数容量为87600的梯形图程序。

在梯形图编程器中录入程序并编译后，下载到PLC中，然后运行程序。观察指示灯的亮灭，判断程序设计的正确性。

提示：如果使用按钮产生输入计数脉冲，不可能做到输入脉冲数量太多，为了快速观察程序的运行效果，可以将计数容量减小到20以内，但程序中要至少保留两个计数器指令。

8.5　比较指令实验

8.5.1　顺序控制程序设计

1. 控制问题简述及参考程序

比较指令可用于判断定时器所定时的时间值，也可用于判断计数器所累计的计数值。因此，灵活应用比较指令，将使很多控制程序的设计方案大为简化。例如，对于以时间参数为周期性工作的控制系统，使用比较指令与定时器指令结合，可以对多个被控对象按照时间控制的原则实现顺序控制。这类设计方案可以将定时器指令的使用条数减少到最小。

图8-6所示程序，是在8.3.1小节中设计过的三台电动机的顺序联锁控制程序。该程序实现的功能是：起动时顺序起动：M1先起动，延时10s后M2自行起动，再延时10s后M3自行起动；停止时逆序停机：M3需先停止，延时15s后M2自行停机，再延时15s后M1自行停机。理解该程序中定时器时间值的设置方法以及比较指令的使用方法。

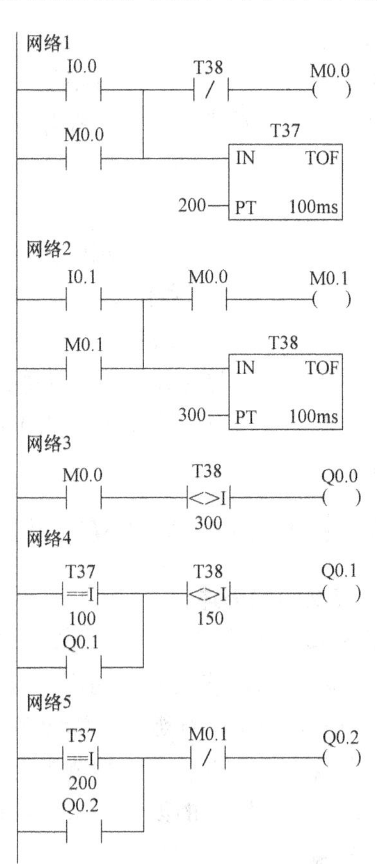

图8-6　三台电动机联锁运行控制程序

2. 实验要求

根据图8-6所示程序的设计思路，设计实现以下控制要求的程序，自行进行I/O分配，并列出I/O分配表。

1）设计四台电动机顺序起动、逆序停机的控制程序。控制要求如下：在起动信号有效时M1立即起动，延时12s时M2起动，再延时15s时M3起动，再延时18s时M4起动；在停止信号有效时，M4立即停机，延时10s时M3停机，再延时15s时M2停机，再延时20s时M1停机。

2）设计实现两台电动机顺序控制的梯形图程序。控制要求如下：起动时，M1立即起动，6s时M2起动；M1和M2一起运行8s时，M2停止；M2停止2s后M1停止；M1和M2一起停止7s后，M1再次起动，并按上述规律循环工作。停止信号有效时，终止上述循环工作。

在梯形图编程器中录入程序并编译后，下载到PLC中，然后运行程序。观察电动机的运行状态，判断程序设计的正确性。实验设备如果没有电动机主电路，驱动电动机运行的信号可以直接接LED指示灯。程序运行时，直接观察指示灯的状态即可代表电动机的运行状态。

8.5.2　密码锁程序设计

1. 控制问题简述及I/O分配

电子密码锁是目前最常用的锁具，密码锁最基本的功能是在密码正确的情况下，能打开锁。电子锁的密码是预设的，开锁时，需要输入密码，内部电路将所输入的密码与预设密码比较，如果两者完全相同，则能开启锁。为了增加开锁的难度，不仅需要设置较多的密码位数，还需要设置其他一些干扰开锁的信号，比如能直接报警信号和复位（清除）信号等。

假设密码锁的面板上由许多常开触点的按钮组成，其中包括若干个密码键，以及钥匙键、报警键和复位键。钥匙键产生的钥匙信号，代表有密码锁钥匙；复位键用于清除已经输入的密码，或在报警发生时也可以清除报警信号。根据控制要求，可按表8-7进行I/O分配。

表8-7　密码锁程序的I/O分配表

输入				输出	
控制信号	输入端口	控制信号	输入端口	驱动信号	输出端口
钥匙键 SB1	I0.0	第四位密码键 SB6	I0.5	开锁	Q0.0
第一位密码键 SB2	I0.1	第五位密码键 SB7	I0.6	报警	Q0.1
第二位密码键 SB3	I0.2	第六位密码键 SB8	I0.7		
第三位密码键 SB4	I0.3	报警键 SB9	I1.0		
复位键 SB5	I0.4	复位键 SB10	I1.1		

显然，如果使用PLC制成密码锁，其控制程序应当主要使用比较指令。第5章的例5-5专题讨论了密码锁的程序设计。请读者阅读理解图5-32所给出的密码锁梯形图程序，掌握密码的设置方法及开锁方法。

2. 实验要求

根据图5-32所示程序的设计思路，设计实现以下密码要求的程序，开锁信号与报警信号均用于驱动LED指示灯。根据密码的位数，上述I/O分配表中密码键可以不全部使用，但复位键至少使用一个。

1）设计密码为8596的密码锁程序。读者可自行增加密码锁的开锁难度和功能。

2）设计密码为210489的密码锁程序。

在梯形图编程器中录入程序并编译后，下载到PLC中，然后运行程序。观察指示灯的亮灭，判断程序设计的正确性。

8.6　移位及循环指令实验

8.6.1　数码显示驱动程序设计

1. 控制问题简述及参考程序

七段LED数码显示器是数字系统常用的显示器件，在4.5.4小节中，表4-2给出了该显示器的七段笔画的名称及顺序。七段LED数码显示器有共阴极和共阳极两种类型。对于共阴极的数码显示器，当各段笔画接收到高电平信号时被点亮。在数字电路中，有专用的译码显示电路将BCD码转换为七段LED数码显示器的驱动信号。本实验为了练习位移位寄存器指令的使用方法，采用PLC作为七段LED数码显示器的译码驱动电路。因此，为了驱动七段笔画，需要占用7个输出点。设将输出Q0.0～Q0.6分别与显示器的a段～g段相连。

如果要求程序启动后，如图8-7a所示，按照一定的时间间隔、顺序循环显示a段—b段—c段—d段—e段—f段—g段—0—1—2，实现该控制功能的程序如图8-7b所示，图8-7中，I0.0是由外接的乒乓开关产生的控制程序运行的信号。分析该程序可知，在输入信号I0.0有效时，各段笔画及数字显示的时间间隔为1s。

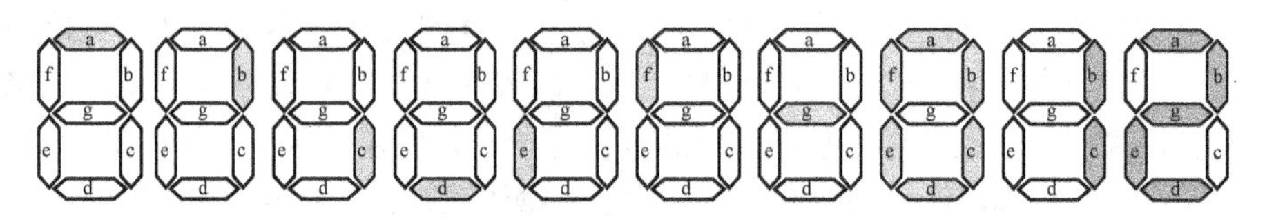

a)

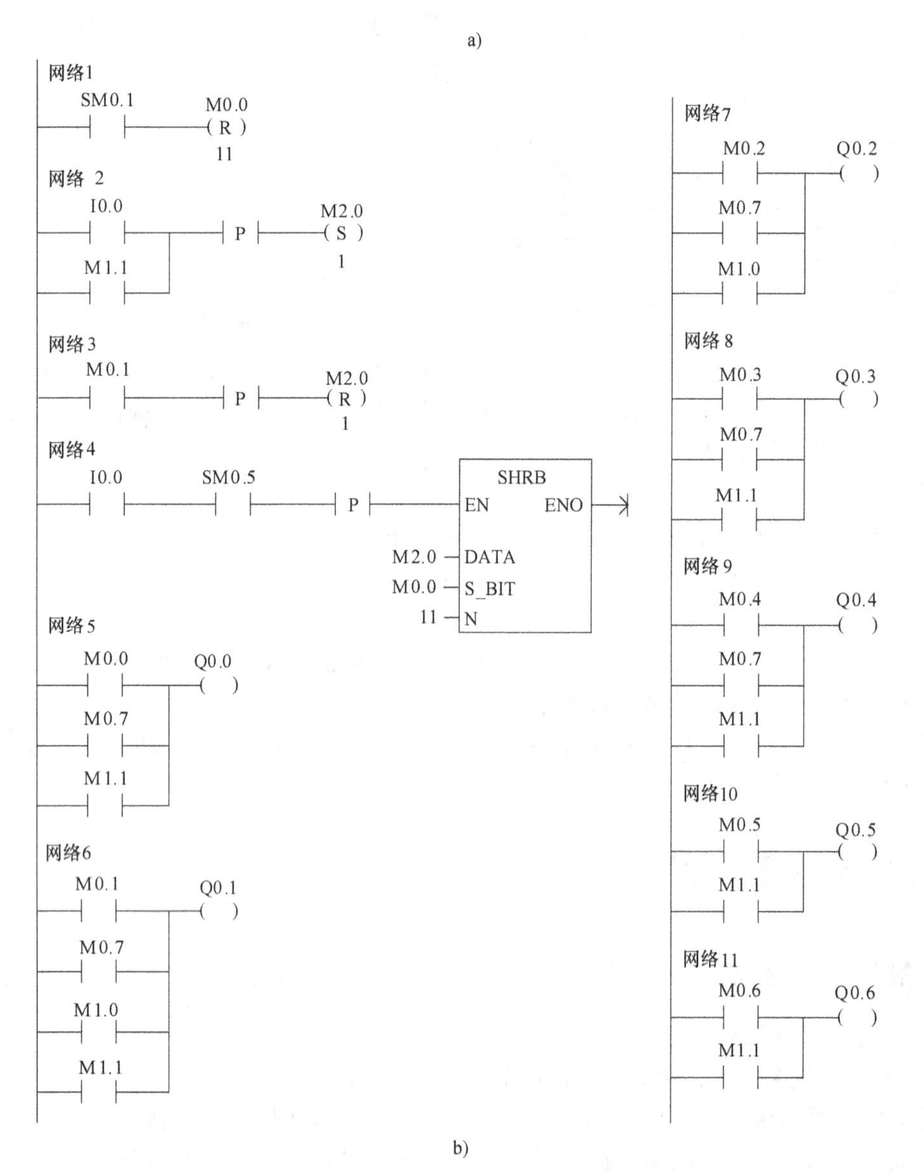

b)

图8-7　数码显示器驱动程序

a）显示顺序　b）显示驱动程序

2. 实验要求

根据图 8-7 所示程序的设计思路，设计实现以下显示要求的控制程序，显示的时间间隔设为 1s，自行进行 I/O 分配。

1）使用位移位寄存器指令设计按 0、1、2、……、9、A、b、C、d、E、F、H 的顺序循环显示的程序。注意显示“6”与“b”的笔画区别。

2）使用位移位寄存器指令设计顺序循环显示自己学号的控制程序。

3）使用其他循环移位指令设计循环显示自己学号的控制程序。

4）参考 5.5 节例 5-8 的逻辑设计法，使用字节增指令设计循环显示做实验当天日期的控制程序。列出真值表和输出逻辑变量的逻辑函数。

在梯形图编程器中录入程序并编译后，下载到 PLC 中，然后运行程序。观察指示灯的亮灭，判断程序设计的正确性。

8.6.2　模拟喷泉的控制程序设计

1. 控制问题简述及参考程序

图 8-8a 所示为使用 LED 彩灯模拟简易喷泉的示意图，图 8-8a 中，使用 12 只 LED 彩灯阵列，当各个彩灯按照 L1→L2→L3→L4→L5 和 L9→L6 和 L10→L7 和 L11→L8 和 L12 的顺序循环快速点亮—熄灭时，就会模拟出喷泉的效果。实现该模拟显示功能的梯形图程序如图 8-8b 所示。

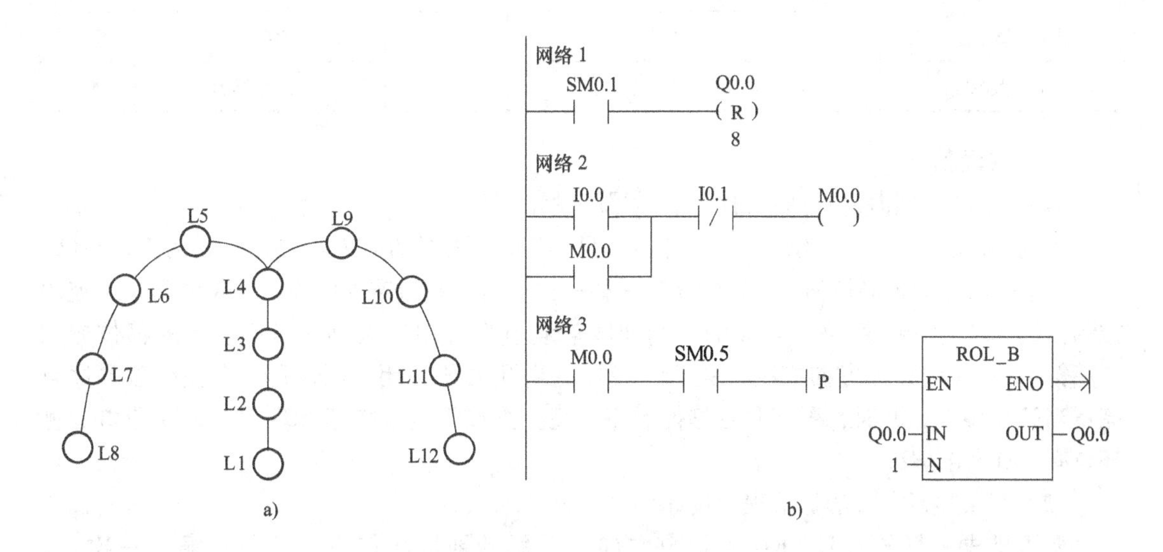

图 8-8　模拟喷泉控制
a）彩灯布局图　b）显示驱动程序

2. 实验要求

1）分析图 8-8 所示程序的工作过程，说明输入 I0.0 和 I0.1 的功能；列表总结出各个 LED 灯与 PLC 的输出端口的连接关系；说明每只灯的点亮时间（或彩灯的闪烁频率）及一次循环点亮的周期。

2）如果使用字节右循环指令编写与图8-8程序功能相同的程序，并且要求每只灯的点亮时间为0.5s，说明上述显示控制程序应该如何修改，给出所设计的程序。

在梯形图编程器中录入程序并编译后，下载到PLC中，然后运行程序。观察指示灯的亮灭，判断程序设计的正确性。

8.6.3 彩灯控制程序的设计

1. 控制问题简述及I/O分配

节日彩灯大都使用LED彩灯组成，将LED彩灯排成复杂的阵列，配合各种显示驱动程序，就能组成变幻莫测的灯光图案。本实验给定排成一行的八只LED彩灯（L1～L8）和三个常开触点控制按钮及一只乒乓开关，要求使用移位或循环指令设计实现多种显示规律的驱动程序。

给定I/O分配如表8-8所示：

表8-8 彩灯控制程序的I/O分配表

输 入		输 出			
控制信号	输入端口	驱动信号	输出端口	驱动信号	输出端口
点动控制按钮SB1	I0.0	LED1显示	Q0.0	LED5显示	Q0.4
连动控制按钮SB2	I0.1	LED2显示	Q0.1	LED6显示	Q0.5
复位按钮SB3	I0.2	LED3显示	Q0.2	LED7显示	Q0.6
方向控制开关SA1	I0.3	LED4显示	Q0.3	LED8显示	Q0.7

2. 实验项目

（1）点亮方式和移位方向可控的显示程序设计

排成一行的八只LED彩灯，一次点亮一只彩灯，灯亮的方式有两种，一种为点动位移，即每按下一次点动控制按钮SB1，灯亮向后移一位；另一种为连续位移，即长时间按下连动控制按钮SB2，即可使彩灯以2s的时间间隔连续点亮并向后位移。彩灯点亮的移位方向（左移位或右移位）由方向控制开关SA1控制，当开关SA1闭合时，彩灯向左移位顺序点亮；当开关SA1断开时，彩灯向右移位顺序点亮。当按下复位按钮SB3时，终止彩灯的循环点亮，灯全部熄灭。

（2）复杂显示方式的显示程序设计

要求排成一行的八只LED彩灯自左向右、每秒钟依次点亮一只灯；循环三次后，八只彩灯同时点亮，3s后全部熄灭，2s后再次重复上述过程，但是彩灯采取自右向左的位移方向点亮。当彩灯按照上述双向规律点亮一周后自动循环工作，直到接收到停止信号。

提示：可参考练习题5-14程序；输入控制信号可在上述I/O分配表8-8中任意选择。

在梯形图编程器中录入程序并编译后，下载到PLC中，然后运行程序。观察八只LED彩灯的点亮规律，判断程序设计的正确性。

8.6.4　模拟天塔之光的控制程序设计

1. 控制问题简述及参考程序

一座城市的高塔（如电视台的信号发射塔）是城市的重要景观，其夜间灯光秀是城市夜景亮丽的风景线。模拟天塔之光的简易彩灯布局如图 8-9 所示。如果采用 PLC 作为控制器，可以设计各种各样不同的控制程序，驱动这 12 只彩灯按照某种复杂的规律点亮，得到变幻莫测的灯光效果。

例如，若要求彩灯 L1 ~ L12 按下面的顺序、以 1Hz 的闪烁频率快速循环点亮—熄灭：L12→L11→L10→L8→L1→L2、L3、L4、L5→L6、L7、L8 、L9，并设 PLC 的输出端口按照表 8-9 进行分配，可设计出如图 8-10 所示的梯形图程序。图 8-10 中，I0.0 是由外部乒乓开关产生的控制信号。

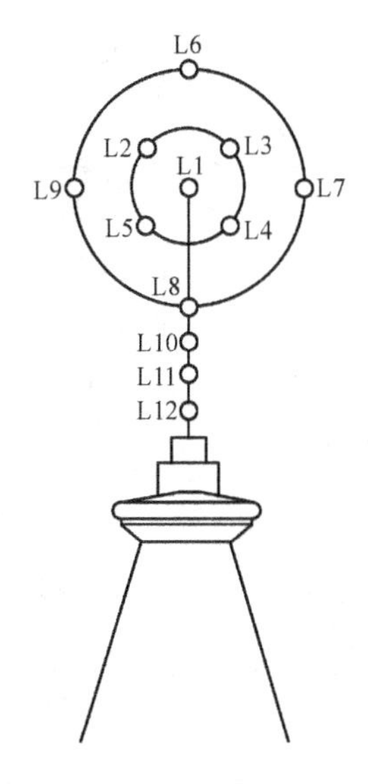

图 8-9　天塔之光彩灯布局图

表 8-9　输出端口分配表

驱动信号	输出端口
L1	Q0.0
L2	Q0.1
L3	Q0.2
L4	Q0.3
L5	Q0.4
L6	Q0.5
L7	Q0.6
L8	Q0.7
L9	Q1.0
L10	Q1.1
L11	Q1.2
L12	Q1.3

2. 实验要求

根据图 8-10 所示程序的设计思路（但不限制所使用的主要指令以及程序设计方法），设计实现以下显示要求的控制程序，I/O 分配按照图 8-10 的程序执行，设彩灯的闪烁频率为 0.5Hz。

1）彩灯 L1 ~ L12 按下面的顺序点亮：L12→L11→L10→L8→L1→L2、L3、L4、L5→L6、L7、L8 、L9→L2、L3、L4、L5→L1（一个周期）L12→L11→L10→L8→…

2）彩灯 L1 ~ L12 按下面的顺序点亮：L12→L11→L10→L8→L1→L1、L2、L9→L1、L5、L8→L1、L4、L7→L1、L3、L6→L1→L2、L3、L4、L5→L6、L7、L8、L9→L1、L2、L6→L1、L3、L7→L1、L4、L8→L1、L5、L9→L1→L2、L3、L4、L5→L6、L7、L8、L9（一个周期）→L12→L11→L10→L8→…

在梯形图编程器中录入程序并编译后，下载到 PLC 中，然后运行程序。观察 LED 彩灯的点亮规律，判断程序设计的正确性。

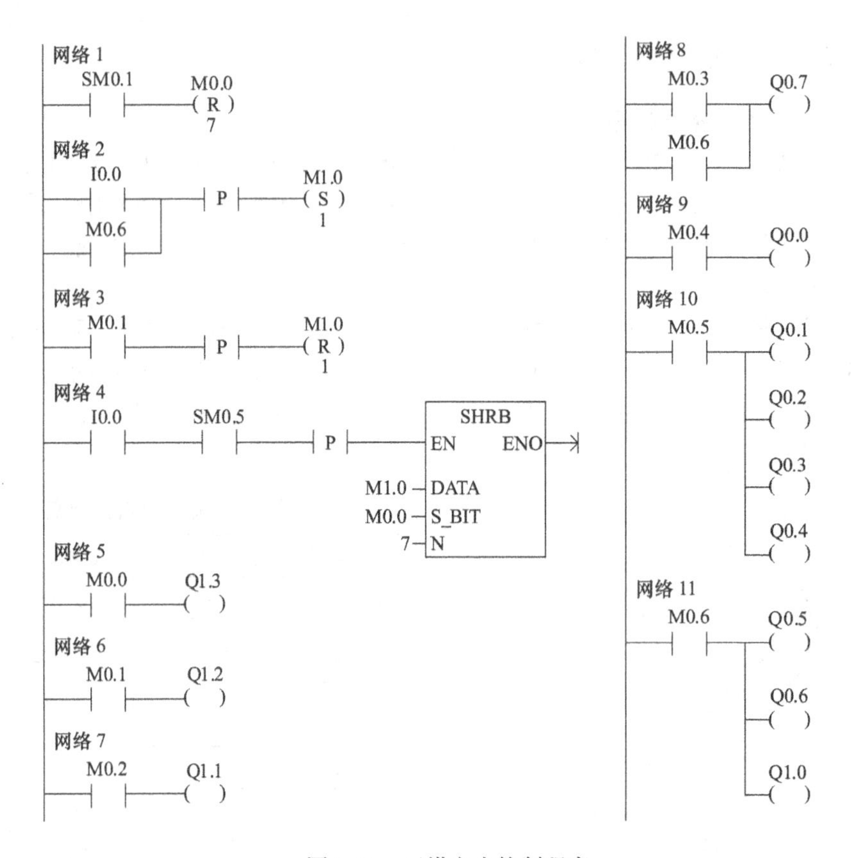

图8-10　天塔之光控制程序

第 9 章　可编程序控制器编程综合实验

9.1　概述

9.1.1　基本要求

1. 熟悉常用低压电器及 PLC 系统的接线方法

学习 PLC 及其外部设备的接线方法；熟悉接触器、继电器、热继电器、行程开关等常用低压电器的功能和使用方法。

2. 掌握梯形图的基本编程技巧

熟练掌握将继电器-接触器控制电路移植成 PLC 梯形图的方法；熟练使用定时器指令、计数器指令、比较指令、传送指令、逻辑运算指令、顺序控制继电器指令等指令设计具有一定综合性的控制程序。

3. 提交预习报告与实验成绩评定

实验课之前，预习实验项目的具体控制要求，设计出梯形图程序，并给出程序的简要说明。

每小节实验属于一个项目，其中包含有多个设计要求（子项目）。根据各人的兴趣与能力，可以完成其中的部分子项目，亦可完成全部子项目。实验成绩依据所完成的子项目个数和难度评定。

9.1.2　实验设备

1. 可编程序控制器实验装置

可编程序控制器实验装置（实验箱）的组成包括：

1）电源模块，提供 24V 直流电压。

2）可编程序控制器 S7-200 CPU 模块：CPU224/226（DC/DC/DC）。

3）用于连接 S7-200 CPU 模块与编程器的 PC / PPI 通信电缆。

4）输入设备和输出设备。输入设备包括若干按钮和单掷开关（乒乓开关）；输出设备包括若干 LED 指示灯、数码显示器、LED 显示阵列、继电器、蜂鸣器、运动部件等。

5）若干条 CPU 模块的输入与输出连接用导线。

2. 通用编程器

通用编程器是一台已经安装 Step 7-Micro/WIN 32 编程软件的计算机。

3. 被控对象实物模型

1）小车多地点行程、位置控制模型。

2）三相和五相步进电动机控制模型。

3）交通信号灯模拟系统。

4）多级传送带控制模型。

5）电梯运动模型。

6）机械手运动模型。

7）洗衣机模型。

实验操作时，若没有具体实物的实验系统，所有输入控制信号（如来自行程开关的信号、各类传感器信号）均可以使用钮子开关或按钮代替，所有输出的驱动信号均连接 LED 指示灯。通过操作按钮或开关，观察指示灯的状态，就可以判断所设计 PLC 程序的正确性。

9.2　位置与行程控制

9.2.1　小车多地点往复运动的行程控制

1. 控制问题简述及 I/O 分配

有些生产线上的送料小车沿直线在多个地点之间做往复运动，如图 9-1a 所示。小车由电动机驱动，能在导轨上左右运动；小车的位置由安装在导轨上 A、B、C、D 四个位置的行程开关 SQ1 ~ SQ4 检测。当小车行至某个位置而压动某个行程开关时，将使其常开触点闭合、常闭触点断开，从而发送位置信号。

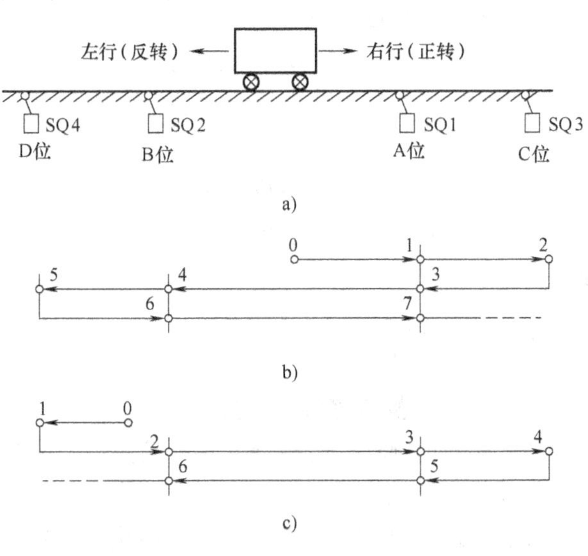

图 9-1　小车四地往复运动示意图

在 5.3.2 小节中，例 5-3 和例 5-4 专题讨论了小车的两位控制和三位控制的梯形图设计方法，但根据生产工艺的不同要求，送料小车起动后的运行轨迹不尽相同。例如，有时要求小车在某两个位置之间做往复运动，也可以要求小车在某三个位置之间做往复运动，亦可要求小车在整条线上的四个位置之间按照一定的规律做往复运动。另外，在不同位置要求小车有不同的停车等待时间。如图 9-1b、c 所示，给出了小车在四位之间做往复运动的两种运行轨迹。图中标注的数字：0 代表小车的起动位置，1、2、3、…代表按时间先后、小车经历过的位置。显然，小车可以在任意位置停车。

根据控制要求，可按表 9-1 进行 I/O 分配：

2. 实验项目

参考图 5-29 和图 5-31 两个梯形图程序，设计实现下述逻辑要求的控制程序。例 5-3 和例 5-4 是按照经验法设计的梯形图。学习者可尝试采用顺序控制设计法或组合逻辑设计法完成此类控制的梯形图设计。

表 9-1　小车四地往复运动行程控制 I/O 分配表

输入				输出	
控制信号	输入端口	控制信号	输入端口	驱动信号	输出端口
右行起动按钮 SB1	I0.0	行程开关 SQ2	I0.4	向右运动（电动机正转）	Q0.0
左行起动按钮 SB2	I0.1	行程开关 SQ3	I0.5		
停止按钮 SB3	I0.2	行程开关 SQ4	I0.6	向左运动（电动机正转）	Q0.1
行程开关 SQ1	I0.3				

实验统一要求在每个停车位的停车时间规定如下：A 位 3s，B 位 4s，C 位 5s，D 位 6s。

（1）小车两位控制

控制要求：小车在 C、D 两位之间运行。当小车停止在任意位置时，可以起动小车向右行，也可以起动小车向左行；当运行到 C 位或 D 位时，停车延时后，自动反向起动。如此往复运行，直到点动停止按钮，但小车只能在除了 A、B、C、D 四个位置之外的任何位置停止运动。

（2）小车三位控制

控制要求：小车在 A、B、C 三位之间运行。当小车停止在 A、B、C 三位之间的任意位置时，可以起动小车向右行，也可以起动小车向左行；当运行到 A、B、C 三位之任意一位时，停车延时后，自动起动，继续沿相同方向运行，或自动反向起动，沿相反方向运行。如此往复运行，直到点动停止按钮，但小车只能在除了 A、B、C 三个位置之外的任何位置停止运动。

（3）小车四位控制

控制要求：小车在 A、B、C、D 四位之间运行，如图 9-1b、c 所示。当小车停止在任意位置时，可以起动小车向右行，也可以起动小车向左行；经过 A、B、C、D 四位之任意一位置时，停车延时后，自动起动，继续沿相同方向运行，或自动反向起动，沿相反方向运行。如此周而复始地运行，直到点动停止按钮，终止上述工作。同样小车只能在除了 A、B、C、D 四个位置之外的任何位置停止运动。

按照 I/O 分配表 9-1，将 PLC 的输入与输出端口与硬件系统连接上。

在梯形图编程器中录入程序并编译后，下载到 PLC 中；然后运行程序，操作各个按钮或开关，观察小车的运行状态，判断程序设计的正确性。

9.2.2　铣床联锁控制

1. 控制问题简述及 I/O 分配

铣床是一种用铣刀加工多种工件表面、用途广泛的机床，常用的万能铣床主要分为卧式和立式两大类。卧式万能铣床上由主轴电动机 M1、进给电动机 M2 和冷却泵电动机 M3 等三台异步电动机拖动。主轴电动机 M1 驱动铣刀所做的旋转运动称为主运动；加工中，进给电动机 M2 驱动工作台带动工件沿纵向、横向和垂直三个方向移动的运动称为进给运动。除此之外，铣削加工过程中，刀具与工件接触处必须时刻淋注切削液，提供切削液的油泵由冷却泵电动机 M3 驱动。

铣削加工有顺铣和逆铣两种加工方式，对应的主轴电动机 M1 采用转向选择开关 SA1 来改变三相电源相序、从而改变 M1 的旋转方向（机械换向）。主轴电动机 M1 改变旋转方向时必须经过“制动—停机—反转”这一过程，而不能直接从一个旋转方向切换到相反的旋转方向，否则转轴将承受过大的扭矩。

工作台的进给运动虽然有多个方向，但只由一台进给电动机 M2 驱动，进给运动的方向通过操作十字形进给手柄、由机械部件（丝杆、齿轮等）配合控制。因此，进给电动机 M2 也要求能够正反转。

以下是万能铣床加工工艺对三台电动机联锁控制的简化要求：

1）主轴旋转与工作台进给之间应有可靠的联锁控制，即进给运动要在铣刀旋转之后才能进行；加工结束时，必须先停止进给运动后才能使铣刀停转，以避免工件与铣刀碰撞造成事故。即 M1 先起动后停机，M2 后起动先停机。

2）为了保证机床和刀具的安全，加工时，任何时候工作台只允许向一个方向移动，因此，工作台的三个垂直（上下、左右、前后）进给方向的运动之间应当设置联锁保护。通常将两个进给操作手柄同时扳动时，必须立刻切断电源。工作台改变进给方向时，必须先将换向手柄停在中间位置（原位），然后再换向，不准直接换向。

3）冷却泵电动机 M3 应该在主轴电动机 M1 起动后、进给电动机 M2 起动前起动，而停机时，应该在 M2 停机后随 M1 一起停机。

4）如果进给电动机过载，只断开自身的控制之路；如果主轴电动机或冷却泵电动机过载，需要切断整个控制电路的电源。

图 9-2 是万能铣床电气控制电路（简化电路图）。图中，KM1 是控制主轴电动机 M1 的接触器，KM2 是控制冷却泵电动机 M3 的接触器，KM3 和 KM4 是控制进给电动机 M2 的接触器。FR1、FR2 和 FR3 分别是三台电动机的过载保护用热继电器的触点。

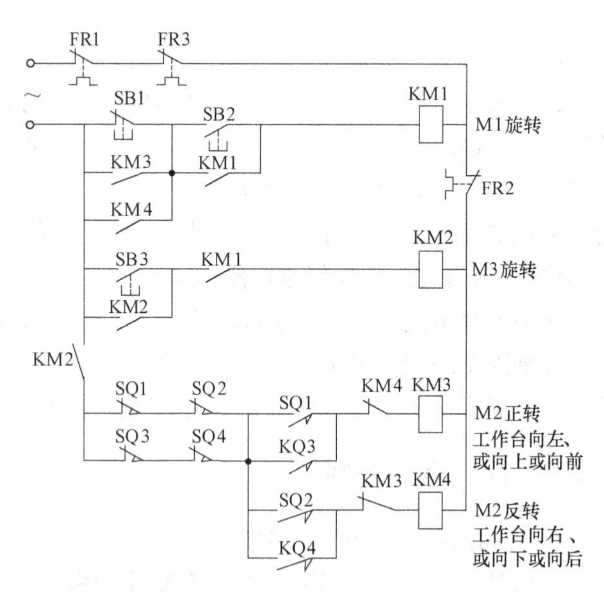

图 9-2　万能铣床电气控制电路

铣床配置两个进给操作手柄，它们分别是纵向进给手柄 S1 和横向与垂直进给手柄 S2。纵向进给手柄 S1 有三个位置：“向左”、“向右”、“原位（中间位置）”。将 S1 扳向“向左”位置，压动行程开关 SQ1；将 S1 扳向“向右”位置，压动行程开关 SQ2；将 S1 扳向“原位”不压动 SQ1 或 SQ2。横向与垂直进给手柄 S2 是一个十字操作手柄，有五个位置：“向上”、“向下”、“向前”、“向后”、“原位（中间位置）”。将 S2 扳向“向上”位置，压动行程开关 SQ3；将 S2 扳向“向下”位置，压动行程开关

SQ4；将 S2 扳向“原位”不压动 SQ3 或 SQ4。如果将 S2 扳向“向前”或“向后”位置，同样压动行程开关 SQ3 或 SQ4，但此时机械传动机构会改变工作台的进给方向。显然，任何时候，S1 和 S2 必须至少有一个处于“原位”。

2. 实验要求

根据图 9-2，采用移植设计法将万能铣床的继电器-接触器控制电路替换为 PLC 控制，设计实现与图 9-2 控制功能相同的梯形图程序。自行进行 PLC 的 I/O 分配。

在梯形图编程器中录入程序并编译后，下载到 PLC 中；然后运行程序，操作各个按钮或开关，观察铣床各台电动机的运行状态，判断程序设计的正确性。

9.2.3　货叉取放箱控制

1. 控制问题简述及 I/O 分配

货物堆场需要使用货叉搬运、堆放货箱。最简单的货叉取放货箱的工艺流程示意图如图 9-3 所示。其中，C 位是货箱卸载或装载处（原位），A 位和 B 位是货箱堆放处。假设货叉最初停在中间 C 位，需要在 C 位与 A 位之间，或者 C 位与 B 位之间取放货箱。A、B、C 三个位置分别使用行程开关 SQ1、SQ2 和 SQ3 检测，当货叉停在 A、B、C 三个位置时，需要使用指示灯指示其位置。如遇到某种事故，货叉运行过程中可以紧急停车。

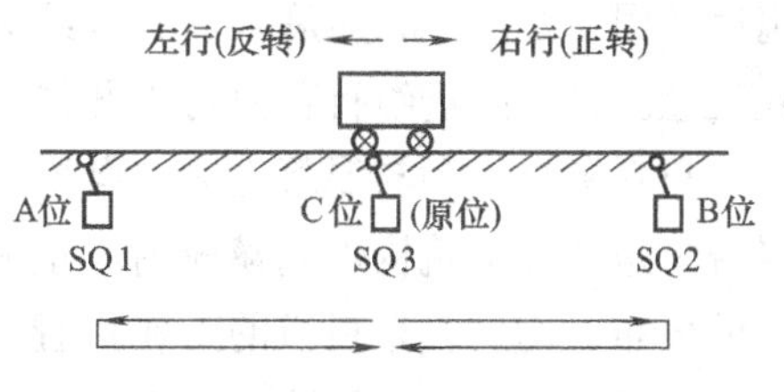

图 9-3　货叉取放货箱工艺流程示意图

根据控制要求，可按表 9-2 进行 I/O 分配：

表 9-2　货叉取放货箱控制 I/O 分配表

输　入		输　出	
控制信号	输入端口	驱动信号	输出端口
急停按钮 SB1	I0.0	向左运动(M 反转)	Q0.0
左向起动按钮 SB2	I0.1	向右运动(M 正转)	Q0.1
右向起动按钮 SB3	I0.2	A 位指示灯 LED1	Q0.2
A 位行程开关 SQ1	I0.3	B 位指示灯 LED2	Q0.3
B 位行程开关 SQ2	I0.4	C 位指示灯 LED3	Q0.4
C 位行程开关 SQ3	I0.5		

2. 实验项目

参考图 5-29 和图 5-31 两个梯形图程序，设计实现下述逻辑要求的控制程序。假设无搬运任务时，货叉始终停在 C 位。

（1）手动起动、自动停止

控制要求：当按下左向起动按钮 SB1 时，货叉左行，前往 A 位取放货箱，到达 A 位自动停止；当再次按下右向起动按钮 SB3 时，货叉右行，回到 C 位自动停止，完成一次货箱搬运过程。同理，前往 B 位取放货箱的操作方法与上述过程的操作方法相同。

（2）手动起动、自动往返

控制要求：当按下左向起动按钮SB1时，货叉左行，前往A位取放货箱，到达A位自动停止；延时35s时，自行起动返回；回到C位自动停止，完成一次货箱搬运过程。同理，前往B位取放货箱的操作方法与上述过程的操作方法相同。

按照I/O分配表9-2，将PLC的输入与输出端口与硬件系统连接上。

在梯形图编程器中录入程序并编译后，下载到PLC中；然后运行程序，操作各个按钮或开关，观察货叉小车的运行状态，判断程序设计的正确性。

9.2.4　钻床与布料机控制

1. 控制问题简述

钻床是用钻头在工件上加工孔的机床。钻床的主要功能是钻通孔、盲孔、扩孔、锪孔、铰孔或进行攻丝等加工。卧式钻床的工作特点是工件固定不动，将钻头（刀具）中心对正孔中心，一边旋转一边进给。钻头旋转为主运动，钻头轴向移动为进给运动。钻头进给工艺流程如图9-4所示。钻头从初始位置开始向右进行钻孔，钻孔过程中，钻头向右进给一段距离后返回初始位置，然后再向右进给更远一段距离后再返回初始位置，如此反复，完成钻深孔工艺。钻头的进给行程由行程开关SQ1、SQ2、SQ3和SQ4检测。

布料机是一种与混凝土输送泵配套使用的施工机械，功能类似一只机械手，将泵压来的混凝土送到要浇筑构件的模板内。正常运行时，行走式布料机由初始位置出发，为了使混凝土的分布更均匀，布料机的工作行程按照“进二退一”的方式往返行驶于几个需要布料的位置之间，如图9-5所示。布料机的初始位置以及需要布料的位置由行程开关SQ1、SQ2、SQ3、SQ4和SQ5检测。

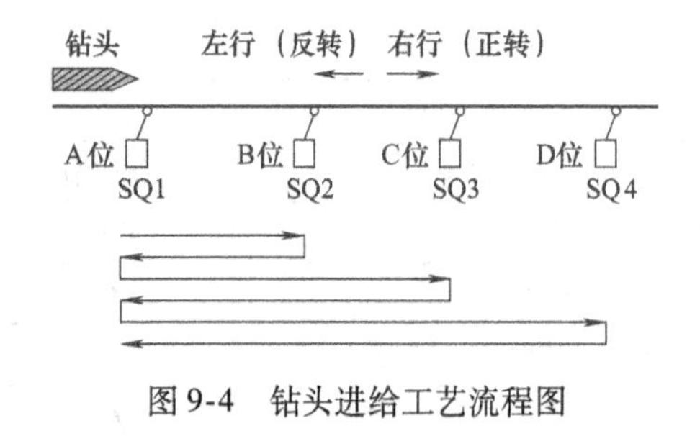

图9-4　钻头进给工艺流程图

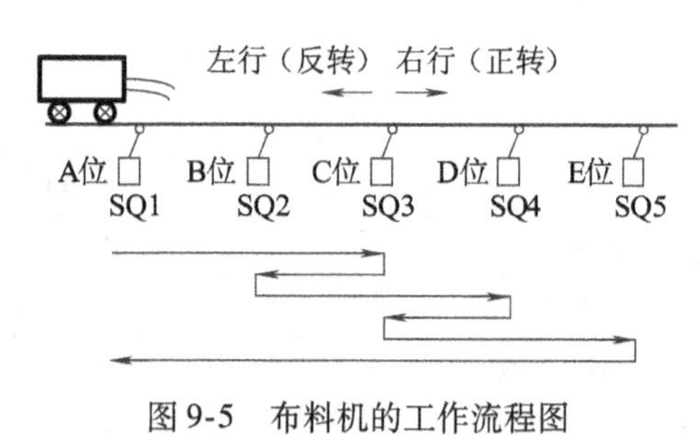

图9-5　布料机的工作流程图

2. 实验项目

（1）钻头进给运动控制

钻头进给运动的控制按钮有：起动按钮SB1、急停按钮SB2和复位按钮SB3；控制对象是驱动钻头进给的电动机。

控制要求：设钻头的初始位置在A位（原点）。点动起动按钮SB1，钻头进给至B位后返回原点停止，马上自行起动再进给至C位后返回原点停止，紧接着钻头再次进给至D位后返回原点停止，至此完成钻床主轴进给控制系统全过程。

正常运行时，钻头工作一个周期时会自动停止在初始位置。但当遇到事故时，就需要点动急停按钮SB2、使钻头停止在当前位置。当处理完事故后，再点动复位按钮SB3使钻头返回原位。

参考练习题 5-25，建议采用顺序控制设计法设计实现钻头进给运动控制的梯形图程序。自行进行 I/O 分配，并列出 I/O 分配表。

在梯形图编程器中录入程序并编译后，下载到 PLC 中；然后运行程序，操作各个按钮或开关，观察钻头运行状态，判断程序设计的正确性。

提示：实验操作时，若无钻床实验系统，所有行程开关均使用钮子开关代替，所有输出的驱动信号均连接 LED 指示灯。

（2）布料机行程控制

布料机运行的控制按钮有：单周期运行起动按钮 SB1、循环周期运行起动按钮 SB2、停止按钮 SB3；控制对象是驱动布料机运行的电动机。

1）单周期运行控制要求：点动单周期运行起动按钮 SB1，布料车由初始位置 A 位出发，向右运行到 C 位处停止；定时 30s 后向左运行、退回到 B 位处停止，定时 30s 后再向右运行到 D 位处停止；再向左运行、退回到 B 位处停止；定时 15s 后再向右运行到 C 位处停止；定时 15s 后向左运行、退回到初始位置处停止，完成单周期运行过程。当点动停止按钮 SB3 时，布料机终止循环运行，退回到初始位置处停止。

2）循环周期运行控制要求：点动循环周期运行起动按钮 SB2，布料机按照单周期运行过程，循环运行；每次返回初始位置时，定时 60s 时再自行起动。当点动停止按钮 SB3 时，布料机终止循环运行，退回到初始位置处停止。

参考练习题 5-25，建议采用顺序控制设计法设计实现布料机行程控制的梯形图程序。自行进行 I/O 分配，并列出 I/O 分配表。

在梯形图编程器中录入程序并编译后，下载到 PLC 中；然后运行程序，操作各个按钮或开关，观察布料机的运行状态，判断程序设计的正确性。

9.3 步进电动机控制

步进电动机亦称为脉冲电动机，是将电脉冲信号转换为角位移或线位移的控制电动机。步进电动机每接收到一个脉冲信号，就会按设定的方向转动一个固定的角度（称之为步距角），如果连续施加脉冲，步进电动机将连续旋转，其转速正比于脉冲频率。

步进电动机的种类很多，若按照绕组的个数即相数来分，有两相、三相、四相、五相等。相数越多控制越精细，但机械结构以及控制电路或控制程序越复杂。

9.3.1 三相步进电动机模拟控制

1. 控制问题简述及 I/O 分配

三相步进电动机有 A、B、C 三相绕组，

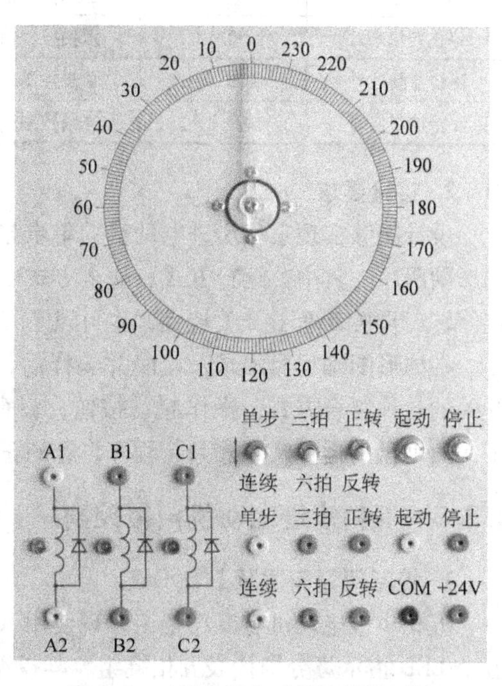

图 9-6　三相步进电动机控制器面板

三相绕组的通电方式有三种：三相单三拍（A→B→C→A）、三相双三拍（AB→BC→CA→AB）和三相单双六拍（A→AB→B→BC→C →CA→A→AB）。其中，单三拍和双三拍的步距角相同，三相单双六拍的步距角是前者的一半。改变绕组的通电顺序就能改变电动机的旋转方向。

本实验所提供三相步进电动机的控制器面板如图9-6所示。该控制器中包括以下几个部分：旋转刻度盘，能指示电动机转子转过的角度；三相绕组（A1—A2，B1—B2，C1—C2）；三个钮子开关，分别可以转换运行方式（单步与连续）、通电方式（三拍与六拍）和旋转方向（正转与反转）；起动和停止两个控制按钮；插线孔，分别与PLC的I/O端口相连。

当钮子开关拨到单步时，每点动一次起动，相当于产生一个驱动脉冲信号，电动机旋转一个角度；当钮子开关拨到连续时，点动一次起动按钮，相当于产生连续驱动脉冲信号，电动机连续旋转，直到按停止按钮。

当钮子开关拨到三拍时，电动机的步距角为3°；当钮子开关拨到六拍时，电动机的步距角为1.5°。

当钮子开关拨到正转时，电动机沿顺时针方向旋转；当钮子开关拨到反转时，电动机沿逆时针方向旋转。

根据控制器提供的信号及需要驱动的对象，可按表9-3进行PLC的I/O分配：

表9-3　三相步进电动机模拟控制I/O分配表

输入				输出	
控制信号	输入端口	控制信号	输入端口	驱动信号	输出端口
起动按钮SB1	I0.0	三拍控制信号	I0.4	A相绕组	Q0.0
停止按钮SB2	I0.1	六拍控制信号	I0.5	B相绕组	Q0.1
正转控制信号	I0.2	单步控制信号	I0.6	C相绕组	Q0.2
反转控制信号	I0.3	连续控制信号	I0.7		

2. 实验要求

设计能够实现三相步进电动机的单步与连续、三拍与六拍、正转与反转各种组合控制的梯形图程序。其中，运行方式、通电方式以及旋转方向的改变，可以点动停止按钮、使电动机停转后再拨动钮子开关转换，也可以不经过停止直接转换。

在梯形图编程器中录入程序并编译后，下载到PLC中；然后运行程序，设置三个钮子开关的各种组合方式，操作起动按钮，观察代表电动机转子的角度盘的运行状态，判断程序设计的正确性。

9.3.2　五相步进电动机模拟控制

1. 控制问题简述及I/O分配

五相步进电动机有五相绕组，现使用A、B、C、D、E五个LED指示灯分别代表五相绕组，其模型示意图如图9-7所示。当某个LED指示灯点亮时，就代表该相绕组通电；

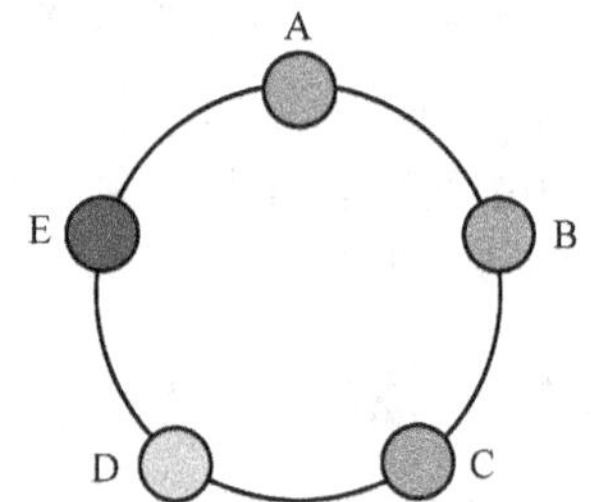

图9-7　五相步进电动机模型

当按照顺时针方向顺序点亮各LED指示灯时，代表电动机转子顺时针方向旋转，反之，转子则为逆时针方向旋转。若每次只点亮一只LED指示灯，表示通电方式为五相单五拍；若每次点亮相邻两只LED指示灯，则表示通电方式为五相双五拍；若按照一次点亮一只LED指示灯与一次点亮两只LED指示灯交替进行，则表示通电方式为五相单双十拍。

五相步进电动机运行的控制按钮和选择开关有：起动按钮SB1、停止按钮SB2、运行方式控制开关SA1、通电方式控制开关SA2和旋转方向控制开关SA3。当SA1、SA2和SA3闭合时，表示为“单步”“五拍”“顺时针方向”控制方式；当SA1、SA2和SA3断开时，表示为“连续”“十拍”“逆时针方向”控制方式。在单步运行时，每点动一次起动按钮SB1，相当于输入一个控制脉冲，步进电动机切换一拍；在连续运行时，点动起动按钮SB1时，电动机接收到1Hz连续脉冲信号，开始连续旋转，即五相的指示灯自动连续切换。点动停止按钮SB2，终止电动机的连续运行。

根据所需要的控制信号及需要驱动的对象，可按表9-4进行PLC的I/O分配。

表9-4　五相步进电动机模拟控制I/O分配表

输　入		输　出	
控制信号	输入端口	驱动信号	输出端口
起动按钮SB1	I0.0	A相	Q0.0
停止按钮SB2	I0.1	B相	Q0.1
运行方式控制开关SA1	I0.2	C相	Q0.2
通电方式控制开关SA2	I0.3	D相	Q0.3
旋转方向控制开关SA3	I0.4	E相	Q0.4

2. 实验要求

分别设计实现以下控制要求的梯形图程序，然后将两个程序综合在一起，实现对五相步进电动机的控制。

1）五相单五拍控制：通电顺序A→B→C→D→E→A→…或反顺序，通过旋转方向控制开关SA3切换旋转方向；通过运行方式控制开关SA1，在单步和连续两种运行方式之间切换。

2）五相单双十拍控制：通电顺序A→AB→B→BC→C→CD→D→DE→E→EA→A→…或反顺序；通过旋转方向控制开关SA3切换旋转方向；通过运行方式控制开关SA1，在单步和连续两种运行方式之间切换。

参考程序（部分）如图9-8所示。阅读理解该程序的编程方法，将其补充、完善后，可以得到对五相步进电动机的五相单五拍控制。参照此编程思路，设计五相步进电动机的五相单双十拍控制，最后将这两个控制程序合并成一个完整的五相步进电动机的控制程序。

在梯形图编程器中录入程序并编译后，下载到PLC中；然后运行程序，设置三个开关的各种组合方式，操作起动按钮，观察代表电动机转子旋转的指示灯的点亮状态，判断程序设计的正确性。

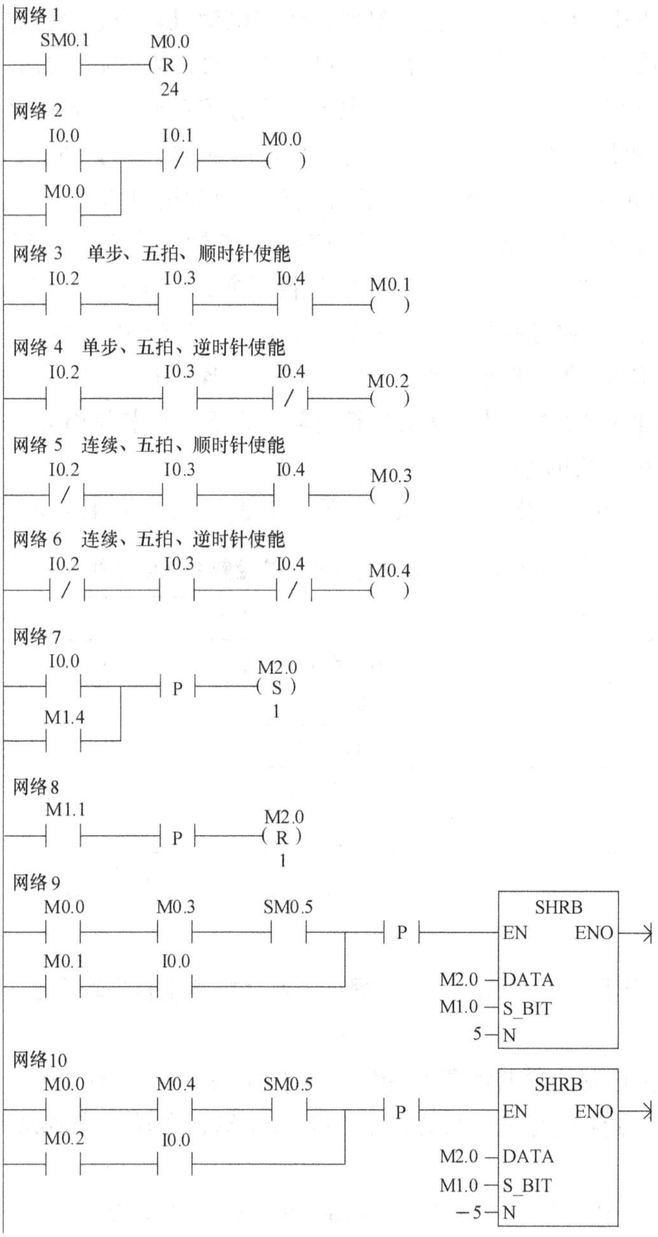

网络1
SM0.1　M0.0
(R)
24
网络2
I0.0　I0.1　M0.0
M0.0
网络3　单步、五拍、顺时针使能
I0.2　I0.3　I0.4　M0.1
网络4　单步、五拍、逆时针使能
I0.2　I0.3　I0.4　M0.2
网络5　连续、五拍、顺时针使能
I0.2　I0.3　I0.4　M0.3
网络6　连续、五拍、逆时针使能
I0.2　I0.3　I0.4　M0.4
网络7
I0.0　P　M2.0
(S)
1
M1.4
网络8
M1.1　P　M2.0
(R)
1
网络9
M0.0　M0.3　SM0.5　P　SHRB
EN　ENO
M0.1　I0.0
M2.0 DATA
M1.0 S_BIT
5 N
网络10
M0.0　M0.4　SM0.5　P　SHRB
EN　ENO
M0.2　I0.0
M2.0 DATA
M1.0 S_BIT
−5 N

图9-8　五相步进电动机控制参考程序（部分）

9.4　交通信号灯控制

城市中有众多的十字路口，为了各个方向的车辆能够安全、迅速而有序地通过这些交汇路口，必须设置红黄绿三色信号指挥灯。其中，绿灯亮起表示允许通行，黄灯亮起表示未过停车线的车辆停止、已过停车线的车辆继续前行；红灯亮起表示禁行。在主干道与主干道交汇的十字路口，两个方向应设置相同的通行间隔时间；而在主干道与次干道的交汇路口，主干道的通行间隔时间应当长于次干道的通行间隔时间。

交通信号灯控制系统是一个典型的、按照时间控制原则进行控制的周期性工作的控制系统，按照顺序控制系统的设计方法，无论要求有多复杂，其控制程序都不难实现。

9.4.1　基本交通信号灯控制

1. 控制问题简述及 I/O 分配

基本的交通信号灯系统只设置两组正交方向的红黄绿三色信号灯，如图 9-9a 所示。交通信号灯系统一般需要 24h 不间断地循环、周期性工作。该控制系统只需要设置一个控制开关，当开关闭合时，起动系统工作，并按照如图 9-9b 所示的时序周而复始地工作。

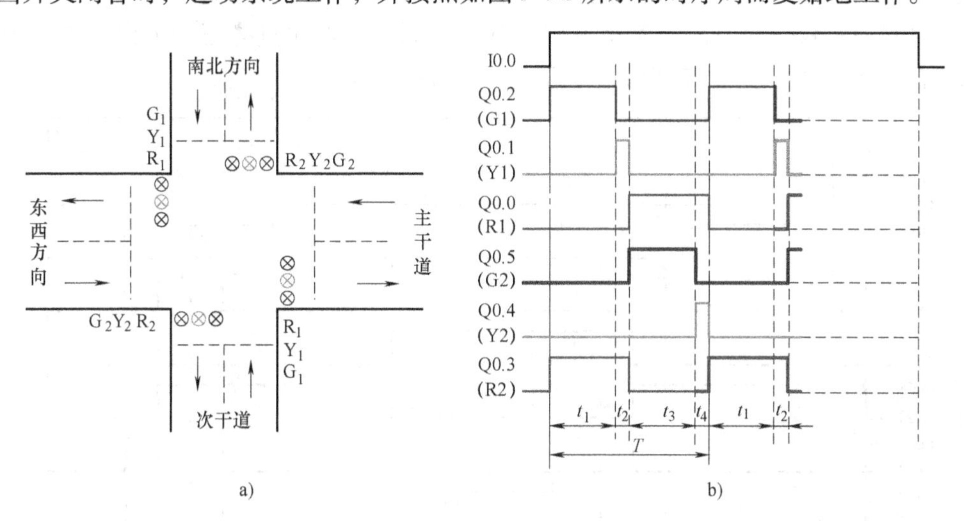

图 9-9　基本交通信号灯系统

a）系统基本组成　b）工作时序

同一条马路上相对的同色信号灯是并联的，由同一个信号驱动。根据控制要求，PLC 的驱动信号可按表 9-5 进行分配。其中，增设了两组代表车流的指示灯 X1 和 X2。设控制开关的信号接入 PLC 的 I0. 0 端口。

2. 实验要求

1）设 $t_1=25s$，$t_2=3s$，$t_3=27s$，$t_4=3s$。

2）当某个方向的绿灯点亮时，该方向的车灯延时 2s 也点亮；当绿灯熄灭后延时 1s 车灯随之熄灭。

表 9-5　基本交通信号灯控制系统 I/O 分配表

驱动信号	输出端口	驱动信号	输出端口
南北红灯 R1	Q0. 0	东西黄灯 Y2	Q0. 4
南北黄灯 Y1	Q0. 1	东西绿灯 G2	Q0. 5
南北绿灯 G1	Q0. 2	南北车灯 X1	Q0. 6
东西红灯 R2	Q0. 3	东西车灯 X2	Q0. 7

参考练习题 5-30 的编程方法之一，设计满足上述要求的基本交通信号灯控制的梯形图程序。

在梯形图编程器中录入程序并编译后，下载到PLC中；然后运行程序，闭合控制开关，观察代表各色LED指示灯交替点亮—熄灭的规律，判断程序设计的正确性。

9.4.2　复杂交通信号灯控制

1. 控制问题简述及I/O分配

在基本交通信号灯运行方式下，增设以下控制功能，以达到更加安全、高效地通行。

1）在某个方向的绿灯点亮的最后3s时间内，变为闪烁状态，以提醒后续车辆在通行速度较慢时，不要“绿灯跟进”而造成交通拥堵。

2）增设左转弯信号灯。当某个方向的红灯熄灭后，首先点亮正交方向的左转弯信号灯，延时一段时间后，熄灭左转弯信号灯、点亮同组的绿灯。

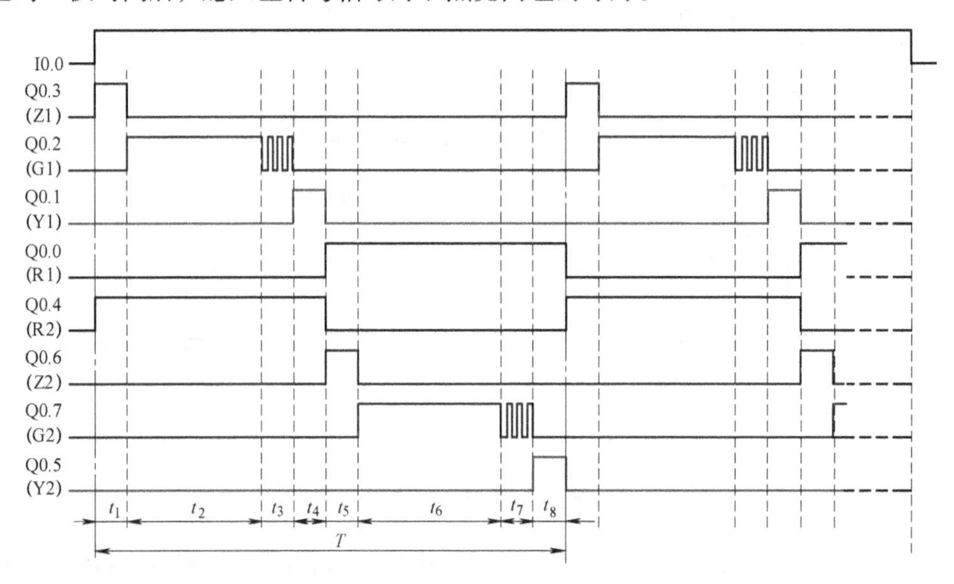

图9-10　复杂交通信号灯系统工作时序

根据控制要求，PLC的驱动信号可按表9-6进行分配。其中，增设了两组代表车流的指示灯X1和X2。设控制开关的信号接入PLC的I0.0端口。

表9-6　复杂交通信号灯控制I/O分配表

驱动信号	输出端口	驱动信号	输出端口
南北红灯R1	Q0.0	东西红灯R2	Q0.4
南北黄灯Y1	Q0.1	东西黄灯Y2	Q0.5
南北绿灯G1	Q0.2	东西绿灯G2	Q0.6
南北左转弯Z1	Q0.3	东西左转弯Z2	Q0.7
南北车灯X1	Q1.0	东西车灯X2	Q1.1

2. 实验要求

1）设$t_1=5s$，$t_2=22s$，$t_3=t_4=3s$，$t_5=5s$，$t_6=27s$，$t_7=t_8=3s$。

2）绿灯闪烁的频率为1Hz。

3）其余控制要求与基本交通信号灯的控制要求相同。

参考练习题5-30的编程方法之一，设计满足上述要求的基本交通信号灯控制的梯形图程序。

在梯形图编程器中录入程序并编译后，下载到 PLC 中；然后运行程序，闭合控制开关，观察代表各色 LED 指示灯交替点亮—熄灭的规律，判断程序设计的正确性。

9.5　常见工业机械控制

9.5.1　多级传送带的模拟控制

1. 控制问题简述及 I/O 分配

传送带是各种生产场合常见的运送物料、产品或物件的机械。例如，航空港里运送旅客行李的传送带，饮料灌装生产线上的传送带，流水生产线上的零件传送带等。当传输的距离比较远时，往往需要多条传送带配合，才能将物料送达。

某发电厂锅炉的燃料上料系统采用 PLC 实现全自动控制。当整包原料由散包机打散后，通过四条皮带轮输送到锅炉的料仓，如图 9-11 所示。1#～4#皮带轮分别由异步电动机 M1～M4 驱动。设散包机打散的燃料首先卸载在 1#皮带轮上，然后依次输送到 2#、3#和 4#皮带轮上，最后燃料进入料仓。

为了避免物料在皮带轮上堆积，系统起动时，按照逆料流方向延时、自动依次起动皮带轮和散包机。系统停止工作时，按照顺料流方向延时、自动依次停止散包机和皮带轮（与起动的顺序相反），以保证停工后皮带轮上没有物料堆积。

为了保证系统安全运行，各条皮带轮都设置了故障检测。当某条皮带轮发生故障时，立刻按照停机的顺序、顺次延时停止故障皮带轮及其上游的所有设备，并点亮故障指示灯，提醒操作者检查设备。

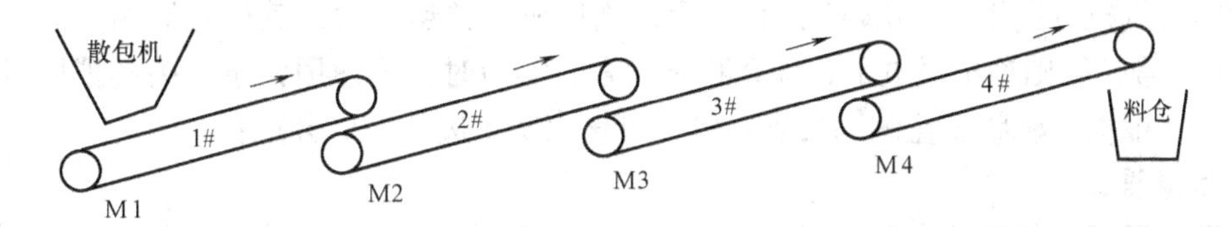

图 9-11　皮带轮传输上料系统示意图

设各个设备发生故障时，故障检测传感器输出高电平，即 1 状态的信号。实验时，使用钮子开关模拟皮带轮的故障信号。根据燃料上料系统的控制要求，可按照表 9-7 对 PLC 的 I/O 进行分配。

表 9-7　多级传送带的模拟控制 I/O 分配表

输　入		输　出	
控制信号	输入端口	驱动信号	输出端口
停止信号(按钮 SB1)	I0.0	散包机	Q0.0
起动信号(按钮 SB2)	I0.5	电动机 M1	Q0.1
1#皮带轮故障信号(开关 SA1)	I0.1	电动机 M2	Q0.2
2#皮带轮故障信号(开关 SA2)	I0.2	电动机 M3	Q0.3
3#皮带轮故障信号(开关 SA3)	I0.3	电动机 M4	Q0.4
4#皮带轮故障信号(开关 SA4)	I0.4	故障指示灯 L	Q0.5

2. 实验要求

设系统各个设备顺序起动的延时时间为30s，顺序停止的延时时间为60s，如图9-12所示。根据燃料上料系统的控制要求，采用经验设计法设计实现燃料上料系统控制的梯形图程序。提示：可参考题5-11的编程方法。

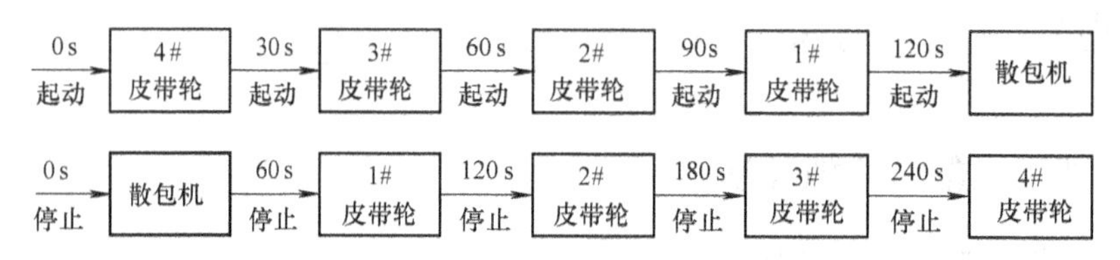

图9-12　皮带轮传输上料系统起停顺序

在梯形图编程器中录入程序并编译后，下载到PLC中；然后运行程序，操作各个按钮和开关，观察各条皮带轮的运行状态，判断程序设计的正确性。

9.5.2　通风系统运行状态监测

1. 控制问题简述及I/O分配

某生产车间的通风系统由四台风机组成，每台风机由交流异步电动机拖动。为了保证工作人员安全，必须检测每台风机是否正常运行。如果有三台及三台以上风机同时运行，说明车间通风良好，则点亮绿色指示灯；如果同时只有两台风机运行，说明车间通风不良，点亮黄色指示灯，以提示安检员检查风机故障；如果少于两台风机同时运行，则点亮红色指示灯并以0.5Hz频率闪烁，提示安检员车间的通风系统已经出了严重故障；当没有任何风机工作时，则红色警告灯以2Hz频率闪烁，同时驱动蜂鸣器鸣叫。一旦出现声光报警，车间的工作人员必须马上疏散。

设四台风机分别用A、B、C和D表示，当风机正常运行时，其传感器输出高电平，即1状态的信号，否则输出低电平，即0状态信号。实验时，可使用钮子开关模拟风机的运行状态信号。根据风机状态监测的要求，PLC可按表9-8进行I/O分配：

2. 实验要求

根据通风系统运行状态监测的要求，采用组合逻辑设计法设计实现风机状态监测的梯形图程序。提示：可参考例5-9的编程方法。

表9-8　通风系统运行状态监测系统I/O分配表

输　入		输　出	
控制信号	输入端口	驱动信号	输出端口
风机A运行状态(开关SA1)	I0.0	绿色指示灯G	Q0.0
风机B运行状态(开关SA2)	I0.1	黄色指示灯Y	Q0.1
风机C运行状态(开关SA3)	I0.2	红色指示灯R	Q0.2
风机D运行状态(开关SA4)	I0.4	蜂鸣器F	Q0.3

在梯形图编程器中录入程序并编译后，下载到PLC中，然后运行程序；操作各个开关模拟各台风机运行或停止，观察各个指示灯及蜂鸣器的状态，判断程序设计的正确性。

9.5.3 液体混合的模拟控制

1. 控制问题简述及I/O分配

在化工生产过程，常常需要将多种溶液按比例混合、搅拌均匀后，供下一道工序使用。如图9-13所示是药物液体混合罐的示意图。图中，M是搅拌电动机；Y1和Y2是控制两种液体A和B流入的电磁阀，Y3是控制混合液体流出的电磁阀；L1～L3分别是检测液位高度的液位传感器（浮标传感器）。

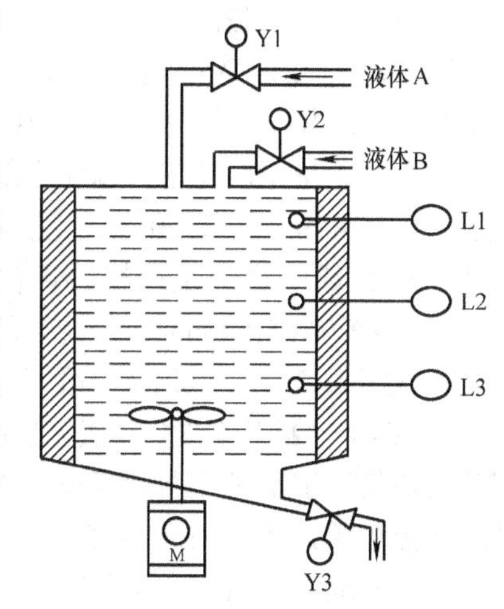

图9-13 药物液体混合罐的示意图

当点动起动按钮起动工作时，首先打开电磁阀Y1的阀门、注入药液A，当液面升高到触及L2时，关闭阀门Y1，同时打开电磁阀Y2的阀门、注入药液B；当液面升高到触及L1时，关闭阀门Y2，同时起动搅拌电动机开始搅动；搅拌一定时间后，停止搅拌并开启电磁阀Y3的阀门，排放混合液体；当液面低于L3时，再经过短暂延时后关闭阀门Y3、停止排放液体，同时自动起动下一周期的药液混合搅拌工作。如果点动停止按钮，则终止上述操作。

当溶液浸泡到液位传感器时，传感器输出高电平，即**1**状态的信号，否则输出低电平信号，即**0**状态信号。实验时，可使用按钮模拟液位信号。根据液体混合控制的要求，PLC可按表9-9进行I/O分配。

表9-9 液体混合的模拟控制I/O分配表

输入		输出	
控制信号	输入端口	驱动信号	输出端口
起动信号(按钮SB1)	I0.0	电磁阀Y1	Q0.1
停止信号(按钮SB2)	I0.4	电磁阀Y2	Q0.2
液位传感器L1(按钮SB3)	I0.1	电磁阀Y3	Q0.3
液位传感器L2(按钮SB4)	I0.2	搅拌电动机M	Q0.0
液位传感器L3(按钮SB5)	I0.3		

2. 实验要求

1）设搅拌电动机工作时长为30s；液体排放、液位下降到低位L3时，再延时3s后关闭阀门。

2）采用经验设计法或顺序控制设计法设计实现液体混合控制的梯形图程序。提示：由于使用按钮模拟液位检测，程序设计时注意设置输出信号的自锁。

在梯形图编程器中录入程序并编译后，下载到PLC中，然后运行程序；按照合理的时间间隔，依次操作各个按钮（SB1→SB4→SB3→SB5→SB2），观察各个输出指示灯的状态，判断程序设计的正确性。

9.5.4 装配流水线的模拟控制

1. 控制问题简述及I/O分配

装配流水线是工业企业实现批量生产不可或缺的设备，是生产流水线的一种。例如，在食品加工、水产及农副产品加工、饮料生产、制药、电器制造等行业中大量使用了各种类型的装配流水线。装配流水线是人和机器的有效组合，流水线上有多个工位，分别完成不同的工艺，按流水线传输的方向，上一道工艺完成后，才能进行下一道工艺。每一道工艺的完成，可以由操作者发出信号，或者由流水线上的检测装置自动检测。因此，装配流水线的传输方式有同步传输（强制式）和非同步传输（柔性式）两种，以实现手工装配或半自动装配，充分体现了设备的灵活性。

某产品的环形装配流水线上有G1、G2、G3、G4四个基础工位，还有A、B、C三个操作工位。当每个半成品进入该流水线时，首先经过G1～G4四个基础工位的工艺流程后，到达A工位完成一道加工；然后再次循环经过G1～G4四个基础工位的工艺流程后，到达B工位完成第二道加工；此后，第三次循环经过G1～G4四个基础工位的工艺流程后，到达C工位完成第三道加工，至此完成一件成品。最后，成品随流水线进入仓库D。该装配流水线的工艺流程示意图如图9-14所示。

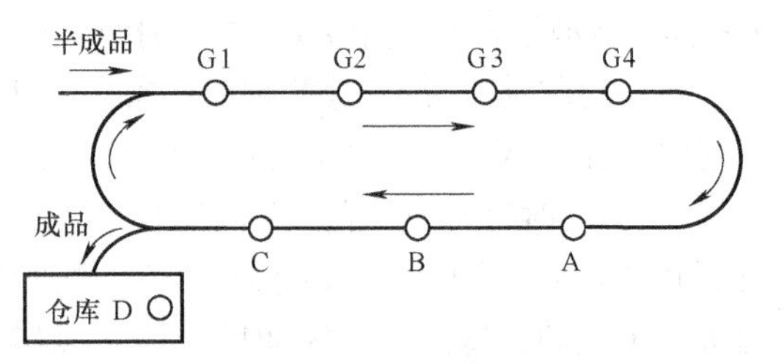

图9-14　装配流水线示意图

假设产品到达每一个工位时，点亮该工位的指示灯，延时一定时间（完成相应的工艺）后自动传输到下一个工位，再点亮下一个工位的指示灯。直到成品传输进入仓库、点亮成品入库指示灯D。该系统设置一个起动按钮和一个停止按钮，当点动起动按钮时，流水线的传输带开始运转；当点动停止按钮时，流水线的传输带停止运转，且停止所有的装配工艺。当有半成品到达流水线时，产生移位信号（使用按钮模拟），半成品首先进入G1工位，点亮G1工位的指示灯，然后按照工艺流程逐步完成装配。

根据装配流水线的工艺要求，PLC控制系统的I/O端口可按表9-10进行分配：

表9-10　装配流水线的模拟控制I/O分配表

输　入		输　出			
控制信号	输入端口	驱动信号	输出端口	驱动信号	输出端口
起动信号(按钮SB1)	I0.0	操作A	Q0.0	基础工艺G2	Q0.4
停止信号(按钮SB2)	I0.1	操作B	Q0.1	基础工艺G3	Q0.5
移位信号(按钮SB3)	I0.2	操作C	Q0.2	基础工艺G4	Q0.6
		基础工艺G1	Q0.3	仓库D	Q0.7

2. 实验要求

假设在G1～G4四个基础工位产品的加工时间为5s，在A、B、C三个操作工位产品的加工时间为20s；产品在四个基础工位之间的传输时间为3s，从G4传输到A、B、C三个工位的时间分别为4s、7s、10s。

试设计一个能够跟踪指示产品位置的PLC程序。提示：由于没有设置产品的位置检测，因此，只能按照时间控制的原则设计本程序；移位信号代表半成品首次到达G1工位。

在梯形图编程器中录入程序并编译后，下载到PLC中，然后运行程序；操作各个按钮，观察各个输出指示灯的状态，判断程序设计的正确性。

9.6　复杂控制程序设计

9.6.1　机械手模拟控制程序

1. 控制问题简述及 I/O 分配

某气动搬运机械手的动作示意图如图 9-15 所示。机械手的初始位置处于左上方，手臂为放松状态。当起动机械手工作时，机械手由初始位置开始依次完成下列八个动作：下降—夹紧工件—上升—右移—再下降—松开工件—再上升—左移，并周而复始地工作。机械手的升降与左右移动作的转换是由对应的行程开关控制的，而工件的夹紧与放松动作的转换是依靠设定的时间来控制的。机械手的所有动作是由气动驱动的，控制升降和平移动作的电磁阀 CY1、CY2 均有两个线圈，不同的线圈通电，压缩空气走不同的路径，可控制机械手向两个相反的方向移动；控制夹紧动作的电磁阀 CY3 只有一个线圈，通电时夹紧，断电时放松。

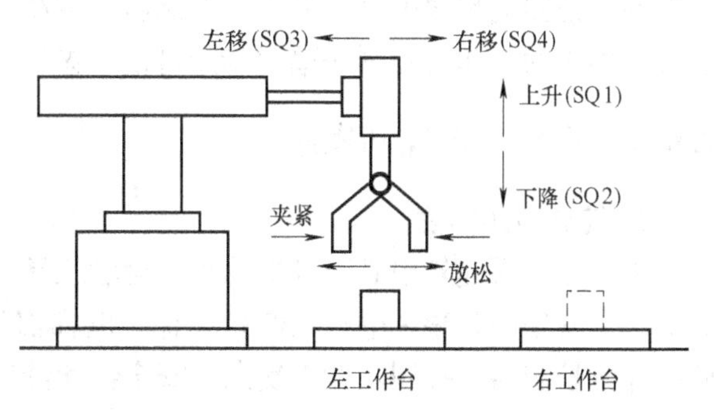

图 9-15　机械手的动作示意图

机械手的运动要求有手动控制和自动控制两种方式。手动控制时，机械手的每一个动作都要依靠操作者操作相应的按钮来实现，八个动作之间无先后顺序的要求。自动控制时，机械手必须从初始位置开始，按照严格的动作顺序执行。当机械手停在初始位置时，点亮位置指示灯，以提醒操作者。

根据机械手的运动控制要求，该控制系统有 13 个输入控制信号、6 个输出驱动信号，PLC 的 I/O 端口可按照表 9-11 进行分配。

表 9-11　机械手模拟控制 I/O 分配表

输　入			
控制信号	输入端口	控制信号	输入端口
运行方式信号(开关 SA1)	I0.0	下降信号(按钮 SB3)	I1.0
上升限位信号(行程开关 SQ1)	I0.1	上升信号(按钮 SB4)	I1.1
下降限位信号(行程开关 SQ2)	I0.2	左移信号(按钮 SB5)	I1.2
左移限位信号(行程开关 SQ3)	I0.3	右移信号(按钮 SB6)	I1.3
右移限位信号(行程开关 SQ4)	I0.4	夹紧信号(按钮 SB7)	I1.4
自动运行起动信号(按钮 SB1)	I0.5	放松信号(按钮 SB8)	I1.5
停止信号(按钮 SB2)	I0.6		
输　出			
驱动信号	输出端口	驱动信号	输出端口
下降电磁阀 CY1-2	Q0.1	右移电磁阀 CY2-2	Q0.4
夹紧电磁阀 CY3	Q0.2	左移电磁阀 CY2-1	Q0.5
上升电磁阀 CY1-1	Q0.3	初始位置指示灯 L1	Q0.0

2. 实验要求

设计一个实现既能手动控制也能自动运行的机械手控制程序。假设夹紧电磁阀通电后，延时3s时可认为工件已经完全夹紧，而当夹紧电磁阀断电后，延时2s时可认为工件已经完全松开。

提示：1）自动运行的程序可先画出顺序功能图，再按照顺序控制设计法设计程序。

2）当运行方式开关SA1断开时（I0.0 = **0**），设为手动控制方式；当SA1闭合时（I0.0 =**1**），则为自动控制方式。

在梯形图编程器中录入程序并编译后，下载到PLC中，然后运行程序；操作各个按钮，观察机械手的动作（或各个输出指示灯的状态），判断程序设计的正确性。

9.6.2　电梯模拟控制程序

1. 控制问题简述

电梯是高层建筑中必不可少的垂直运输工具。电梯的种类及分类方式很多，若按照用途分类，最常用的是乘客电梯和载货电梯。电梯都是由电动机驱动运行的，一般采用PLC或微机作为控制器。控制功能越复杂、安全性和舒适性要求越高、楼层数越多都会使控制程序越复杂。

电梯的控制信号主要包括：各楼层的呼梯按钮信号（层站上行或下行呼梯信号）、轿厢内的楼层指令按钮信号（选层信号）、各楼层的位置信号、开关门信号以及安全保护信号等。驱动信号主要包括：轿厢（电动机）上下行信号、电梯运行方向指示灯、呼梯信号指示灯、楼层指示灯、内选楼层信号指示灯等。

乘客电梯的基本控制原则是：顺向截梯与最远反向截梯。这是指如果电梯已经上行，即使各层站有下呼信号，也只顺序响应厅外的所有上呼信号，直到需要到达的最远层站（由选层信号指定的最高楼层或有下呼信号的最高楼层）；然后再下行，并顺序响应厅外的所有下呼信号（此时不响应中间层站的上呼信号），直到需要到达的最远层站（由选层信号指定的最低楼层或有上呼信号的最低楼层）。如此反复运行。

2. 程序设计思路及参考程序模块

由于电梯运行是一个随机过程，其控制程序的设计方法大都只能采用经验设计法。为了实现复杂的逻辑判断以及后期程序的可读性，应尽量采用模块化的设计思路，即将程序按照所实现的功能进行分块设计。通常电梯控制程序可分为：运行控制模块、轿厢位置确认模块、楼层数码显示模块、外呼和内选信号（指令）登记及销号模块、定向模块、换速模块、开关门控制模块、安全保护模块等。

本实验不需要考虑电动机的调速、安全保护、楼层数码显示、开关门等控制问题，只要求控制程序实现基本的逻辑判断，使电梯能够正确响应呼梯信号、准确到达目标楼层。控制要求简化后，PLC的I/O点数也将减为最少，其I/O分配可按表9-12进行。

根据该I/O分配表，下面给出三楼电梯控制程序的几个基本控制模块。

（1）指令登记模块　该模块的功能是将轿厢内的选层按钮信号和门厅（层站）的呼梯按钮信号记忆存储下来。因此，指令登记模块包括选层信号登记与呼梯信号登记两部分，其梯形图如图9-16所示。图9-16中，一层～三层的选层信号分别设置标志位M0.1～M0.3；

表 9-12　电梯模拟控制 I/O 分配表

输　入		输　出	
控制信号	输入端口	驱动信号	输出端口
内选一层(按钮 SB1)	I0.1	一层门厅指示灯 E1	Q0.1
内选二层(按钮 SB2)	I0.2	二层门厅指示灯 E2	Q0.2
内选三层(按钮 SB3)	I0.3	三层门厅指示灯 E3	Q0.3
一层上呼信号(按钮 SB4)	I0.4	一层上呼指示灯 E4	Q0.4
二层上呼信号(按钮 SB5)	I0.5	二层上呼指示灯 E5	Q0.5
二层下呼信号(按钮 SB6)	I0.6	二层下呼指示灯 E6	Q0.6
三层下呼信号(按钮 SB7)	I0.7	三层下呼指示灯 E7	Q0.7
一层位置信号(行程开关 SQ1)	I1.0	轿厢下行 KM1	Q1.0
二层位置信号(行程开关 SQ2)	I1.1	轿厢上行 KM2	Q1.1
三层位置信号(行程开关 SQ3)	I1.2		
门锁信号(行程开关 SQ4)	I1.3		
起动信号(钮子开关 SA1)	I0.0		

层站呼梯信号分别设置标志位 M0.4 ~ M0.7；M1.1 ~ M1.3 是轿厢到达一层 ~ 三层时分别设置的位置信号；M2.0 和 M2.1 是电梯上行与下行的运行方向标志位。由于电梯采取顺向截梯和最远反向截梯的控制原则，因此，运行时应该保持反方向的呼梯信号。

（2）定向模块　该模块的功能是根据轿厢所在的位置、当前的选层信号和呼梯信号，综合判断轿厢下一步应该上行还是下行，给出上行或下行的标志信号，梯形图如图 9-17 所示。图 9-17 中，由指令登记模块得到的选层信号和呼梯信号 M0.1 ~ M0.7 设置上行标志 M2.0 和下行标志 M2.1；由轿厢位置信号 M1.1 ~ M1.3 取消定向信号。

（3）换速模块　该模块的功能是根据轿厢所处的位置和运行方向判断下一个停靠站，在到达预定位置时，发出换速信号，轿厢将减速运行，直到平层停梯。本实验模型每一层只设置了一个位置检测的行程开关，也没有使用变频器，因此，换速信号就是停止信号。换速模块的梯形图如图 9-18 所示。轿厢换速的原因，一是有呼梯信号，轿厢应该在下一个上客层站停梯；二是有选层信号，轿厢应该在乘客需要到达的层站停梯。当轿厢停靠层站时，厅门打开，检测厅门位置的行程开关动作（I1.3 =0），清除换速标志信号 M2.2。

（4）轿厢位置确认模块　轿厢位置是电梯运行的基础数据，轿厢位置由位置传感器检测。行程开关、干簧管和旋转编码器等都可以用于检测轿厢的位置。现代电梯基本不再采用行程开关检测位置，但本实验为简化的仿真实验，仍采用行程开关检测轿厢的位置。如图 9-19 所示梯形图，是产生轿厢位置信号 M1.1 ~ M1.3 的轿厢位置确认模块程序。

（5）运行控制模块　梯形图如图 9-20 所示。当有上行或下行定向标志信号时，产生起动信号 M3.0；起动信号触发定时器 T33（或多个定时器），该定时信号可用于驱动主电源开关闭合、抱闸装置通电释放、设置变频器的参数等。本程序不具备这些功能，仅使用该定时信号产生驱动电动机正反转的信号 Q1.0 和 Q1.1。当有换速信号 M2.2 时，延时清除起动信号 M3.0。

根据上述模块化程序的设计思路，当楼层数或控制功能增加时，程序易于扩展。请自行设计显示程序。

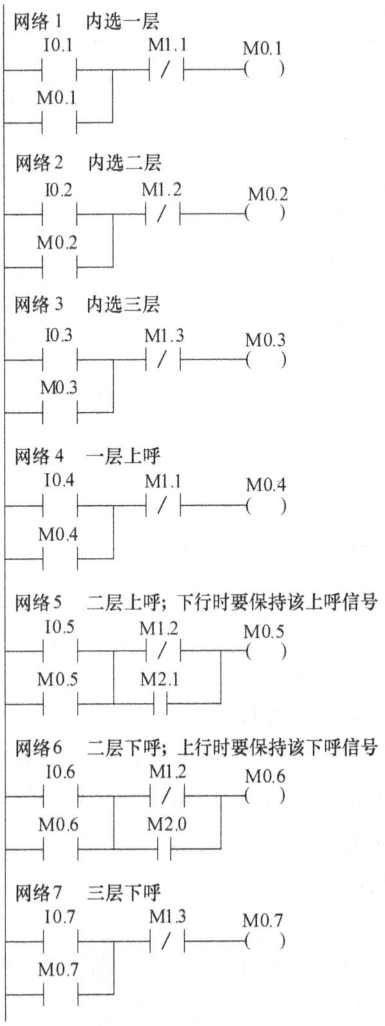

网络1　内选一层
I0.1
M1.1
M0.1
M0.1
网络2　内选二层
I0.2
M1.2
M0.2
M0.2
网络3　内选三层
I0.3
M1.3
M0.3
M0.3
网络4　一层上呼
I0.4
M1.1
M0.4
M0.4
网络5　二层上呼；下行时要保持该上呼信号
I0.5
M1.2
M0.5
M0.5
M2.1
网络6　二层下呼；上行时要保持该下呼信号
I0.6
M1.2
M0.6
M0.6
M2.0
网络7　三层下呼
I0.7
M1.3
M0.7
M0.7

图9-16　指令登记模块

网络1　上行标志
M0.2
M1.2
M1.3
M2.1
M2.0
M0.3
M0.5
M1.2
M1.3
M0.6
M0.7
网络2　下行标志
M0.2
M1.2
M1.1
M2.0
M2.1
M0.1
M0.6
M1.2
M1.1
M0.5
M0.4

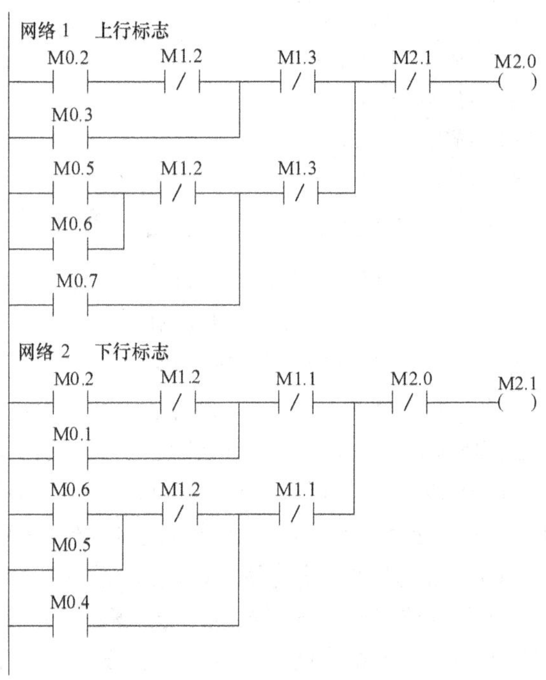

图9-17　定向模块

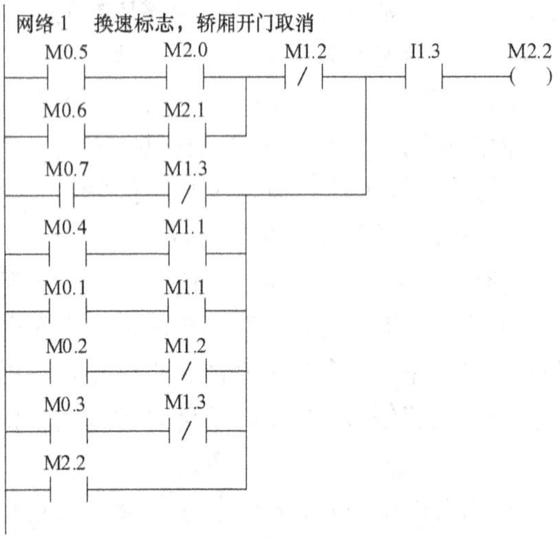

网络1　换速标志，轿厢开门取消
M0.5
M2.0
M1.2
I1.3
M2.2
M0.6
M2.1
M0.7
M1.3
M0.4
M1.1
M0.1
M1.1
M0.2
M1.2
M0.3
M1.3
M2.2

图9-18　换速模块

网络1　一层位置信号
I1.0
P
M1.1
S
1
N
M1.1
R
1
网络2　二层位置信号
I1.1
P
M1.2
S
1
N
M1.2
R
1
网络3　三层位置信号
I1.2
P
M1.3
S
1
N
M1.3
R
1

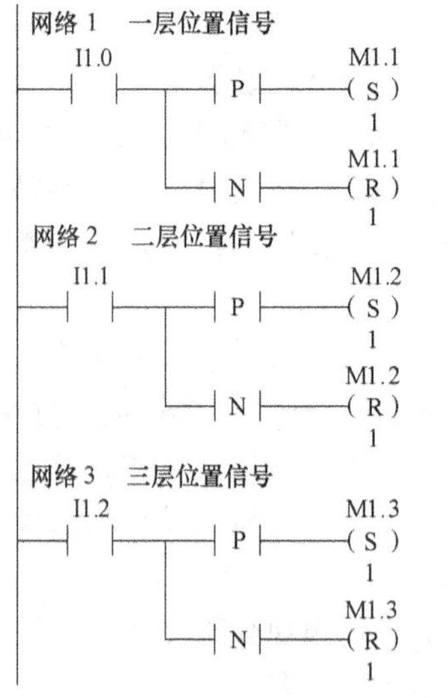

图9-19　轿厢位置确认模块

3. 实验要求

根据图 9-16 ~ 图 9-20 所给的程序模块，设计出三层电梯控制的完整梯形图。在梯形图编程器中录入程序并编译后，下载到 PLC 中，然后运行程序；操作各个按钮，观察各个输出指示灯的状态，判断程序设计的正确性。

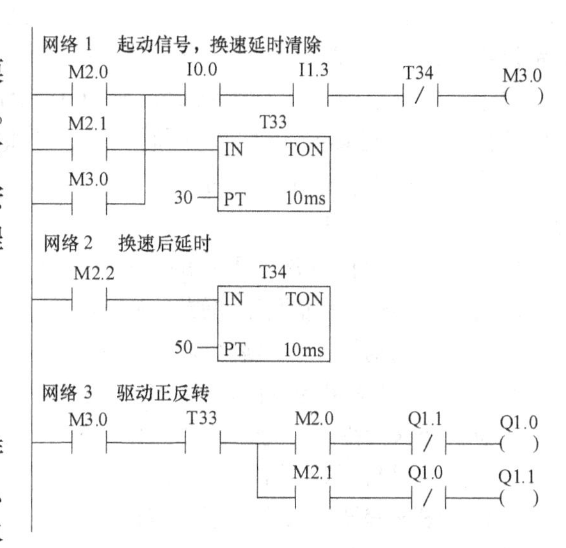

图 9-20　运行控制模块

9.6.3　洗衣机模拟控制程序

1. 控制问题简述及 I/O 分配

洗衣机的工作流程由注水、洗衣、排水和脱水四个工作流程组成。其中注水、洗衣、排水和脱水是通过水位开关、进水电磁阀和排水电磁阀配合进行控制，从而实现自动控制的。水位上限开关用来控制进水到洗衣机的高水位，水位下限开关用来控制排水水位；电磁进水阀控制水源的通与断；进水时，进水电磁阀打开，洗衣机开始注水；排水时，排水电磁阀打开，将水排出；洗衣时，起动洗涤电动机，脱水时，起动脱水桶（打开脱水阀）。

洗衣机的控制信号包括：起动信号、停止信号、上限水位和下限水位信号、手动排水信号。输出信号包括：洗涤电动机 M1 的正反转信号、脱水桶电动机 M2 旋转信号、进水电磁阀和排水电磁阀信号以及脱水电磁阀信号。PLC 的 I/O 端口可按照表 9-13 进行分配。

表 9-13　洗衣机模拟控制 I/O 分配表

输　　入		输　　出	
控制信号	输入端口	驱动信号	输出端口
起动信号(按钮 SB1)	I0. 0	进水电磁阀及指示灯 L1	Q0. 0
停止信号(按钮 SB2)	I1. 0	洗涤电动机 M1 正转	Q0. 1
上限水位信号(钮子开关 SA1)	I0. 1	洗涤电动机 M1 反转	Q0. 2
下限水位信号(钮子开关 SA2)	I0. 2	排水电磁阀及指示灯 L2	Q0. 3
手动排水信号(按钮 SB3)	I1. 1	脱水电磁阀及指示灯 L3	Q0. 4
		脱水桶电动机 M2 运转	Q0. 5
		洗涤完成提示蜂鸣器	Q0. 6

2. 实验要求

（1）设计满足如下洗衣过程的控制程序

点动起动按钮、闭合上限水位开关 SA1 和下限水位开关 SA2，进水电磁阀通电，进水阀开启、进水指示灯 L1 点亮，洗衣桶开始注水；当水位达到上限位置时，SA1 断开，进水电磁阀断电，停止进水，进水指示灯熄灭；水注满 2s 后开始洗涤，洗涤电动机正转 20s，停 2s，再反转 20s，停 2s，如此循环 5 次，洗涤电动机停止，完成洗涤；洗涤完毕，排水电磁阀通电，排水阀开启、排水指示灯 L2 点亮，开始排水；当水位下降到下限位置以下时，

SA2 断开，再延时 3s（表示水已排空）开始脱水，脱水桶电动机起动，脱水阀开启、脱水指示灯点亮，脱水 40s 后停止。至此完成一次从进水到脱水的洗衣过程。

以上洗衣过程循环运行 3 次时，延时 1s 后启动蜂鸣器，提示洗衣完成。使用频率为 1kHz 的脉冲信号驱动蜂鸣器，鸣叫时长 5s。至此完成了全部操作过程，自动停机。

说明：点动手动排水按钮可以实现手动排水；点动停止按钮可以终止自动循环的洗衣过程，并启动蜂鸣器鸣叫。

（2）设计具有两种洗衣模式的洗衣机控制程序

1）洗衣模式有标准洗涤和强力洗涤两种。强力洗涤时，洗涤电动机高转速运行，标准洗涤时，洗涤电动机低转速运行。

2）洗衣量分为多与少两档，相应设置高、中、低三个水位控制，洗衣量多时，进水采用高水位，洗衣量少时，进水量采用中水位。

洗衣的过程与（1）相同。自拟 I/O 分配表。

在梯形图编程器中录入程序并编译后，下载到 PLC 中，然后运行程序；操作各个按钮，观察洗衣机的运转状态（或各个输出指示灯的状态），判断程序设计的正确性。

部分练习题解答

第4章

4-2

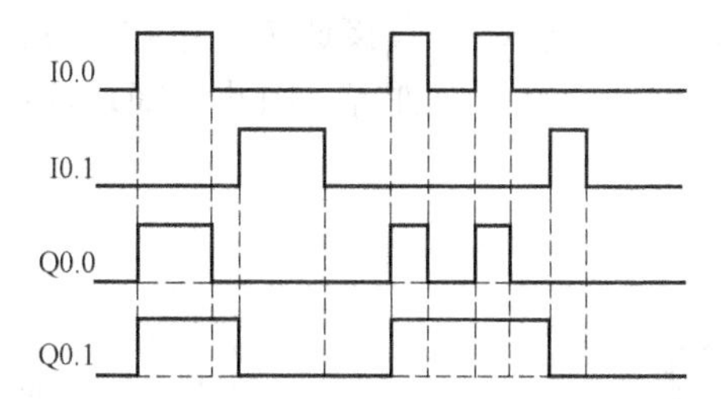


```
网络 1
LD   I0.0
=    Q0.0
网络 2
LD   I0.0
S    Q0.1,1
网络 3
LD   I0.1
R    Q0.1,1
```

4-8

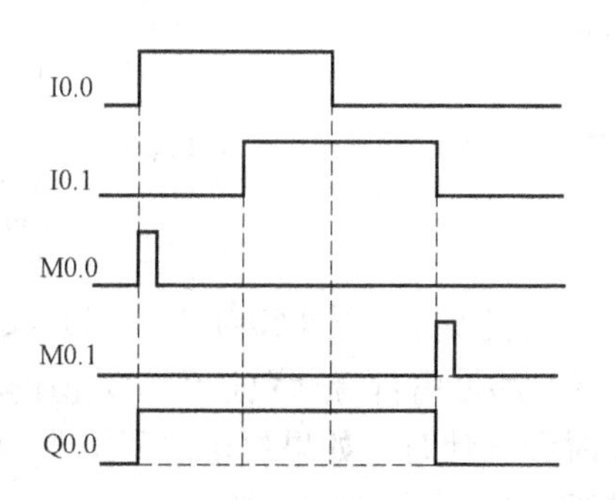

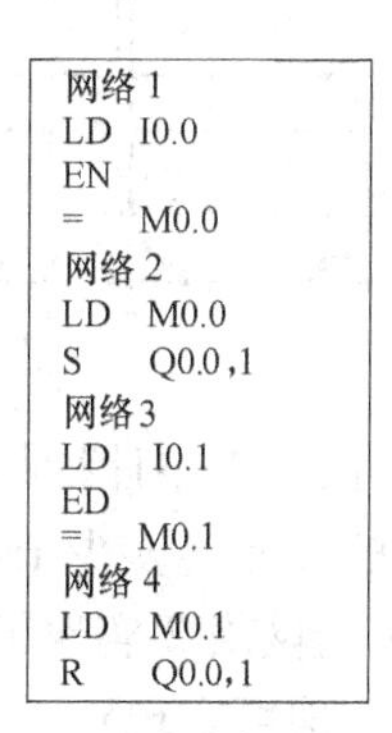

```
网络 1
LD  I0.0
EN
=    M0.0
网络 2
LD   M0.0
S    Q0.0,1
网络 3
LD   I0.1
ED
=    M0.1
网络 4
LD   M0.1
R    Q0.0,1
```

M0.0 和 M0.1 分别在 I0.0 上升沿和 I0.1 下降沿到来时接通一个扫描周期。

4-9　每次点动按钮，楼梯灯将点亮 30s；如果两次点动按钮的时间间隔小于 30s，则定时器从最后一次点动按钮松开时刻开始重新定时 30s 后，灯才能熄灭。因为只要点动按钮，定时器将被复位，而置位指令 S 会使输出 Q0.0 一直保持接通。

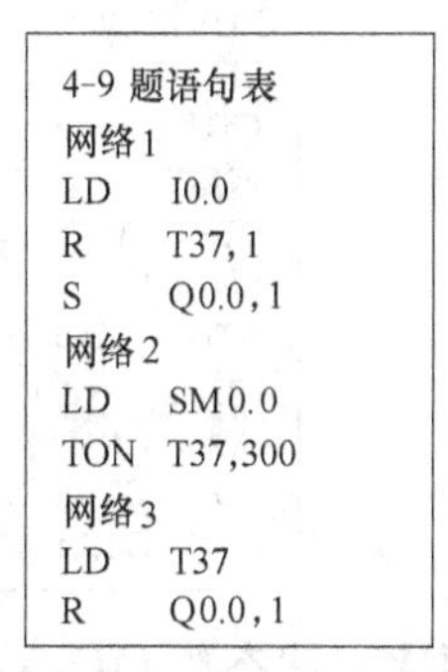

```
4-9 题语句表
网络1
LD     I0.0
R      T37,1
S      Q0.0,1
网络2
LD     SM0.0
TON    T37,300
网络3
LD     T37
R      Q0.0,1
```

```
4-10 题语句表
网络 1
LD     Q0.0
AN     C0
O      I0.0
=      Q0.0
网络 2
LDN    I0.0
A      SM0.5
LD     I0.0
CTU    C0,60
```

4-10　（1）按钮长时（大于 60s）断开，I0.0 = **0**，网络 2 中计数器累计秒脉冲 SM0.5 个数，达到 60 个时，C0 = **1**，网络 1 中常闭触点 C0 断开，Q0.0 = **0**。

（2）点动一次按钮时，网络1中，Q0.0 =**1**并自锁；网络2中计数器被清零，按钮松开后重新累计秒脉冲的个数，达到60个时，C0 =**1**，网络1中常闭触点C0断开，自锁解除，Q0.0 =**0**。

（3）如果C0开始计数后的60s内，再次点动一次按钮，C0被清零，网络1中常闭触点C0保持闭合，自锁有效，Q0.0 =**1**。即两次点动按钮的时间间隔小于60s时，输出Q0.0只能接收到一次信号。

4-11　（1）当开关闭合后，I0.0 =**1**，网络1中定时器T37开始计时；计时达到或超过3s时，网络2中比较触点接通，使Q0.0 =**1**，外接LED灯点亮；计时达到6s时，状态位T37 =**1**，网络3中常开触点T37接通，使M0.0 =**1**；网络1中常闭触点M0.0断开，T37复位，状态位T37 =**0**，使得Q0.0 =**0**和M0.0 =**0**（M0.0只接通了一个扫描周期）。下一个扫描周期，只要开关处于闭合状态，上述过程周而复始地进行。因此，LED灯将以6s为周期，亮3s、灭3s。

（2）时序图及语句表如下：

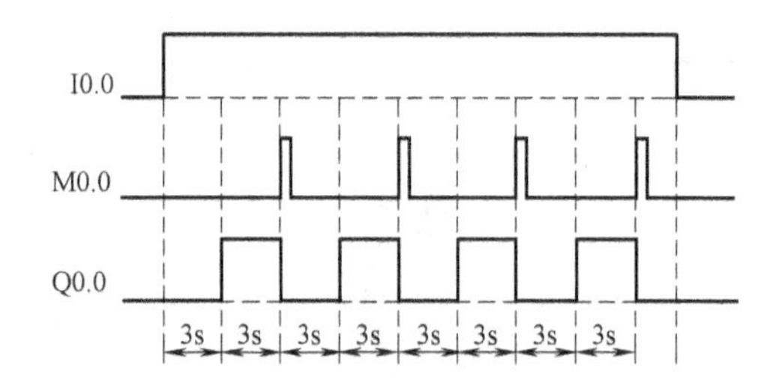

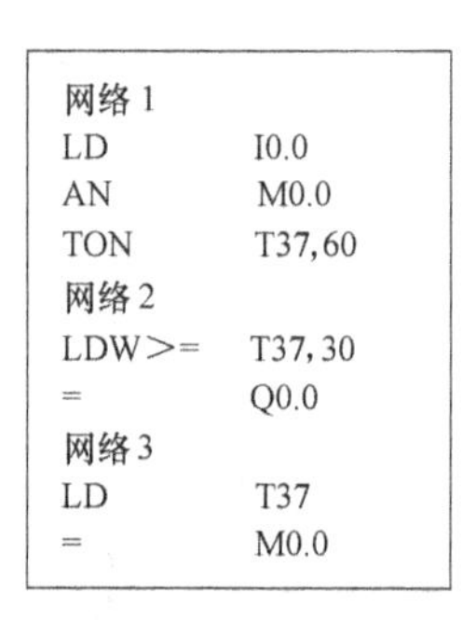

```
网络 1
LD       I0.0
AN       M0.0
TON      T37,60
网络 2
LDW>=    T37,30
=        Q0.0
网络 3
LD       T37
=        M0.0
```

4-12　（1）网络1累计秒脉冲SM0.5个数，达到60个（60s）时，C0 =**1**；网络2累计计数器C0产生的脉冲（多少个60s）。C0与C1都是用自身计数达到计数值的状态位清零。

（2）网络1与网络2实现了时钟的秒计时和分计时，如果再增添网络3，使用计数器累计C1的分脉冲，即可实现对小时的累计。梯形图及语句表如下所示。

网络1（梯形图略）

网络2（梯形图略）

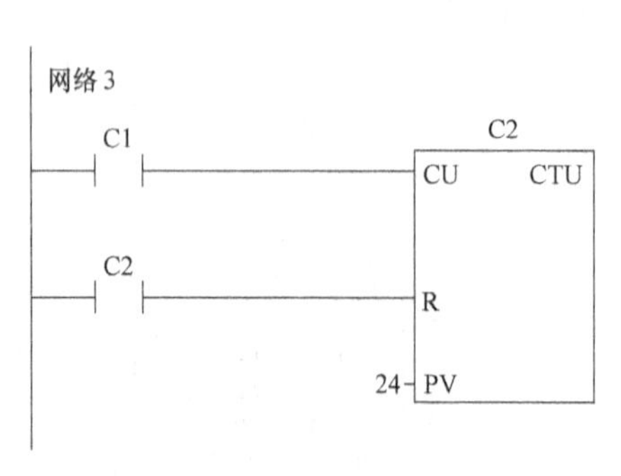

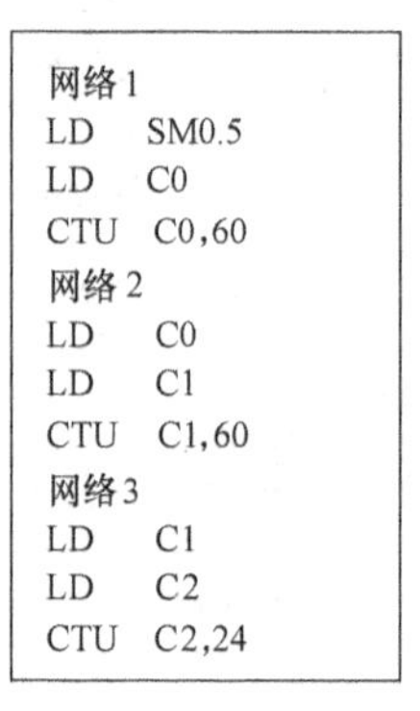

```
网络1
LD    SM0.5
LD    C0
CTU   C0,60
网络2
LD    C0
LD    C1
CTU   C1,60
网络3
LD    C1
LD    C2
CTU   C2,24
```

4-13　（1）计数器C累计按钮按动的次数，每按两次，状态位C0 =**1**，起动定时器T37短暂定时，0.5s后使C0复位，继而T37也就复位了。

（2）时序图及语句表如下图所示。

（3）程序的逻辑功能：奇数次点动按钮，Q0.0 = **1**，LED 点亮；偶数次点动按钮，Q0.0 = **0**，LED 熄灭。从时序图可见，输出 Q0.0 的频率是输入 I0.0 的一半，即二分频。

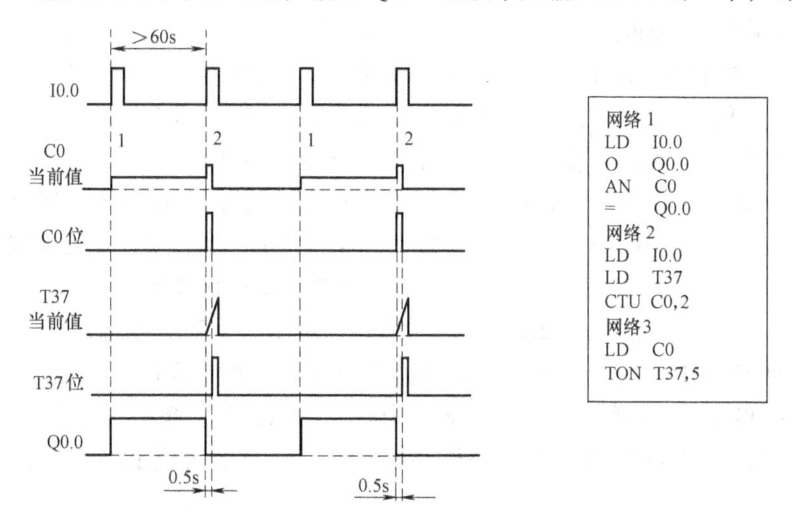

4-14　梯形图如下图所示。

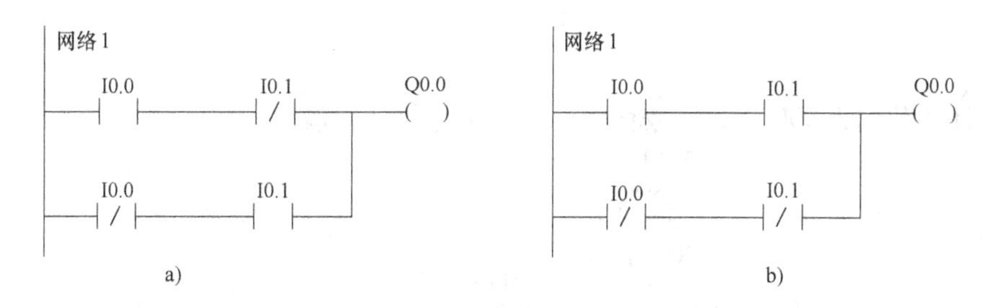

a)　　b)

4-15　（1）时序图如下所示。（2）逻辑功能的异同如下：a 图程序运行的结果是：A 灯亮—A 灯灭、B 灯亮—全灭—A 灯亮。b 图程序运行的结果是：A 灯亮—A 灯与 B 灯同亮—A 灯灭、B 灯亮—全灭—A 灯亮。

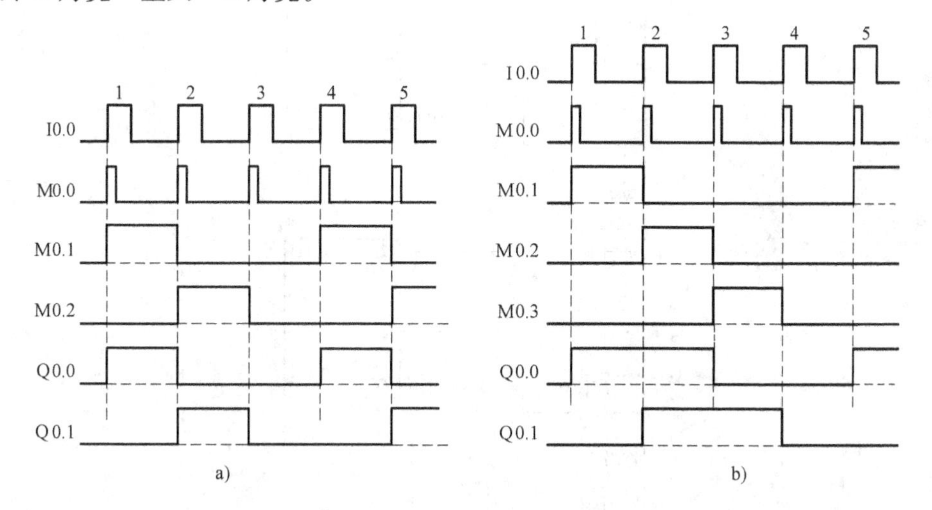

a)　　b)

4-16

（1）网络 1 是初始化程序，PLC 首个通电周期，SM0.1 接通，使 M0.0 ~ M0.3 四位清零。

（2）时序图略。（3）共驱动四只灯顺序循环点亮，每只灯点亮1s，每个周期的第5s所有灯全灭，故每个周期的时间为5s。

4-17 （1）当I1.0=I1.1=**1**时，从PLC通电开始，彩灯从LED0开始顺次点亮，即每间隔1s增加点亮一只灯，第8s时，8只灯全亮后，状态不再变化。（2）如果I1.0=**1**，I1.1 =**0**，PLC通电后，QB0中的8位数据始终为**0**，全部彩灯始终不亮。（3）如果N=－8，则在上述（1）的输入状态时，彩灯将从LED7开始顺次点亮；在上述（2）的输入状态时，全部彩灯仍然始终不亮。（4）若要操作按钮使I0.0通断，则应当将I1.0设为**0**；每点动按钮一次，点亮一只彩灯，按动8次后，8只彩灯顺次全部点亮。这是手动控制彩灯。

4-18 （1）当PLC通电后，SM0.0=**1**，执行三条指令：第一条传送指令，将时间的分钟值BCD码**00110101**（35分）传送到累加器AC0中（占用低8位）；第二条转换指令，将AC0中的BCD码转换为整数，AC0中低8位为**00100011**；第三条传送指令，将AC0中的低8位传送到VB25最终VB25中数据为整数**00100011**。该程序实现了将时间值转换为整数的功能。

第5章

5-1 计数范围为50000的计数程序。I1.5是计数脉冲输入。

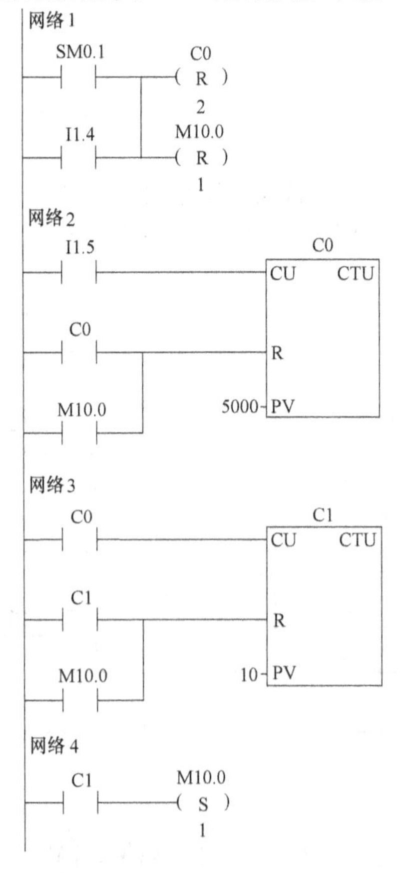

5-2　100h 的长定时程序。I0.0 是起动信号，I0.1 是停止信号。

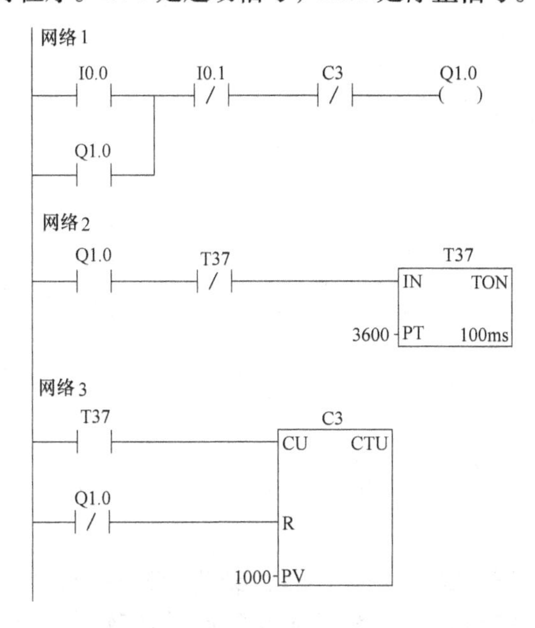

5-5　检测传送带上产品是否正常通过的程序。

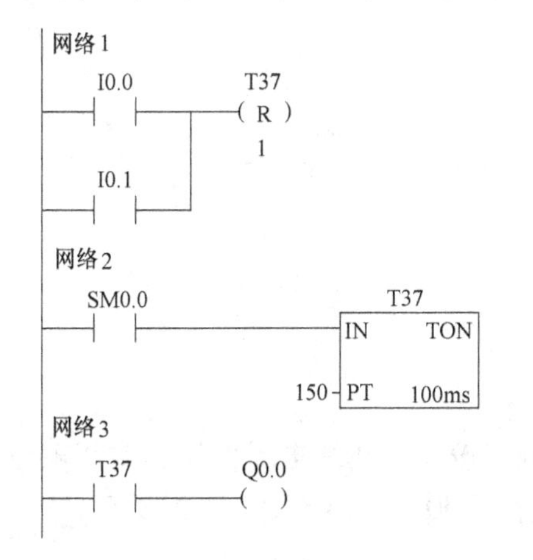

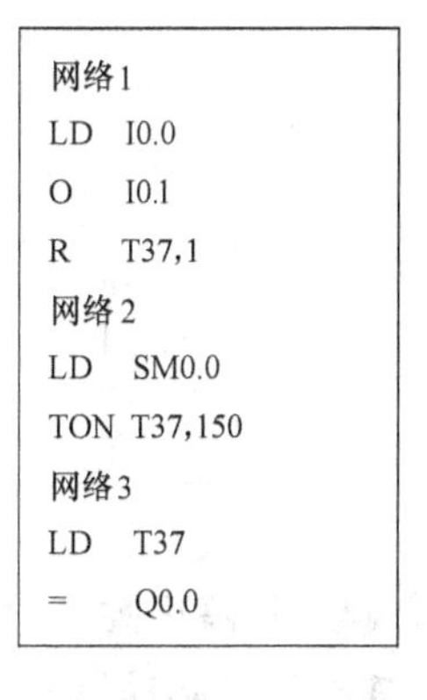

```
网络1
LD   I0.0
O    I0.1
R    T37,1
网络2
LD   SM0.0
TON  T37,150
网络3
LD   T37
=    Q0.0
```

5-6　显示系统时间的梯形图程序。

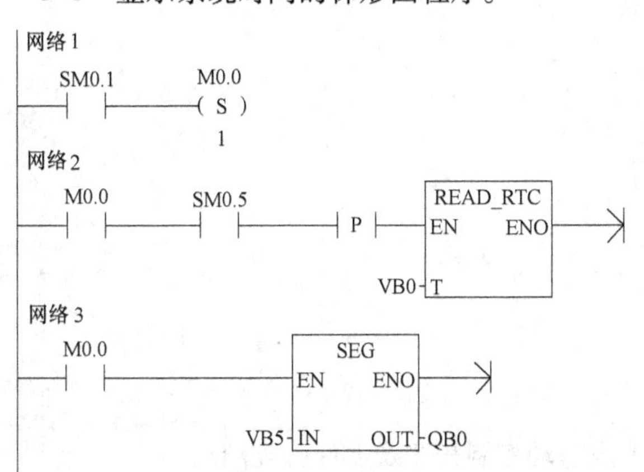

程序解释：

系统时钟的秒值存放在 VB5 中，高 4 位为十位、低 4 位为个位；通过段码指令将秒值的个位转换为能驱动七段 LED 显示器的信号，并存放在 QB0 中。

Q0.0～Q0.6 分别与 LED 显示器的 a、b、c、d、e、f、g 相连。

5-7　具有运行状态指示灯的异步电动机正反转控制的梯形图程序及 I/O 分配图。

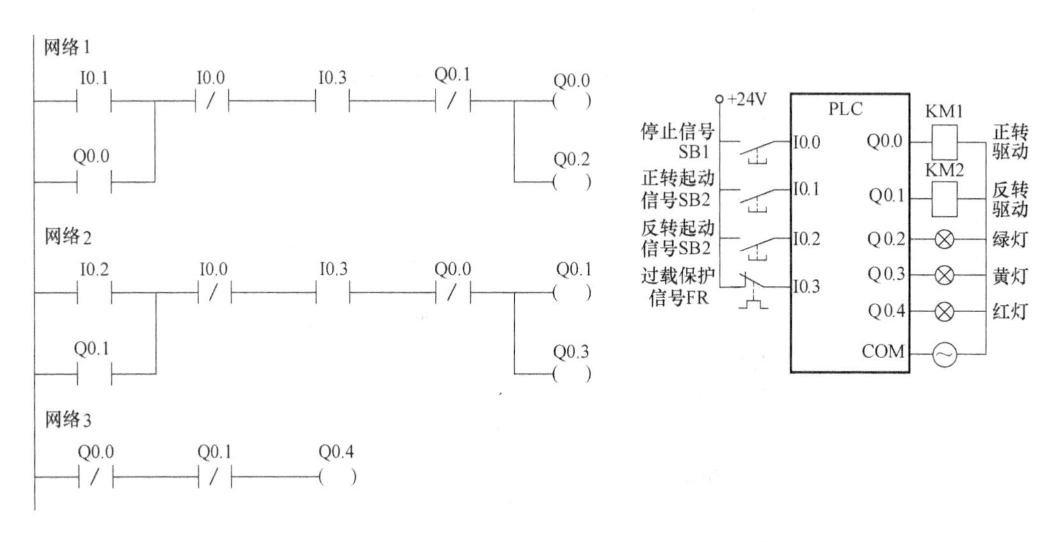

5-8　所有起动与停止按钮均采用常开触点按钮，热继电器使用其常闭触点。甲地起动与停止按钮信号接至 I0.0 与 I0.1；乙地起动与停止按钮信号接至 I0.2 与 I0.3；过载信号接至 I0.4。梯形图如下图所示。

网络1
I0.1　I0.0　I0.2　I0.4　Q0.0
Q0.0
I0.3

5-9　所有起动与停止按钮均采用常开触点按钮，热继电器使用其常闭触点。点动与停止信号 I0.0；连续运行起动信号 I0.1；过载信号 I0.2。梯形图如下图所示。

网络1　连续运行控制
I0.1　I0.0　I0.2　M0.0
M0.0
网络2　点动控制
I0.0　I0.2　Q0.0
M0.0

5-10　绕线转子异步电动机转子串联电阻起动控制程序及 I/O 分配图。

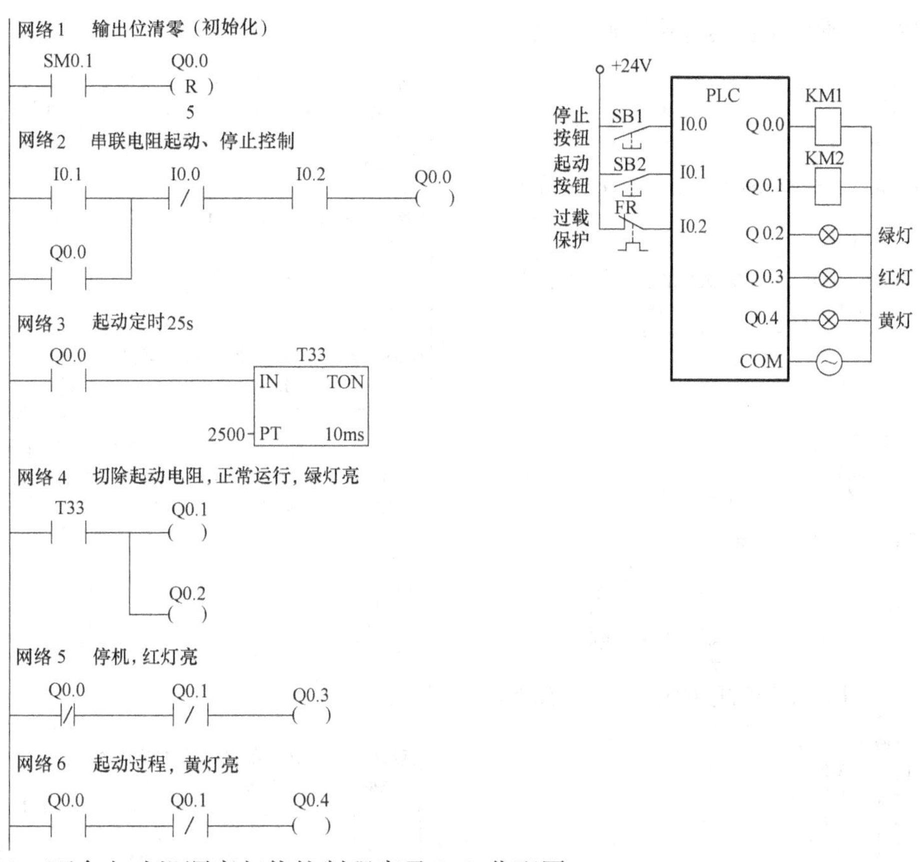

5-11　两台电动机顺序起停控制程序及 I/O 分配图。

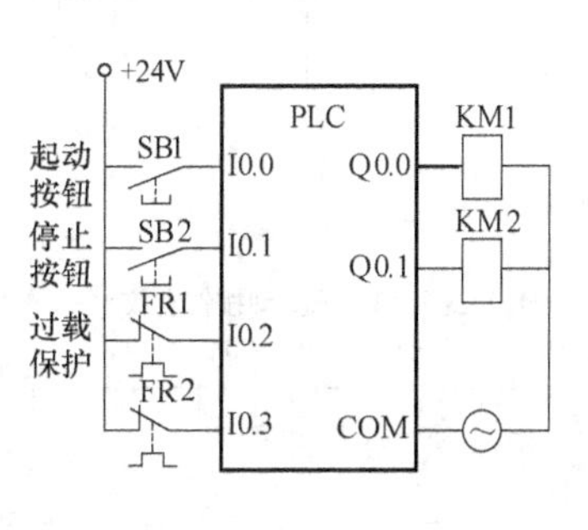

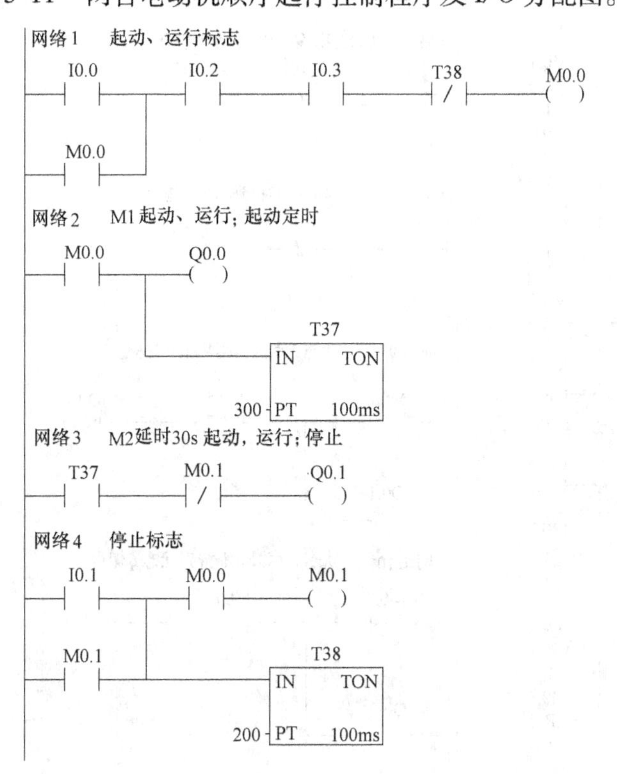

5-12　两部件交错运行控制梯形图程序。

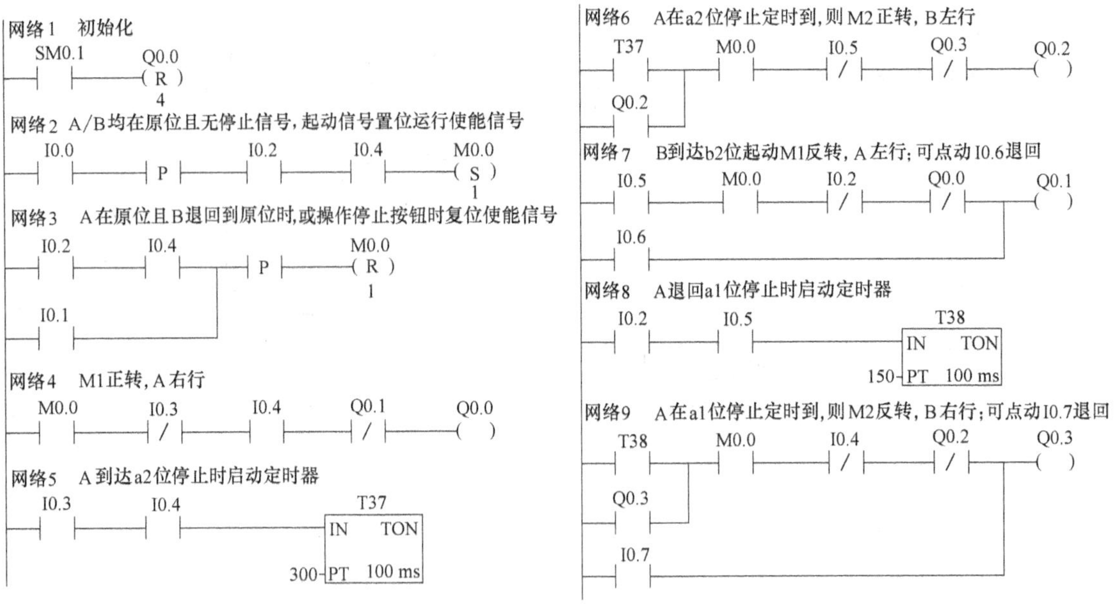

网络1　初始化
SM0.1
Q0.0
R
4
网络2　A/B均在原位且无停止信号，起动信号置位运行使能信号
I0.0
P
I0.2
I0.4
M0.0
S
1
网络3　A在原位且B退回到原位时，或操作停止按钮时复位使能信号
I0.2
I0.4
P
M0.0
R
1
I0.1
网络4　M1正转，A右行
M0.0
I0.3
I0.4
Q0.1
Q0.0
网络5　A到达a2位停止时启动定时器
I0.3
I0.4
T37
IN　TON
300
PT　100 ms
网络6　A在a2位停止定时到，则M2正转，B左行
T37
M0.0
I0.5
Q0.3
Q0.2
Q0.2
网络7　B到达b2位起动M1反转，A左行；可点动I0.6退回
I0.5
M0.0
I0.2
Q0.0
Q0.1
I0.6
网络8　A退回a1位停止时启动定时器
I0.2
I0.5
T38
IN　TON
150
PT　100 ms
网络9　A在a1位停止定时到，则M2反转，B右行；可点动I0.7退回
T38
M0.0
I0.4
Q0.2
Q0.3
Q0.3
I0.7

5-13　（1）工作时序图略；（2）梯形图如下图。

网络1　初始化
SM0.1
M0.0
S
1
M0.1
R
6
网络2　第一次点动按钮有效，或第七次（下一循环）点动按钮有效
M0.6
Q0.2
I0.0
P
M0.1
S
1
M0.0
M0.0
R
1
M0.6
R
1
网络3　HL1已亮、第二次点动按钮有效
M0.1
Q0.0
I0.0
P
M0.2
S
1
M0.1
R
1
网络4　HL2已亮、第三次点动按钮有效
M0.2
Q0.1
I0.0
P
M0.3
S
1
M0.2
R
1
网络5　HL3已亮、第四次点动按钮有效
M0.3
Q0.2
I0.0
P
M0.4
S
1
M0.3
R
1
网络6　HL1已灭、第五次点动按钮有效
M0.4
Q0.0
I0.0
P
M0.5
S
1
M0.4
R
1
网络7　HL2已灭、第六次点动按钮有效
M0.5
Q0.1
I0.0
P
M0.6
S
1
M0.5
R
1
网络8　状态1点亮，维持到状态4熄灭
M0.1
M0.4
Q0.0
Q0.0
网络9　状态2点亮，维持到状态5熄灭
M0.2
M0.5
Q0.1
Q0.1
网络10　状态3点亮，维持到状态6熄灭
M0.3
M0.6
Q0.2
Q0.2

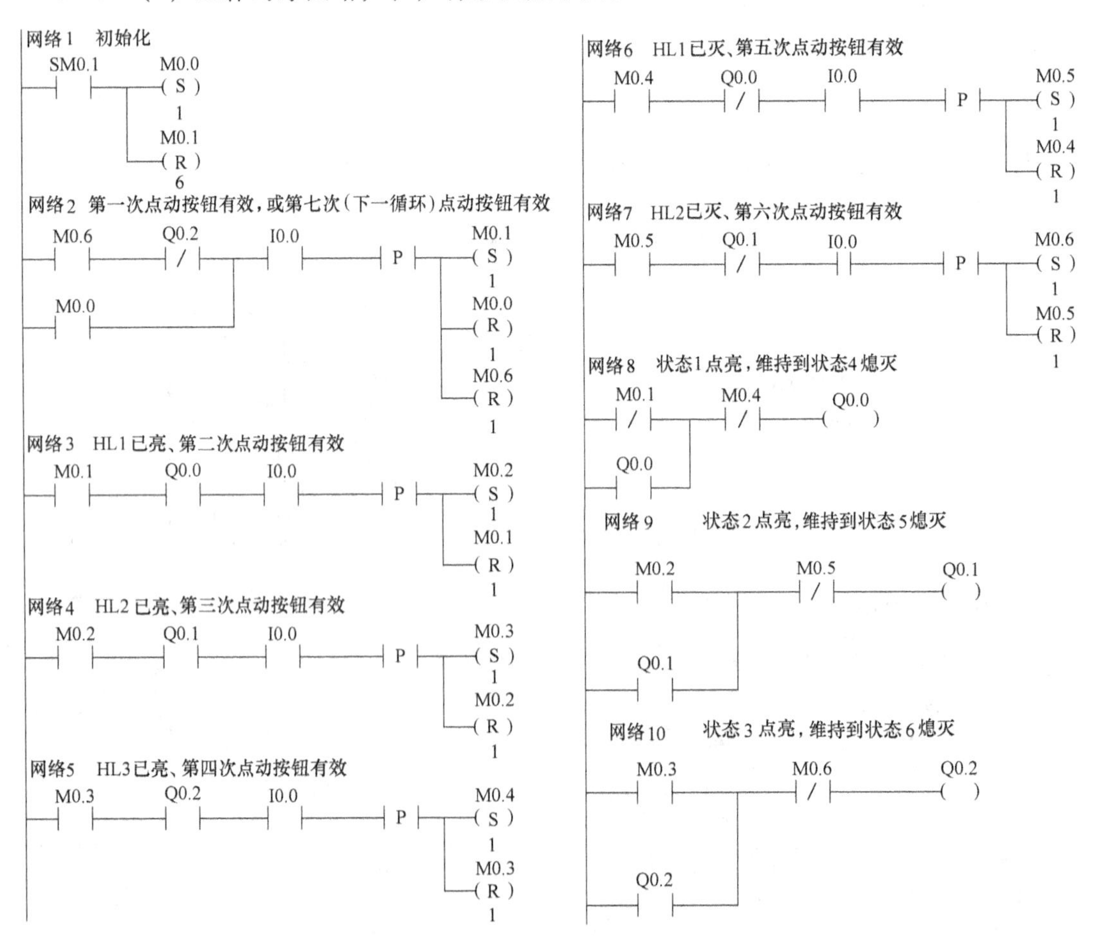

5-14 （1）八只彩灯按规律点亮控制语句表程序。

```
网络1  初始化
LD    SM0.1
O     T38
R     M0.0,8
网络2  设置状态1
LD    I0.0
O     T39
EU
S     M0.0,1
网络3  字节循环左移控制状态转移
LD    I0.0
A     SM0.5
EU
AN    C0
RLB   MB0,1
网络4  字节循环移位1周,累加1
LD    M0.7
EU
LD    T39
CTU   C0,2
网络5  循环两周时定时1s等待
       最后一只灯点亮1s
LD    C0
TON   T37,10
网络6  8只灯同时点亮定时3s
LD    T37
TON   T38,30
```

```
网络7  8只灯同时熄灭定时1s
LD    T38
TON   T39,10
网络8  点亮1#
LD    C0
A     T37
O     M0.0
AN    T38
=     Q0.0
网络9  点亮2#
LD    C0
A     T37
O     M0.1
AN    T38
=     Q0.1
网络10 点亮3#
LD    C0
A     T37
O     M0.2
AN    T38
=     Q0.2
网络11 点亮4#
LD    C0
A     T37
O     M0.3
AN    T38
=     Q0.3
```

```
网络12 点亮5#
LD    C0
A     T37
O     M0.4
AN    T38
=     Q0.4
网络13 点亮6#
LD    C0
A     T37
O     M0.5
AN    T38
=     Q0.5
网络14 点亮7#
LD    C0
A     T37
O     M0.6
AN    T38
=     Q0.6
网络15 点亮8#
LD    C0
A     T37
O     M0.7
AN    T38
=     Q0.7
```

（2）八只彩灯按规律点亮控制梯形图。

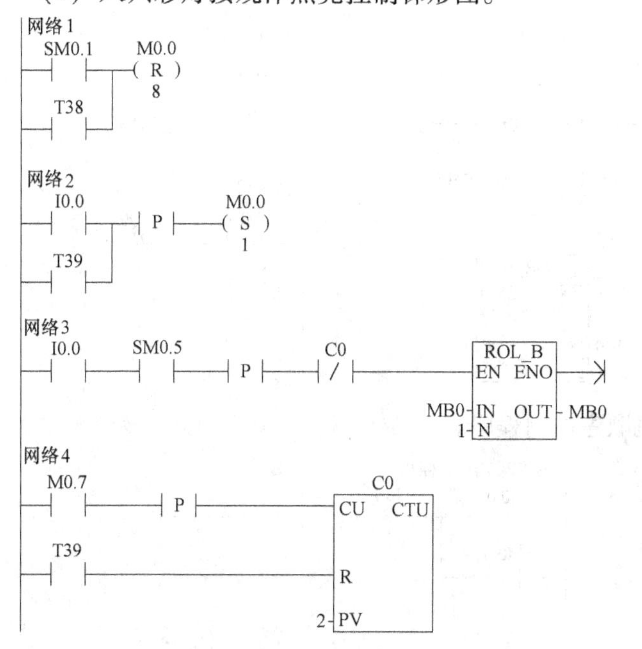

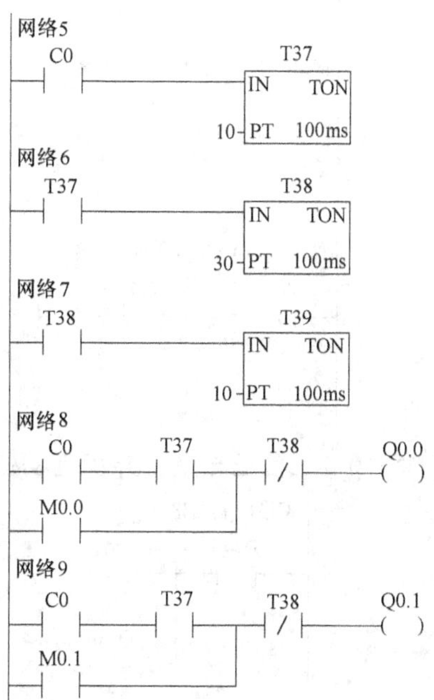

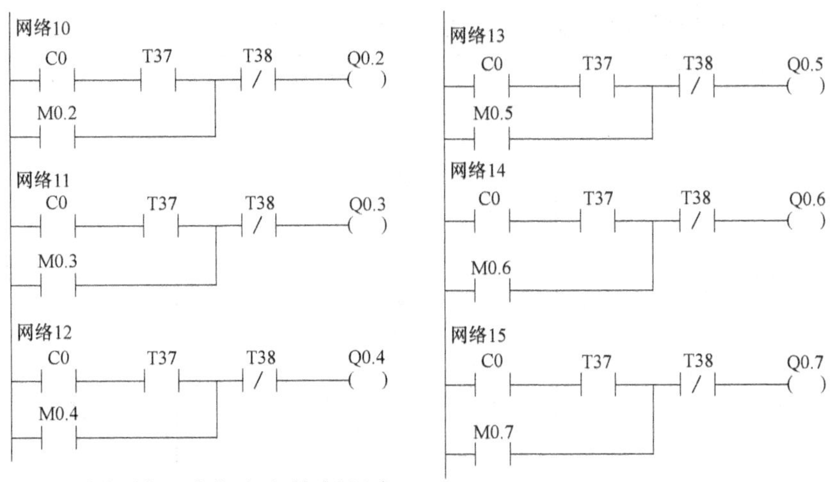

5-15　八只彩灯循环移位点亮控制程序。

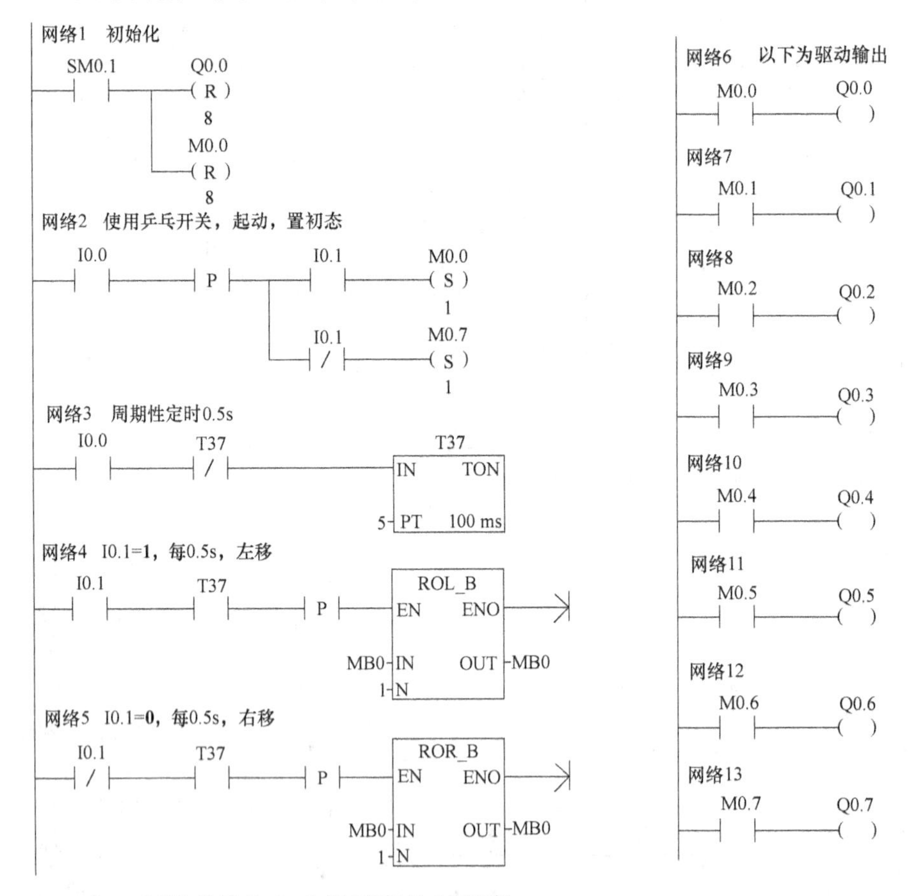

5-16　三台三相笼型异步电动机顺序控制程序。

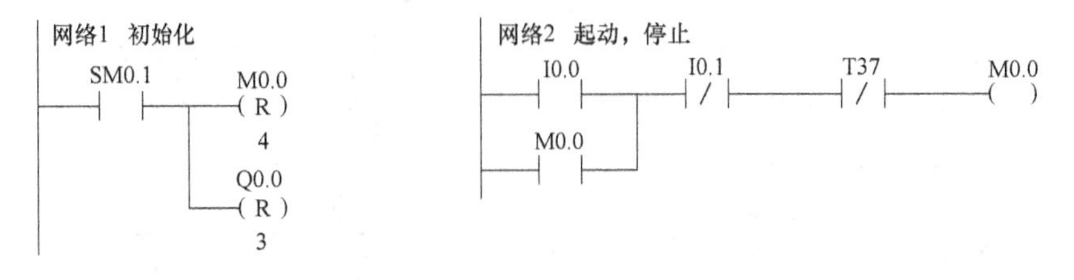

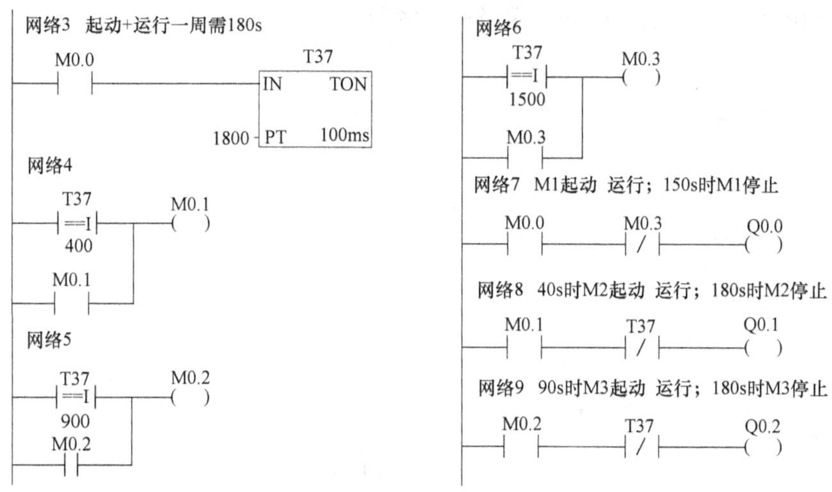

5-17　三相绕线转子异步电动机转子串联电阻三级起动控制。

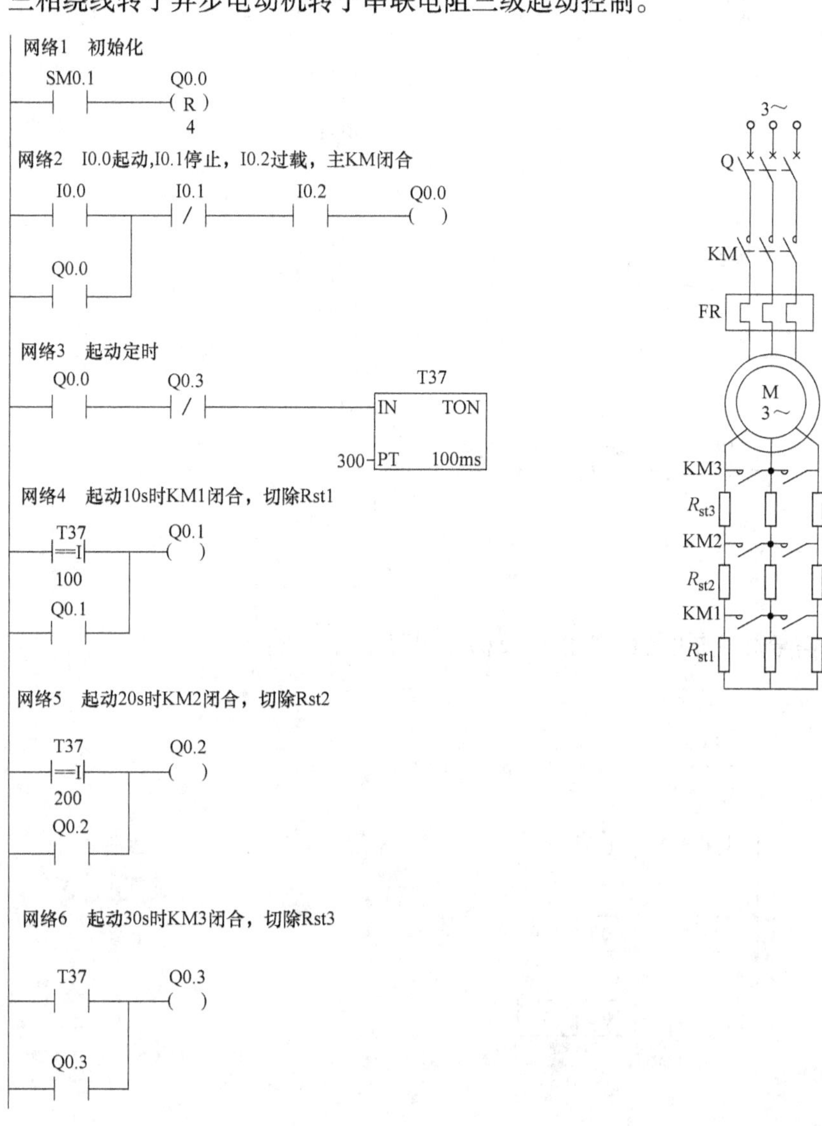

5-18　题图5-8对应的顺序功能图及梯形图程序。

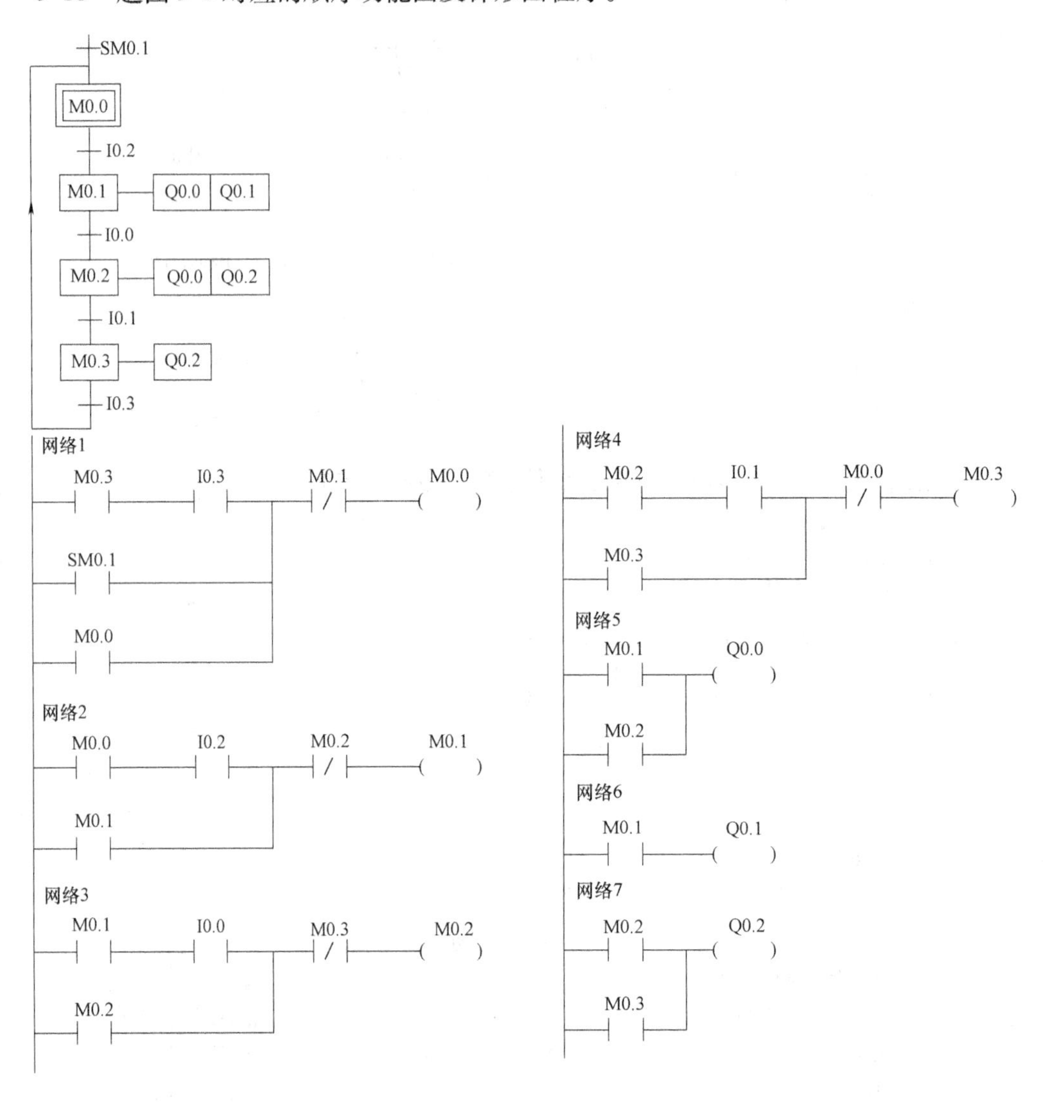

5-19　信号灯控制的顺序功能图及梯形图程序。

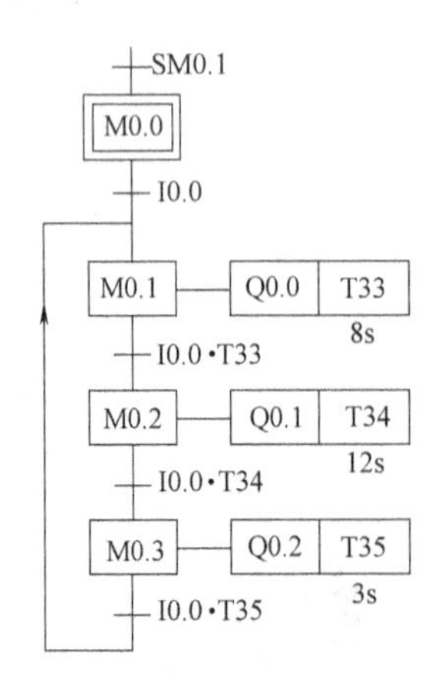

网络1
SM0.1 M0.1 M0.0
M0.0
网络2
M0.3 I0.0 T35 M0.2 M0.1
M0.0 I0.0 Q0.0
M0.1 T33
IN TON
800 PT 10ms
网络3
M0.1 I0.0 T33 M0.3 M0.2
M0.2 Q0.1
T34
IN TON
1200 PT 10ms
网络4
M0.2 I0.0 T34 M0.0 M0.3
M0.3 Q0.2
T35
IN TON
300 PT 10ms

5-20 图5-65对应的梯形图。

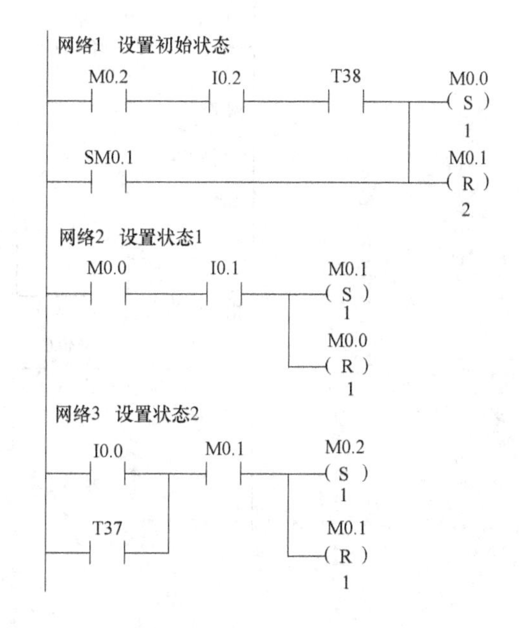

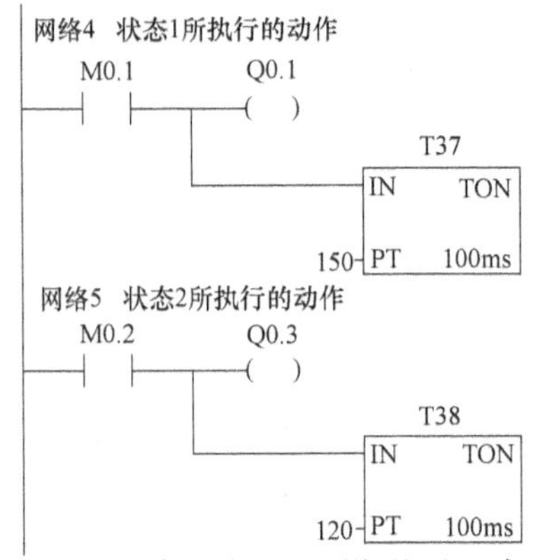

5-21　零件加工工序控制的顺序功能图和梯形图程序。

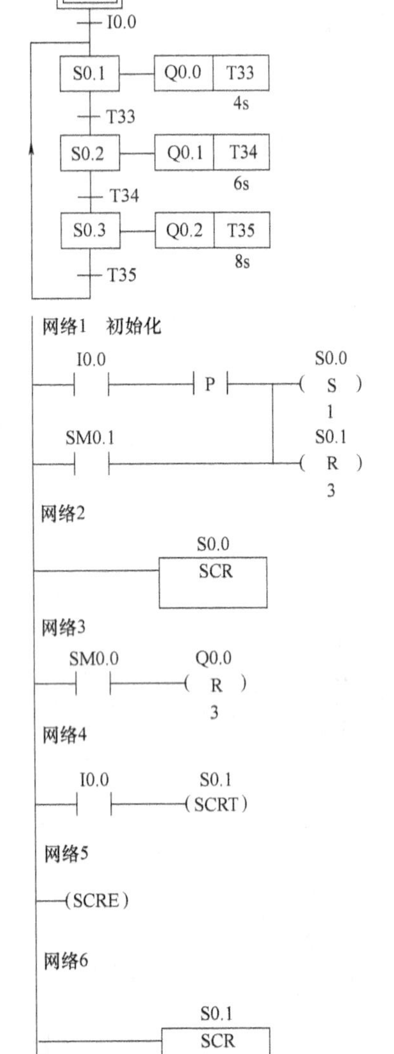

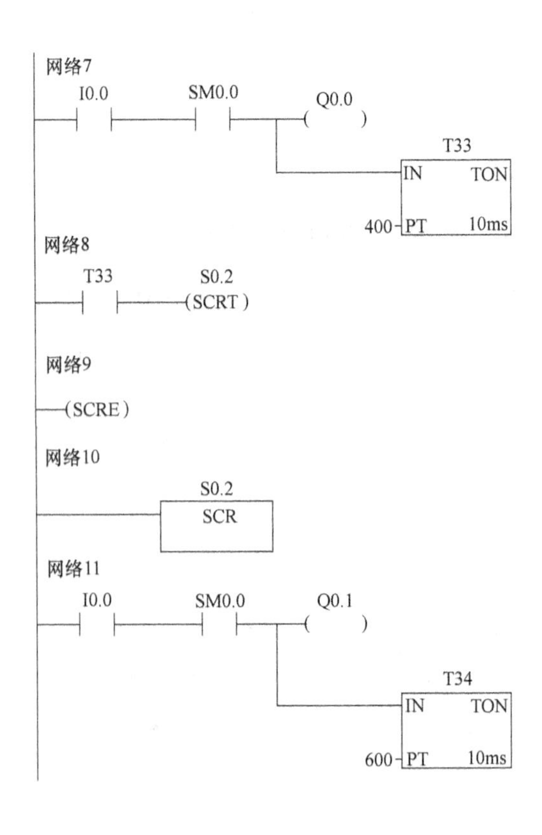

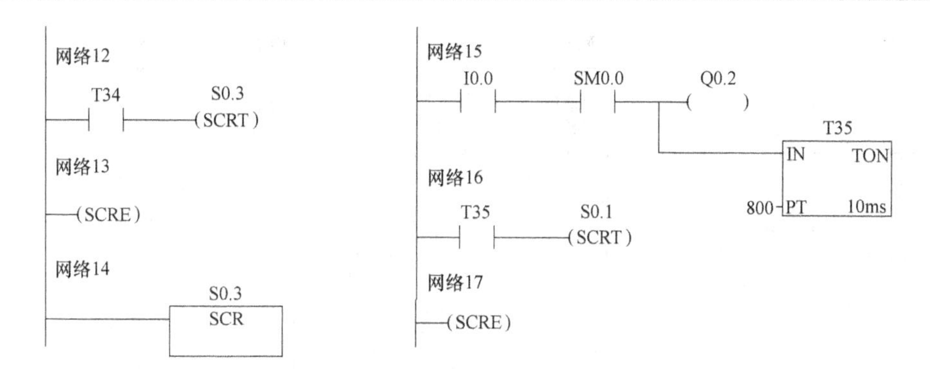

5-25　小车四位控制。

（1）I/O 分配表

输　入		输　出	
控制信号	输入端口	驱动信号	输出端口
停止按钮 SB1（常开触点）	I0.0	正转运行	Q0.0
起动按钮 SB2（常开触点）	I0.1	正转运行指示灯	Q0.1
装料位置信号 SQ_A（常开触点）	I0.2	反转运行	Q0.2
卸料位置信号 SQ_B（常开触点）	I0.3	反转运行指示灯	Q0.3
卸料位置信号 SQ_C（常开触点）	I0.4	A 位指示灯	Q0.4
卸料位置信号 SQ_D（常开触点）	I0.5	B 位指示灯	Q0.5
过载信号（常闭触点）	I0.6	C 位指示灯	Q0.6
		D 位指示灯	Q0.7

（2）顺序功能图及采用顺序控制继电器指令设计的梯形图

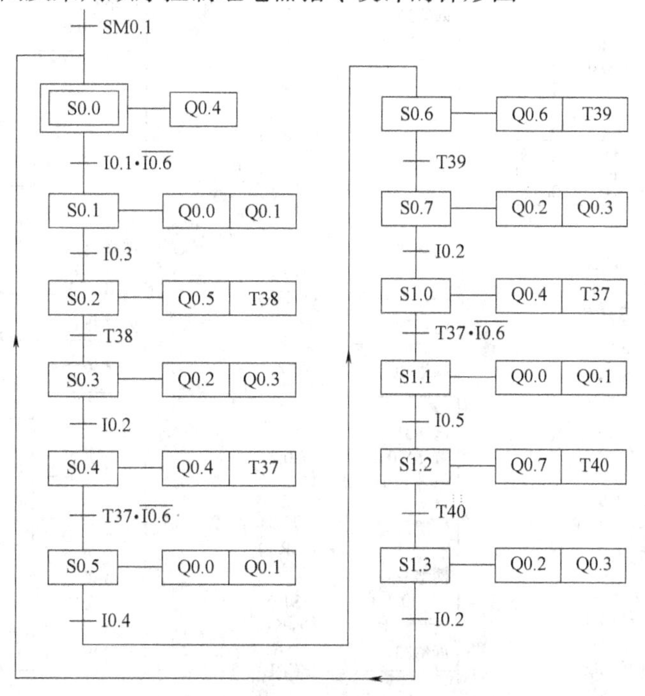

题 5-25　小车四位控制顺序功能图

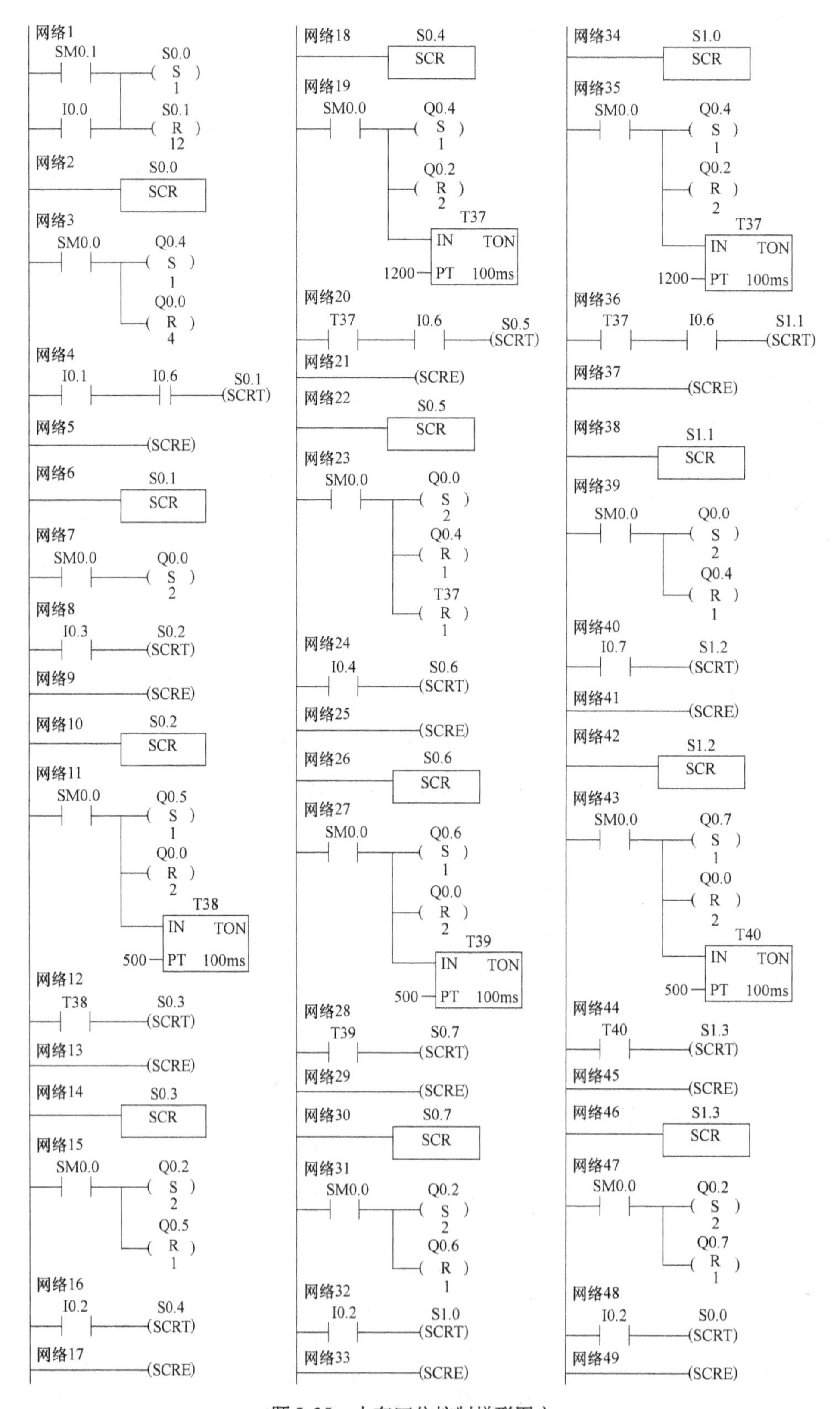

题5-25　小车四位控制梯形图之一

（3）经验设计法设计的梯形图

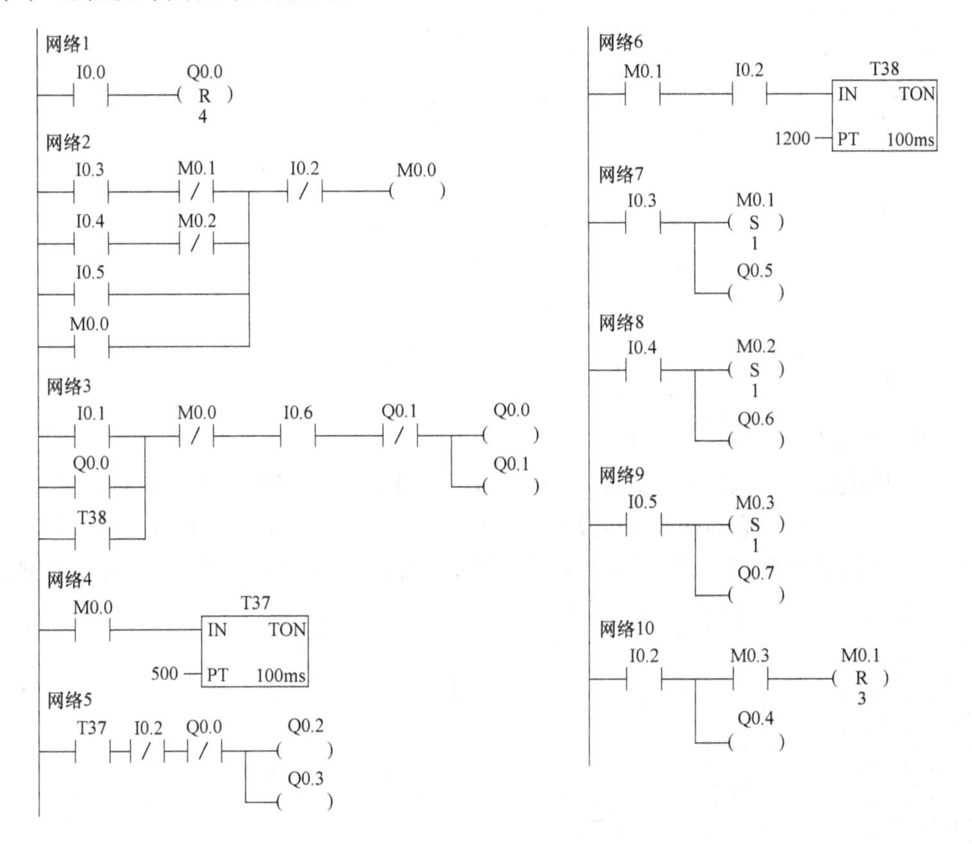

题5-25　小车四位控制梯形图之二

5-26　搅拌机之电动机正反转控制。

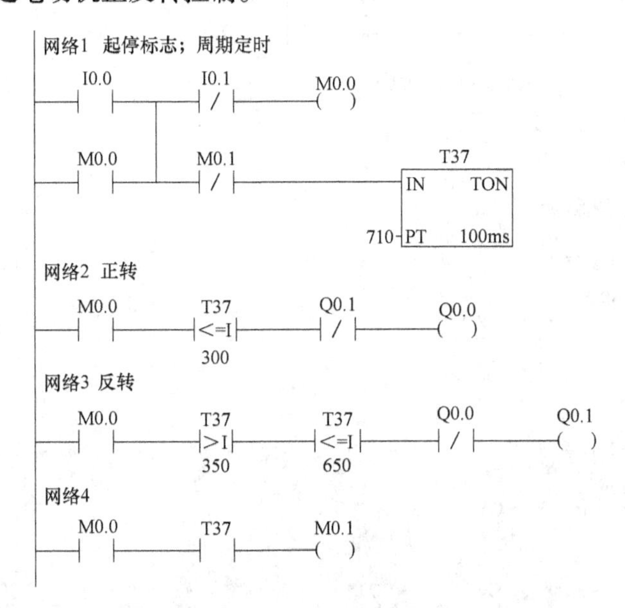

5-27　设三个地点的控制开关为A、B、C，分别接至输入端口I0.0、I0.1、I0.2；开关

的组合信号 F 由 Q0.0 输出，驱动灯。

A　B　C	F
0　0　0	0
0　0　1	1
0　1　1	0
0　1　0	1
1　1　0	0
1　0　0	1
1　0　1	0
1　1　1	1

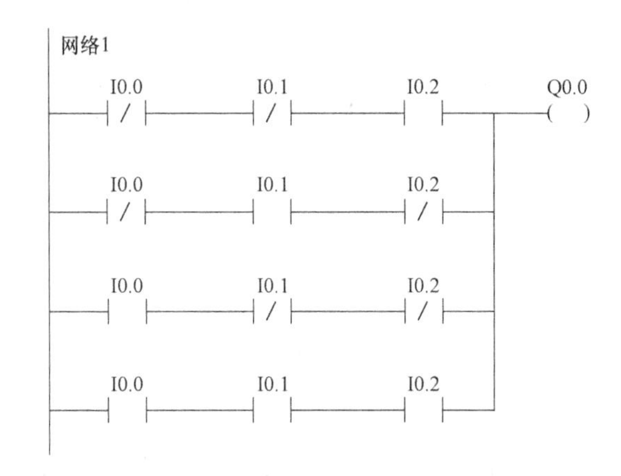

$F = \bar{A}\,\bar{B}C + \bar{A}B\,\bar{C} + A\,\bar{B}\,\bar{C} + ABC$

5-28　排风扇运行状态检测的状态表如下表所示。根据状态表列出逻辑函数式，并化简。

设 A、B、C、D 四台排风扇的运行状态分别接至输入端口 I0.0、I0.1、I0.2、I0.3；排风扇的运行状态的组合信号 F1、F2 由 Q0.0、Q0.1 输出，驱动指示灯。程序如下图所示。

A　B　C　D	F1(绿灯)	F2(红灯)
0　X　X　X	0	1
1　0　0　0	0	1
1　0　0　1	0	1
1　0　1　0	0	1
1　0　1　1	1	0
1　1　0　0	0	1
1　1　0　1	1	0
1　1　1　0	1	0
1　1　1　1	1	0

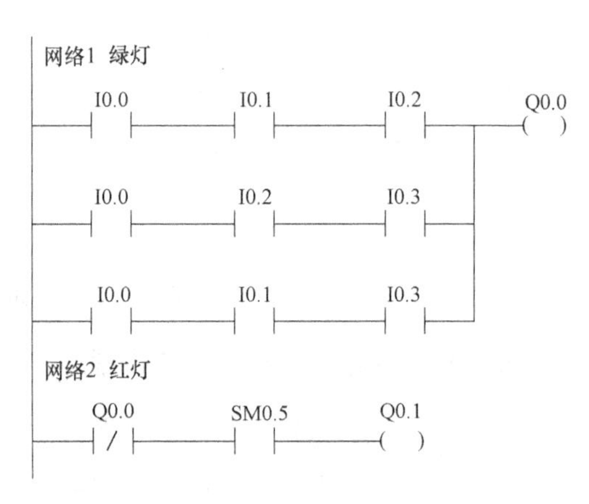

$$F1 = A\bar{B}CD + AB\bar{C}D + ABC\bar{D} + ABCD$$
$$= ACD + ABD + ABC$$
$$F2 = \overline{F1}$$

5-29　四人抢答逻辑控制。

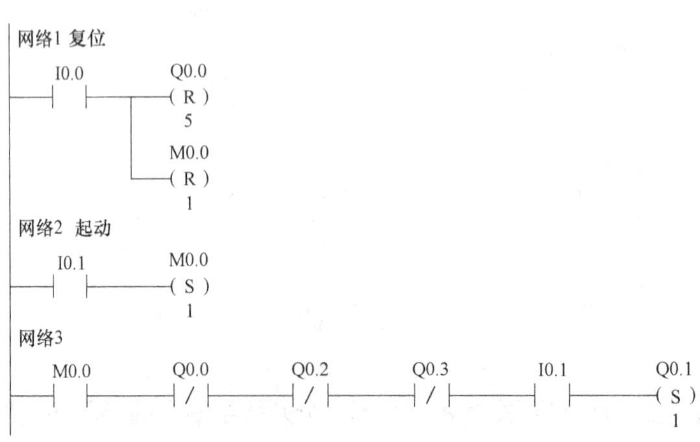

网络4

M0.0 Q0.0 Q0.1 Q0.3 I0.2 Q0.2 (S) 1

网络5

M0.0 Q0.0 Q0.1 Q0.2 I0.3 Q0.3 (S) 1

网络6 驱动蜂鸣器

Q0.0 T33 Q0.4 ( )

Q0.1

Q0.2

Q0.3

网络7 提示音定时1s

Q0.4 T33 IN TON

100 PT 10ms

5-30 双钻头控制。

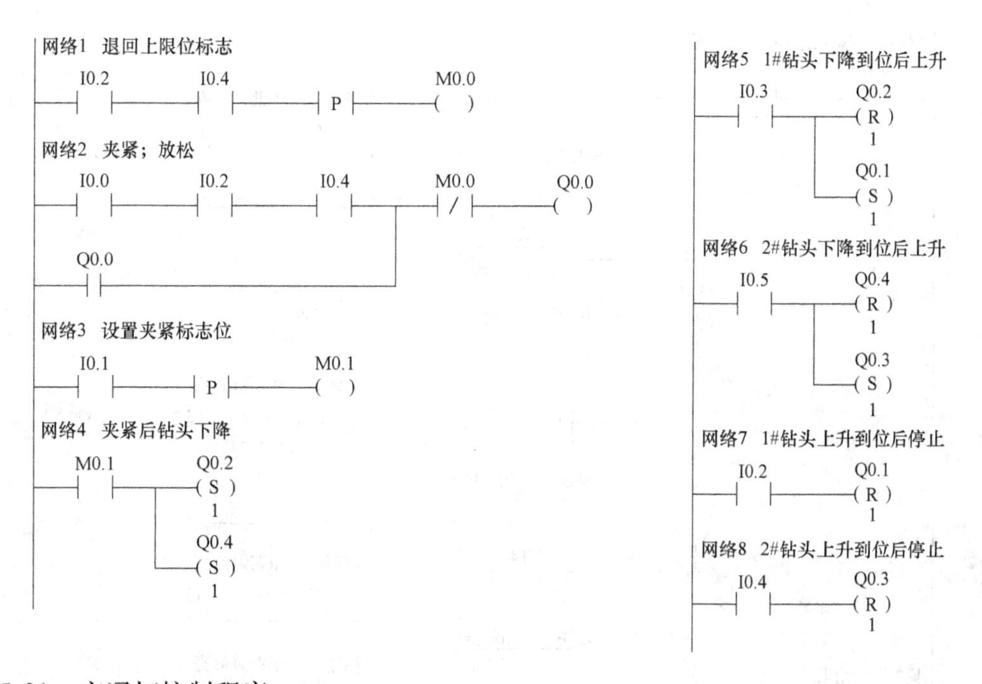

5-31 交通灯控制程序

（1）编程方法一：使用定时器指令与比较指令。

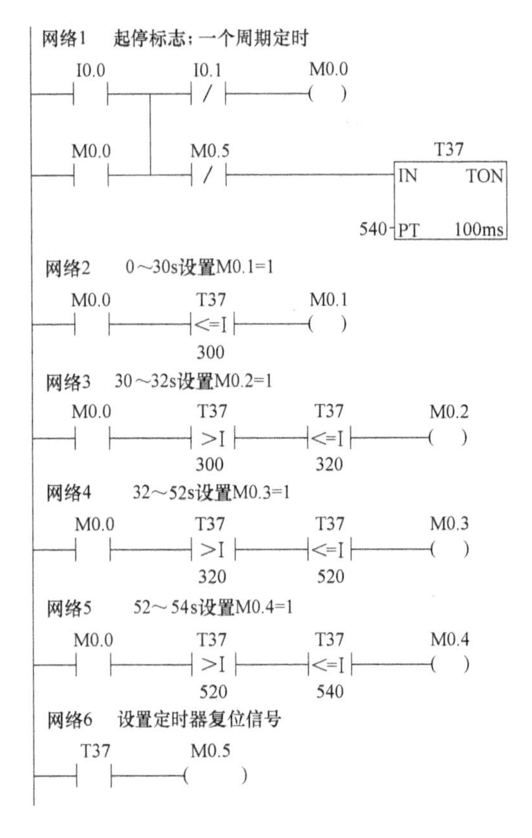

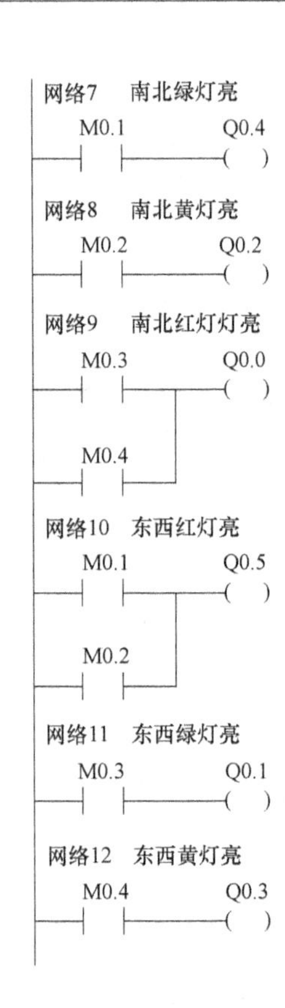

（2）编程方法二：使用定时器指令

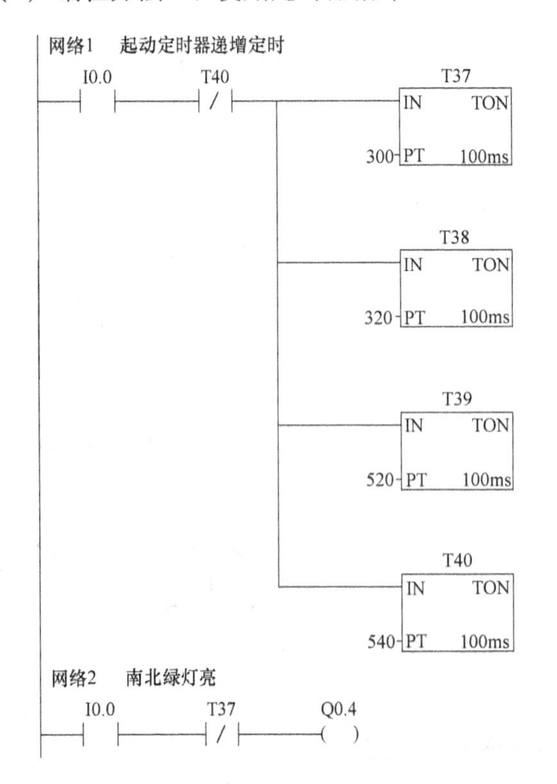

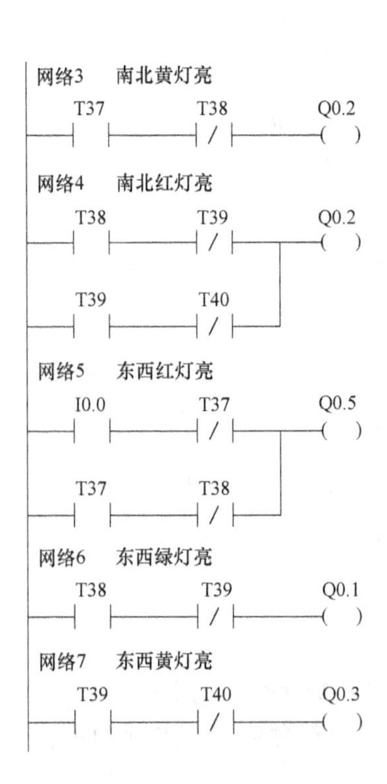

（3）编程方法三：使用顺序控制继电器指令。增加功能：系统上电但没有启动时，点亮两个方向的黄灯。

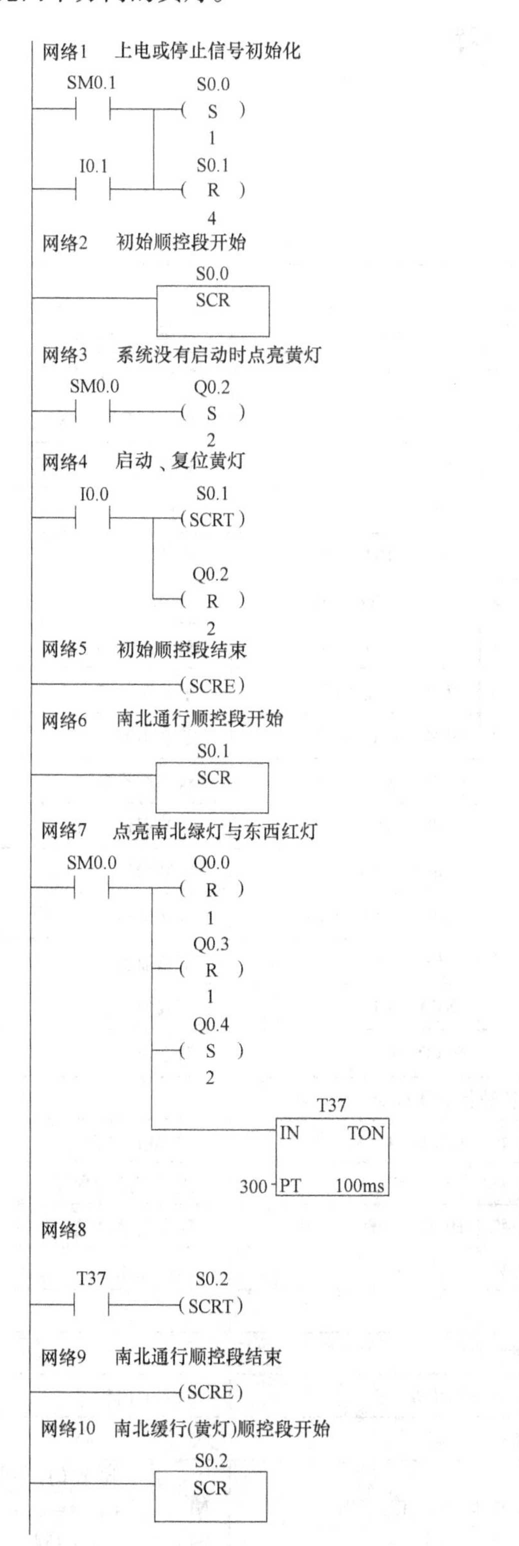

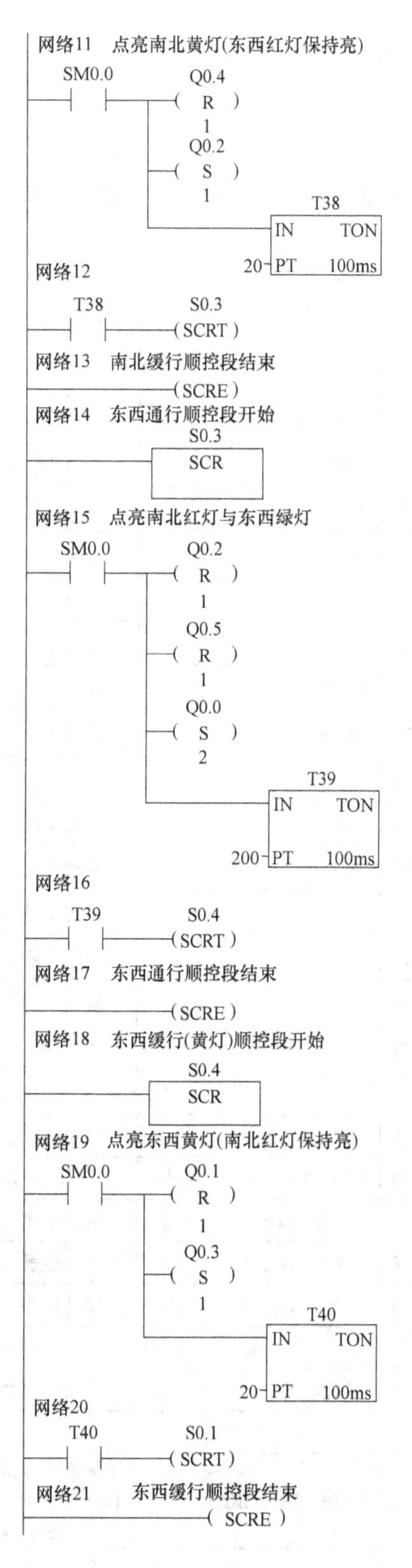

附　　录

附录 A　S7-200 PLC 指令一览表

布尔指令					
1	LD　N	装载	18	S　S_BIT，N	置位一个区域
2	LDI　N	立即装载	19	R　S_BIT，N	复位一个区域
3	LDN　N	非装载	20	SI　S_BIT，N	立即置位一个区域
4	LDNI N	立即非装载	21	RI　S_BIT，N	立即复位一个区域
5	A　N	与	22	NOP　N	空操作
6	AI　N	立即与	23	ANDB　IN1，OUT	字节逻辑与
7	AN　N	非与	24	ANDW　IN1，OUT	字逻辑与
8	ANI　N	立即非与	25	ANDD　IN1，OUT	双字逻辑与
9	O　N	或	26	ORB　IN1，OUT	字节逻辑或
10	OI　N	立即或	27	ORW　IN1，OUT	字逻辑或
11	ON　N	非或	28	ORD　IN1，OUT	双字逻辑或
12	ONI　N	立即非或	29	XORB　IN1，OUT	字节逻辑异或
13	NOT	堆栈取反	30	XORW　IN1，OUT	字逻辑异或
14	EU	检测上升沿	31	XORD　IN1，OUT	双字逻辑异或
15	ED	检测下降沿	32	INVB　OUT	字节取反
16	=　N	输出	33	INVW　OUT	字取反
17	=I　N	立即输出	34	INVD　OUT	双字取反
定时器、计数器、高速计数器指令					
35	TON　Txxx，PT	接通延时定时器	40	CTUD　Cxxx，PV	增/减计数器
36	TOF　Txxx，PT	断开延时定时器	41	HSC　N	激活高速计数器
37	TONR　Txxx，PT	有记忆接通延时定时器	42	HDEF　HSC，MODE	定义高速计数器模式
38	CTU　Cxxx，PV	增计数器	43	PLS　Q	脉冲输出
39	CTD　Cxxx，PV	减计数器			
实时时钟指令					
44	TODR　T	读实时时钟	45	TODW　T	写实时时钟
比较指令					
46	LDBx　IN1，IN2	装载字节比较结果 IN1（x：<，<=，=，>=，>，< >）IN2	47	ABx　IN1，IN2	与字节比较的结果 IN1（x：<，<=，=，>=，>，< >）IN2

（续）

比较指令		
48	OBx IN1，IN2	或字节比较的结果 IN1（x：<，<=，=，>=，>，< >）IN2
49	LDWx IN1，IN2	装载字比较的结果 IN1（x：<，<=，=，>=，>，< >）IN2
50	AWx IN1，IN2	与字比较的结果 IN1（x：<，<=，=，>=，>，< >）IN2
51	OWx IN1，IN2	或字比较的结果 IN1（x：<，<=，=，>=，>，< >）IN2
52	LDDx IN1，IN2	装载双字比较结果 IN1（x：<，<=，=，>=，>，< >）IN2
53	ADx IN1，IN2	与双字比较的结果 IN1（x：<，<=，=，>=，>，< >）IN2
54	ODx IN1，IN2	或双字比较的结果 IN1（x：<，<=，=，>=，>，< >）IN2
55	LDRx IN1，IN2	装载实数比较的结果 IN1（x：<，<=，=，>=，>，< >）IN2
56	ARx IN1，IN2	与实数比较的结果 IN1（x：<，<=，=，>=，>，< >）IN2
57	ORx IN1，IN2	或实数的比较结果 IN1（x：<，<=，=，>=，>，< >）IN2
数据运算指令		
58	+I IN1，OUT	整数加法，IN1 + OUT→OUT
59	+D IN1，OUT	双整数加法，IN1 + OUT→OUT
60	+R IN1，OUT	实数加法，IN1 + OUT→OUT
61	-I IN2，OUT	整数减法，OUT - IN2→OUT
62	-D IN2，OUT	双整数减法，OUT - IN2→OUT
63	-R IN2，OUT	实数减法，OUT - IN2→OUT
64	MUL IN1，OUT	整数相乘得双整数
65	*I IN1，OUT	整数乘法，IN1 * OUT→OUT
66	*D IN1，OUT	双整数乘法，IN1 * OUT→OUT
67	*R IN1，OUT	实数乘法，IN1 * OUT→OUT
68	DIV IN2，OUT	整数相除得双整数
69	/I IN2，OUT	整数除法，OUT/IN2→OUT
70	/D IN2，OUT	双整数除法，OUT/IN2→OUT
71	/R IN2，OUT	实数除法，OUT/IN2→OUT
72	SQRT IN，OUT	二次方根
73	LN IN，OUT	自然对数
74	EXP IN，OUT	自然指数
75	SIN IN，OUT	正弦
76	COS IN，OUT	余弦
77	TAN IN，OUT	正切
78	INCB OUT	字节加 1
79	INCW OUT	字加 1
80	INCD OUT	双字加 1
81	DECB OUT	字节减 1
82	DECW OUT	字减 1
83	DECD OUT	双字减 1
84	PID Table，Loop	PID 回路

（续）

传送、移位、循环移位和填充指令					
85	MOVB　IN，OUT	字节传送	97	SRD　OUT，N	双字右移N位
86	MOVW　IN，OUT	字传送	98	SLB　OUT，N	字节左移N位
87	MOVD　IN，OUT	双字传送	99	SLW　OUT，N	字左移N位
88	MOVR　IN，OUT	实数传送	100	SLD　OUT，N	双字左移N位
89	BMB　IN，OUT，N	字节块传送	101	RRB　OUT，N	字节循环右移N位
90	BMW　IN，OUT，N	字块传送	102	RRW　OUT，N	字循环右移N位
91	BMD　IN，OUT，N	双字块传送	103	RRD　OUT，N	双字循环右移N位
92	BIR　IN，OUT	立即读取物理输入点字节	104	RLB　OUT，N	字节循环左移N位
			105	RLW　OUT，N	字循环左移N位
93	BIW　IN，OUT	立即写物理输出点字节	106	RLD　OUT，N	双字循环左移N位
94	SWAP　IN	交换字节	107	SHRB　DATA，S_BIT，N	移位寄存器
95	SRB　OUT，N	字节右移N位	108	FILL　IN，OUT，N	用指定的元素填充存储器空间
96	SRW　OUT，N	字右移N位			
表、查找和转换指令					
109	ATT　TABLE，DATA	把数据加到表中	121	DTI　IN，OUT	双整数转换成整数
110	LIFO　TABLE，DATA	从表中取数据，后入先出	122	DTR　IN，OUT	双整数转换成实数
111	FIFO　TABLE，DATA	从表中取数据，先入先出	123	TRUNC　IN，OUT	实数截位取整转换成双整数
112	FND = TBL，PATRN，INDX	在表中查找等于比较条件PATRN的数据	124	ROUND　IN，OUT	实数四舍五入转换成双整数
113	FND <> TBL，PATRN，INDX	在表中查找不等于比较条件PATRN的数据	125	ATH　IN，OUT，LEN	ASCII码转换成十六进制数
114	FND < TBL，PATRN，INDX	在表中查找小于比较条件PATRN的数据	126	HTA　IN，OUT，LEN	十六进制数转换成ASCII码
115	FND > TBL，PATRN，INDX	在表中查找大于比较条件PATRN的数据	127	ITA　IN，OUT，FMT	整数转换成ASCII码
116	BCDI　OUT	BCD码转换成整数	128	DTA　IN，OUT，FMT	双整数转换成ASCII码
117	IBCD　OUT	整数转换成BCD码	129	RTA　IN，OUT，FMT	实数转换成ASCII码
118	BTI　IN，OUT	字节转换成整数	130	DECO　IN，OUT	译码
119	ITB　IN，OUT	整数转换成字节	131	ENCO　IN，OUT	编码
120	ITD　IN，OUT	整数转换成双整数	132	SEG　IN，OUT	七段译码
程序控制指令					
133	END	程序的条件结束	138	CALL N［N1，…］CRET	调用子程序［N1，…］从子程序条件返回
134	STOP	切换到STOP模式			
135	WDR	定时器监视复位	139	FOR　INDX，INIT，FINAL NEXT	For/Next循环
136	JMP　N	跳到定义的符号			
137	LBL　N	定义跳转的符号	140	LSCR　N	顺控继电器段启动

（续）

程序控制指令					
141	SCRT　N	顺控继电器段转换	143	AENO	对 ENO 进行与操作
142	SCRE	顺控继电器段结束	144	DLED	诊断 LED
逻辑堆栈指令					
145	ALD	触点组串联	148	LRD	逻辑读栈
146	OLD	触点组并联	149	LPP	逻辑出栈
147	LPS	逻辑入栈	150	LDS　N	装载堆栈
通信指令					
151	XMT　TABLE，PORT	自由口发送信息	154	NETW　TABLE，PORT	网络写
152	RCV　TABLE，PORT	自由口接收信息	155	GPA　ADDR，PORT	获取口地址
153	NETR　TABLE，PORT	网络读	156	SPA　ADDR，PORT	设置口地址
中断指令					
157	CRETI	从中断条件返回	160	ATCH　INT，EVENT	建立中断事件与中断程序的连接
158	ENI	中断允许			
159	DISI	中断禁止	161	DTCH　EVENT	解除中断事件与中断程序的连接

附录 B　S7-200 PLC 错误代码一览表

表 B-1　致命错误代码及信息

错误代码	描述	错误代码	描述
0000	无致命错误	000B	存储器卡用户程序校验和错误
0001	用户程序校验和错误	000C	存储器卡配置参数校验和错误
0002	编译后的梯形图程序校验和错误	000D	存储器卡强制数据校验和错误
0003	扫描看门狗超时错误	000E	存储器卡默认输出表值校验和错误
0004	内部 EEPROM 错误	000F	存储器卡用户数据、DB1 校验和错误
0005	内部 EEPROM 用户程序校验和错误	0010	内部软件错误
0006	内部 EEPROM 配置参数校验和错误	0011	比较触点间接寻址错误
0007	内部 EEPROM 强制数据校验和错误	0012	比较触点非法值错误
0008	内部 EEPROM 默认输出表值校验和错误	0013	S7-200 不能识别程序
0009	内部 EEPROM 用户数据、DB1 校验和错误	0014	比较触点范围错误
000A	存储器卡失效		

表 B-2 运行程序错误代码及信息

错误代码	描述	错误代码	描述
0000	无错误	000D	重新定义已经使用的脉冲输出
0001	执行 HDEF 指令前，HSC 的 EN 输入为 0	000E	PTO 包络线的段数设为 0
0002	将已经指定给 HSC 的输入点分配给中断输入	000F	比较触点指令中非法的数值
0003	将已经指定给中断的输入点分配给 HSC	0010	在当前的 PTO 操作模式中，有不允许的命令
0004	在中断程序中企图执行 ENI、DISI、SPA 或 HDEF 指令	0011	非法的 PTO 命令代码
		0012	非法的 PTO 包络表
0005	第一条 HSC/PLS 指令未执行完之前，又企图执行同编号的第二条 HSC/PLS 指令	0013	非法的 PID 回路参数表
		0091	范围错误：检查操作数范围
0006	间接寻址错误	0092	某条指令的计数域错误：确认最大计数范围
0007	TODW 或 TODR 数据错误		
0008	用户子程序嵌套层数超过规定	0094	范围错误：写带有地址信息的非易失性存储器
0009	在程序执行 XMT 或 RCV 指令时，通信口 0 又执行另一条 XMT 或 RCV 指令		
000A	一个 HSC 执行时，企图执行另一条 HDEF 指令来重新定义同一 HSC	009A	在用户中断程序中试图转换成自由口模式
000B	在通信口 1 上同时执行 XMT 和 RCV 指令	009B	非法的指针（字符串操作中起始字节的值指定为 0）
000C	时钟卡不存在	009F	找不到存储器卡或存储器卡无响应

表 B-3 编译规则错误代码及信息

错误代码	描述	错误代码	描述
0080	程序太大无法编译	0091	范围错误（带有地址信息的）
0081	堆栈溢出	0092	某条指令的计数域错误
0082	非法指令	0093	FOR/NEXT 的循环嵌套层数超出范围
0083	无 MEND 指令或主程序中有不允许的指令	0095	无 LSCR（装载 SCR）指令
0085	无 FOR 指令	0096	无 SCRE 指令或 SCRE 指令前有不允许的指令
0086	无 NEXT 指令		
0087	无标号 label	0098	在运行模式进行非法编辑
0088	无 RET 指令或子程序中有不允许的指令	0099	隐藏的程序段数太多
0089	无 RETI 指令或中断程序中有不允许的指令	009B	非法的指针
008C	标号重复（LBL，INT，SBR）	009C	超出最大指令长度
008D	非法标号	009D	检测到 SDB0 中的非法参数
0090	非法参数	009E	PCALL 字符串太多

附录 C　S7-200 PLC STL 指令执行时间一览表

指　　令	描　　述	S7-200 CPU/μs
=	基本执行时间：I L SM，T，C，V，S，Q，M	0.37 19.2 1.8
+D	基本执行时间	55
-D	基本执行时间	55
*D	基本执行时间	92
/D	基本执行时间	376
+I	基本执行时间	46
-I	基本执行时间	47
*I	基本执行时间	71
/I	基本执行时间	115
=I	基本执行时间：本机输出 扩展模块输出	29 39
+R	基本执行时间 最大执行时间	110 163
-R	基本执行时间 最大执行时间	113 166
*R	基本执行时间 最大执行时间	100 130
/R	基本执行时间 最大执行时间	300 360
A	基本执行时间：I L SM，T，C，V，S，Q，M	0.37 10.8 1.1
AB <=，=，>=，>，<，< >	基本执行时间	35
AD <=，=，>=，>，<，< >	基本执行时间	53
AI	基本执行时间：本机输入 扩展模块输入	27 35
ALD	基本执行时间	0.37
AN	基本执行时间：I L SM，T，C，V，S，Q，M	0.37 10.8 1.1
ANDB	基本执行时间	37
ANDD	基本执行时间	55

（续）

指　令	描　述	S7-200 CPU/μs
ANDW	基本执行时间	48
ANI	基本执行时间：本机输入 扩展模块输入	27 35
AR <=，=，>=，>，<，< >	基本执行时间	54
ATCH	基本执行时间	20
ATH	总计 = 基本时间 + （长度） * （长度系数） 基本执行时间（固定长度） 基本执行时间（变长度） 长度系数（LM）	 41 55 20
ATT	基本执行时间	70
AW <=，=，>=，>，<，< >	基本执行时间	45
BCDI	基本执行时间	66
BIR	基本执行时间：本机输入 扩展模块输入	43 51
BIW	基本执行时间：本机输入 扩展模块输入	42 52
BMB	总计 = 基本时间 + （长度） * （LM）基本执行时间（固定长度） 基本执行时间（变长度） 长度系数（LM）	21 51 11
BMD	总计 = 基本时间 + （长度） * （LM）基本执行时间（固定长度） 基本执行时间（变长度） 长度系数（LM）	21 51 11
BMW	总计 = 基本时间 + （长度） * （LM）基本执行时间（固定长度） 基本执行时间（变长度） 长度系数（LM）	21 51 16
CALL	无参数：执行时间 带参数总执行时间 = 基本时间 + Σ（输入操作数处理时间） 基本执行时间 输入操作数处理时间（位操作数） 输入操作数处理时间（字节操作数） 输入操作数处理时间（字操作数） 输入操作数处理时间（双字操作数）	15 32 23 21 24 27
COS	基本执行时间 最长执行时间	1525 1800

（续）

指　　令	描　　述	S7-200 CPU/μs
CRET	总执行时间 = 基本时间 + Σ（输出操作数处理时间） 基本执行时间 输出操作数处理时间（位操作数） 输出操作数处理时间（字节操作数） 输出操作数处理时间（字操作数） 输出操作数处理时间（双字操作数）	 13 21 14 18 20
CRETI	基本执行时间	23
CTD	基本执行时间：计数输入端的转换 基本执行时间：其他	48 36
CTU	基本执行时间：计数输入端的转换 基本执行时间：其他	53 35
CTUD	基本执行时间：计数输入端的转换 基本执行时间：其他	64 45
DECB	基本执行时间	30
DECD	基本执行时间	42
DECO	基本执行时间	36
DECW	基本执行时间	37
DISI	基本执行时间	18
DIV	基本执行时间	119
DTCH	基本执行时间	18
DTR	基本执行时间 最大执行时间	60 70
ED	基本执行时间	15
ENCO	最小执行时间 最大执行时间	39 43
END	基本执行时间	0.9
ENI	基本执行时间	53
EU	基本执行时间	15
EXP	基本执行时间 最长执行时间	1170 1375
FIFO	总计 = 基本时间 + （LM） * （长度）基本执行时间 长度系数（LM）	70 14
FILL	总计 = 基本时间 + （LM） * （长度）基本执行时间（固定长度） 基本执行时间（变长度） 长度系数（LM）	29 50 7

（续）

指　令	描　述	S7-200 CPU/μs
FND <，=，>，< >	总计 = 基本时间 +（LM）*（长度）基本执行时间 长度系数（LM）	85 12
FOR	总计 = 基本时间 +（LM）*（重复次数）基本执行时间 循环系数（LM）	64 50
GPA	基本执行时间	31
HDEF	基本执行时间	35
HSC	基本执行时间	37
HTA	总计 = 基本时间 +（LM）*（长度）基本执行时间（固定长度） 基本执行时间（变长度） 长度系数（LM）	38 48 11
IBCD	基本执行时间	114
INCB	基本执行时间	29
INCD	基本执行时间	42
INCW	基本执行时间	37
INT	1个中断的典型执行时间	47
INVB	基本执行时间	31
INVD	基本执行时间	42
INVW	基本执行时间	38
JMP	基本执行时间	0.9
LBL	基本执行时间	0.37
LD	基本执行时间：I L SM，T，C，V，S，Q，M SM0.0	0.37 10.9 1.1 0.37
LDB <=，=，>=，>，<，< >	基本执行时间	35
LDD <=，=，>=，>，<，< >	基本执行时间	52
LDI	基本执行时间：本机输入 扩展模块输入	26 34
LDN	基本执行时间：I L SM，T，C，V，S，Q，M	0.37 10.9 1.1
LDNI	基本执行时间：本机输入 扩展模块输入	26 34
LDR <=，=，>=，>，<，< >	基本执行时间	55
LDS	基本执行时间	0.37
LDW <=，=，>=，>，<，< >	基本执行时间	42

（续）

指　　令	描　　述	S7-200 CPU/μs
LIFO	基本执行时间	70
LN	基本执行时间 最长执行时间	1130 1275
LPP	基本执行时间	0.37
LPS	基本执行时间	0.37
LRD	基本执行时间	0.37
LSCR	基本执行时间	12
MEND	基本执行时间	0.5
MOVB	基本执行时间	29
MOVD	基本执行时间	38
MOVR	基本执行时间	38
MOVW	基本执行时间	34
MUL	基本执行时间	70
NEXT	基本执行时间	0
NETR	基本执行时间	179
NETW	总计 = 基本时间 + （LM） * （长度）基本执行时间 长度系数（LM）	175 8
NOP	基本执行时间	0.37
NOT	基本执行时间	0.37
O	基本执行时间：I L SM，T，C，V，S，Q，M	0.37 10.8 1.1
OB <=，=，>=，>，<，< >	基本执行时间	35
OD <=，=，>=，>，<，< >	基本执行时间	53
OI	基本执行时间：本机输入 扩展模块输入	27 35
OLD	基本执行时间	0.37
ON	基本执行时间：I L SM，T，C，V，S，Q，M	0.37 10.8 1.1
ONI	基本执行时间：本机输入 扩展模块输入	27 35
OR <=，=，>=，>，<，< >	基本执行时间	55
ORB	基本执行时间	37
ORD	基本执行时间	55
ORW	基本执行时间	48

（续）

指　　令	描　　述	S7-200 CPU/μs
OW <=，=，>=，>，<，< >	基本执行时间	45
PID	基本执行时间	750
PLS	基本执行时间：PWM PTO 单段，PTO 多段	57 67，92
R	对长度 = 1 和常数的执行时间 操作数 = C，操作数 = T 其他操作数 否则　总执行时间 = 基本执行时间 +（LM）*（长度） 基本执行时间：操作数 = C，T 基本执行时间：其他操作数 LM：操作数 = C LM：操作数 = T LM：其他操作数 如果长度存在变量中，则在基本执行时间上加：	 17，24 5 19 28 8.6 16.5 0.9 29
RCV	基本执行时间	80
RET	总执行时间 = 基本执行时间 + Σ（输出操作数处理时间） 基本执行时间 输出操作数处理时间（位操作数） 输出操作数处理时间（字节操作数） 输出操作数处理时间（字操作数） 输出操作数处理时间（双字操作数）	 13 21 14 18 20
RETI	基本执行时间	23
RI	总计 = 基本时间 +（LM）*（长度）基本执行时间 LM（本机输出） LM（扩展模块输出） 如果长度存在变量中，则在基本执行时间上加：	18 22 32 30
RLB	总计 = 基本时间 +（LM）*（长度）基本执行时间 长度系数（LM）	42 0.6
RLD	总计 = 基本时间 +（LM）*（长度）基本执行时间 长度系数（LM）	52 2.5
RLW	总计 = 基本时间 +（LM）*（长度）基本执行时间 长度系数（LM）	49 1.7
RRB	总计 = 基本时间 +（LM）*（长度）基本执行时间 长度系数（LM）	42 0.6
RRD	总计 = 基本时间 +（LM）*（长度）基本执行时间 长度系数（LM）	52 2.5

（续）

指　令	描　述	S7-200 CPU/μs
RRW	总计 = 基本时间 + （LM） * （长度）基本执行时间 长度系数（LM）	49 1.7
S	对长度 =1 和常数的执行时间 否则：总执行时间 = 基本执行时间 + （LM） * （长度） 基本执行时间：对所有其他操作数 LM：对所有其他操作数 如果长度存在变量中，则在基本执行时间上加：	5 27 0.9 29
SBR	基本执行时间	0
SCRE	基本执行时间	0.37
SCRT	基本执行时间	17
SEG	基本执行时间	30
SHRB	总计 = 基本时间 + （LM1） * （长度） + {（长度/8） * LM2} 基本执行时间（常数长度） 基本执行时间（变量长度） LM1，LM2	 76 184 1.6，4
SI	总计 = 基本时间 + （LM） * （长度）基本执行时间 长度系数（LM）（本机输出） 长度系数（LM）（扩展模块输出） 如果长度存在变量中，则在基本执行时间上加：	18 22 32 30
SIN	基本执行时间 最长执行时间	1525 1800
SLB	总计 = 基本时间 + （LM） * （长度）基本执行时间 长度系数（LM）	43 0.7
SLD	总计 = 基本时间 + （LM） * （长度）基本执行时间 长度系数（LM）	53 2.6
SLW	总计 = 基本时间 + （LM） * （长度）基本执行时间 长度系数（LM）	51 1.3
SPA	基本执行时间	243
SQRT	基本执行时间 最大执行时间	725 830
SRB	总计 = 基本时间 + （LM） * （长度）基本执行时间 长度系数（LM）	43 0.7
SRD	总计 = 基本时间 + （LM） * （长度）基本执行时间 长度系数（LM）	53 2.6
SRW	总计 = 基本时间 + （LM） * （长度）基本执行时间 长度系数（LM）	51 1.3

（续）

指　令	描　述	S7-200 CPU/μs
STOP	基本执行时间	16
SWAP	基本执行时间	32
TAN	基本执行时间 最长执行时间	1825 2100
TODR	基本执行时间	2400
TODW	基本执行时间	1600
TOF	基本执行时间	64
TON	基本执行时间	64
TONR	基本执行时间	56
TRUNC	基本执行时间 最大执行时间	103 178
WDR	基本执行时间	16
XMT	基本执行时间	78
XORB	基本执行时间	37
XORD	基本执行时间	55
XORW	基本执行时间	48

附录 D　西门子、三菱及松下公司 PLC 指令对照一览表

指　令	西门子公司 S7-200 系列	三菱公司 FX 系列	松下公司 FP-X 系列
装载	LD	LD	ST
非装载	LDN	LDI	ST/
与	A	AND	AN
非与	AN	ANI	AN/
或	O	OR	OR
非或	ON	ORI	OR/
取反	NOT	INV	/
检测上升沿	EU	LDP	ST↑
检测下降沿	ED	LDF	ST↓
输出	=	OUT	OT
置位	S	SET	SET
复位	R	RST	RST
空操作	NOP	NOP	NOP
逻辑与	ANDB，ANDW，ANDD	WAND	WAN，DAND
逻辑或	ORB，ORW，ORD	WOR	WOR，DOR

（续）

指　令	西门子公司 S7-200 系列	三菱公司 FX 系列	松下公司 FP-X 系列
逻辑异或	XORB，XORW，XORD	WXOR	XOR，DXOR
装载比较	LDBx，LDWx，LDDx，LDRx（x：<，<=，=，>=，>，< >）	LDx（x：=，>，<，< >，≤，≥）	STx，STDx，STFx（x：<，<=，=，>=，>，< >）
与比较	LDBx，LDWx，LDDx，LDRx（x：<，<=，=，>=，>，< >）	ANDx（x：=，>，<，< >，≤，≥）	ANx，ANDx，ANFx（x：<，<=，=，>=，>，< >）
或比较	LDBx，LDWx，LDDx，LDRx（x：<，<=，=，>=，>，< >）	ORx（x：=，>，<，< >，≤，≥）	ORx，ORDx，ORFx（x：<，<=，=，>=，>，< >）
加法	+I，+D，+R	ADD	+，D+
减法	-I，-D，-R	SUB	-，D-
乘法	MUL，*I，*D，*R	MUL	*，D*，*W，D*D
除法	DIV，/I，/D，/R	DIV	%，D%
开方	SQRT	SQR	DSQR
加 1	INCB，INCW，INCD	INC	+1，D+1
减 1	DECB，DECW，DECD	DEC	-1，D-1
传送	MOVB，MOVW，MOVD，MOVR	MOV	MV，DMV
交换	SWAP	XCH	SWAP
右移	SRB，SRW，SRD	SFTR，WSFR	SHR，DSHR
左移	SLB，SLW，SLD	SFTL，WSFL	SHL，DSHL
循环右移	RRB，RRW，RRD	ROR，RCR	ROR，RCR，DROR，DRCR
循环左移	RLB，RLW，RLD	ROL，RCL	ROL，RCL，DROL，DRCL
译码	DECO	DECO	DECO
编码	ENCO	ENCO	ENCO
七段译码	SEG	SEGD	SEGT
ASCII-HEX 转换	ATH	HEX	AHEX
HEX-ASCII 转换	HTA	ASCI	HEXA
程序的条件结束	END	FEND	ED
跳到定义的符号	JMP…LBL	CJ	JP…LBL
子程序调用	CALL	CALL	CALL
子程序返回	CRET	SRET	RET
循环开始与结束	FOR…NEXT	FOR…NEXT	LOOP…LBL
中断返回	CRETI	IRET	IRET

（续）

指　令	西门子公司 S7-200 系列	三菱公司 FX 系列	松下公司 FP-X 系列
中断允许	ENI	EI	ICTL
中断禁止	DISI	DI	
定时器监视复位	WDR	WDT	WDT
触点组串联	ALD	ANB	ANS
触点组并联	OLD	ORB	ORS
逻辑进栈	LPS	MPS	PSHS
逻辑读栈	LRD	MRD	RDS
逻辑出栈	LPP	MPP	POPS

参考文献

［1］ 刘凤春，王林，周晓丹. 可编程序控制器原理与应用基础［M］. 北京：机械工业出版社，2009.
［2］ 西门子（中国）有限公司. S7-200 可编程序控制器系统手册，2008.
［3］ 李建兴. 可编程序控制器应用技术［M］. 北京：机械工业出版社，2004.
［4］ 常斗南. 可编程序控制器原理·应用·实验［M］. 北京：机械工业出版社，2005.
［5］ 陈宇，段鑫. 可编程序控制器基础及编程技巧［M］. 广州：华南理工大学出版社，2002.
［6］ 汪晓光，孙晓瑛，等. 可编程序控制器原理及应用［M］. 北京：机械工业出版社，2003.
［7］ 王永华. 现代电气控制及 PLC 应用技术［M］. 北京：北京航空航天大学出版社，2003.
［8］ 张伯龙. 可编程逻辑控制器使用教程［M］. 北京：国防工业出版社，2008.
［9］ 高钦和. 可编程控制器应用技术与设计实例［M］. 北京：人民邮电出版社，2004.
［10］ 廖常初. PLC 编程及应用［M］. 北京：机械工业出版社，2005.
［11］ 杨后川，张春平，等. 三菱 PLC 应用 100 例［M］. 北京：电子工业出版社，2013.
［12］ 陈浩，刘振全，王汉芝. 台达 PLC 编程技术及应用案例［M］. 北京：化学工业出版社，2014.
［13］ 西门子（中国）有限公司. S7-1200 可编程序控制器系统手册，2012.